服装高等教育“十二五”部委级规划教材

服装面料与辅料

（第2版）

濮 微 编著

中国纺织出版社

内 容 提 要

本书内容深入浅出，有机衔接，阐述了服装面辅材料对于服装的重要性，纺织服装面辅材料的构成和发展趋势，纺织服装面辅材料的分类、鉴别、测试方法；书中还列举了一些常用的服装面料及其工艺参数，介绍了服装辅料的选用原则等。本书旨在提高服装专业人员对服装面辅材料的了解，以适应“服装设计从面料设计开始”的发展趋势。

本书既可以作为服装专业学生的学习用书，也可供服装行业技术人员及广大服装爱好者学习与参考。

图书在版编目（CIP）数据

服装面料与辅料 / 濮微编著 . —2 版 . —北京 : 中国纺织出版社，2015.2（2022.3 重印）

服装高等教育“十二五”部委级规划教材

ISBN 978-7-5180-0343-3

Ⅰ. ①服… Ⅱ. ①濮… Ⅲ. ①服装面料—高等学校—教材 ②服装辅料—高等学校—教材 Ⅳ. ① TS941.4

中国版本图书馆 CIP 数据核字（2014）第 219492 号

责任编辑：张思思　特约编辑：朱嘉玲　责任校对：寇晨晨

责任设计：何　建　责任印制：储志伟

中国纺织出版社出版发行

地址：北京市朝阳区百子湾东里A407号楼　邮政编码：100124

销售电话：010 — 67004422　传真：010 — 87155801

http://www.c-textilep.com

E-mail:faxing@c-textilep.com

中国纺织出版社天猫旗舰店

官方微博http://weibo.com/2119887771

北京通天印刷有限责任公司印刷　各地新华书店经销

1998年11月第1版　2015年2月第2版　2022年3月第19次印刷

开本：787 × 1092　1/16　印张：17.75

字数：389千字　定价：45.00元

出版者的话

百年大计，教育为本。教育是民族振兴、社会进步的基石，是提高国民素质、促进人的全面发展的根本途径，寄托着亿万家庭对美好生活的期盼。强国必先强教。优先发展教育、提高教育现代化水平，对实现全面建设小康社会奋斗目标、建设富强民主文明和谐的社会主义现代化国家具有决定性意义。教材建设作为教学的重要组成部分，如何适应新形势下我国教学改革要求，与时俱进，编写出高质量的教材，在人才培养中发挥作用，成为院校和出版人共同努力的目标。2012年11月，教育部颁发了教高［2012］21号文件《教育部关于印发第一批“十二五”普通高等教育本科国家级规划教材书目的通知》（以下简称《通知》），明确指出我国本科教学工作要坚持育人为本，充分发挥教材在提高人才培养质量中的基础性作用。《通知》提出要以国家、省（区、市）、高等学校三级教材建设为基础，全面推进，提升教材整体质量，同时重点建设主干基础课程教材、专业核心课程教材，加强实验实践类教材建设，推进数字化教材建设。要实行教材编写主编负责制，出版发行单位出版社负责制，主编和其他编者所在单位及出版社上级主管部门承担监督检查责任，确保教材质量。要鼓励编写及时反映人才培养模式和教学改革最新趋势的教材，注重教材内容在传授知识的同时，传授获取知识和创造知识的方法。要根据各类普通高等学校需要，注重满足多样化人才培养需求，教材特色鲜明、品种丰富。避免相同品种且特色不突出的教材重复建设。

随着《通知》出台，教育部组织制订了“十二五”职业教育教材建设的若干意见，并于2012年12月21日正式下发了教材规划，确定了1102种“十二五”国家级教材规划选题。我社共有47种教材被纳入国家级教材规划，其中本科教材16种，职业教育47种。16种本科教材包括了纺织工程教材7种、轻化工程教材2种、服装设计与工程教材7种。为在“十二五”期间切实做好教材出版工作，我社主动进行了教材创新型模式的深入策划，力求使教材出版与教学改革和课程建设发展相适应，充分体现教材的适用性、科学性、系统性和新颖性，使教材内容具有以下几个特点：

（1）坚持一个目标——服务人才培养。“十二五”职业教育教材建设，要坚持育人为本，充分发挥教材在提高人才培养质量中的基础性作用，充分体现我国改革开放30多年来经济、政治、文化、社会、科技等方面取得的成就，适应不同类型高等学校需要和不同教学对象需要，编写推介一大批符合教育规律和人才成长规律的具有科学性、先进性、适用性的优秀教材，进一步完善具有中国特色的普通高等教育本科教材体系。

（2）围绕一个核心——提高教材质量。根据教育规律和课程设置特点，从提高学生分析问题、解决问题的能力入手，教材附有课程设置指导，并于章首介绍本章知识点、重点、难点及专业技能，增加相关学科的最新研究理论、研究热点或历史背景，章后附形式多样的习题等，提高教材的可读性，增加学生学习兴趣和自学能力，提升学生科技素养和人文素养。

（3）突出一个环节——内容实践环节。教材出版突出应用性学科的特点，注重理论与生产实践的结合，有针对性地设置教材内容，增加实践、实验内容。

（4）实现一个立体——多元化教材建设。鼓励编写、出版适应不同类型高等学校教学需要的不同风格和特色教材；积极推进高等学校与行业合作编写实践教材；鼓励编写、出版不同载体和不同形式的教材，包括纸质教材和数字化教材，授课型教材和辅助型教材；鼓励开发中外文双语教材、汉语与少数民族语言双语教材；探索与国外或境外合作编写或改编优秀教材。

教材出版是教育发展中的重要组成部分，为出版高质量的教材，出版社严格甄选作者，组织专家评审，并对出版全过程进行过程跟踪，及时了解教材编写进度、编写质量，力求做到作者权威，编辑专业，审读严格，精品出版。我们愿与院校一起，共同探讨、完善教材出版，不断推出精品教材，以适应我国高等教育的发展要求。

中国纺织出版社
教材出版中心

前言

服装对于现代人来说已不仅仅是实用功能和装饰功能的集合体，它也是一种时尚、一种文化、一种个性、一种心情、一种思想、一种科技，一种令人不断追求和探索的对象。现代服装除了色彩、款式之外，最让人着迷和赋予最大化内涵的是服装的面辅材料。

服装面辅材料内容多变化大，总不断有新颖的服装面辅材料推出面市，除了外观之外，还有许多内在的性能特点和科技含量，引发人们的好奇和求索，给服装带来勃勃生机。因此，服装专业人员和高校的服装教育，纷纷把目光投向了服装面辅材料领域，想要更多地了解它，懂得它，把握它，应用它。该书旨在较短的时间内让服装专业人员掌握更全面的服装面辅材料知识。

服装面辅材料涉及领域多，知识范围广，不同对象对服装面辅材料知识的需求、思考的角度、学习的内容是不同的。纺织业界人员考虑的是怎样做出技术新、质量好的服装面辅材料，考虑的是生产、工艺、设备、技术等。服装专业人员考虑的是怎样的面辅材料能够满足服装功能或性能的要求，考虑的是如何变化服装面辅材料来使服装有新的内涵，考虑的是怎样才能使服装面辅材料的设计成为服装设计的一部分，考虑的是面辅材料的外观、性能、变化、影响因素等。所以，高校服装专业人员学习服装面辅材料知识有其独特的角度和需要。

《服装面料与辅料》（第2版）是本人在数十年服装面辅材料设计的基础上，结合近二十年服装面辅材料教学的实践经验，深入研究、反复思考、精心编撰，奉献给学生和广大读者的一本实用的教科书，意在用纺织设计人员（做面料的人）的知识和思路来丰富和满足现代服装设计人员（用面料的人）对服装面辅材料知识的需求。

该教材思路清晰，内容翔实，语言精练，说理透彻，形式新颖，目标对象明确，是一本与时俱进的实用教材。该教材对学生来说，深入浅出，易学易懂，内容直观，好学好用；对专业教师来说，条理清楚，内容逻辑性强，教学目的清晰，实践和思考内容具体；对服装业界的各类人士来说，这是一本简洁明了、科学实用、能释疑解惑的有用参考书。

该教材的主要特色是：

1.好学易懂。将专业性较强的“服装材料学”的内容概括总结，分门别类，对照分析，陈述简练，使之变得浅显易懂。找出规律性的东西，举一反三，让学生好学、好记、好理解、好应用。

2.知识连贯。把涉及的知识连接成串，使之环环相扣。从纤维、纱线、织物、后整理到成品面料，每一环节都对面辅材料的外观和内在性能产生影响；每种新面料的诞生，都可以在一个或几个环节中找到相应的变化。

3.整理归类。本版教材增加了服装面辅材料分类的章节，把面辅材料的种类、性能、特点、区别，甚至文化内涵、发展趋势，陈述得井井有条，生动直观，引发思考，便于掌握。

4.注重实践。本书设置了按分类要求制作面料样卡的环节，让学生在学习知识的过程中更多、更广泛地去接触各种不同面料，拓展学生认识面料的思路。

5.变化形式。增加图片的比例，使读图时代的人们对该课程更有兴趣，通过读图更直观地学习材料知识，对面辅材料更易读懂，更能理解，并增强记忆。

6.学会分析。改变服装材料教学容易陷入的“从理论到理论”的怪圈，提倡学以致用，理论联系实际，重视教会学生学习分析各种不同面料的方法，增强鉴别各种不同面料的本领。

7.学会设计。将做面料人的知识按用面料人的需要编排课程内容，让服装设计人员学习变化面料的思路，从总体上、根本上引导服装专业人员了解面料，读懂面料，设计面料，应用面料。

8.适用面广。该教材对初学者和专业人士都适用。

该教材内容丰富，要求学生认真学习，学懂学透，并能举一反三，灵活运用。

本书在再版和撰写过程中得到了中国纺织出版社和各位老师、朋友们的大力支持和帮助，在此表示衷心的感谢。由于本人水平有限，教材中存在不妥之处，恳请专家、学者和广大读者予以批评指正，谢谢。

编著者

2013年12月30日

教学内容及课时安排

建议课时数：64课时

章/课时	课程性质/课时	节	课程内容
第一章（4课时）	理论知识		• 服装面辅材料概述
		一	服装面辅材料与服装的关系
		二	服装设计与面辅材料设计
第二章（24课时）	理论知识及专业知识		• 纺织服装面辅材料构成
		一	纺织纤维
		二	纱线
		三	织物
		四	织物后整理
第三章（16课时）	理论知识及专业知识		• 服装面辅材料分类
		一	按纺织品在服装中的用途分类
		二	按服装对纺织品的要求分类
		三	按纺织品的纤维原料分类
		四	按纺织品的生产工艺分类
第四章（4课时）	理论知识及专业知识		• 服装面料
		一	棉麻织物
		二	毛织物
		三	丝织物
		四	化纤织物
		五	其他服装面料
第五章（6课时）	理论知识及专业知识		• 服装辅料
		一	服装里料
		二	服装衬料
		三	服装填料
		四	服装用线
		五	服装用其他附属材料
		六	标签与包装材料

续表

章/课时	课程性质/课时	节	课程内容
第六章 （8课时）	理论知识及 专业知识		• 服装面辅材料鉴别
		一	对服装面辅材料的鉴别
		二	对服装面辅材料的分析和评判
第七章 （2课时）	理论知识及 专业知识		• 服装的洗涤、除渍和保养
		一	服装的洗涤
		二	服装的除渍
		三	服装的保养

注 各院校可根据自身的教学特点和教学计划对课程时数进行调整。

目录

理论知识——

服装面辅材料概述

教学内容： 1. 服装面辅材料与服装的关系。服装的外观风格、内在性能、服装功能等都离不开服装面辅材料，两者互为依托，互相促进。
2. 服装设计与服装面辅材料设计。两个原本不同领域的设计，由于服装连接在了一起；提出服装设计从面辅材料设计开始的观点，要求服装设计师更多地学习和掌握面辅材料知识，拓展服装设计的空间。

建议课时： 4课时。

教学目的： 让学生从不同的方面了解服装面辅材料对于服装的重要性，增强对该课程的学习兴趣和积极性。

教学方式： 理论教学为主。

教学要求： 1. 全方位了解服装与服装面辅材料的关系。
2. 了解服装面辅材料的发展和变化。
3. 懂得服装设计从面辅材料设计开始的意义。

第一章　服装面辅材料概述

第一节　服装面辅材料与服装的关系

一、服装面辅材料的概念

（一）服装面辅材料

服装面辅材料是指构成服装所有的面料和辅助材料的总称。

（二）服装面料

1. 定义

服装面料是指构成服装的主要材料。面料直接影响着服装的外观、风格、功能、性能等，也是服装面辅材料中设计师最为关注和内容最为丰富的材料种类。

2. 来源

服装面料绝大多数选自纺织品，如棉织物、麻织物、丝织物、毛织物、再生纤维织物、合成纤维织物等。其次还有天然的裘皮、皮革、人造革、塑料薄膜、橡胶布等。

3. 特点

时代化、个性化、舒适化、多样化是服装面料设计和生产的主要特点。

（三）服装辅料

1. 定义

服装辅料是指除了服装面料之外的所有服装材料的总称，包括基本辅料、标签和包装材料等。

2. 来源

服装辅料中占据较大比例的还是纺织品，如里料、胆料、填充料、衬垫材料、绳线、花边等。其次还有金属、木质、羽毛、贝壳、石材、骨质、橡胶、塑料、泡沫制品等。

3. 特点

辅料注重的是“功能和作用”，注重的是与面料和服装匹配的同步化。

（四）服装

1. 定义

服装是遮蔽人体，调节人体与环境关系的中介。

2. 来源

迄今为止，用于制作服装的面辅材料绝大多数是纺织品，因为纺织品最符合人体的要求，是人类探索寻找的最合适的服装材料，包括外观和内在性能。其他用于制作服装的面辅材料还有动物毛皮和一些边缘材料。

3. 特点

服装是视觉形象，美观、得体的外观一直是人们对服装的要求。此外，服装的实用功能：御寒、保暖、舒适、安全、卫生、保健等是服装不能忽视的。

二、服装性能与面辅材料

（一）服装外观性能与面辅材料

服装的外观主要包括色彩、款式和面料。

1. 服装的色彩

“远看色彩近看花”，服装色彩对于服装来说是最敏感的因素。不同的色彩会给人不同的生理和心理的感觉，不同的具象和抽象的联想。比如红色，会给人暖和、浓郁的感觉，使人联想到太阳、鲜血、热情、革命、喜庆等。服装的色彩，除了传递不同的情感之外，在与不同的面料结合时，给人的视觉感又是完全不同的。比如大红色的皮革，给人的感觉是硬朗的、帅气的、酷的；大红色的薄纱，给人的感觉是柔美、神秘、性感；大红色的缎子，给人的感觉是华丽、富贵、优美；大红色的羽毛给人的感觉是动感、热烈、丰富；大红色的裘皮给人的感觉是雍容、华贵、甚至是野性；还有大红色的蕾丝、大红色的毛呢、大红色的麻布等都会给人不同的感觉。用同种色彩、不同材质的面料设计服装，不会感觉单调，反而有统一（色彩统一）和丰富变化（面料质感变化）的良好效果。面料对于服装色彩的影响是明显的，是不容忽视的，在选择服装色彩时必须考虑和利用面料的效果。

2.服装的款式

服装款式造型与服装的面辅材料的选择更是不容忽视。比如合体的服装造型，应该选择拉伸性较大的面辅材料，如针织面辅料，带氨纶的弹力织物或者斜向裁剪的机织面料等，才能使服装穿着舒服，伸缩自如，防止紧绷破损。又比如宽松的服装造型，应该选择柔软的、悬垂性好的面辅材料，夏天可选择柔软的真丝织物、黏胶织物等，冬季可选择柔软的松散结构织物、针织毛呢等，才能使宽松服装舒适有型，动感轻盈。造型性强的礼仪服装，一般可选用机织的、具有较好身骨的织锦缎、手感饱满的精纺毛织物；H型服装造型，一般可选用紧密平整的机织面料，如麦尔登、缎背华达呢、牛仔布、涂层卡其等；O型服装造型，应选择有身骨和支撑性较好的面料，如硬纱、紧密的府绸和涂层面料等。

所以不同的服装款式要选择合适的面辅材料与之相适应，否则达不到设计的效果。

3. 服装的面料

作为视觉形象的服装，面料带给人们的信息、感受、冲击力和影响力是广泛的、深刻的；华丽的、朴素的；阳刚的、阴柔的；光滑的、粗糙的；厚实的、单薄的；暖和的、凉爽的；繁复的、简约的；细腻的、粗犷的；挺括的、柔软的；前卫的、传统的；高档的、普通的；休闲的、庄重的；个性的、大众的；时尚的、过时的；野性的、温柔的；怪诞的、新奇的、精致的、顶级的、奢华的、田园的、民族的、绅士的、经典的、性感的、怀旧的、复古的、环保的等，这些感受是通过面料的色彩图案、织物结构、纺织原料、纱线形态、织造方式、加工工艺、印染工艺、整理工艺等赋予的，了解这些知识对我们读懂面料是很有帮助的。

从加工环节中了解面料，可以更加具体直观。比如不同原料的织物给人不同的感觉，棉自然、休闲、朴素、随意；麻粗犷、安全、卫生、时尚；毛端庄、稳重、温暖、高档；丝华丽、明亮、柔滑、精致等。不同纱线、织物也给人不同的感觉，细特纱织物细腻、光洁、高档，粗特纱织物厚实、温暖、粗犷，强捻纱织物透爽、凉快、离体，花式纱线织物装饰感强，机织物平整、坚牢、有型，针织物蓬松、亲和、合体，提花织物花型立体感强，印花织物色彩丰富花型随意，轧皱织物表面肌理感强，整旧面料给人沧桑、经历岁月感等。面料不同的外观感觉是可以通过不同的加工原料、加工工艺和技术等获得的，认真学习，细细体会才能在学习面辅材料知识的过程中，激发灵感，构思创造，设计出崭新的服装及与之相适应的面辅材料。

4. 服装外观性能与面辅材料的关系

服装的色彩、款式、面料都离不开服装面辅材料，而服装才是服装面辅材料的最终产品。因此，根据服装的要求，开发更多面辅材料新产品，是服装设计人员和面料设计人员共同的责任。

（二）服装内在性能与面辅材料

服装的内在性能直接受服装面辅材料性能的影响。服装作为调节人体与环境关系的中介，对服装材料内在性能的要求是设计服装时必须考虑的问题。

1. 服装的内在性能

服装的内在性能包括保暖性能、隔热性能、吸汗透气性能、吸湿性能、柔软舒适性能、弹性和可塑性能、密度、耐霉蛀性能、化学稳定性能、抗静电性能、抗起毛起球性能、阻燃性能、抑菌性能、洗涤性能、防水防污性能、耐热耐光性能、安全卫生性能、防弹防辐射性能、缩水性能、保健性能、造型性能、热塑性能等。不同季节、不同服装对面辅材料有不同的性能要求。

2. 对面辅材料的要求

如冬季服装的面辅材料需要有御寒保暖的性能，怎样的材料保暖性能好呢？首先要满足导热系数小的要求，其次要能够滞留更多的静止空气。于是蓬松的面料、表面毛绒的面料就成为了冬季服装首选的保暖面料。中空纤维、多孔纤维、超细的卷曲纤维，为提高服装的保暖性做出了贡献；夏季服装的面辅材料需要有凉爽、透气、吸汗、耐洗的功能，于是细特的强捻纱织物，吸汗透气性能好的天然纤维织物、再生纤维织物、耐洗性能好的棉织物就成为了夏季服装常用的面料；内衣需要有舒适、卫生、健康和耐洗的性能，于是细柔、健康的针织真丝织物，环保、柔软的针织天丝织物、细菌不易滋生的细特针织麻织物，耐洗的针织棉织物（可进行抑菌整理）等，就成为了内衣经常选择的面料；不同工种的工作服有其不同的性能要求，比如电工工作服、电焊工工作服、消防队员工作服、传染病医护人员工作服等，都可以对服装的面辅材料进行一定的后加工处理，使其具有满足工种要求的特殊性能，如等电位性能、阻燃性能、隔离性能等。

3. 服装内在性能与面辅材料关系

服装的面辅材料对服装的内在性能起着决定性的作用。服装的内在性能是依据面辅材料的性能存在的，织物的纤维原料、纱线结构、织物构成、组织规格、整理工艺等不同，形成了织物不同的内在性能。只有学习面辅材料的知识，了解不同织物的性能，才能在服装设计时根据服装的要求，正确地选择性能相适应的面辅材料，才能使设计的服装更加科学和完美。

（三）服装加工性能与面辅材料

合适的面辅材料要成为穿戴在人们身上的服装，还要经过加工制作的环节，加工制作工艺的制定也是和面辅材料性能密切相关的。

1. 服装制板

服装打板时，放松量的多少，除了与款式造型有关之外，还和织物的厚薄，织物的柔软性、悬垂性，织物结构的松紧，织物的拉伸性能，织物的滑移等性能有关。缝份大小的预留也和面料的厚薄、面料结构的松紧等因素有关。

2. 服装裁剪

服装裁剪时要考虑到面辅材料的缩水率。哪些面辅材料会缩水，哪些面辅材料不缩水，缩水率的大小又和什么因素有关呢？一般说来，吸湿性好、穿着舒适透气的面料会缩水，如棉、麻、丝、毛、再生纤维织物会缩水；缩水率的大小还和织物的结构有关，结构松的织物缩水率大，结构紧密的织物缩水率相对较小。

服装裁剪时还要考虑衣片在面料上摆放的方向（丝绺），是直丝绺？横丝绺？还是斜丝绺？这是因为面辅材料的经向、纬向有不同的拉伸性、牢度、悬垂性和其他一些特殊的性能，在服装裁剪时，要使面辅材料的性能和服装的性能、设计要求、舒适性相一致，否则制作的服装会达不到要求。

3. 服装缝纫

服装缝纫时，缝纫线的选择，针脚大小的确定，压脚的轻重调节等，都和服装的面辅材料有关。织物的厚薄，表面的光滑、毛糙，面料的松紧，面料的拉伸性能等都是影响缝纫工艺的因素。缝纫线的选择除了颜色、粗细要与面辅材料相搭配之外，缝纫线的缩率也是需要考虑的因素。

服装缝纫时，常运用吃势多少来调整局部的造型。吃势的多少也和织物的材质、结构有关。比如，短纤织物比长丝织物吃势多一些，结构疏松的织物比结构紧密的织物吃势多一些，质地厚实的织物比质地轻薄的织物吃势多一些等。

4. 服装熨烫

不同的服装面辅材料有不同的熨烫温度、熨烫时间和熨烫方式。比如丙纶织物的熨烫温度就很低，超过100℃时就会收缩、软化、熔融；柞蚕丝织物不能喷水熨烫，而要采用干烫的方式，否则就会在服装上留下水渍印；结构紧密、颜色深暗的织物不能压烫时间过长，易产生极光；表面有绒毛的织物不宜用力压烫，否则绒毛被压倒伏，影响服装美观；薄型织物宜温度稍低而熨烫时间稍长；而厚型织物则要温度稍高，熨烫效果才更好。合成纤维织物熨烫后烫缝能保持较长时间，水洗不掉；天然纤维织物水洗后烫缝就会消失，需要重新熨烫，如表1–1所示。

表1–1 常见面料耐热度表

面料名称	耐热温度（℃）	原位熨烫时间（秒）	方　法
全棉府绸	150～160	3～5	喷水熨烫
印花布	160～170	3～5	喷水熨烫
绒布	150～160	3～5	喷水熨烫

续表

面料名称	耐热温度（℃）	原位熨烫时间（秒）	方　法
丝绸	110～130	3～4	干烫
尼龙绸	90～110	3～4	干烫
锦纶	110～130	5	喷水熨烫
腈纶	120～150	5	喷水熨烫
纱卡、华达呢	160～170	5	喷水熨烫
涤棉布	160～170	3～5	喷水熨烫
灯芯绒	120～130		反面熨烫
漂布	130～150		喷水熨烫
市布	120～130		喷水熨烫
劳动布	140～160		喷水熨烫
全毛呢绒	160～180	10	盖水布熨烫
混纺呢绒	140～160	5～10	盖水布熨烫
毛涤纶	140～160	5～10	盖水布熨烫
粗厚呢	180～190	10	盖水布熨烫
细麻布	170～190	5	干烫

5. 服装制作与面辅材料关系

服装的生产制作必须根据服装面辅材料的性能和特点进行。只有了解不同面辅材料的性能特点，采用科学合理的制作工艺，才能使制作的服装符合设计的要求。

三、服装功能与材料性能

（一）服装功能

服装是人们用来遮盖和美化人体的物品，因此服装必须具备以下功能。

（1）覆盖人体，遮羞护体的功能。

（2）御寒隔热，适应气候的功能。

（3）不受牵制，便于活动的功能。

（4）保护皮肤，不受伤害的功能。

（5）修饰体型，弥补不足的功能。

（6）易于清洗，干净卫生的功能。

（7）美化装饰，满足心理的功能。

（8）群体标志，易于识别的功能。

（9）阻隔侵害，保护生命的功能。

随着科技进步，人类涉足领域不断扩大、服装的用途，功能也发生着变化，对面辅材料的性能要求也在不断进步、变化着。如防辐射功能服装、发热功能服装、凉爽功能服装、阻燃功能服装、防弹功能服装和智能服装等新功能服装，对面辅材料都提出了相应的性能要求。

（二）材料性能

为了发挥服装的功能，对服装面辅材料就有相应的性能要求。不同面辅材料的性能是不同的，涉及各方面的因素，有原料的，有加工的，合理设计组合才能获得需要的、满意的材料性能。

1. 织物的机械耐久性能

机械耐久性是指织物抵抗各种外力作用的能力，主要包括面料的拉伸断裂强度、撕裂强度、顶裂强度、耐磨性能和耐疲劳性能等。

2. 织物的舒适性能

舒适性能主要包括织物的热传递和热绝缘性能，织物的透水汽性能和透气性能，以及织物的伸缩性能等。

3. 织物的外观性能

织物的外观性能主要包括颜色、光泽、布面状况、织物的抗起毛起球性能、抗钩丝性能、抗皱性能、褶裥保持性能、免烫性能和尺寸稳定性能等。

4. 织物的手感风格

织物的手感风格是服装舒适功能和美化功能的共同要求，也是服装造型和服装风格形成的基础。织物的手感风格主要包括织物的触觉、手感、刚柔性和悬垂性等。

5. 织物的防污性能

服装在穿着过程中会受到各种脏物的污染，影响服装的清洁和美观；在保存的过程中又会受到各种蛀虫和霉菌的污染，影响服装的外观和使用寿命。因此，人们要求服装材料具有良好的防污性能。

6. 织物的其他性能

除了以上的各种性能要求之外，织物的服用性能还包括各种耐理化性能，耐化学试剂性能、耐光性能、耐热性能、耐汗性能，等。特殊的服用性能有防辐射、防弹、阻燃、耐高温等。

织物的加工性能包括裁剪，如手裁、机裁的难易，尺寸的保持等、缝纫，如阻力、缝痕、滑动、伤痕等、熨烫，如温度、平服度、褶裥保持等、保形，如饱满挺括、曲线、立体感、弹性等。

织物的洗涤性能包括耐手洗、耐机洗、耐洗涤温度、耐化学品，不易变形、变色、发毛、起皱、收缩，快速干燥、容易熨烫等。

织物的保管性能包括不易发霉、虫蛀、走样、耐湿、耐温等。

（三）服装功能与面辅材料的关系

服装绝大多数功能是依靠服装面辅材料实现的，寻找合适的材料，赋予其不同的性能特点，是满足服装功能的保证。

随着科学的进步，人们涉足领域的扩展，要求服装具有满足新环境的功能。因此，对服装面辅材料提出了更高的性能要求，如能适应太空航天要求的面辅材料，适应深海潜水要求的面辅材料，适应细菌侵入环境的面辅材料等。

由于服装功能的需要，对面辅材料的性能提出了多方面的要求。为了满足服装功能的要求，人类不断探索开发、运用不断进步的科学技术，创造各种新颖的面辅材料。服装功能与服装面辅材料的关系如图1–1所示。

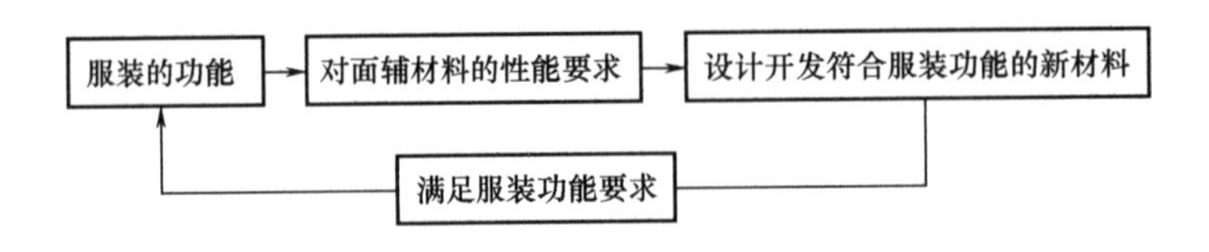

图1-1 服装功能与服装面辅材料的关系

如今设计生产符合不同服装要求的面辅材料，不仅是面料设计师的工作，更成为了服装设计的一部分。

四、服装面辅材料是服装最重要的物质基础

（一）巧妇难为无米之炊

不管是从服装的外观、内在性能看，还是从服装的功能和对面辅材料的性能要求看，服装面辅材料都是服装最重要的物质基础。

服装构成的三要素（色彩图案、款式造型、面料质地）离不开服装面辅材料。服装色彩是落在面辅材料上的，面辅材料的质感直接影响着服装的色彩感觉，并变化和丰富着服装的色彩；服装的款式是靠面辅材料支撑和塑造的，现代服装多变的款式造型，需要面辅材料的种类和性能不断多样化，不断进步和变化着的服装面辅材料才是现代服装款式变化的坚实基础；面料本身的质感变化，更给服装带来了无与伦比视觉享受，华丽的、神秘的、前卫的、太空的、宏观的，各种对服装的遐想、感觉，都需要变化面辅材料来实现，离开服装面辅材料，服装就不能称为服装，服装设计师就变成了“难为无米之炊”的巧妇。

（二）材料进步服装才能进步

综观历史，无论是服装面辅料还是服装的发展，都和当时的生产力水平有着密切的关系，和人类社会的发展有着紧密的联系。

出于人类原始的需求——御寒蔽体，出现了人类最早的“服装”。那时人类只能寻找身边能够包裹身体的材料，披挂于身，作为保暖护身之用；在生产力十分低下的原始社会，人类逐步学会了简单的纺织生产，采集野生的纤维材料，搓绩编织，以供服用；随着农牧业的发展，人工培育的纺织原料渐渐增多，加工服装材料的工具和方法也由简单到复杂不断发展，服装材料开始丰富，材料的性能也开始完备起来。

服装材料的原料、加工方式、材料性能决定着服装的形式。用粗陋硬糙的服装材料，只能制作结构简单、形式原始的服装。比如，人类最古老的服装是腰带，是用麻纤维和草编织而成的，可以悬挂武器等必需物品，装在腰带上的兽皮、树叶以及粗糙的编织物，就是早期的裙子，谈不上式样，谈不上柔软，谈不上悬垂性。随着服装材料的发展，服装的形式才开始多样，开始复杂起来。直到有了柔软、细薄的织物，才制作出了各种轮廓、各种造型式样的服装，服装的变化和发展才成为可能。可以说，服装材料制约和推动着服装的变化与发展。

（三）服装需求推动材料进步

随着社会的发展，人类文明程度的提高，人类自身对服装的要求，也推动着服装材料

的快速发展。比如，由于人类对服装材料的大量需求，出现了化学纤维材料；现代人出于健康和保健的需要，对织物提出抗菌、防臭、增强人体微循环等要求；鉴于安全的需要，人们对服装材料提出了阻燃、抗静电等要求；为了收藏和保存的需要，对服装材料又提出了防蛀、防霉、防腐的要求。也正是由于现代生产力和科技的发展，使得这些要求能够成为现实，推动了服装材料的发展。特别是化学纤维的问世，使人类的服装材料进入了一个全新的领域。今天的服装材料已大大超越传统的棉、毛、丝、麻的范畴，以日新月异的发展速度，丰富着人们的着装，以其卓越的性能、多姿多彩的面貌，满足着人们日益增长的物质和精神文明的需要，推动着整个社会的发展进程。

当代人的生活方式与前大不相同，着装观念也随着发生了巨大的变化。除了穿暖、穿好、穿舒服之外，服装有了更细的“分工”，在家有“居家服”，外出有“逛街服”，上班有“职业服”，洗澡有“浴衣”，打拳做操有“运动服”，跳舞唱歌有“娱乐服”，参加宴会有“礼服”，爬山郊游有“旅游服”等。不同的服装对材料的要求各不相同，这就需要有不同原料、不同色彩、不同质感、不同风格、不同性能、不同特点的服装材料与之相适应，促进了服装材料的繁荣和发展。而每当一种崭新的服装材料问世，同样推动着服装的更新和发展。

（四）科学技术保证材料进步

近年来，服装材料的发展有目共睹，每年都有新面料出现，有的是天然纤维材料改进了性能，全棉能抗皱，羊毛能机洗，真丝不褪色，亚麻手感软；有的是化学纤维又出新品种，新合成纤维的开发，弹力纤维的运用，纤维素纤维的升级，微纤维进入市场，远红外涤纶纤维的开发；有的是新工艺出新产品，阻燃技术的产品，高技术防水透湿织物，各种新型复合纺织材料，防静电除尘织物，各种涂层工艺面料。层出不穷的现代科技带来的新材料、新产品，使现代服装的功能大大增强，面貌焕然一新。

第二节　服装设计与面辅材料设计

一、服装设计与面辅材料设计概念

（一）服装设计

服装设计是指以服装为对象，对整个着装状态进行创造性设计的过程。服装设计是服装功能、服装材料、设计技法的统一。就当前而言，服装设计是服装设计师担负和需要完成的工作。

（二）面辅材料设计

服装面辅材料设计是设计师根据服装功能的要求，选择合适的原料、纱线、织物和后整理工艺，设计生产符合服装要求的、具有创新面貌和最佳性能的产品的工作。服装面辅材料的设计，就传统的模式而言，是由面料设计师担当和完成的工作。

二、服装设计与面辅材料设计关系

（一）服装是面辅材料设计的最终产品

服装面辅材料设计的成败，不是所设计的面辅材料好不好看，耐不耐用，舒不舒服，高不高档，而是对设计的服装来说合不合适，是否达到了服装功能的要求，服装是服装面辅材料的最终产品，将服装面辅材料做成服装穿在身上才有价值。

比如，为医院医护人员设计的防护服，面辅材料的设计必须对疾病病毒有隔离或杀灭的作用，否则，再好看、再新颖的面料都不是防护服的理想面料。反之，再好的防护服装面料不做成相应专业的服装，其特有的功能和价值就不复存在。

同样，为孕妇设计的防辐射服装，面辅材料的设计必须对电磁场、电辐射有阻断作用，并且色彩图案等外观风格要符合年轻人的穿着要求，这样做成的服装才会受到年轻准妈妈们的喜欢。准妈妈们穿上防护服，面辅材料上的特殊功能才得以发挥作用。

（二）面辅材料设计要满足服装的要求

服装是满足人们需求的最终产品，服装面辅材料是服装能够满足需求的条件、基础。以服装的需要选择材料，以服装的需要设计服装面料，是比较合理和科学的设计方法。

比如居家服，是在和睦温馨的居室里穿着的，居家服的设计要体现自然、温暖、舒适、和悦、本色和洁净的风格，要适合“生活的港湾”这样一个环境格调。因此，它对材料的要求必然是色彩温和悦目、图案朴素自然、手感柔和亲切、质地轻暖松软、穿着舒适随意等，材料的设计就要围绕这些要求进行。而礼服的设计，要着重突出着装者的气质和风度，甚至是身份和地位，与着装的环境相协调。因此，其材料的设计偏重于对外观的苛求，特别是色彩、图案、质感等外观风格，都依不同的对象有不同的要求，有的追求华美亮丽，有的表现高雅端庄，有的崇尚绅士风度，有的烘托喜庆气氛等。款式的特殊性还要求材料具有一些特别的质感和风格，而内在的性能要求则次之，因此，材料的设计就要想方设法达到这些难度较高的外观要求。

（三）服装设计师应参与面辅材料设计

服装设计师设计的每一件服装，对面辅材料的具体要求，他们是最清楚、最明白也是理解最深刻的，因为，这是他们在设计服装时首先考虑的问题。

因此，服装设计师参与服装面辅材料的设计，是顺理成章的，是科学合理的。

三、目标设计法

（一）目标设计法的概念

根据穿着服装的目的和功能来要求面辅材料的性质和种类，由服装设计确定面辅材料的设计方案，是目前世界上普遍运用的设计方法，称为目标设计法。

在目标设计法中，一切从服装的特点与需求出发，进行全方位设计。首先要考虑所设计服装的功能，以及要求相应的面辅材料必须具备的性能；其次考虑所设计的款式对面料的色彩、图案、质地、手感的要求；另外，还要考虑服装流行性因素对面辅材料的要求等。

（二）目标设计法的程序

由服装设计要求来确定面辅材料的设计，有目的地选择采用的原料、加工工艺、面辅材料规格、组织结构、整理工艺等，一切围绕最终产品——目标服装的要求进行，满足目标服装的需求。然后再在既定面辅材料的基础上进行服装的造型设计、结构设计、工艺设计，完成服装的整体设计。目标设计法设计的程序是从服装到面辅材料，再由面辅材料到服装的全方位设计过程，如图1–2所示。

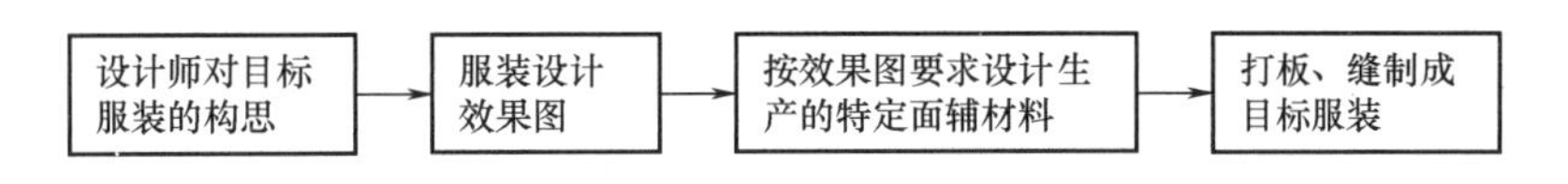

图1–2　目标设计法的设计程序

（三）目标设计法的特点

目标设计法的特点是能够最准确地再现设计师的设计思想，直接有效地实现设计师的设计方案，把面料设计和服装设计合为一个整体，有利于服装功能的发挥，有利于面辅材料物尽其用，有利于个性服装的诞生，有利于服装和面料的共同进步。

目标设计法是当前比较合理和科学的服装设计方法，为世界上大多数服装设计师所采用。一些著名的服装设计师都有自己的面料设计工厂和专门的面料设计师；从事服装设计的公司也都是自行设计面料，完成服装的全面设计。目标设计法也已为我国服装设计师所采用。

如一组以“月亮”为主题的服装展示，该主题设计了统一的、凹凸不平的月球图案，在薄型的面料上用印花的方式将图案不规则地印在面料上。在厚型的绒面织物上，用压烫的方式将月球图案立体地展现出来；在包袋上、在披肩上、在不同的面料上用不同的工艺制作月球的图案，使整组服装主题突出，面料多样，效果十分出彩。

（四）服装设计从面料设计开始

在设计服装的同时设计面料，对目标服装进行全方位设计，把面料设计作为服装设计的一部分，扩展了服装设计师的设计范围，有了更大的设计空间，同时也对服装设计师提出了更高的要求。了解服装面辅材料，懂得面辅材料的设计环节，知晓不同环节对服装性能的影响，才能真正做到服装设计从面料开始。

四、材料应用设计法

（一）材料应用设计法的概念

材料应用设计法是根据服装面辅材料的性能和特点来设计服装的方法。

（二）材料应用设计法的局限

用材料应用设计法设计服装，设计师的创造性受到了限制，服装的设计只能在现有面料的条件下进行，设计师根据对面料性能、特点的了解，进行服装设计的再创造。

面料的设计则是根据现有原料、生产条件、生产技术可能性等情况开展，以生产力的水平为依据，以社会需求的共性特点和普遍的适应性为方向，缺乏目标服装需求的直接引导，很难设计出性能独特、个性色彩强烈的服装面料，不利于服装材料的创新与发展，从而影响服装设计。

（三）材料应用设计法的特点

材料应用设计法并不是不能设计出优秀的作品，而在于服装设计师对面辅材料的深刻了解和巧妙运用，在于设计师再创作能力的发挥。有的面辅材料看似普通，但在设计师手里却同样能演绎出非凡的作品，创作出多姿多彩的服装风格。只是设计师原本对服装的构思、想法、创新、思考和创造力将受到很大程度的制约。

五、设计现状与发展方向

我国现有的服装设计方法是以材料应用设计法为主，并逐渐向目标设计法的方向发展。我国某著名服装品牌也已创建了自己的面料设计生产企业，服装设计师们也在向“服装设计从面料设计开始”的方向进行努力。

服装设计师正在积极主动地学习面辅材料知识，参与面辅材料的构思和设计；材料设计师也深入市场调研，配合流行服装的功能要求，按服装的需要设计和开发新产品；并在服装设计和面辅材料设计之间架起互相沟通的桥梁，形成有利于服装设计的新局面。

思考题

1. 思考服装设计师为什么要学习面辅材料知识。

2. 服装面辅材料对服装设计的成功有什么作用？

3. 服装面辅材料的进步依靠的是什么？

4. 服装设计师应该参与面辅材料的设计吗？需要做好哪些准备？

5. 试想，设计一款服装（如小学生春季校服或白领职业装），说出对该服装面辅材料性能的要求，包括外观和内在性能。

6. 你认同目标设计法吗？实现目标设计法要具备哪些条件？

7. 想象今后的服装材料是什么样的？要敢于构思想象，不断发展的科学技术一定能帮助你实现愿望。

理论知识及专业知识——

纺织服装面辅材料构成

教学内容： 1. 纺织纤维的种类，不同纤维原料的性能，新颖纺织纤维的作用，纤维原料对服装性能的影响。

2. 纺织纱线的形成过程，纱线的细度、捻度与捻向，纱线的形态，纱线的设计与变化，纺织纱线对服装性能的影响。

3. 机织物的组织、规格，机织物的设计要点和变化；针织物的种类、组织、参数；非织造布的种类、优势、发展及对服装的影响。

4. 织物后整理的作用，主要整理方法、整理工艺，整理原理和效果，新工艺的诞生和发展，织物后整理对服装性能的影响。

建议课时： 24课时。

教学目的： 学习纺织产品构成环节的相关知识，了解每一环节对服装外观和内在性能的影响，形成服装面辅材料的设计思路。真正懂得如何去认识、分析、掌握服装面辅材料为服装设计服务。

教学方式： 理论教学为主，穿插课内实训内容。

教学要求： 1. 掌握纺织纤维的种类，了解不同纤维的性能特点及变化。

2. 学习纺织纱线的度量、工艺、形态及对面辅材料的影响。

3. 掌握不同织物的织造方式、结构、组织、规格等，以及它们的性能特点。

4. 了解不同后整理方法，及对面辅材料外观和内在性能带来的变化。

第二章　纺织服装面辅材料构成

第一节　纺织纤维

一、纺织纤维概念

（一）纤维

人们通常把长度比直径大千倍以上（直径只有几微米或几十微米）且具有一定柔韧性能的纤细物质统称为纤维，如棉纤维、麻纤维、玻璃纤维、毛发纤维等。

（二）纺织纤维

纺织纤维是指具备纺织产品基本条件的纤维原料。

原料纤维要经过开松、梳理、牵伸、加捻、整经、织造、整理、拉幅等纺、织、整的各道工序制织成纺织产品，再经过摊料、裁剪、缝纫、整烫等服装制作工序制作成各类服装。穿戴在人体上要满足人体运动时拉伸、摩擦、屈曲，以及保暖、覆盖、舒适、美观等各方面的要求，因此，纺织纤维必须具备以下基本条件。

（三）纺织纤维必须具备的条件

（1）具有一定的力学性能

（2）具有一定的细度和长度

（3）具有一定的弹性和可塑性

（4）具有一定的隔热性

（5）具有一定的吸湿性

（6）具有一定的化学稳定性

（7）具有一定的可纺性

二、纺织纤维分类

纺织纤维种类很多，而且人们还在不断地探寻新的、更好的纺织纤维原料。但是，我们还是可以根据纺织纤维的来源或属性，对其进行分类，便于更加直观和全面地掌握纺织纤维原料。

（一）常用纺织纤维成分

常用纺织纤维成分见表2–1。

表2-1 常用纺织纤维成分

<table>
<tr><td colspan="6">纺 织 纤 维</td></tr>
<tr><td colspan="3">天 然 纤 维</td><td colspan="3">化 学 纤 维</td></tr>
<tr><td>植物纤维
（纤维素纤维）</td><td colspan="2">动物纤维
（蛋白质纤维）</td><td colspan="2">再生纤维
（人造纤维）</td><td>合成纤维</td></tr>
<tr><td rowspan="2">种子纤维：棉花
韧皮纤维：亚麻、苎麻
叶纤维：剑麻</td><td>丝纤维</td><td>毛 纤 维</td><td>再生纤维素
纤维</td><td>再生蛋白质
纤维</td><td rowspan="2">涤纶（聚酯纤维）
锦纶（聚酰胺纤维）
腈纶（聚丙烯腈纤维）
维纶（聚乙烯醇甲醛纤维）
丙纶（聚丙烯纤维）
氯纶（聚氯乙烯纤维）
氨纶（聚氨酯弹性纤维）</td></tr>
<tr><td>蚕丝：
桑蚕丝
（真丝）
柞蚕丝</td><td>绵羊毛
山羊绒
（开司米）
兔毛
骆驼毛
马海毛
羊驼毛
牦牛毛</td><td>黏胶纤维
铜氨纤维
醋酯纤维
天丝（tencel）
莫代尔（modal）</td><td>牛奶丝
（酪素）
大豆丝
花生丝</td></tr>
</table>

1. 天然纤维

天然的纺织纤维是指自然界存在和生长的，具有纺织价值，可直接用于纺织的纤维原料。目前，最常用的天然纤维有棉、麻、丝、毛等。

2. 化学纤维

化学纤维是指用天然或人工高分子物质为原料加工制成的各种纤维原料。化学纤维可根据原料来源的不同，分为再生纤维和合成纤维等。

3. 区别

天然纤维与化学纤维最大的不同是，天然纤维的形态相对比较固定、单一；化学纤维的形态则丰富多变。

因为天然纤维是“长出来”的，受自然条件制约较多，变化有限；化学纤维是“做出来”的，所以在一定的技术条件下，可以按照人的意愿，较为方便地变化其长度、细度、截面、外观等，使服装更加丰富多变。

（二）纺织纤维性能对比

1. 天然纤维性能特点

天然纤维一般吸湿性很好，穿着舒适透气，不易产生静电，水洗会收缩，会霉蛀，强力不如合成纤维，不具有热塑性能，不能一次定型。

（1）植物纤维性能特点：密度比较大，感觉重；弹性比较差，容易皱；耐碱不耐酸，一般洗涤剂都适用；在湿热的条件下易霉。

（2）动物纤维性能特点：密度比较小，感觉轻；弹性（干态下）比较好，不易皱，特别是羊毛，急弹性和缓弹性都很好；耐酸不耐碱，洗涤时应选用中性或弱酸性的洗涤剂；在不够干净的环境中易被虫蛀。

2. 化学纤维性能特点

再生纤维和合成纤维都是用化学的方法加工制成的，所以形态丰富多变。但是它们的原料来源不同，纤维性能不同。

（1）再生纤维性能：再生纤维的原料取自自然界的纤维素和蛋白质，因此它的性能接近于天然纤维，如其吸湿性能好，具有较好的穿着舒适性但不具有热塑性能等。

（2）合成纤维性能：合成纤维是由合成的高分子化合物制成，它们表现出一些特有的共性，如强度大、弹性好、不霉不蛀、摩擦易产生静电、易沾污等。合成纤维与天然纤维比，性能上最大的不同是吸湿性差，具有热塑性能。

三、常见纺织纤维

（一）棉纤维

棉纤维是除去棉籽的纤维，称皮棉或原棉，是纺织的重要原料。根据纤维的粗细、长短和强度，原棉一般可分为以下三类。

（1）长绒棉。长绒棉又称海岛棉，是一种细长、富有丝光、强力较高的棉纤维，是纺制高档和特种棉纺织品的重要原料。

（2）细绒棉。细绒棉又称陆地棉或高原棉，是一种用途很广的天然纺织纤维，在世界上种植最广，产量最多，我国90%以上种植的都是细绒棉。

（3）粗绒棉。粗绒棉又称亚洲棉，是我国利用较早的纺织纤维。粗绒棉纤维粗、长度短、弹性好，适宜做起绒纱，制织绒布类织物或絮棉等。

（二）麻纤维

麻纤维是从各种麻类植物中取得的纤维，包括韧皮纤维和叶纤维。麻纤维是人类最早用来衣着的纺织原料之一。麻纤维的品种很多，经常用于服装纺织原料的有苎麻、亚麻、黄麻、大麻、罗布麻、剑麻等。

（1）苎麻。苎麻是麻纤维中最为优良的纺织原料。苎麻纤维比较粗，长度比较长，因此可纺纱线较细，是较为高档的麻织物原料。苎麻纤维可纯纺也可混纺，与涤纶混纺的麻涤布，制作夏季服装，有质轻、凉爽、挺括、不贴身、透气性好、便于洗涤等特点。苎麻纤维手感较硬，成纱毛羽较多。

（2）亚麻。亚麻也是麻纤维中最为优良的纺织原料。亚麻纤维的长度较苎麻纤维短，而细度较苎麻纤维细。亚麻纤维手感比棉纤维粗硬，但比苎麻纤维柔软。优良的亚麻纤维织物是非常高档的纺织品。亚麻纤维有纯纺和混纺，通常与苎麻、棉花和化学纤维混纺，是非常优良的服装用料，也是抽绣或绣花服装的面料。

（3）其他麻纤维。除了运用最多的苎麻和亚麻纤维之外，用于服装材料的麻纤维还有罗布麻、黄麻、大麻等。罗布麻纤维较柔软，而且有保健价值；黄麻、槿麻等纤维较粗，但吸湿透气性好，宜作包装材料；大麻除了与黄麻混纺作包装材料外，有些国家也将其开发成服装面料。

（三）丝纤维

天然纤维中的丝纤维是指蚕丝纤维，蚕丝纤维是天然纤维中唯一的长纤维，一般长度可在800～1100m之间。它们是绸缎的主要原料。蚕丝纤维来源于柞蚕、桑蚕、蓖麻蚕、木薯蚕等，以桑蚕质量最好。

（1）桑蚕丝。桑蚕属于家蚕。在我国杭嘉湖一带养殖桑蚕有着悠久的历史。

桑蚕丝又叫真丝，属于高档纺织原料。根据加工方法的不同，可分为生丝和熟丝两种。生丝硬，熟丝软。生丝是未经精炼的丝，也就是缫丝后不经过任何处理的丝。用土法缫的丝称土丝（已基本淘汰）；使用改进方法（半机械化）缫的丝称工农丝。工农丝是杭纺、绍纺、杭罗、绍罗的原料；使用完善机械设备缫的丝称厂丝，厂丝质量较好，粗细均匀，光泽度好。熟丝是指经过精炼以后的丝。

（2）柞蚕丝。柞蚕是野蚕，以柞树叶为食。我国以辽宁、山东、河南、贵州四省为主要产地，是世界著名产地，年产量占世界总产量的90%。柞蚕色为黄褐色。这种褐色色素不易除去，因而难以染上漂亮的颜色，以致影响了使用价值。

（3）双宫丝。双宫丝是用双宫茧缫制的。双宫茧是两条蚕同做一个茧，两根丝头错乱地绕在一起，抽出的丝松紧不一、粗细不一，丝上面有许多小疙瘩，但正是由于这种缺点，反而使这种丝织品面料厚重，别具风格，很受国内外市场的欢迎。

（4）绢丝。绢丝是以蚕丝的废丝、废茧、茧衣等为原料，加工成短纤维，再用纺纱工序纺成纱线。绢丝光泽优良，粗细均匀，强力与伸长度都较好。由于是用短纤维纺织而成的，丝条内空气多，保暖性能好，吸湿性也好，适宜作睡衣面料等，其缺点是多次洗涤后易发毛。

（5）䌷丝。䌷丝比绢丝差一些，是以绢丝纺剩下的下脚丝、蛹衬为原料纺纱而成的。这种原料蛹屑多、成纱粗细不均匀，光泽差，但风格粗犷，手感柔软。在回归自然风格流行时，䌷丝织物受到了人们的青睐。

（四）毛纤维

毛纤维是指从各种动物身上获取的毛发，可以用来进行纺织的纤维原料。天然毛纤维包括绵羊毛、山羊绒（开司米）、骆驼毛（绒）、牦牛毛（绒）等。服装面料中用得最多的是绵羊毛和山羊绒。

（1）绵羊毛。羊毛在纺织上常指绵羊毛。绵羊毛产地遍布世界各国，通常按细度和长度分成细羊毛、长羊毛、杂交种毛、粗羊毛等几类。其中以细羊毛——澳洲的美利奴羊毛最细，质量最好，其直径在25μm以下。细羊毛毛质均匀，手感柔软而有弹性，光泽柔和，毛丛长度50~120mm，卷曲密而均匀，纺纱性能优良。我国以新疆绵羊毛质量最好。

（2）山羊绒。山羊绒又称开司米（英文音译名），是从绒山羊和能抓绒的山羊体上取得的绒毛，是一种贵重的纺织原料。山羊绒纤维直径比细羊毛还细，我国山羊绒平均直径在14.5~16μm，平均长度为35~45mm。山羊绒大部分产于我国内蒙古、新疆、辽宁、陕西、甘肃、山西、宁夏、西藏、青海等地，年产量占世界总产量的50%左右，居世界首位，质量也最佳。山羊绒纺制的产品主要具有细、轻、软、暖、滑等特点，生产的纺织品如羊绒衫、羊绒大衣呢、羊绒花呢等，都是高档贵重的商品，大量出口，深受国际市场的欢迎。

另外，马海毛、羊驼毛等也都是非常优秀的毛纤维，常用于针织毛衫、大衣等服装。驼毛保暖性好，多用于冬季服装的填充物。

（五）再生纤维

再生纤维是指用纤维素和蛋白质等天然高分子化合物为原料，经化学加工制成高分子浓溶液，再经纺丝和后处理而制得的纺织纤维。再生纤维可分为再生纤维素纤维和再生蛋白质纤维两大类。再生纤维素纤维的主要产品是黏胶纤维，此外还有铜氨纤维、醋酯纤维等。环保型的再生纤维素纤维有天丝和莫代尔。再生蛋白纤维又称人造羊毛，品种较少。

新颖的针织内衣原料——牛奶丝，是人造蛋白纤维的一种。

（1）黏胶纤维。黏胶纤维是人造纤维的一个主要品种，是以天然纤维素棉短绒、木材等为原料制成的。根据纤维的不同形态，有人造棉、人造毛、人造丝等。黏胶纤维手感柔软、光泽好；吸湿透气性能佳；色彩鲜艳色谱全。但是，容易折皱弹性差，湿强较低不耐洗，耐酸耐碱略逊于棉。

（2）天丝纤维（Tencel）和莫代尔（modal）。天丝纤维是环保型的再生纤维素纤维品种，以木材为原料加工制成，生产中化学剂的回收率可达99.9%，把生产过程中对环境的污染降到了最低。织物的抗皱性能和强力，较原产品都有很大提高。

莫代尔也是环保型再生纤维素纤维，在生产过程中对环境的污染较低，织物的抗皱性能和强力较原产品有所提高。

（六）合成纤维

合成纤维是指用人工合成的高分子化合物为原料，经纺丝和后加工而制得的化学纤维。服装中用得最多的合成纤维是涤纶、锦纶、腈纶。氨纶作为新颖的弹性纤维，在合体服装中应用得较多。合成纤维的主要品种有涤纶、锦纶、腈纶、维纶、丙纶、氯纶、氨纶等。

（1）涤纶。涤纶的学名为聚对苯二甲酸乙二酯，简称聚酯纤维。涤纶是我国的商品名称，国外有称达克纶、特丽纶、帝特纶、拉夫桑等。

涤纶是1953年开始在世界正式投入工业化生产的，在合成纤维中还是比较年轻的品种，但由于原料易得，性能优异，用途宽广，发展非常迅速，现在的产量已居化学纤维的首位。

涤纶最大的特点是弹性好，它的弹性比常用的任何纤维都强，所以，涤纶织物平整、挺括，不易变形，有免烫的美称。涤纶的强度和耐磨性也较好，由它纺织的面料，牢度比其他纤维高出3～4倍，服装坚牢耐穿。涤纶的耐热性也较强。将它放在100℃温度下经过20天后，强力丝毫无损；在130℃高温下经80天试验，强力仅下降25%。涤纶的熨烫承受温度为150℃以下。涤纶具有较好的化学稳定性。在正常温度下，都不会与弱酸、弱碱、氧化剂作用。如果用37%的浓盐酸与其作用六周，纤维强力仍无损失。但在强碱的作用下，尤其是在高温和较长的时间下，会引起涤纶的分解。不过这种作用是从纤维表面逐步向内进行的，内部不会受到显著的损伤。

涤纶由于表面光滑，内部分子排列紧密，分子间又缺少亲水结构，因此，吸湿性差，回潮率仅为0.4%，由它纺织的面料穿在身上发闷，不透气。另外，由于纤维表面光滑，互相之间的抱合力差，经常摩擦之处易起毛起球，而且起毛之处易藏污垢；一旦污物渗进织物内部很难洗净，要经常洗涤。

（2）锦纶。锦纶是我国的商品名称，它的学名为聚酰胺纤维，由于酰胺分子的结构不同，产品也有不同，如有锦纶-66，锦纶-1010，锦纶-6等。锦纶在国外的商品名又称尼龙、耐纶、卡普纶（隆）、阿米纶等。

锦纶是世界上最早的合成纤维品种。由于性能优良，原料资源丰富，一直是合成纤维产量最高的品种。直到1970年以后，由于涤纶的迅速发展，锦纶才退居合成纤维的第二位。

锦纶的最大特点是强度高，耐磨性好，它的强度及耐磨性居现有合成纤维之首。据测：它的耐磨性能是羊毛的20倍，棉花的10倍，与黏胶纤维相比，干态时是黏胶纤维的10倍，湿态时则比黏胶纤维高140倍。它的强度很突出，如用锦纶丝拧成手指粗的绳子，可将一辆满载货物的4吨汽车吊起来。将它和黏胶纤维混纺，如同水泥中加钢筋一样牢固。由此可见其强度之高。

它的缺点与涤纶一样，吸湿性和通透性都较差，回潮率为4%，干燥环境易产生静电。短纤维也易起毛起球，易藏污物，不过洗涤易净，干得快。此外，锦纶的耐热、耐光性也不够好，由其制作的服装易变色、发灰、发黄，不如涤纶漂亮。锦纶的熨烫承受温度应控制在140℃以下。同时，锦纶保形性差，用其制成的衣服不如涤纶挺括，易变形。

（3）腈纶。腈纶是国内商品名，其学名为聚丙烯腈纤维，是合成纤维中问世较晚的品种，国外称奥纶、考特纶，特拉纶等。

腈纶纤维外观为白色，卷曲、蓬松，手感柔软，酷似羊毛，多用来和羊毛混纺或作为羊毛的代用品，故又被称作合成羊毛。

腈纶的耐光性是化学纤维中最好的一种。天然丝和黏胶丝日晒300h，强度损失75%；棉花日晒500h，强度损失74%；而腈纶日晒1000h，强度损失不超过20%。腈纶织物颜色鲜亮，且不易褪色。腈纶的密度为1.14～1.17g/cm^3，比羊毛轻10%，比棉花轻20%，质地轻而牢固。腈纶的弹性和保暖性都非常好。它的弹性接近于羊毛，保暖性比羊毛还高15%。腈纶对无机酸、弱酸具有一定的抗性；由腈纶制织的面料，在加工服装时褶裥保持性能好，挺括。

腈纶的耐磨性是合成纤维中较差的一种，腈纶衣服的褶裥处易磨损和断裂；腈纶的吸湿性不够好，回潮率为2%，但润湿性却比羊毛、丝纤维要好。腈纶的熨烫承受温度在130℃以下。

（4）维纶。维纶的学名为聚乙烯醇缩甲醛纤维，也是合成纤维中问世较晚的品种，国外有维尼纶、维纳纶等称谓。

维纶洁白如雪，柔软似棉，因而常被用作天然棉花的代用品，人们称它为合成棉花。维纶的吸湿性能可高达5%（棉花为7%～8%，而涤纶只有0.4%），它是合成纤维中吸湿性能最好的。其次，它的耐磨性、耐光性、耐腐蚀性都较好。

维纶为皮芯结构（像铅笔的木芯层一样），横截面为腰子形，由于其存在着皮芯层结构，因而给染色带来较大的困难。它的回弹性较差，故由它生产的面料易产生折皱。另外，维纶还有一个较大的特点：耐干热性强，耐湿热性极差。在干热的环境下，温度高达150℃时，将维纶纺织面料处理2h，强力不受影响；当把它放在80℃的水中，维纶强力下降60%，水温超过110℃，面料就会发硬、变形，目前维纶产品在服装中应用极少。

（5）丙纶。丙纶的学名为聚丙烯纤维，国外叫帕纶、梅克丽纶。丙纶是合成纤维最年轻品种之一。

丙纶的密度为0.90～0.91g/cm^3，比水还小。它具有较高的回弹力，在伸长5%时，其弹性恢复率可达96%～100%，因而有丙纶成分的面料挺括而富有弹性。此外，它还具有良好的保暖性、抗水性、耐腐蚀性。

由于丙纶分子中无亲水结构，所以它的吸湿率极小，在标准状态下（温度20℃，相对湿度65%），几乎不吸湿，丙纶的回潮率为0，但具有较好的导湿性能。用丙纶制作的衣服不透气，穿着时感到闷热，但织品缩水率小，易洗、易干。

丙纶的耐光、耐热性都较差，熨烫温度不宜超过100℃；丙纶的手感也较差，而且不易染色。丙纶在服装中应用较少，常应用在填充物和地毯中。

（6）氯纶。氯纶的学名为聚氯乙烯纤维。我们日常生活中接触到的塑料雨披、塑料鞋等大都属于这种原料。氯纶由于在我国云南首次试制成功，因而也称为滇纶，国外有天美纶、罗维尔之称。

氯纶的优点较多，耐化学腐蚀性能强，易保存；导热性能比羊毛差，保温性强；电绝缘性较高，难燃。另外，氯纶还有一个突出的优点，就是用它织成的内衣裤可治疗风湿性关节炎或其他伤痛，而对皮肤无刺激性或损伤。因为，它的分子上无亲水结构，回潮率为0，这种内衣裤穿在身上，经多次摩擦产生静电，并逐渐积聚在衣物上，即使空气的相对湿度高达80%，电子仍难以流动，从而使电荷消失。由于静电的作用，纯纺氯纶织物服装对风湿关节炎起了相对的电疗作用。

氯纶的缺点比较突出，即耐热性极差。当水温在70℃时，纤维便开始收缩、软化，超过70℃时，衣服便会缩成一团，变硬。氯纶衣服只能在30～40℃以下的水温中进行洗涤。氯纶现在在服装中使用得较少。

（7）氨纶。氨纶学名为聚氨酯弹性纤维，是一种具有特别弹性性能的化学纤维，目前已工业化生产，并成为发展最快的一种弹性纤维。

氨纶与乳胶丝性质相似，延伸度可达500%～700%，回弹率在97%～98%，因而弹性优异。而氨纶强度却比乳胶丝高2～3倍，细度也更细，并且更耐化学降解。氨纶的耐酸碱性、耐汗、耐海水性、耐干洗性、耐磨性能等均较好，氨纶的回潮率为0。

氨纶在织物中的含量较少，一般为3%～12%。氨纶主要以包芯纱的形式存在于织物中，或者制成带氨纶的变形纱织造弹力面料，常见的有弹力牛仔裤、弹力内衣裤、弹力游泳衣、合体时装等；在机织、针织面料都中有应用，有合体舒展的穿着性能；在袜口、手套，针织服的领口、袖口，带类及宇航服中的紧身部分普遍应用。

四、新型纺织纤维

除了常用的纺织纤维之外，人们一直在尝试开发更好、更多的新型纤维原料来满足当代人对服装的需求。合成纤维服装最好能有天然纤维般的穿着舒适性能；天然纤维服装最好能像合成纤维那样挺括、不缩、不霉、不旧、不变形；还有外观新颖的纤维原料、环保的纤维原料、健康的纤维原料、特殊功能的纤维原料等，人们期盼着、创造着、研究着、开发着。服装要更新、要变化，要满足人们的期盼，面辅材料的进步是前提，而面辅材料要取得新型、奇特、优异的效果，必然离不开新型纤维的特殊性，特别是一些当代高科技纤维产品、差别化纤维和高功能纤维的开发。

（一）差别化纤维

所谓差别化纤维是指有别于常规纤维的各种纤维材料。这些纤维在形态、表面特征、内部结构、物理性能、力学性能和化学性能方面与常规纤维有显著的不同，且可以获得新的、更好的效果。

近年来，差别化纤维异军突起，发展迅速，特别在化学纤维领域中，所占的比例越来越大，作用也十分显著，受到了人们的关注。要了解新型的服装面辅材料，首先必须要了解差别化纤维。

1. **异形截面纤维**

（1）定义。异形截面纤维是指用异形喷丝孔纺制的非圆形横截面的合成纤维，如图2–1所示。

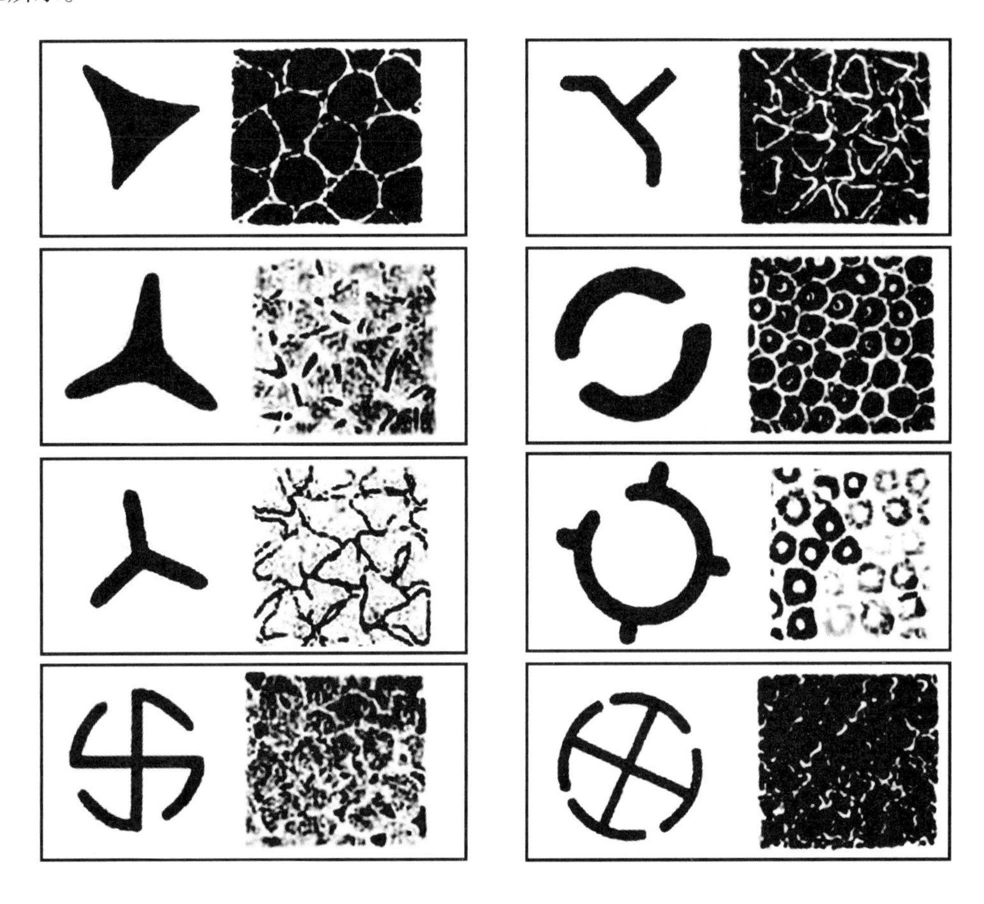

图2–1　异形截面纤维

（2）种类。目前异形截面纤维至少有数十种，如扁平形、三角形、多角形、三叶形、多叶形、H形、T形、L形、C形、哑铃形、菊花形、十字形、双十字形、椭圆形、单中孔、多中空、异形中空等。

（3）作用。异形截面纤维看似简单，效果却相当神奇。三角形截面纤维能使织物具有闪光、滑爽、弹性、挺括、抗皱、保暖、毛感；三叶形截面可以获得较好的抱合力，耐磨、蓬松、厚实感，且不易起球；五叶形和八叶形截面纤维具有光泽柔和、蓬松、抗起球、刚度大，透气好等效果；扁平形截面纤维平滑挺直，不易缠结，其织物有仿毛感，用在人造毛皮中作枪毛十分逼真；中空纤维则具有保暖、蓬松、厚实、质轻、手感糯、回弹好、毛感好等特点，但染色色浅，折磨差。

（4）应用。异形截面纤维常用于仿生织物中，如三角形截面纤维用于仿丝绸，五角形截面中空纤维用于仿毛，十字形截面纤维用于仿麻，豆形和扁杏仁形截面纤维用于仿马海毛，菱形和三角形截面纤维用于仿绢丝，多角形截面纤维用于仿亚麻，哑铃形截面纤维用于仿兔毛等，效果都非常好，与常规纤维相比有很大的进步。

（5）特点。异形截面纤维之所以有如此大的奇效，不仅在于截面形状的改变。实际上，它的直径、密度、抗弯刚度、覆盖能力、表面积和表面特点，以及它的光性能、热性能、蓬松性、透气性、摩擦特性、吸湿性、静电性能等都发生了变化，有的变化还相当显著。

2. 微孔型与多孔型纤维

（1）定义。微孔与多孔纤维是指使纤维表面形成无数微孔和多孔的合成纤维。

（2）作用。微孔与多孔纤维可以防止光的反射，使面料光泽柔和；可以增加光的吸收量，提高染色深度；可以吸收更多的水分，改善合成纤维的吸湿性。微孔多孔纤维的快干性和透气性较好，还可改善纳污、防静电等；充气微孔还有助于保暖，纤维的密度又小，因此，织物轻柔而保暖。

（3）应用。这一技术已运用于涤纶、腈纶等纤维上。

（4）特点。通过改变纤维的表面形态，使纤维获得外观和内在性能的变化，克服原有的不足，如光泽、颜色、吸湿等。

3. 细旦化纤维

（1）定义。细旦化纤维是指细旦和超细旦纤维，即单丝线密度分别为0.5～1.2dtex（0.44～1.11旦）和0.012～0.5dtex（0.011～0.44旦）的纤维。

（2）种类。细旦化纤维有长丝也有短纤。原料主要为聚酯和聚酰胺，也有聚丙烯腈和纤维素纤维等。

（3）作用。细旦化纤维抗弯刚度小，可以制织十分柔软、轻薄、悬垂性好的织物，如眼镜布、细旦毛巾、珊瑚绒、特别紧密、柔滑、细腻的风衣面料等。纤维比表面积大，具有优良的吸湿性能，细旦化纤维光泽柔和，质感细腻。

（4）应用。这类纤维现在广泛应用于细特高密织物、防水透气织物，以及仿真丝、仿麂皮等织物中。

（5）特点。细旦纤维织物具有丝绸般的柔软，手感滑糯，光泽柔和，织物覆盖能力优良和服装生理效果好等优点，但其抗皱性差，染色时染料消耗量大。

4. 复合纤维

（1）定义。复合纤维是指纺丝时单纤维内由两种或两种以上的聚合物或性能不同的同种聚合物构成的纤维。其亦称双（多）组分纤维或共轭纤维。

（2）种类。复合纤维的品种十分众多。

①按截面结构分，可分为双层型纤维和多层型纤维。双层型纤维包括：并列型、偏列型、皮芯型、偏心型；多层型纤维包括：并列多层型、放射型、多芯型、木纹型、嵌段型、海岛型、星云型等。几种常见的复合纤维截面如图2–2所示。

②按功能用途分，可分为自发卷曲纤维、分割纤维、自己黏着纤维、导电性纤维、光传导性纤维等。自发卷曲纤维用于编织物、被褥、地毯、长袜。分割纤维用于丝状编织物、极细纤维、人造麂皮、薄花呢、起毛织物、非织造布、人造皮革。自己黏着纤维用于非织造布、编织物、工业材料。导电性纤维用于地毯、编织物、工业材料。光传导性纤维用于光通信、光电子学、医学。

（3）作用。复合纤维既可兼有两种以上纤维的特点，又可获得高卷曲、高弹性、易染性、难燃性、抗静电性等功能。

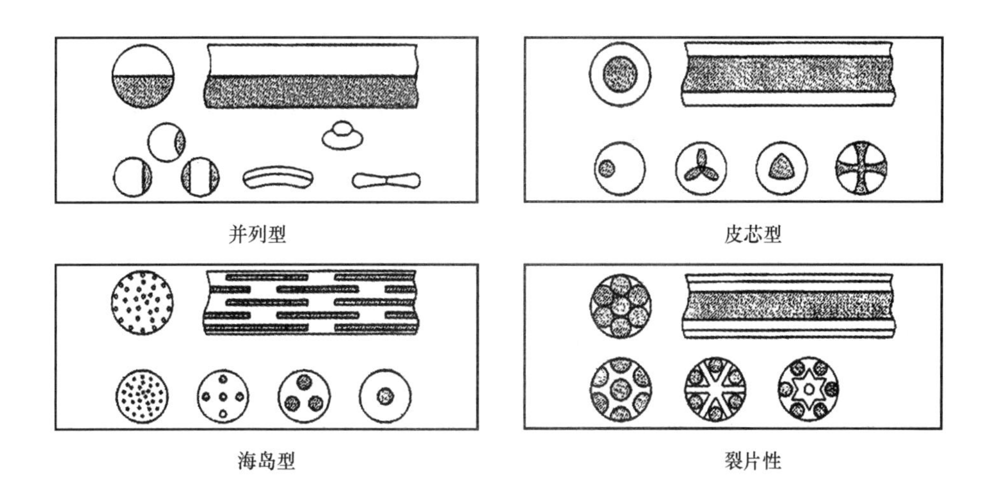

图2-2　复合纤维的截面图

（4）应用。复合纤维应用见表2-2。

表2-2　复合纤维的组成、结构、特征和用途

原料组成	纤维形态	截面结构	纤维特征和用途
涤纶/涤纶	短纤	并列	收缩率差异，立体卷缩，用于坐垫、絮棉等
		并列	收缩率差异，立体卷缩，用于羊毛混纺
	长丝	并列	收缩率差异，表面效果，用于细针距针织品
		并列	扁平截面，深色色调
锦纶/锦纶	长丝	并列	收缩率差异，有弹性，用于长袜
腈纶/腈纶	短纤	并列	收缩率差异，立体卷缩，用于针织、地毯
丙纶/丙纶	短纤	并列	收缩率差异，立体卷缩，用于尘垫、棉絮
	长丝	并列	收缩率差异，立体卷缩，用于短袜
涤纶/亲水性物质	长丝	共混	抗静电性
涤纶/锦纶	短纤	嵌段	缩绒效果，用于毛纺
	长丝	嵌段	极细纤维，用于人造麂皮
锦纶/氨论	长丝	并列	收缩率差异，弹性回复，用于袜子
涤纶/炭黑	短纤	海岛、皮芯、并列	导电性
锦纶/炭黑	长丝	海岛、皮芯、并列	导电性
腈纶/炭黑	短纤	海岛、皮芯、并列	导电性

（5）特点。由于两种组合成分的收缩率不同，产生卷曲，这种卷曲是自然的、立体的、永久性的，因而获得蓬松、弹性、柔软、保暖、仿毛感。皮芯型复合纤维易于获得阻燃、抗静电等效果。例如，锦涤复合丝，锦纶与涤纶两种丝并列复合后可染两种颜色，产生异色效应；皮芯复合后，手感柔软，易染色，又挺括。

5. 混纤丝

（1）定义。混纤丝也是一种复合丝，但单丝与单丝的复合是在纺丝、卷绕、拉伸、并捻和变形过程中实现的，以并列、皮芯、嵌段、有规则和无规则等形式复合在一起，呈双层或多层结构。

（2）种类。混纤丝的品种很多，它可以用不同组分原料，不同纤度，不同截面形状，不同收缩率，不同光泽、色泽，不同染色性能，不同捻度等纤维进行复合，还可以用几种不同方法进行组合，从而形成各种不同形状和特性的混纤丝。

（3）作用。混纤丝就是利用原丝具有不同组成、纤度、截面、光泽、色泽、聚合度、收缩率的复丝、变形丝或化纤纱，以各种形式进行合股、交捻而制成的花式丝。它们在纺丝、拉伸、变形、加捻和纺纱等加工过程中，可进行多种多样的变化。

（4）应用。混纤丝的花式有竹节丝、结子丝、交络丝、包芯丝、多层丝、圈圈丝、波形丝、黏合丝、烂花丝、螺纹丝、雪花丝、花色丝等。它品种多，变化多，风格特殊，为开发新的服装面料增添了一条新途径。

（5）特点。混纤花式丝不需经花式捻线设备，可以直接获得，以简化工艺。

6. 差别化可染纤维

（1）定义。差别化可染纤维是指改变一些合成纤维的染色性能，使之在与其他纤维混纺时，具有与其他纤维相同的染色性能；或单独染色时能适应较为简便的染色工艺。

（2）种类。差别化可染纤维主要指一些合成纤维，如涤纶、锦纶、腈纶、丙纶等。由于合成纤维可染性差，染色条件苛刻，因此，染色受到了限制。

（3）作用。差别化可染纤维可以扩大纤维的可染范围，能在常温常压下进行染色，并可采用一般的匹染加工，还可获得多色效应，使色织产品加工简单化。

（4）应用。目前已开发成功的差别化可染纤维有阳离子可染涤纶，常温常压可染涤纶，差别化可染锦纶，酸性染料可染腈纶、丙纶，常温盐基性染料可染涤纶等。

（5）特点。差别化可染纤维为一些难染合成纤维的混纺和染色创造了条件。

7. 高收缩纤维

（1）定义。高收缩纤维是指纤维的收缩率可高达30%～60%的纤维原料。

（2）种类。高收缩纤维目前有腈纶、涤纶等多种纤维。

（3）作用。这种纤维可获得蓬松、弹性、厚实、保温、轻暖、仿毛以及花式效应等性能，对改善和改变产品的风格极为有效，是开发新产品十分有用的原料。

（4）应用。它在膨体纱、仿毛织物、仿竹节纱、仿毛皮织物、毛圈织物、起绉织物、簇绒织物以及非织造布等织物中广为应用。

（5）特点。高收缩纤维的利用，可通过混纤、混纺、交并、交织等方式进行，可使原来比较紧实的纤维纱线变得蓬松、轻暖。

8. 改性纤维

（1）定义。改性纤维是指通过各种化学方法，改善纤维的某种性质，或者获得某种功能的纤维。

（2）种类。改性纤维一般以某种性能来分类，如可染性、耐热性、阻燃性、耐光性、耐氧化性、吸湿性、抗静电性、抗起球性、尺寸稳定性、防污性、防皱性等。

（3）作用。通过化学改性的方式，使染色困难的纤维变得容易染色；吸湿性差的纤维具有较好的吸湿性能；弹性差易皱的纤维能保持平整挺括的外观等。

（4）应用。改性纤维应用领域很广，在天然纤维和化学纤维中都有应用，针对纤维不够完善的性能用化学的方法进行改善。

（5）特点。对多种不足的纤维性能，都可以用化学的方法进行改善，使之更加符合服装的需要。

9. 多元差别化纤维

（1）定义。多元差别化纤维是指将不同的差别化纤维在几方面予以复合，使纤维的差别化效果更佳。

（2）种类。多元差别化纤维的种类很多，如有异形加异性、异形加异收缩、中空加微孔、异染加混纤、异形加复合、阻燃加收缩、异形加可染性等。

（3）作用。差别化纤维的多重组合，可以使纤维在多方面获得新的、不同的外观和内在性能特点。

（4）应用。各种差别化纤维，可进行多种组合。

（5）特点。多元差别化纤维可以说是新一代的纤维，可显著地改变产品的性能，是当今开发新产品的重要手段，在许多新产品中都有运用。

10. 天然差别化纤维

（1）定义。天然差别化纤维是指对天然纤维的差别化处理，使天然纤维一些不够完善的性能，变得完善，满足服装要求。

（2）种类。天然纤维差别化目前在羊毛纤维和棉纤维中应用较多。

（3）作用。天然纤维的差别化旨在克服自身的弱点，提高有关性能和功能，使天然纤维更适应现代服装的要求，并在与化学纤维的竞争中更具竞争力。

（4）应用。羊毛纤维可以进行多种改性，如乙酰化毛，可提高防霉防蛀能力；甲醛化毛可增加耐碱性、耐煮性和耐虫蛀性；氯化毛可降低缩绒性；超细卷曲羊毛也是通过改性加工技术制成的，其织成的织物轻薄、柔软、滑糯、细腻。

为了改善棉纤维性能，克服缺点，也可以对其进行改性。例如，乙酰化棉，改性后耐热性、耐气候性、防腐性得到了改善，但吸水性、可染性降低；氨基化棉，可改进染色性和洗晒牢度；羧甲基化棉，改性后吸湿、强度和染色性提高，还可取得防皱效果，但手感变硬；氰乙基化棉，可提高耐腐蚀能力、弹性、耐磨、耐热、抗酸性，染色性也有提高；乙二醇化棉，改性后提高了透明度和硬挺度；消晶化棉，可使棉纤维的伸长增加，吸水性和染色性提高；阳离子化棉，通过混纺、交织，可取得混色效果，并可匹染，缩短生产周期。

（5）特点。用化学的方法对天然纤维进行改性，使其获得像合成纤维的某些性能，如耐霉蛀性能、尺寸稳定性能、平整挺括性能、牢度和染色性能等。

（二）高功能纤维

高功能纤维又称高性能纤维、高技术纤维、工程纤维等。高功能纤维有别于一般性能纤维，它的某些性能指标显著地高于常规纤维。这些功能的获得与应用，涉及高水平的科学技术、边缘科学，因此，又叫高技术纤维。这些纤维主要用于工业、军事等特殊领域，所以常称为工业纤维或工程纤维。

事实表明，高功能纤维对发展高技术领域和军工产品有举足轻重的作用。高功能纤维是现代材料的重要组成部分。目前这些纤维不仅在工业、交通运输、建筑、农业、水利等方面得到广泛应用，而且在宇航、海洋开发、能源开发、医疗、体育等方面发挥了巨大的作用。

1. 高性能力学纤维

（1）定义。高性能力学纤维一般是指强度大、模量高、比强度高、比模量高，且耐磨性、耐疲劳性好，但拉伸度一般较小的纤维。

（2）例举。如美国的芳族聚酰胺纤维凯芙拉（Kevlar），强度比普通合成纤维高3～4倍，弹性模量则为普通合成纤维的10～20倍，且具有耐高温、膨胀系数低、尺寸稳定性好、耐化学品性能好等优点。

又如碳纤维，抗拉伸强度和弹性模量都非常高，而且在2000℃以上的温度下，强度和模量基本保持不变，可称超耐高温；在-180℃低温下，材料并不变脆，所以又耐低温；它的膨胀系数比钢小几十倍，比玻璃小百倍左右，实际上接近于零；它还有良好的导热性、导电性、化学稳定性等，但也有抗氧化性差、易折断等缺点。

（3）用途。这些纤维因有许多优异的特性，它在航天、海洋、建筑、冶金、化工、汽车、精密仪器、体育和医疗等各个领域都有极好的应用。

2. 耐高温纤维

（1）定义。高功能耐高温纤维需要具备下列条件：在高温下保持一定的力学性能；在高温下长时间使用裂解小；具备纤维材料的加工性能。一般认为耐高温纤维至少在150℃内无变化，300～350℃不软化，具有难燃、防火和耐热性，在空气中不熔融。

（2）例举。目前已开发的耐高温纤维有许多种，有芳族聚酰胺纤维，聚丙烯腈氧化纤维等，还有许多无机纤维，如碳纤维、石棉纤维、特种玻璃纤维、陶瓷纤维等。

（3）用途。耐高温纤维目前已广泛用于工业、交通、宇航、能源等领域，如耐热、隔热、保温用的填充料、炉芯、防火用布、防火服、防火帘、防护用品、高温过滤材料、消防员制服、航天用隔热用具等。

3. 电功能纤维

（1）定义。电功能纤维是具有导电功能的纤维材料，主要用于克服静电的困扰。普通纺织纤维都是不良导体，合成纤维具有憎水性，因而更易产生静电，引起各种障碍，给生产带来困难；更给面料使用时造成麻烦，容易吸附尘埃、沾污、起毛、爆炸等。在其他工业生产中问题更大，如在石油化工中易造成火灾、爆炸；在医药、电子及精密仪器制造中，因灰尘吸附或放电，易引起危害和元件破坏。为此，人们致力于研究抗静电的方法。导电纤维则是解除静电的重要途径。

（2）例举。导电纤维的种类很多，主要有四种：金属纤维，如不锈钢；金属电镀纤维，如镍、钢、铝等镀在涤纶、玻璃纤维的表面；含碳复合纤维，通过多种方式使纤维内含有碳；表面含金属化合物的纤维。一般纤维制品中只要混入少量的导电纤维，即可达到防静电的要求。

（3）用途。电功能纤维除了防静电外，还可作为发热体。近年开发的发热纤维，可用于抗寒服装、生活用品、保健医疗、被褥毯子等室内用品，还可用于保暖材料、建筑材料、农用苗床等，效果十分显著。

4. 分离功能纤维

（1）定义。具有超强分离功能的纤维。

（2）例举。纺织纤维是一种良好的过滤介质，过去采用一般的天然纤维或合成纤维，只能截留10 μm以上的粒子，目前采用微孔过滤、超滤和反渗透纤维，可以分离从0.001 ~ 0.1 μm的微粒。

（3）用途。分离功能纤维用途极为广泛，如水处理、包括海水淡水化、硬水软化、工业用水净化、制造超纯水和废水处理，以及各种废料回收、食品工业、医药工业、化学工业的过滤和分离等。

5. 其他高功能纤维

其他高功能纤维如光性能纤维、磁性能纤维、高化学稳定性纤维、高弹性纤维、可溶性纤维、吸附纤维等，可以说各有各的特异功能，它们的应用也相当奇妙。是新产品开发的秘密武器，也是值得我们密切关注的。

纤维的变化、发展真可谓出人意料，高功能纤维的开发，看似离我们普通服装相距甚远，但是它那优越的性能、惊人的发展速度，正在潜移默化地渗入普通的服装面料中。

专家预言，靠传统技术生产的纤维制品难以逾越的小障碍，往往能被高科技纤维轻而易举地突破；以往难以想象、闻所未闻的纤维面料，将成为服装面料的畅销品、抢手货。

五、不同纤维性能比较

在设计服装时，往往要从服装的用途、要求和所需的性能出发，选择合适的纤维材料，因此需要了解不同纤维性能的优劣、高低，以及与其他纤维的比较情况，以便取长补短，扬长避短，合理有效地选用。下面所示的是各纤维主要特性的排序，这些仅是定性的关系，比较直观和便于掌握。如要定量地了解具体数据，可以进一步查阅有关资料。

1. 密度

纤维的密度是指单位体积纤维的质量。它与服装的覆盖性和重量有关。排序为：丙纶＜氨纶＜锦纶＜腈纶＜维纶＜腈氯纶＜醋酯纤维＜羊毛＜蚕丝＜涤纶＜铜氨纤维＜麻＜黏胶纤维＜棉＜偏氯纶＜玻璃纤维。

2. 强度

纤维的强度是指纤维受拉伸以致断裂所需的力。由于纤维粗细不同，难以比较，因此用每特（纤维的细度单位）纤维能承受的最大拉力，也就是用相对强度来比较。排序为：麻＞锦纶＞丙纶＞涤纶＞维纶＞棉＞蚕丝＞铜氨纤维＞黏胶纤维＞腈纶＞氯纶＞醋酯纤维＞羊毛＞偏氯纶＞氨纶。

3. 伸长

纤维的伸长是指纤维被拉伸到断裂时，所产生的伸长值。反映的是纤维的变形性能。排序为：氨纶＞氯纶＞锦纶＞丙纶＞腈纶＞涤纶＞羊毛＞偏氯纶＞蚕丝＞黏胶纤维＞维纶＞铜氨纤维＞棉＞麻＞玻璃纤维。

4. 弹性模量

弹性模量是用来表示纤维受到拉伸力的作用产生变形的初始状态的指标，又称初始模量。弹性模量小，说明纤维易变形，用很小的作用力就能使纤维产生较大的变形；弹性模量大说明纤维要受到较大的作用力才开始产生变形。反映纤维硬挺或柔软的性能。排序为：麻>玻璃纤维>富强纤维>蚕丝>棉>黏胶纤维>氯纶>铜氨纤维>涤纶>腈纶>醋酯纤维>维纶>丙纶>羊毛>锦纶>偏氯纶。

5. 耐磨性

耐磨性是指纤维承受外力反复多次作用的能力。排序为：锦纶>丙纶>维纶>涤纶>偏氯纶>腈纶>氨纶>羊毛>蚕丝>棉>麻>富强纤维>铜氨纤维>醋酯纤维>玻璃纤维。

6. 热性能

热性能是指纤维在受热过程中，随温度的升高，分子运动加剧，纤维的物理机械状态也随之发生变化的性能。大多数合成纤维在热的作用下，会经过几个不同的物理力学状态：玻璃化、软化、熔融等；而天然纤维素纤维和天然蛋白纤维的熔点比分解点还要高，所以这些纤维在高温下，将不经过熔融直接分解或炭化。根据不同的热性能，可控制适当的温度，进行服装的定型或平整处理。

（1）软化点：玻璃纤维>涤纶>锦纶-66>维纶>腈纶>醋酯纤维>锦纶-6>氨纶>丙纶>偏氯纶>氯纶。

（2）熔融点：玻璃纤维>腈纶>醋酯纤维>涤纶>锦纶-66>维纶>锦纶-6>丙纶>氯纶>偏氯纶。

（3）分解温度：黏胶纤维>铜氨纤维>棉>蚕丝>麻>羊毛。

（4）耐干热性：玻璃纤维>芳香族聚酰胺纤维>涤纶>腈纶>维纶>锦纶>棉>丙纶>羊毛>氯纶。

（5）耐湿热性：玻璃纤维>芳香族聚酰胺纤维>腈纶>丙纶>棉>涤纶、维纶>羊毛>氯纶。

7. 耐日光性

耐日光性是指纤维在日光照晒下强度损失的指标。这对经常露天穿用的服装较为重要。排序为：玻璃纤维>腈纶>麻>棉>羊毛>醋酯纤维>涤纶>偏氯纶>富强纤维>有光黏胶纤维>维纶>无光黏胶纤维>铜氨纤维>氨纶>锦纶>蚕丝>丙纶。

8. 比电阻

纤维表面的比电阻，在数值上等于材料表面宽度和长度都是1cm时的电阻值。电阻大表现为纤维易于积聚静电、吸附灰尘、黏贴皮肤和妨碍活动等。排序为：氯纶>丙纶>涤纶>锦纶>氨纶>羊毛>腈纶>维纶>蚕丝>棉、麻、黏胶纤维。

9. 吸湿性

吸湿性是指纤维材料在空气中吸收或放出气态水的能力。纤维的吸湿性直接关系到服装穿着的舒适性能，以及电性能和热性能等。在标准状态下，纤维吸湿性排序为：羊毛>黄麻>黏胶纤维>富强纤维>苎麻>蚕丝>棉>维纶>锦纶-66>锦纶-6>腈纶>涤纶>丙纶。

10. 耐酸性

耐酸性是指纤维原料对酸性化学剂的耐受能力，指的是纤维的化学性能。在染料的选择、整理剂的选择、洗涤剂等的选择时，都需要考虑纤维的化学性能，针对性地选择，否则会对纤维造成损伤。排序为：丙纶>腈纶>变性腈纶>偏氯纶>涤纶>玻璃纤维>羊毛>锦纶>蚕丝>棉>醋酯纤维>黏胶纤维。

11. 耐碱性

耐碱性是指纤维原料对碱性化学剂的耐受能力。在染料的选择、整理剂的选择、洗涤剂等的选择时，都需要考虑纤维的化学性能，否则会对纤维造成损伤。另外，利用纤维的化学性能可以进行不同的化学整理。排序为：锦纶>丙纶>偏氯纶>变性腈纶>玻璃纤维>棉>黏胶纤维>涤纶>腈纶>醋酯纤维>羊毛>蚕丝。

12. 易染纤维

易染纤维是指用普通的染色方法即可染色的纤维，并可使用的染料种类较多。它们是：棉、黏胶纤维、羊毛、蚕丝、锦纶。

13. 难染纤维

难染纤维是指需用特殊的染色方法才能染色的纤维，并可使用的染料比较局限。它们是：丙纶、氯纶、偏氯纶、涤纶。

六、不同纤维名称参考

1. 不同纤维中英文及缩写对照

棉：C（Cotton）

亚麻：L（linen），大麻：Hem（Hemp）

苎麻：Ram：Ramine，黄麻：J（Jute）

羊毛：W（Wool），羊绒（开司米）：WS（Cashmere）

马海毛：M（Mohair），牦牛毛：YH（Yark hair）

兔毛：RH（Rabbit hair），驼毛：CH（Camel hair）

羊驼毛：AL（Alpaca）

真丝：S（Silk），桑蚕丝：Ms（Mulberry silk）

柞蚕丝：Ts（Tussah silk）

涤纶：T（terylene），P（Polyester）

锦纶（尼龙）：N（Nylon）

腈纶：A（Acrylic）

莱卡：Ly（lycra）

氨纶：SP（spandex），E（elastane）

黏胶：（人造棉）R（Rayon），（人造丝）V（viscose）

铜氨：copper ammonia rayon

醋酸：AC（acetate）

天丝：Tel（Tencel）

莫代尔：Md（Model）

涤棉倒比：CVC（chief value of cotton）

2. 常见化学纤维的统一命名（表2-3）

表2-3　常见化学纤维的统一命名

市场名称	学术名称	统一命名		注释
		短纤维	长纤维	
黏胶纤维	黏胶纤维	黏胶纤维	黏胶丝	又称人造棉、人造毛、人造丝
虎木棉、富强棉	高湿模量黏胶纤维	富强纤维	富强丝	是一种湿强比较高的黏胶纤维
锦纶（尼龙）	聚酰胺纤维	锦纶	锦纶丝或锦丝	大量用于纺织锦纶袜
聚酯纤维、涤纶	聚对苯二甲酸乙二酯纤维	涤纶	涤纶丝或　涤丝	现市场上大部分化纤织物都是采用涤纶长丝或短纤维原料
腈纶（奥纶）	聚丙烯腈纤维	腈纶	腈纶丝或腈丝	有纯纺也有和羊毛、涤纶等混纺
维尼龙	聚乙烯醇醛　纤维	维纶	维纶丝或　维丝	与棉混纺较多，称维棉布，也有与黏胶混纺或纯纺的，现多用于工业
丙纶	聚丙烯纤维	丙纶	丙纶丝或丙丝	有纯纺、混纺或做絮棉的
氯纶	聚氯乙烯纤维	氯纶	氯纶丝或氯丝	用于针织品和保温絮棉、衬料等

3. 常用化学纤维的国外商品名（表2-4）

表2-4　常用化学纤维的国外商品名

国内统一名称	国外商品名
锦纶-66	贝纶（Perlon）（德国），尼龙-66（Nylon）（美国等），尼尔法兰西（Nylfrance）（法国）
锦纶-6	贝纶（Perlon）（德国），恩卡纶（Enkalon）（英国、荷兰、西班牙），卡普罗纶（Caprolan）（美国），卡普隆（Kapron）（苏联），阿米纶（Amilan）（日本），格里隆（Grilon）（巴西、瑞士），尼维翁（Nivion）（意大利），努雷尔（Nurel）（西班牙）
涤纶	特利纶（Terylene）（英国），达可纶（Dacron）（美国），帝特纶（Tetron）（日本），迪奥纶（Diolen）（德国），泰格尔（Tergal）（法国），泰里塔尔（Terital）（意大利）
腈纶	奥纶（Orlon）、阿克利纶（Acrilan）、克丽丝纶（Creslan）、泽纶（Zetran）（美国），考特尔（Countelle）（英国），德拉纶（Dralon）（德国），爱克斯纶（Exlan）、开司米纶（Cashmilon）、东丽纶（Toraylon）、贝丝纶（Baslan）、伏耐尔（Vonnel）（日本） 以下为改性腈纶：维勒尔（Verel）、代勒尔（Dynel）、维荣（Vinyon）（美国），蒂克纶（Teklan）（英国），卡耐卡纶（Kanecaron）（日本）
维纶	维尼纶（Vinylon）、可乐纶（Kuralon）、克里莫纳（Cremona）、妙龙（Mewlon）、钟渊维尼龙（Kanebian）（日本），维纳尔（Vinal）（美国）
丙纶	宝纶（Pylen）（日本），梅拉克纶（Meraklon）（意大利），考特尔（Courtelle）（英国），利丰（Reevon）、奥雷（Olane）（美国）
氯纶	佩采乌（PCU）（德国），罗维尔（Rhovyl）、菲帛拉维尔（Fibravyl）（法国），天美龙（Teviron）、恩维纶（Envilon）（日本）
偏氯纶	萨纶（Saran）、珀玛纶（Permalam）、维隆（Velon）、泰甘（Tygan）（美国），萨纶、羽纶（Kurehalon）（日本），克罗纶（Clorene）（法国）
氨纶	斯潘齐尔（Spanzelle）、莱克拉（Lycra）、瓦伊纶（Vyrene）（美国）

纤维对于服装是非常重要的，服装的许多本质性能都是由纤维决定的，同时不同的服

装对纤维材料也有不同的要求。这就需要掌握有关纤维材料方面的知识，从本质上认识不同纤维的优点和不足，在服装设计和面料设计中，尽量发挥不同纤维的优点，以取得更好的设计效果。

第二节　纱线

一、纱线的形成

（一）纱线的概念

纱线是指由纤维加工成的具有一定强度、细度或具有不同外观结构，并且可以是任意长度的织物的原料，它们是组成织物的基本单位。

（二）纱线的作用

纱线可以通过改变结构、性能、花色等，直接影响并决定织物的性能、风格、质量，还可以通过混合、复合以及各种不同的加工方式，获得变化无穷的花色品种。因此，对于织物，尤其是对于新开发的产品织物，纱线的设计、变化、运用是非常重要的，对于产品的某些特性会起着关键性的作用。

（三）纱线的形成

原纤维要通过开松、梳理、拉伸、加捻等若干工序，才能形成符合织造要求的纱线。从纤维到纱线的过程叫纺纱，如图2–3所示。

图2–3　纱线的形成过程

1. 开松

开松是将大的纤维块扯散成小块和小束。

2. 梳理

梳理是将小块或小束松解成单根状态，破除纤维间的横向联系，但还不能完全消灭。

3. 牵伸

牵伸是将梳理后带有弯钩状、卷曲的纤维所构成的集合体抽长拉细，使其中纤维伸直，弯钩消失，同时使集合体达到预定的粗细。

4. 加捻

加捻是利用回转运动使纤维构成的细条绕自身轴心扭转加上捻回，借纤维相互摩擦和外层纤维段在绕轴心回转而受拉伸时对内层纤维段的压力，把纱条内纤维间的纵向联系固定下来。

二、纱线的细度

纱线一般是以细度来度量的，细度是纱线最重要的指标。纱线越细，对纤维质量的要求越高，织出的织物也就越光洁、细腻，质量也越好。

（一）细度单位

表示纱线细度的单位有四个，分别是线密度、英制支数、公制支数、旦数，其中英制支数、公制支数是重量单位，旦数、线密度是长度单位。

1. 线密度

我国法定计量单位规定表示纱线粗细的量为线密度Tt。其单位名称为“特”（特克斯），用“tex”表示。

（1）定义。特克斯指1000m长的纱线在公定回潮率时的克重。如1000m长的棉纱，在公定回潮率时重18g，即为18tex纱；重14g，即为14tex纱。

（2）数值与粗细的关系。线密度数值越大，纱线越粗，数值越小，纱线越细，如18tex比14tex纱线粗。

（3）应用。线密度可以用来表示所有织物纱线的粗细。

2. 英制支数

（1）定义。英制支数是指一磅（454g）重的棉纱在公定回潮率时，有几个840码长（1码=0.914m）即为几英支纱。可简单读作“几支纱”，单位用字母“S”表示。

（2）数值与粗细的关系。如一磅重的棉纱有1680码长，即有2倍的840码长，就称为2英支纱，可写成2^{S}，如一磅重的棉纱有32倍的840码长，即为32英支纱，可写成32^{S}。以此类推，“S”前面的数值越大，表示纱线越细，数值越小，表示纱线越粗。

（3）应用。英制支数一般用来表示棉织物、棉混纺织物，如全棉府绸纱线粗细表示为40英支×40英支，涤棉府绸45英支×45英支等，中长纤维织物也用英制支数表示纱线的粗细。

3. 公制支数

（1）定义。公制支数是指1kg重的纱线在公定回潮率时有几千米长即为几公支纱，简称几支，用字母“N”表示。

（2）数值与粗细的关系。如1kg重的纱线有64km长，即为64公支纱，可写成64^{N}，1kg重的纱线有50km长，即为50^{N}，以此类推。同理，“N”前面的数值越大纱线越细，数值越小纱线越粗。

（3）应用。一般毛织物、毛混纺织物多用公制支数表示纱线的粗细。如45公支/2×45公支/2全毛哔叽，9公支/1×9公支/1毛黏学生呢等。

4. 旦数

（1）定义。旦数是指9000m长的丝在公定回潮率时，其重量为多少克就称为多少旦。国际上将“旦”称为“旦尼尔”。用字母“D”或“d”表示。

（2）数值与粗细的关系。如涤纶丝长度为9000m，重120g即为120旦，又如细度为150旦的锦纶丝，则表示该锦纶丝长9000m时，重量为150g。旦前面的数字越大，表示丝越粗，数字越小丝越细。

（3）应用。“旦”通常用来表示长丝的粗细。包括天然长丝（桑蚕丝、柞蚕丝等）和化纤长丝（涤丝、锦丝、黏丝、铜氨丝等）的粗细。

（二）细度单位换算

1. 换算公式

线密度、英支、公支、旦数之间的换算公式如下。

1英支=1.69公支

1公支=0.59英支

Tt=583.1/英制支数

Tt=1000/公制支数

Tt=旦数/9

2. 利用换算公式比较不同细度单位的纱线

例：100公支和100英支哪个粗呢？

100公支＝100×0.59＝59英支，

59英支与100英支相比，数值越小纱线越粗，所以59英支（100公支）比100英支粗。

例：100英支与70d，哪个粗呢？

100英支＝583.1/100＝5.83tex，

70旦＝70/9＝7.78tex，

5.83tex与7.78tex比，特克斯数值越大纱线越粗，所以7.78tex（70旦）比5.38tex（100英支）粗。

了解了各种换算公式，我们就可以将不同单位的纱线进行比较，从而判断出面料的厚薄与粗细，以及品质指标等。

（三）纱线细度表示方法

不同纱线细度的表示方法见表2–5。

表2–5 不同纱线细度的表示方法

纱线名称	表示方法			
单纱	18tex	21英支	60公支	70旦
股线（双股）	18tex×2	21英支/2	60公支/2	70旦×2
复色花线	18tex+18tex	21英支/21英支	60公支/60公支	70旦+70旦
粗细不同纱线	18tex+5tex	40英支/10英支	2公支/10公支	200旦+45旦
单位不同纱线	—	40英支/45旦	20公支/70旦	—

1. 单纱

纱是纤维经纺纱工艺后形成的单根产品，称单纱。

2. 股线

股线是指由2根或2根以上的单纱交并合股而成的纱线，2根单纱合股的线称二股线，3根单纱合股的线称三股线，多根单纱合股的线称多股线。

3. 复色花线

复色花线是指两根粗细相同、颜色不同的单纱合股成的线。

4. 粗细不同纱线

粗细不同纱线是指两根单位相同，粗细不同的单纱合股，称为粗细纱。

5. 单位不同纱线

单位不同纱线是指两根单位不同的纱线交并，如一根棉纱与一根涤纶长丝交并，一根毛纱与一根锦纶长丝交并等。

（四）纱线细度与服装

1. 细度与织物外观

纱线越细，对纤维原料的要求越高，一般长绒棉、细绒棉、美利奴羊毛等细长的纤维，才能纺出细特的纱线。细特纱线织物外观细腻、光洁、毛羽少，织物平整、精致，有高档感、轻薄感。纱线越粗，织物越蓬松、厚实，有暖和感。

2. 细度与服装风格

细特纱线织物的服装有精致、精美，细腻的感觉，体现的是精细和轻薄的服装风格。粗特纱线织物的服装有粗犷、休闲、自然、方便的感觉，体现的是闲适和厚实的服装风格。

3. 细度与织物手感

相同的纤维原料，纱线越细，手感越柔软、光滑，悬垂性也越好，越舒服。同样棉纤维织物，80英支双股的衬衫面料要比7英支的牛仔面料光滑、柔软；100公支双股的毛涤贡丝锦面料要比10公支单股的毛涤学生呢面料细腻、柔滑、手感舒服。但是，纱线粗的织物弹性比细的好，面料抗褶皱性能也好。

4. 细度与织物性能

（1）细度与织物保暖性。一般来说，织物纱线越细，纤维抱合越紧密，空隙越小，空气含量少，保暖性差；纱线粗，空隙大，空气含量高，织物保暖性好。

（2）细度与织物起毛起球性能。纱线细度细，纤维长度长，纤维抱合紧密，表面毛羽少，不易起毛起球；纱线粗，纤维短，表面毛羽多，容易起毛起球。

5. 细度与织物成本

织物纱线越细，要求纤维等级越高，价格越贵；纱线越细，梳理、拉伸、加捻等加工工艺越长，成本越贵，价格越高；纱线越细，织物根数越多，织造成本也越贵。所以同样原料的织物，厚薄相当，特数高的与特数低的相比，价格相差甚远。如60英支双股T恤衫比30英支单纱T恤衫贵很多。

三、纱线的捻向与捻度

（一）加捻

纤维在纺成单纱合并成股线时都要加捻，加捻就是让纤维束或需合股的单纱向一个方向旋转，目的是为了使纤维抱合紧密，增加牢度、弹性和光洁度。加捻的作用还可以使原先纤维不柔和的光泽变得有序一致，增强纱线的反光度。

（二）捻向

1. 定义

捻向就是纱线加捻时旋转的方向。

2. “Z”捻和“S”捻

加捻是有方向性的，一种是从下往上，从左到右，称为反手捻、左手捻，又叫Z向捻，简称“Z”捻；另一种是从下往上，从右到左，称为正手捻、右手捻，又叫S向捻，简称“S”捻。纱线捻向如图2-4所示。

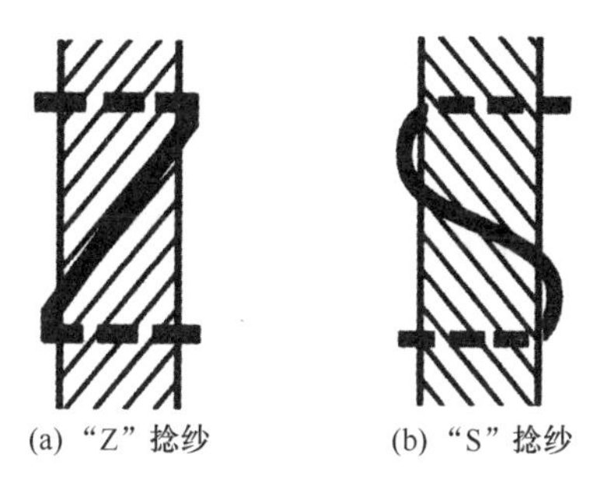

图2-4　纱线捻向

3. **对织物的影响**

捻向主要对纱线的反光方向产生影响，“S”捻和“Z”捻的反光方向相反。

（1）隐条隐格。利用“S”捻和“Z”捻反光方向不同，分组间隔排列，比如，经向先20根“Z”捻纱，再20根“S”捻纱循环间隔排列，纬向纱线捻向相同，则可织出隐条织物，面料在不同的光线角度下，条纹时隐时现。经向、纬向同时配置不同捻向的纱线间隔排列，织出的就是隐格织物。

（2）“线撇纱捺”。在一般情况下，单纱和股线的捻向是固定的，单纱“Z”捻，股线“S”捻。利用纱线的反光方向与织物的纹路方向相反纹路清晰的原理，我们知道斜纹织物“线撇纱捺”纹路清晰，即纱织物左斜纹纹路清晰，线织物右斜纹纹路清晰，由此可以直接确定斜纹的正反面。如纱卡左斜纹纹路清晰为正面，线卡右斜纹纹路清晰为正面；精纺毛织物多为股线织物，股线织物右斜纹纹路清晰为正面；而牛仔布虽然是单纱织物，却以右斜纹为正面，因为牛仔布要求正面纹路不清晰，反面反而纹路清晰。如图2-5所示。

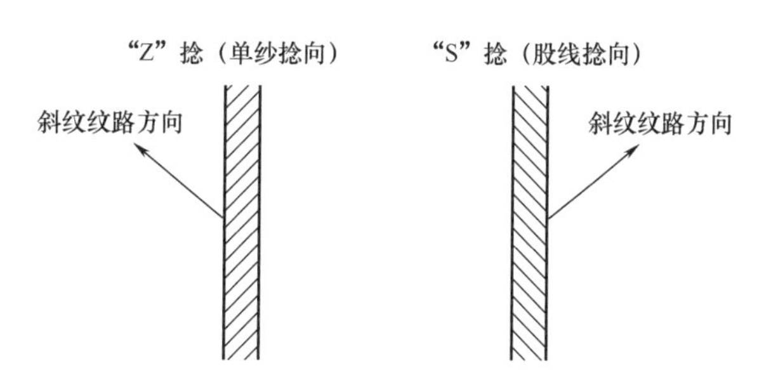

图2-5 “线撇纱捺”纱线捻向与纹路方向

（3）经纬同捻向和经纬异捻向。机织物在经纬纱捻向配置上，有经纬同捻向和经纬异捻向两种配置方法，织物的外观和手感会有一些不同，如图2-6所示。

一般织物经纬纱采用同一捻向，特种织物则可以采用不同的捻向。

图2-6中（a）是经纬纱采用不同的捻向，从织物表面可以看出经纬纱纤维倾斜方向相同（正面），使织物表面反光一致，光泽较好，在经纬纱交织点（虚线表示经纱反面纤维

方向），纤维倾斜方向近乎垂直而不相密贴，因而织物显得松厚柔软。

图2-6中（b）是经纬纱采用相同捻向，从织物表面可以看出经纬纱纤维倾斜方向垂直，在经纬交织点处（虚线表示经纱反面纤维方向）纤维倾斜方向近乎一致而相互嵌合，因而织物较薄，组织点清晰，但织物光泽不及经纬捻向不同的织物。

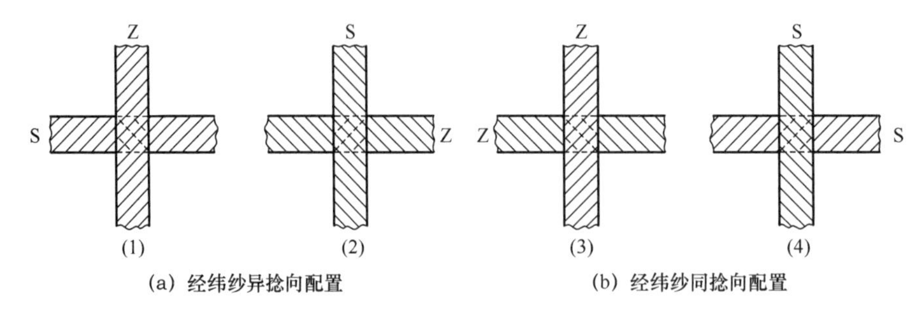

图2-6 机织物经纬纱捻向的配置

（三）捻度

1. 定义

捻度是指单位长度内纱线的平均加捻数。也就是单位长度内纱线旋转的圈数。

2. 常捻、强捻、弱捻和无捻

通常不同纱线的正常捻度是有规定的，称为常捻纱；而捻度大于常捻纱的称为强捻纱；捻度小于常捻纱的称为弱捻纱；比弱捻纱捻度更小，甚至没有捻度的称为无捻纱。如图2-7所示。

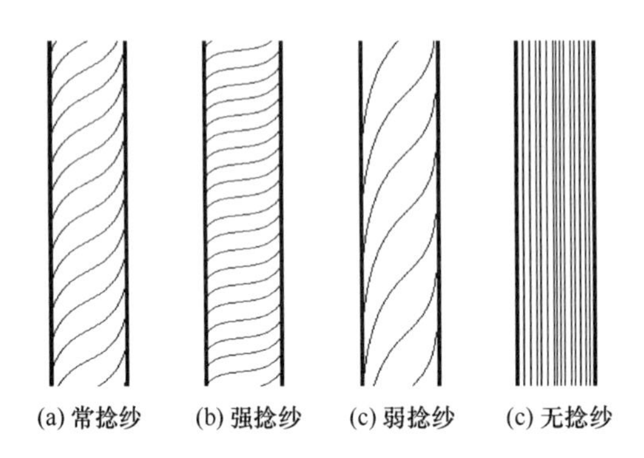

图2-7 不同捻度纱线示意图

3. 对织物的影响

纱线的捻度对织物的影响是十分明显的，捻度可以影响到织物的外观、手感、穿着舒适度和保暖性等。

（1）常捻纱。常捻纱是指正常捻度的纱线。也就是指纱线抱合适中，手感适宜，表面平滑，反光好，强力达到织造、服装制作和穿着基本要求普遍运用的纱线的捻度。一般服装的面料都采用常捻纱织造，如平布、府绸、卡其、凡立丁、华达呢、贡呢等。

常捻纱中有机织纱和针织纱之分，机织纱的捻度略高于针织纱，强度也略高于针织纱，手感不如针织纱柔软蓬松。

（2）强捻纱。强捻纱是指捻度大于正常捻度的纱线。纱线捻度越大，抱合越紧密，强力也越大，纱线表面的颗粒越细微，反光也随之减弱。捻度越大，手感越硬挺、透爽。

强捻纱一般用于夏季薄型织物。薄型织物纱线细，密度稀，手感柔软，面料容易贴身，造成不舒服感，用提高纱线捻度的方法，可以使细薄的面料透爽，穿着舒适。如巴厘纱、绉布、雪纺、乔其纱、双绉、顺纡绉、绉缎等，都采用了强捻纱，是夏季理想的服装面料。夏季针织服装，也用提高纱线捻度的方法，开发凉爽T恤衫。

（3）弱捻纱。弱捻纱是指捻度小于正常捻度的纱线。纱线捻度小，纤维之间的抱合小，纱线疏松，内应力小，手感柔软、蓬松、暖和，纱线捻度小，表面颗粒增大，能产生一种特殊的外观。但纱线捻度小，纤维毛羽容易伸出，起毛起球。

弱捻纱一般用于蓬松外观的织物中，比如起绒织物粗特呢绒、全棉绒布等。纬向用弱捻纱，便于起绒，织物柔软、蓬松；化纤仿毛织物，有时采用稍低于正常捻度的纱线捻度，增强织物的毛型感（但易起毛起球）；有的复色花线织物，并线时采用弱捻，使两根不同色的单纱，对比增大，外观独特。

（4）无捻纱。无捻纱是指捻度非常小，或者根本不加捻度的纱线。短纤必须加捻，纱线才能成形。在单纱并股线时，有时采用无捻，使纱线织造时两根单纱随机上下，形成一种云纹的外观，貌似花色纱线，很有创意；长丝纱无捻，能使织物的光泽增强，手感柔软，如各种缎，即采用无捻长丝，布面亮泽柔滑。

四、纱线的形态

根据纱线的形态不同，可分为短纤纱、长丝纱、变形纱、包芯纱、包缠纱、膨体纱、花式纱线、花式纱线、特殊花式纱线、异形纤维纱线、超细纤维纱线等不同种类。由于纱线形态不同，服装的外观也各不相同。

（一）短纤纱

（1）定义。短纤纱是指纤维长度与棉纤维、麻纤维、毛纤维等相似，一般在几十毫米到上百毫米之间的，经纺纱工艺制成的各种纱线。

（2）特点。短纤纱纤维平行度相对较差，纤维内有弯钩、折叠、打圈、缠结等，纱线结构较简单。短纤纱纱线的强力与纤维的摩擦和抱合系数有关，总体纤维的强力利用率不如长丝；纱线的不匀率较大（包括强力、捻度、条干、重量）；纤维的间隙比长丝大，蓬松度也大；纱线的直径大，密度小，吸湿透气性好。

（3）外观。短纤纱纱线表面不光洁，毛羽较多，光泽柔和，粗细明显不匀。短纤纱手感蓬松柔软，有暖感，有亲和感。

（4）应用。由于短纤纱织物在蓬松、柔软、光泽和舒适性等方面优于长丝纱，所以应用范围较广，几乎在各种衣着领域内都可以看到，如内衣中的各种短纤针织品、短纤针织毛衫、短纤衬衫、短纤外套、短纤礼仪服装、短纤户外服装等。

由于短纤纱在织物中纱线的配置不同，又可以分为单纱织物（经纬全是单纱的）、全线织物（经纬全是股线的）和半线织物（经纱为股线，纬纱为单纱）等。

（二）长丝纱

（1）定义。长丝纱是指像蚕丝一样连续不断的，纤维长度在800m以上的纱线。天然纤维中只有蚕丝是长丝状的，化学纤维大都可以先制成长丝，然后再根据需要变化或切断成其他纤维形态。

（2）特点。长丝纱纤维高度平行，排列紧密，纤维排列有很强的规律性，纱线结构单调，捻度一般较少。长丝纱纤维强力利用率高；纱线直径小，密度大，蓬松性小；纱线的机械性能比较均匀；纱线的抗弯刚度大。

（3）外观。长丝纱纤维平直，纱线光洁，光滑、光亮，织物有华丽感。长丝纱手感较硬、较滑，有的还会有蜡状感和冷感。

（4）应用。由于长丝纱平直、光滑、亮泽，并且纱线还较细，所以常被用来制成轻薄、光滑、细洁、飘柔的织物，如各种华丽的丝绸和仿丝绸织物。

（三）变形纱

（1）定义。变形纱是指化纤长丝经过二度或三度的空间卷曲变形后，用适当的方法加以固定，打乱了原来纤维的平行状态，成为具有相当程度的膨体性和伸缩性的丝条，外形和某些特性犹如短纤纱的纱线形态。变形纱是化纤长丝仿短纤，仿各种天然纤维的重大成果。

（2）特点。变形纱使长丝纤维短纤化、自然化，并获得了短纤纱的许多优良性能。如蓬松性、柔软性、光泽柔和、吸水性、保暖性、质轻、无蜡状感等，还有一些性能远远优于短纤纱，如可伸性、弹性等。

变形纱多数用涤纶、锦纶制成，有时也用腈纶和丙纶。变形纱使化学长丝仿短纤变得简单，不用通过长丝切断，再用短纤的纺纱工艺完成。直接用长丝制成，是长丝仿短纤的简便工艺。变形纱主要有弹力型、膨体型和改良弹力型几类，后又出现了变形纱的花色纱线产品。

（3）外观。变形纱外观犹如短纤纱，蓬松、卷曲，有的变形纱加工时，外观还向花色纱线方面靠，使得变形纱的外观更加丰富多样。

（4）应用。变形纱的应用目前十分普遍，一般合成纤维仿短纤、仿棉、仿毛、仿麻等都会使用变形纱，而且仿生效果不错。天然纤维与变形纱交织在织物中应用也较多，面料除了具有天然纤维的性能之外，还具有合成纤维坚牢、热塑性等优点。

（四）包芯纱与包缠纱

包芯纱与包缠纱是近代发展起来的两种新纱种，都具有芯鞘结构，一般由长丝和短纤组合而成。

1. 包芯纱

（1）定义。包芯纱指以长丝为纱芯，外包纱为短纤维，纱芯不转移，近乎直线，外面包覆的纱呈螺旋状的纱线。包覆的纱线数随芯线的粗细而定。

包芯纱的结构有多种形式，外面可以是纤维、纱、线包覆，可以是单根线包覆，也可以是多根线或多层包覆；芯线可以是一般长丝，也可以是弹力丝、高弹丝等。包覆的纤维可以是棉，也可以是腈纶或其他纤维。

（2）特点。包芯纱的特点是，芯鞘结构使两种纤维在纱线的表里配置，发挥各自的长处。短纤在外，充分利用短纤的优点；长丝在内，又保持长丝的特长。这是混纺纱所不及的。包芯纱可纺细度（支数）比短纤纱高；纱线条干比短纤纱均匀；强力高于相同细度的短纤纱；因短纤集中在外，故染色比混纺纱均匀。

（3）外观。包芯纱的外观由包覆纤维决定，如棉纤维、毛纤维、腈纶等，不同包覆纤维的外观不同，与混纺织物相比，包芯纱的外观丰满，且不易起球。

（4）应用。目前非常流行的氨纶弹性织物，大都用包芯纱织造，以氨纶为芯线，有的包棉，有的包羊毛，也有的包蚕丝、人造丝等，用于不同的服装中。

烂花织物也经常用包芯纱，如芯线为涤纶，外包棉纤维、黏胶纤维、麻纤维等。包芯纱烂花织物图案清晰，透明度好，外观漂亮。

2. 包缠纱

（1）定义。包缠纱一般由平行的短纤维作纱芯，用另一种纤维的长丝或短纤纱包缠在外而成。在包缠纱中若混入一定比例的高收缩纤维（比例一般不大），则纱线在结构上就会产生另一种新效应，即纱线在长度方向收缩，表面皱缩，织成织物后具有绉丝织物的风格。

（2）特点。包缠纱的特点是，与同细度的短纤纱相比，强力高；强力相同时，可纺细度高，节约原料；细度范围广；纱线均匀度高；断裂伸长率大，且伸长均匀；包缠纱的无捻纱芯使织物美观；提高了织物的外观丰满度、柔软性；减少了织物的起毛起球；有较好的抗风、遮光性能；包缠纱因无捻，提高了纺纱的速度。

（3）外观。包缠纱外观丰满、均匀，手感柔软。

（4）应用。包缠纱可用于针织毛衫，更多应用于花式纱线织物，特别是比较粗厚的织物。

3. 包芯纱和包缠纱组合

包芯纱和包缠纱还可以组合起来，如第一层，即芯纱为长丝或弹力丝，外面包短纤维或短纤纱，再在这包芯纱外面绕以长丝，这三种成分可以各异，以获得特殊的效果。

（五）膨体纱

（1）定义。膨体纱有短纤膨体纱和长丝膨体纱两种，一般指短纤膨体纱。膨体纱是纺纱时将高收缩纤维和低收缩纤维混合，当高收缩纤维遇热收缩，使低收缩纤维产生卷曲，从而使纱线体积增大而获得膨体。膨体纱的主要原料是腈纶。

（2）特点。膨体纱的主要特点如下。

①结构。膨体纱体积大，结构蓬松，直径可以增大1倍以上；内紧外松，高收缩纤维伸直在纱芯，一般纤维卷曲在外；长度收缩。

②性能。膨体纱容积增大，体积重量小，质轻；手感柔软，具绒毛感，有极好的毛型外观；强力低，伸长大，易变形；与天然纤维混合时，可获得天然纤维的外观；纱芯结实，覆盖性好，导热性小，保暖性好，绝缘性好，悬垂性好；耐磨性极好，卫生性有所提高（吸湿、散湿好），光泽柔和。

（3）外观。膨体纱外观蓬松，反光柔和，体积大，毛感好。膨体纱使化纤仿粗厚毛织物有了更逼真的感觉。

（4）应用。人们对膨体纱感兴趣，是因为它可以增大纺织品的容积，从而使纺织品的重要性能——隔热性、覆盖力和手感显著提高。膨体纱一般应用于冬季仿毛服装中。

（六）花式纱线、花色纱线及特殊花式纱线

花色纱线是一种广义的统称，是指通过各种加工方法而获得的特殊外观、色彩、手感、结构和质地的纱线，主要特征是外观装饰性强，纱线截面粗细不匀，色彩丰富，运用原料多样，有较强的个性和装饰效果。

花色纱线种类很多，可以从以下几方面进行粗略的分类。

1. 花式纱线

（1）定义。花式纱线的表面肌理与常规纱线不同，给人以纱线形态变化的装饰感。花式纱线大多是通过控制设备参数和超喂量的多少，使纱线表面形成各种特殊结构和不同外观的装饰纱线。

（2）特点。花式纱线主要特点是给织物带来不同寻常的装饰感，使织物产生变化、更美观。

（3）外观。花式纱线外观变化多样，如粗细不匀的竹节线、大肚线；有明显纱线堆积的毛虫线、节子线；粗细纱缠绕成的波形线、小辫线；在基纱上起圈的珠圈线、花圈线、毛巾线等。花式纱线的变化非常多样，竹节可大可小，间距可疏可密；毛圈可松可紧，圈形可大可小等。新型的花式纱线设备运用电脑控制，更能变化出无数种不同装饰外形的纱线。

（4）应用。花式纱线主要通过纱线外形的变化，给织物的外观带来各种新感受。如各种仿麻织物运用大小不同、间距不等的竹节纱制织，使织物表面显现出粗犷的、自然的、凹凸的竹节花纹，让人感受到一种回归的真情；各种大小不等的毛圈织物，用珠圈线制织，毛茸茸的外观，蓬松柔软的手感，别有一番温情……花式纱线在各种中、粗呢绒，花色织物中运用，有很好的装饰效果。

2. 花色纱线

（1）定义。花色纱线是指纱线通过色彩和外形的特殊变化，获得较好的装饰效果。比如说混入彩色短纤的彩芯纱，混入白色短纤、灰色短纤、黑色短纤的色芯纱；用断丝工艺制得的彩色断丝纱；混入不同色彩、不同粗细、不同截面、不同光泽效应的彩枪纱、银枪纱；用特殊的印染方法制得的印线纱、彩虹纱、段染纱线等。

（2）特点。花色纱线的特点是赋予纱线特殊的色彩和外形上的变化，从而给织物带来新感受，丰富了服装面辅材料外观的美感。

（3）外观。花色纱线由于颜色和外形的共同变化，使面料具有别样的风格，花色纱线种类丰富，外观不同，给服装带来新面貌。

（4）应用。用彩芯纱制织的钢花呢、霍姆斯苯，粗犷奔放，色彩层次丰富，很有艺术魅力；用彩虹纱制织的自由花织物，舒展随意，有一种独特的韵味；用于薄料中的印线、断丝等花色纱线，都给织物带来了特殊的外观感受。花色纱线既可用于粗厚织物也可用于薄型织物，给服装带来丰富的色彩和外形上的层次感。

3. 特殊花式纱线

（1）定义。特殊花式纱线是指运用特殊的原料或工艺，制得的特殊观感效果的花色纱线。

（2）特点。运用更加新颖的工艺和设备，生产出特殊外观和具现代感的织物纱线。如用涤纶丝材料制得的金银丝线；用切割的方法制得的瓶刷结构的雪尼尔纱；将纱线拉毛制得的拉毛线；用新型设备制得的大超喂变形纱花式线；还有各种包芯纱、包缠纱花式纱线等。

（3）外观。特殊花式纱线外观更加新颖独特，具有时代感和最新的装饰效果。

（4）应用。比如有光黏胶纤维的雪尼尔纱线，色光润泽，手感柔滑，制织的面料有丝绒的外观，但比丝绒更柔软润滑，用于编织针织服装最为理想，是当今流行的时装材料；涤纶金银丝线色彩华丽高贵，又不同于传统的丝线，点缀于礼服等高档服装中，有较好的装饰效果；化学纤维的变形花色纱，更有特殊的雪花般的外观、柔和的光泽，制织的面料蓬松柔软，呢面丰满，有如簇绒般的感觉；化学纤维与天然纤维包缠的烂花包芯纱、氨纶弹力包芯纱等，都是运用现代原料和设备加工成的具有特殊外观和特别性能、作用的特殊的花式纱线。

（七）异形纤维纱线

（1）定义。异形纤维纱线是指以异形纤维为原料纺制的各种纱线，有异形纤维短纤纱、异形纤维长丝纱、异形纤维超细纱等各种纱线。

（2）特点。异形纤维纱线的主要特点是纱线的光泽和手感都与常规的纱线有明显的不同。有的光泽特别明亮，如异形丝欧根纱；有的仿生特别逼真，如仿马海毛、仿各种兽皮绒等。

（3）外观。异形纤维纱线的外观，与常规化学纤维纱线不同，有的有特别明显的光泽，有的光泽手感都十分柔和，有的有较强的仿生效果。

（4）应用。异形纤维纱线的应用主要在仿生领域中。有了异形纤维，人们可以按照仿生对象的纤维截面做出与其截面相似的纤维，在外观和光泽上都非常逼真，如仿兔毛、仿貂皮、仿丝、仿毛、仿麻等。

（八）超细纤维纱线

（1）定义。超细纤维纱线是指以超细纤维为原料纺制的各种纱线。

（2）特点。超细纤维的细度远远超过一般纤维，包括天然纤维，其织物具有手感柔软、吸水性能好、覆盖性能好等显著优点。

（3）外观。超细纤维织物有非常柔和的光泽和十分细腻柔软的手感。因为它的细度可以达到天然纤维的十分之一、百分之一，甚至更细。

（4）应用。超细纤维的出现使我们的服装面辅材料又多了一种崭新的材料。如仿麂皮绒，是那样的柔软、饱满、逼真；仿桃皮绒，是那样的细腻、柔滑、亲切；还有珊瑚绒、超细纤维摇粒绒都是当今非常流行的织物。

五、纱线的设计与变化

纱线是纤维到织物的中间环节，纱线结构形态的变化能改变纤维的某些性能，使纱线从外观到内在性能更加符合服装面料的要求，符合服装的要求。因此，织物纱线的变化是改变服装外观和穿着性能的重要因素，是织物设计不可忽视的环节。

（一）纱线变化内容

纱线的织造可以通过各种工艺，改变纤维的某些特性，使纱线的性能发生很大的变化。纱线变化包括几何性能、物理性能、力学性能和外观性能等。

1. 几何性能变化

纱线的几何性能包括长度、细度和截面形状，捻度、捻向和合股等。同一种纤维可以设计成多种不同的长度、细度、截面形状，捻度、捻向、合股数等。

（1）长度变化。纱线内纤维长度的变化，造成纱线形态的变化，直接影响织物的外观、光泽、牢度、吸湿性等诸多性能。

比如涤纶可以设计成长丝纱、短纤纱、毛型纱、中长纱、棉型纱等；黏胶纤维也可以设计成长丝纱、短纤纱、棉型纱、毛型纱、中长纱线等；天然纤维也有不同的长度，如长绒棉比普通棉纤维长，可纺纱线支数高，并且光洁紧密等。

（2）细度变化。随着纺纱技术的进步，纱线越来越细，粗细之间的距离越来越大，织物的厚薄变化也越来越明显、越多样。纱线细，织物可以越来越细薄、轻巧；纱线粗，织物可以越来越厚实、粗犷。

棉纱可以从几英支到几百英支，毛纱可以从几公支到上百公支，化学纤维纱线细度变化更大，从几旦、几十旦到几百旦，短纤也可以纺到比天然纤维更高的支数。

（3）截面变化。纱线截面形状的变化，对织物的外观、光泽、手感、性能等都会产生重要影响。不同的纱线截面形状不同，短纤纱、长丝纱、变形纱、异形纱、包芯纱、包缠纱、膨体纱、花式纱线、花色纱线等，都各具有不同的截面形状。花色纱线的截面形状更是变化无穷。

（4）捻度变化。织物纱线的捻度直接影响织物的手感、光泽、牢度、蓬松度及内在性能等。织物纱线可根据织物的需要设计成不同的捻度，大到极强捻纱，小到无捻纱等。

（5）捻向变化。纱线的捻向可以是“Z”捻或者是“S”捻，还可以是“Z”捻和“S”捻交替的变形纱等。

（6）合股数变化。纱线的合股数可以是单股、双股、多股等。在纱线粗细相同的前提下，单股手感最硬，双股较软，多股的更软。因为组成纱线的单根纱多股的最细。

2. 物理性能变化

纱线的物理性能包括密度、蓬松度、吸湿、吸水和抗静电性能等。纱线的物理形态可以通过改变纱线的结构形态来改变。

（1）密度变化。纱线的密度，长丝纱比短纤纱高，一般短纤纱又比变形纱、膨体纱高；强捻纱比常捻纱高，常捻纱又比弱捻纱高等。

（2）蓬松度变化。纱线的蓬松度、吸湿、吸水、抗静电性能等互相关联。纱线密度低，蓬松度高，纱线内空气多、间隙大，吸湿就好，抗静电性能就强。比如涤纶空气变形纱，手感柔软，蓬松温暖，其吸湿、吸水、抗静电性能比一般的涤纶长丝纱要好很多。膨体纱的设计就是为了纱线内间隙大，空气含量高，纱线蓬松、保暖，吸湿性能好，抗静电性能提高。短纤比长丝蓬松度高，弱捻比强捻蓬松度高，膨体纱比一般纱线蓬松度高。

3. 力学性能变化

纱线的力学性能包括强伸度、弹性、刚度、摩擦性能等。

（1）强伸度和弹性。有些变形纱线的伸长、弹性，可达到普通长丝纱的若干倍。

（2）刚度。强捻纱的刚度要比弱捻纱大得多。

（3）摩擦性能。膨体纱要比一般短纤纱耐磨性强得多。

4. 外观性能变化

纱线的外表特征包括毛羽、光泽、花式、花色等。纱线外观的变化更是多种多样，不同原料的纱线外表特征不一样；长丝纱和短纤纱外观不一样；不同粗细的纱外表特征不一样；各种变形方式的变形纱外观不一样；花色纱线和花式纱线的色、花、形、光，更是变幻莫测。

纱线的变化无穷无尽，纱线的变化为织物的变化提供了充足的素材。如果纤维不经过纱线环节，不仅无法织造出丰富多彩的面辅材料，甚至连起码的织物也难以形成。随着新原料的诞生，新技术的开发，纱线的种类将会越来越丰富，性能也会更优越，以满足人们对服装面辅材料多样化的需求。

（二）纱线结构性能

纱线结构与性能有直接的关系，不同结构的纱线，其性能不同，并直接影响织物的外观和内在性能。下表将短纤、长丝、变形纱、包芯纱、包缠纱等不同形态的纱线，进行了结构与性能的比较，使读者更加清晰和便于掌握（表2-6）。

（三）纱线设计变化

纱线对织物的物理力学性能、外观、手感、风格、内在性能和质量都有明显的影响。同样的纤维，比如化学纤维，分别以短纤纱、长丝纱或变形纱的形式织成织物时，可以得到性能完全不同的织物，即棉型织物、长丝织物和毛型织物等。不仅如此，通过纱线的变化，还可以织成绉织物（强捻纱）、弹力织物（氨纶包芯纱）、花色织物（花色纱线）和其他各种特殊织物。

掌握了纱线的变化及对织物的各种性能的影响，我们可以在设计服装时，根据服装穿着使用的要求，选择合适的纱线织物，比如，我们设计冬季服装，需要柔软蓬松，质轻保暖的服装面料，就可以选择或者设计卷曲多，蓬松性好的膨体纱线面料；设计夏季服装，需要柔滑、冷感、光泽好、吸湿透气、易洗快干的服装面料，就可以采用长丝纱线织物，最好是天然纤维或再生纤维的；如果采用强捻纱，则面料更加透爽、凉快。服装面料要丰富多彩、变化多样，纱线的变化是重要的一环。

表2-6　纱线结构、性能比较

结构、性能 纱线形态	纱线结构	加工性能	外观	舒适性	耐用性
短纤纱	由短纤维加捻而形成纱线	可以加工不同的捻度，加工工艺最复杂	织物有棉感或毛感，表面有毛羽，织物易起毛、起球	蓬松有暖感，吸湿性良好	比长丝强度利用率低；股线强度比单纱好；纱线在织物中不易散开或移滑
变形纱	由连续长丝组成不规则多孔的柔软丝缕	一般无捻或低捻，加工比长丝复杂	织物光泽比长丝弱，接近于短纤纱，以仿短纤织物为主；表面丝圈蓬松，勾断会拉毛	比长丝有暖感，吸湿性好，并有较好的延伸性	比短纤纱强度大；纱线在织物中松散或滑移程度一般
长丝纱	由连续长丝组成光滑而紧密的丝缕	常采用强捻或无捻，加工流程最简单	织物表面光滑，光亮，有丝绸感，织物不易起毛、起球，无捻或浮长长的织物易勾丝	紧密，有冷感，吸湿性差	纤维的强度利用率最高；纱线在织物中容易散开或滑移
包芯纱、包缠纱	由长丝和短纤共同组合而成，纱线呈芯鞘结构	捻度适中，加工工艺与短纤纱接近，效率可以比短纤纱高	有特殊的结构效应，起毛、起球好于短纤	有暖感，吸湿性较好	比短纤强度好；并不易在织物中松散或滑移

第三节　织物

一、织物的分类

（一）织物的概念

纺织织物主要是指由纱线织造而成的片状纺织品。按织造方式的不同，服装中最常用的纺织织物有机织物（梭织物）和针织物。用作服装的其他织物还有非织造布和复合织物等。

（二）织物的种类

1. 机织物

机织物是指由经纬两向纱线，按一定的规律交织而成的织物。机织物结构稳定、品种丰富，是服装中用得最多的纺织品。

2. 针织物

针织物是指由线圈串套而成的织物。针织物蓬松柔软，穿着舒适，在服装中应用广泛，是发展较快的服装用纺织品。

3. 非织造布

非织造布是指不经纺纱、织布的工序，直接由纤维制成的片状纺织品。非织造布工序短，成本低，性能好，在服装中的运用越来越多。

4. 复合织物

复合织物是指将两种面料用黏合的方式组合在一起的织物。可以针织复针织、针织复机织，机织复机织等。复合织物一般厚实、暖和，在服装中的运用不断扩大。

（三）织物的设计

1. 织物设计依据

纺织织物的设计是服装面料形成的关键。织物的设计必须根据服装最终穿着和使用的要求进行，明确服装的功能和性能要求，结合流行、时尚和最新的科学技术，在设备条件允许的前提下，设计创作新的面辅材料。

2. 织物设计内容

纺织织物设计，首先要确定选择的纤维原料，不同原料外观和性能都不同；其次是纱线结构，包括纱线的细度、捻向捻度、纱线形态等；再是配置恰当的纱支、密度和组织，三者互相联系，又互相制约；最后要制定必要的后整理工艺，使生产的织物达到服装的要求。有的还要进行色彩和织物起花图案的设计等。

二、机织物

（一）机织物概述

1. 定义

机织物是指由经纱和纬纱，在织机上按一定的规律交织而成的纺织品。

2. 特点

机织物坚实耐穿、外观挺括、结构稳定，品种众多，广泛应用于各类服装，特别适用与外衣和衬衣。

3. 机织物设计三要素

机织物的构成，包括纤维原料、织物纱线、织物组织、经纬纱线密度、经纬密度、后整理工艺等，其中机织物组织、经纬纱线密度和经纬密度被称作是机织物设计的三要素，并且三者互相制约。

（二）机织物组织

1. 定义

机织物中经纱与纬纱相互交织的规律称为织物组织。机织物组织对织物的结构、外观风格及其物理力学性能都有明显的影响。

2. 机织物组织分类

机织物组织分为原组织、变化组织、联合组织、复杂组织和提花组织等。织物组织通常用画在方格纸上的图来表示，画成的图称织物组织图。组织图的纵行表示经纱，从左向右依次排列；横行表示纬纱，从下向上依次排列。方格纸上的每一小格即表示经、纬纱的交织点。

3. 机织物组织介绍

（1）机织物组织专用名词。

①经纱。是指织物与布边平行的纱或线。

②纬纱。是指织物与布边垂直的纱或线。

③组织点。是指经纱与纬纱交织的地方。

④浮长。是指1根经纱（纬纱）浮在1根或2根、3根……纬纱（经纱）上的长度。经纱浮在纬纱上面称经浮长，纬纱浮在经纱上面称纬浮长。

⑤经面组织。是指经浮点多于纬浮点的组织。

⑥纬面组织。是指纬浮点多于经浮点的组织。

⑦完全组织。经、纬纱交织规律地循环，称组织循环，又叫完全组织。

⑧飞数。织物组织中，两相邻经（纬）组织点的距离称组织点的飞数，通常用纱线根数表示。

⑨经向飞数。沿经纱方向计算相邻两根经纱上相应纬（经）组织点的距离称经向飞数。

⑩纬向飞数。沿纬纱方向计算相邻两根纬纱上相应经（纬）组织点的距离称纬向飞数。

（2）原组织。

①定义。织物组织中最简单、最基本的一类组织，其他组织都是在原组织的基础上变化、联合、发展而成的。原组织分为平纹组织、斜纹组织、缎纹组织，简称三原组织。

②特征。飞数是常数；每根经（纬）纱上只有一个经（纬）浮点，其他均为纬（经）浮点，原组织的组织循环经纱数等于组织循环纬纱数。

（3）平纹组织。

①定义。平纹组织是指经纱和纬纱以一上一下规律交织的织物组织，$\frac{1}{1}$平纹，平纹组织是三原组织中最简单的一种。

②性能。平纹组织浮长最短，交错次数最多，织物最紧密、平整，反光最差。平纹组

织可以用来织造最薄的面料。

③特点。平纹组织由两根经纱和两根纬纱构成一个组织循环。平纹组织的正反面外观相同，经纬纱之间的交织点最多。平纹组织如图2-8所示。图2-8（a）中，黑色表示经纱在纬纱的上面，称经组织点；白色表示经纱在纬纱的下面，纬纱在经纱的上面，称纬组织点。箭头范围内是一个完全组织，平纹一个完全组织由两根经纱和两根纬纱组成。图2-8（b）中，黑色是经纱，白色是纬纱，按图2-8（a）中的规律交织。经浮长和纬浮长均为1，即跨过1根经纱或1根纬纱交织。

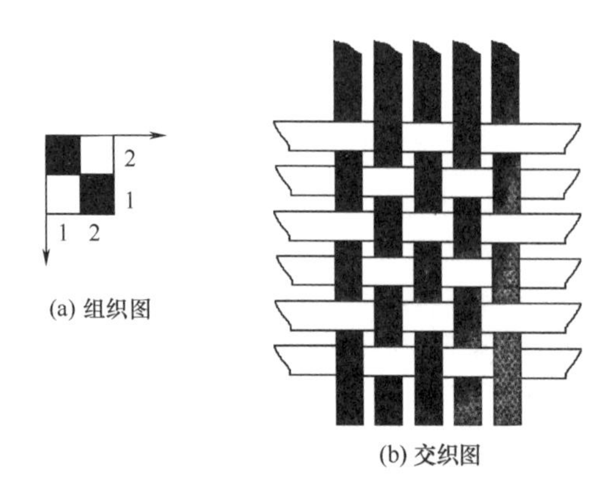

图2-8 平纹组织

④应用。平纹组织的应用极为广泛，如棉织物的平布和府绸；毛织物中的凡立丁；丝织物中的塔夫绸；麻织物中的夏布等都是平纹组织。平纹组织织物中的经、纬纱采用不同的原料、线密度（特数）、捻度、捻向、色泽、经纬纱的疏密排列等，能使织物获得各种不同的外观效应，再经过不同的后整理工艺便形成各种花色品种。如细经粗纬的绨，强捻丝制成的乔其纱，不同捻向纱织成的隐条隐格织物以及采用不同经纱张力织成的条状泡泡纱等。

⑤变化。以平纹组织为基础，还能演化出多种平纹变化组织，如经重平、纬重平和方平组织等，如图2-9所示。

（4）斜纹组织。

①定义。斜纹组织是指相邻经（纬）纱上连续的经（纬）组织点排列成斜线、织物表面呈连续斜线织纹的织物组织。斜纹组织一个组织循环的纱线数至少为3根，织造斜纹织物比平纹织物复杂。

②性能。斜纹组织浮长比平纹长，交错次数比平纹少，织物比平纹柔软、饱满，反光比平纹好，织物表面有明显的斜向纹路。

③特点。斜纹组织与平纹组织相比，具有较大的经（纬）浮长，因而在相同线密度和经纬密度下织物的结构较为松软，配置较大的经纬密度方能得到结构紧密的织物。

斜纹组织有经组织点占多数的经面斜纹、纬组织点占多数的纬面斜纹和经纬组织点相等的双面斜纹三种，如图2-10所示。

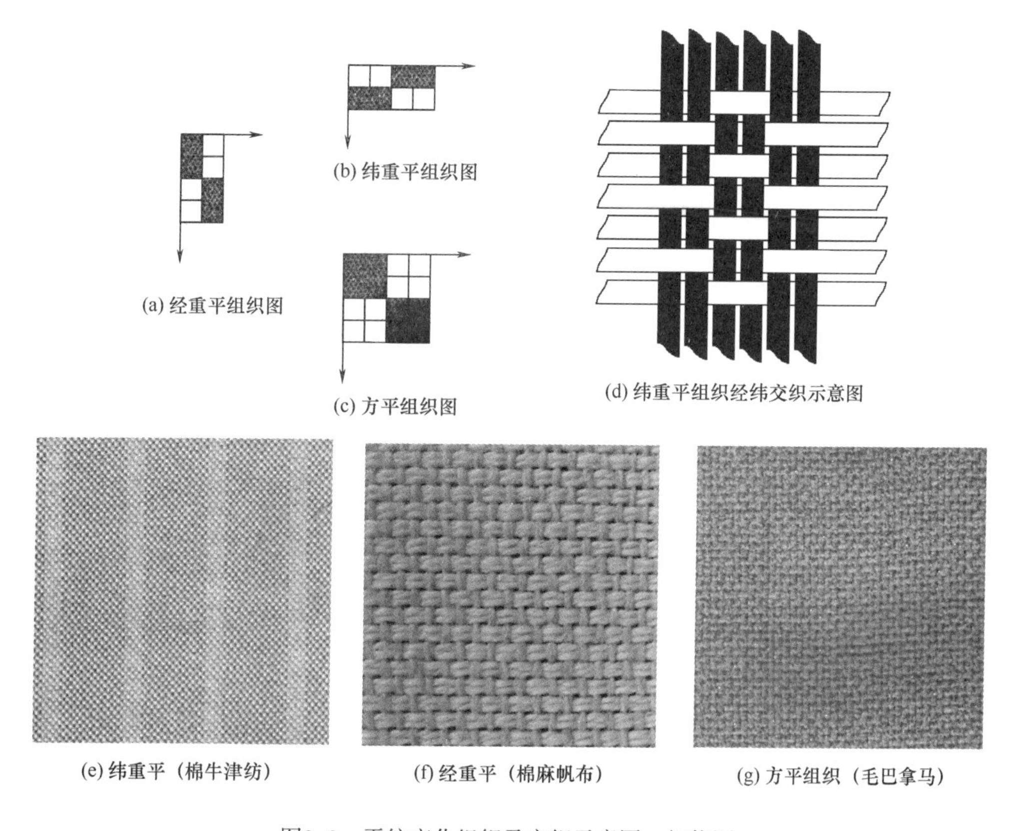

图2-9　平纹变化组织及交织示意图、织物图

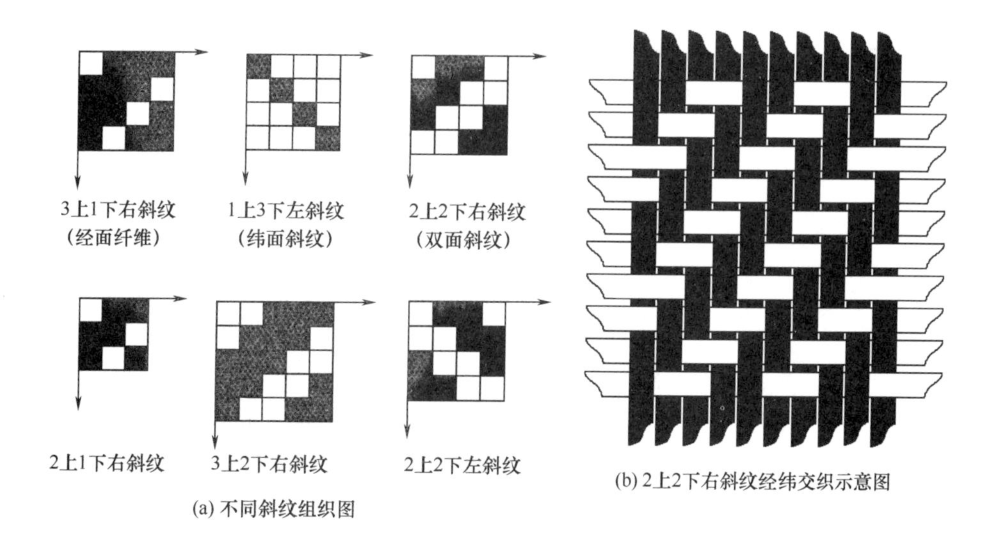

图2-10　斜纹组织及经纬交织示意图

④应用。斜纹组织的应用较为广泛，如棉、毛织物中的卡其、牛仔布、斜纹布、哔叽、啥味呢、华达呢；丝织物中的美丽绸、斜纹绸等。

斜纹的斜向有右斜（↗）和左斜（↖）之分，一般斜纹组织用分式并附以斜向箭头表示，如 $\frac{2}{2}$↗、$\frac{1}{2}$↖（读作二上二下右斜纹和一上二下左斜纹）。

斜纹组织的斜向主要是根据构成斜向织纹的纱线在织物表面的捻向选择的，如捻向与织纹斜向相反，斜线较清晰，反之，斜线模糊，即“线撇纱捺”纹路清晰原则。

⑤变化。在斜纹组织的基础上分别采用添加经、纬组织点，改变织纹斜向、飞数或同时采用两种方法可演化出多种斜纹变化组织。如复合斜纹组织，一般为组织循环数较大的斜纹组织，织物表面呈现一组宽、窄、深、浅不一的斜纹，如马裤呢；角度斜纹组织，改变飞数的数值，可使织纹斜线的倾角发生变化，一般斜纹的倾角略大于45°，改变飞数，增加经密，可使织纹斜线饱满陡直，如巧克丁、直贡呢；山形斜纹组织，由左右两个方向的斜线排列成山形织纹的组织；破斜纹组织，由左右两个方向的斜线按一定的要求排列，使织纹斜线突然中断的组织，如海力蒙；此外，还有阴影斜纹、菱形斜纹、曲线斜纹等多种，大多以织纹图像命名。斜纹变化组织是增加织纹花色的主要组织之一，如图2-11所示。

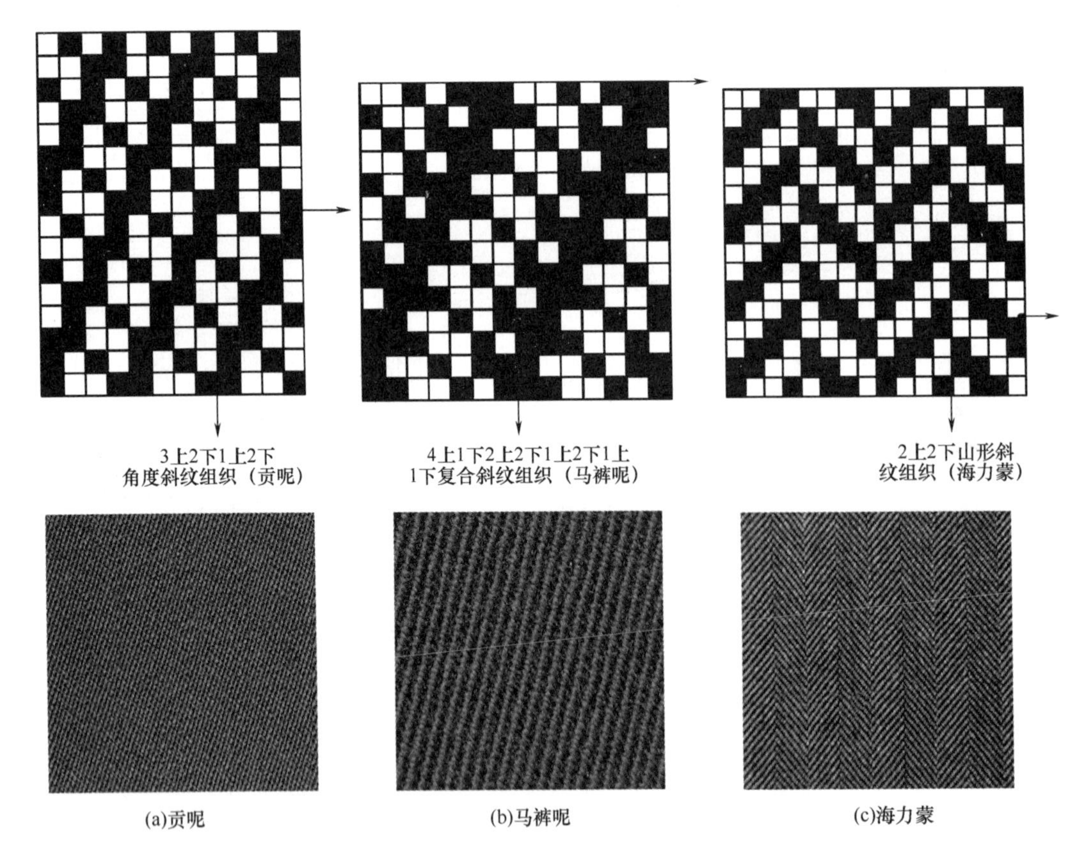

图2-11 斜纹变化组织和织物

（5）缎纹组织。

①定义。缎纹组织是指相邻两根经纱或纬纱上的单独组织点均匀分布，但不相连续

的织物组织。缎纹组织分经面缎纹和纬面缎纹两种。它是三原组织中最复杂的一种。缎纹组织中的单独组织点由两相邻的经纱或纬纱的浮长所遮盖。织物表面平滑、匀整，质地柔软，富有光泽，没有清晰的纹路。

②性能。缎纹组织浮长最长，交错次数最少，织物最柔软，需要配置较高的经纬密度，反光最好。

③特点。缎纹组织可用分子式表示，分子表示一个组织循环的纱线根数，简称枚数；分母表示飞数，经向飞数用于经面缎纹，纬向飞数用于纬面缎纹。缎纹的一个组织循环纱线数不少于5根，飞数大于1而小于组织循环纱线数减1，飞数与组织循环纱线数两者应互为质数。常用的缎纹组织循环纱线数为5、8、12、16等，组织循环纱线数越大，织物表面的纱线浮长越长，光泽越好，织物越松软，坚牢度越差，需要配置高的经纬密度。一些缎纹组织如图2–12所示。

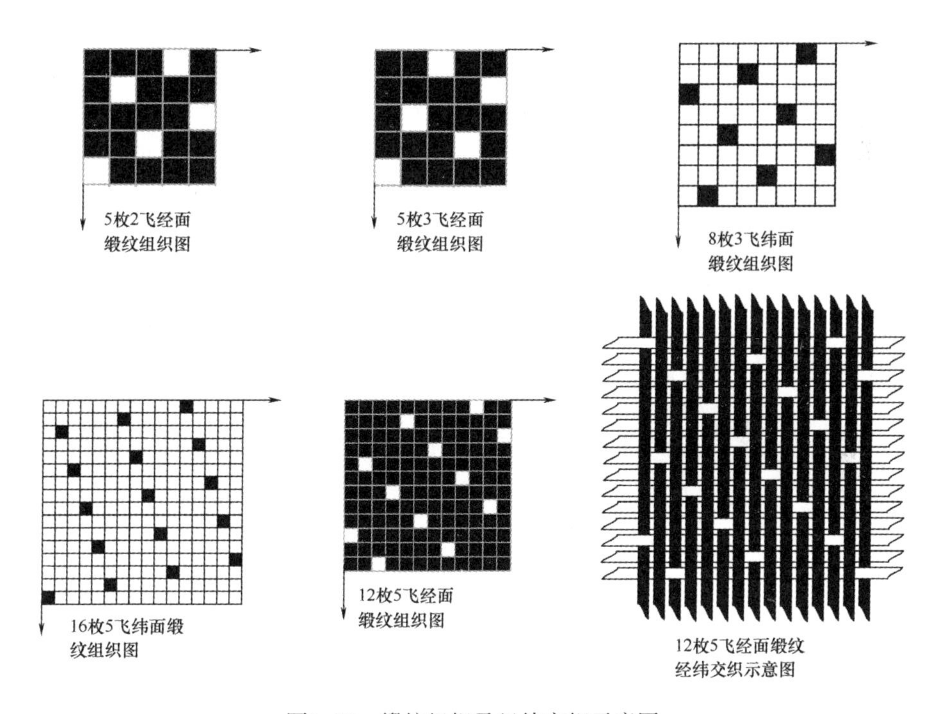

图2–12　缎纹组织及经纬交织示意图

④应用。缎纹组织的应用较广，如棉织物中的横贡缎，毛织物中的驼丝锦，丝织物中缎纹组织应用最多，曾作为丝织物的泛称，有各种经面缎、纬面缎、素缎、花缎等，品种不胜枚举。

经面缎纹织物的表面多数由经纱浮长所覆盖，为了突出经纱效应，经向紧度须大于纬向紧度，一般经、纬向紧度之比约为5∶3，如直贡呢、素缎等；纬面缎纹织物的表面多数由纬纱浮长所覆盖，为了突出纬纱效应，经向紧度须小于纬向紧度，一般经、纬向之比为2∶3，如横贡缎等。

为了使缎纹织物柔软，常用捻度较少的纱线，纱线的捻向对缎纹织物的外观效应有一定的影响。经面缎纹的经纱或纬面缎纹的纬纱在布面上的捻向与织物组织的纹路方向相同，织物表面光泽就好，如横贡缎。若这些纱线在布面上的捻向与织物纹路的方向相反，则缎纹织物表面呈现纹路，如直贡呢等。

⑤变化。以缎纹组织为基础可演变出许多缎纹变化组织。如在经或纬组织点四周添加单个或多个组织点而构成加强缎纹组织；在一个组织循环内用不同飞数而构成缎纹变化组织，如六枚缎纹变化组织，其经向飞数为2、3、4、4、3、2；延长经向或纬向组织点而构成重缎纹组织。缎纹组织与其他组织结合，可构成缎条府绸、缎条手帕等织物。如图2–13所示。

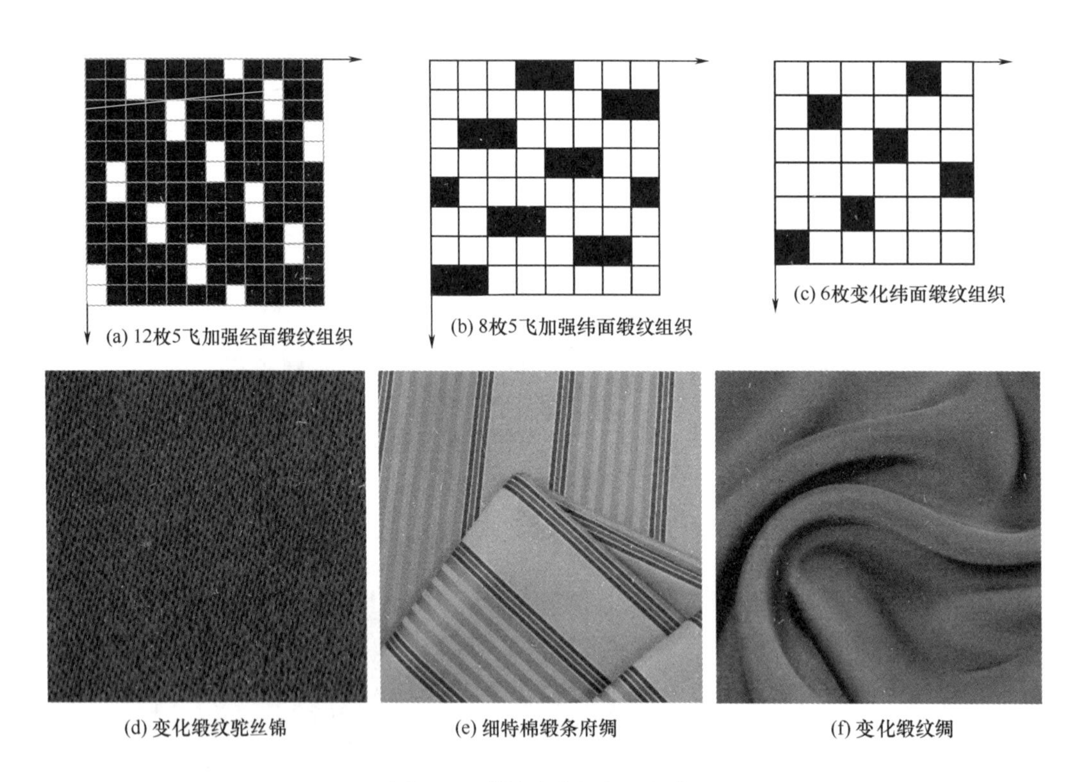

图2–13　缎纹变化组织和织物

（6）联合组织。联合组织是指两种或两种以上的原组织或变化组织按照一定的方式联合而成的组织，如绉组织、凸条组织、模纱组织（或称透孔组织）、蜂巢组织、网目组织等。这类组织都具有特定的外观效应。

①绉组织。绉组织是指按照一定的方式联合两种或两种以上的原组织或变化组织，利用浮长不同的经、纬纱交错排列，使织物表面产生颗粒状凹凸不平的绉效果。绉组织一般采用同类组织，经纬纱粗细与紧度相接近，经纬浮长控制在3根之内。绉组织可以用于织造绉纹呢、花绉等，葡萄绉是绉组织具代表性的品种。

②凸条组织。凸条组织是指以一定方式把平纹或斜纹与平纹变化组织组合而成的织物组织。织物外观具有经向的、纬向的或倾斜的凸条效果。凸条表面呈现平纹或斜纹组织，凸条之间有细的凹槽。棉织物中的灯芯条和毛织物花呢中的凸条花呢等都是用凸条组织，织物富有凹凸立体感，丰厚柔软。

③模纱组织。模纱组织是指把平纹和平纹变化组织或两种平纹变化组织相应组合起来的织物组织。用这种组织造织的织物表面有均匀的小孔，与纱罗织物类似，故又称透孔组

织或假纱罗组织。模纱组织的织物具有良好的透气性，宜于做春、夏季衣料。

④蜂巢组织。蜂巢组织是指由斜纹变化组织与长短不等的经、纬纱浮长按一定方式组合而成的织物组织。蜂巢组织的巢孔底部是平纹组织，四周由内向外依次加长经纬线的浮长直至巢边，组织结构逐渐变松，巢边纱线被托高，形成中间凹四周高的蜂巢花型。用蜂巢组织织成的中厚型织物立体感强、手感松软、保温性好，可作各种花式服装面料，也可作围巾、茶巾、床罩等。

⑤网目组织。网目组织是指以平纹组织为地，在经、纬向分别间隔地配置单根或双根交织点的平纹变化组织，其变化规律是交织点较少的经纱或纬纱浮现在织物表面呈扭曲网络状，故称网目组织。网目组织有经纱扭曲的经网目组织和纬纱扭曲的纬网目组织。用粗特纱作网目经或网目纬，能增强网目扭曲的外观效应。网目组织织物多用于各种衣料或装饰面料。一些联合组织物如图2-14所示。

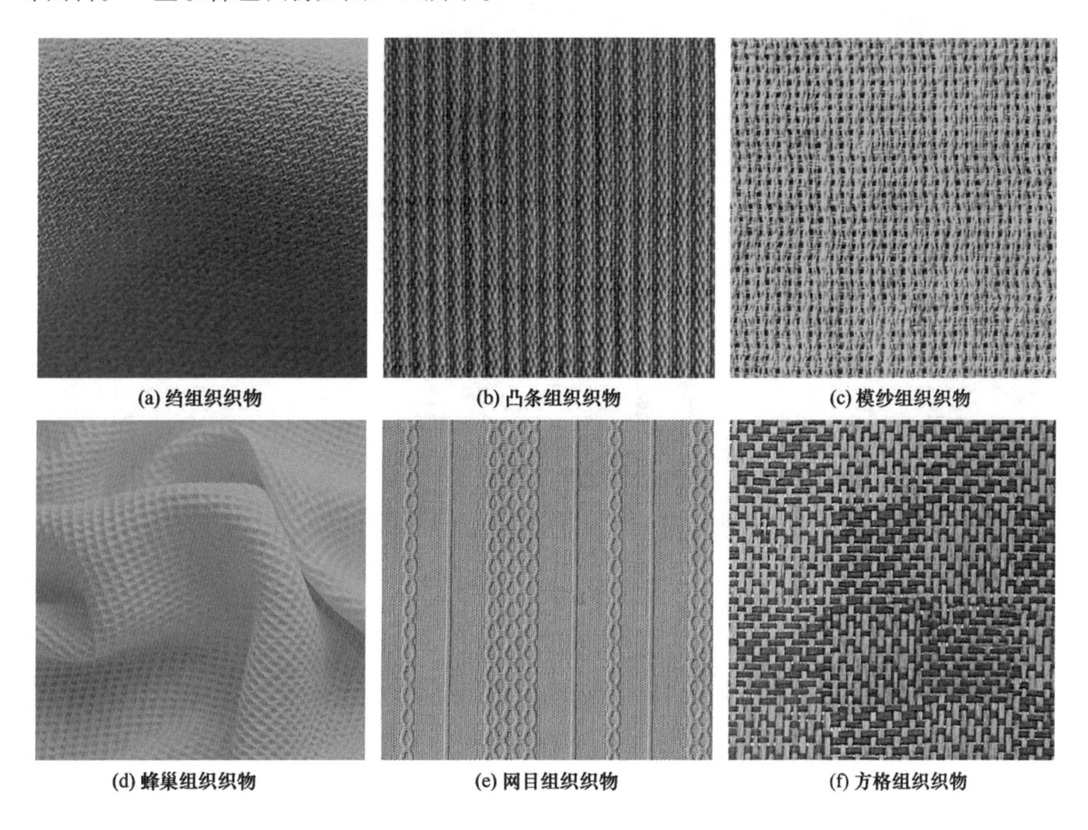

(a) 绉组织织物　(b) 凸条组织织物　(c) 模纱组织织物

(d) 蜂巢组织织物　(e) 网目组织织物　(f) 方格组织织物

图2-14　一些联合组织织物

（7）复杂组织。复杂组织是指经、纬纱中至少有一种为两个或两个以上系统的纱线组成的组织。包括两重组织和多重组织，双层和多层组织（包括管状组织、双幅织和多幅织组织、表里换层和接结双层组织等）、起绒组织（包括经起绒组织和纬起绒组织）、毛巾组织和纱罗组织等。复杂组织的织物结构、织造和后加工都比较复杂。

毛织物中的牙签条花呢，用的是经二重组织；拷花大衣呢是双层组织；毛毯呢是纬二重组织。丝织物的锦、缎、绒等大多数采用的是复杂组织。棉织物中的灯芯绒采用的也是复杂组织。一些复杂组织织物如图2-15所示。

(a) 表里双层格布　(b) 正反交替表里换层色织布　(c) 双层剪花色织格布

(d) 表里双层大衣呢　(e) 经双重牙签条　(f) 上下接结双层布

(g) 双层提花织物　(h) 复杂组织织锦缎　(i) 双层提花丝织物

图2-15　复杂组织织物

（8）提花组织。提花组织又称大提花组织。组织循环很大，花纹也较复杂，只能在提花织机上织造。根据所用花、地组织的不同，提花组织可分简单和复杂两类。花、地组织使用简单组织者，称简单提花组织；花、地组织使用复杂组织者，称复杂提花组织。

棉织物提花布采用简单组织较多，如各种经、纬面染色提花布；丝织物提花布以复杂组织为主，如锦、缎、绒等。一些大提花织物如图2-16所示。

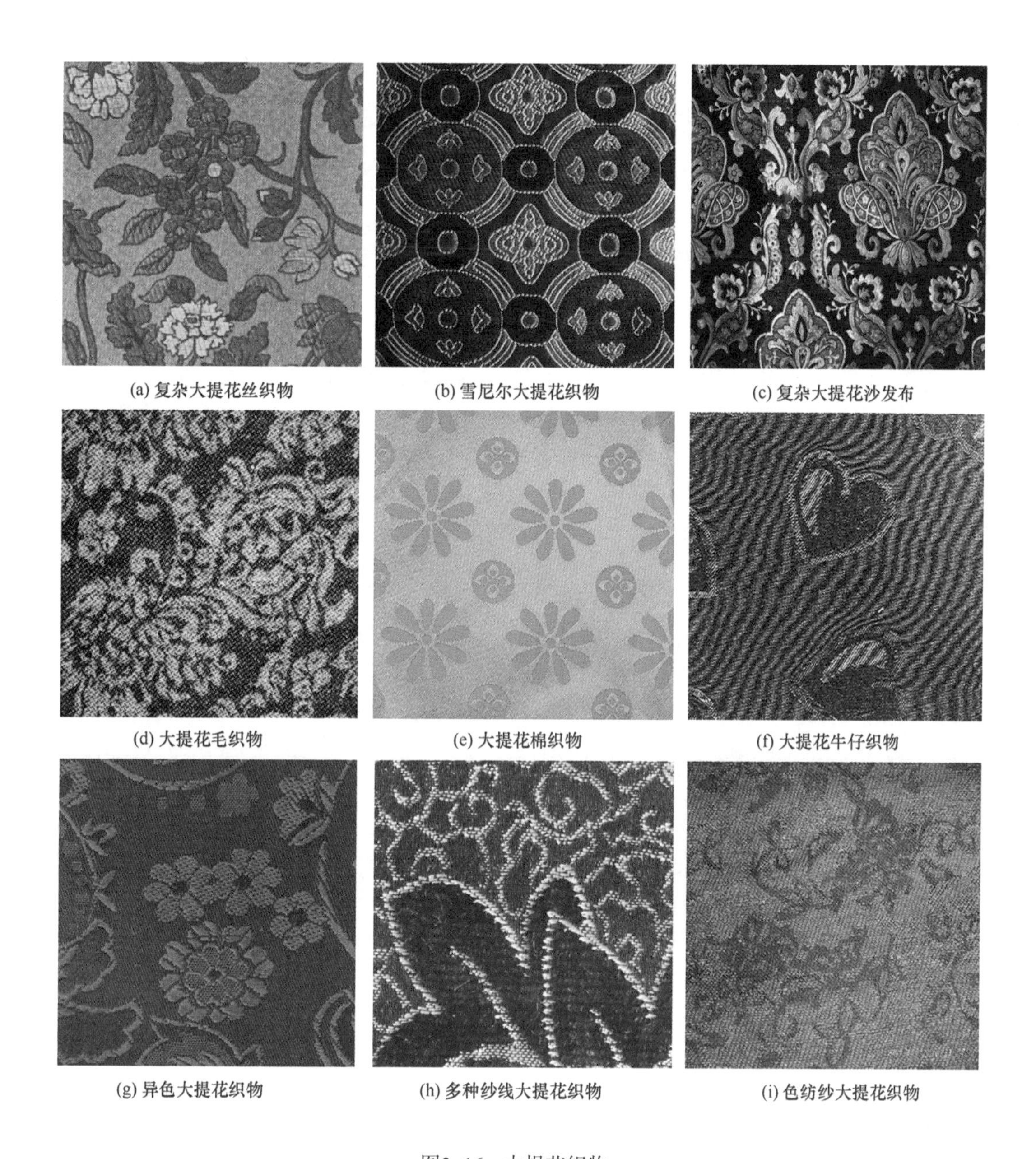

(a) 复杂大提花丝织物　(b) 雪尼尔大提花织物　(c) 复杂大提花沙发布

(d) 大提花毛织物　(e) 大提花棉织物　(f) 大提花牛仔织物

(g) 异色大提花织物　(h) 多种纱线大提花织物　(i) 色纺纱大提花织物

图2-16　大提花织物

4. 机织物组织变化对织物的影响

（1）机织物组织变化。机织物组织变化可以使织物的外观丰富、多样，同时织物的内在性能在发生变化。由于织物纱线的原料、结构（捻向、捻度、股数、花式线等）不同，织物的经纬密度、经纬纱线密度、色彩以及后整理加工方法不同，即使是相同的组织，织物的外观风格、手感性能也会千差万别；相反，如果织物的其他参数相同，仅织物组织不同，织物的性能、外观风格也会有显著的差别。

（2）对织物外观风格的影响。织物组织的不同引起织物外观的不同是显而易见的，不同的组织有不同的外观特性。

①平纹。由于织物表面经纬浮长最短，外观细密、平整；光泽较差；能织造较为细薄的织物。

②斜纹。织物表面浮长比平纹织物长，并且形成有规律的斜向纹路，有左斜、右斜、山形斜纹、菱形斜纹、粗细交替的复合斜纹等，可给织物外观带来较为丰富的变化；斜纹可根据需要配置清晰或模糊的纹路；斜纹表面光泽比平纹好；能织造各种厚度的织物，如细洁的单面斜纹织物，厚实的复合斜纹织物等。

③缎纹。缎纹是三原组织中浮长最长的一种，表面光泽特别好，一般没有明显的纹路，光滑、细腻，在丝绸织物中运用最多，给人的感觉高雅华贵。

④变化组织。它是在原组织的基础上进行的各种变化，基本保持了原组织的风格，在外观上更加富于变化。

⑤联合组织。联合组织都有各自的外观特征，由于是两种或两种以上的组织的结合，因此织物的外观更加丰富，更具有立体感和艺术性。有的呈现凹凸的颗粒；有的显现立体感很强的条形；有的纱线变化扭曲；有的以小孔形成不同的图案；有的形成立体效应很强的凹凸蜂巢花纹等。

⑥复杂组织。复杂组织有单层、双层和多层等；织物的外观效应又有单面的和双面之分。复杂组织的外观可以根据服装的需要，进行多种变化，变化的幅度是非常大的。由于复杂组织的经向或纬向，甚至双向是有多系统的纱线组成，因此，织物的厚度一般比较厚。毛织物中质地丰厚但表面织纹细腻的织物，采用复杂组织的较多。

⑦提花组织。能在织物表面形成各种简单的或复杂的艺术图案是提花组织的最大的特点，织物的风格随图案的变化，可表现细腻文雅的格调，也可表现粗犷浪漫的情怀，外观风格是丰富而又多变的。提花组织有简单组织的提花和复杂组织的提花等不同的类型，因此，织物也可有各种不同的厚度。

（3）对织物手感质地的影响。织物的组织不仅影响织物的外观，对织物的手感和质地也有明显的影响。除了织物的纱支、密度等其他因素之外，就织物组织而言，由于不同组织织物经、纬纱的浮长不同，使织物产生不同的松紧结构，从而对织物的手感和质地等产生影响。

①平纹。织物的经纬纱浮长最短，交错次数最多，因此，织物的手感最硬挺，质地最紧密，表面不易拉毛起球，但蓬松感较差。

②斜纹。织物的经纬纱浮长比平纹长，交错次数比平纹少，因此，手感比平纹蓬松柔软，质地较平纹疏松，但比平纹易拉毛起球。

③缎纹。在三原组织中，缎纹的经纬浮长最长，交错次数最少。因此，其织物的手感最为柔软，质地也最为疏松。为了突出缎纹的效果，一般都配置比较大的经纬密度。缎纹织物表面经纬纱的浮长长，因此容易钩丝、拉毛、起毛起球。

④变化组织和联合组织。其织物的手感和质地也是取决于织物组织的经纬纱线的浮长和交错次数。平均浮长越长，交错次数越少，其织物的手感越蓬松、柔软、温暖，质地也越是稀松，缺乏身骨；平均浮长越短，交错次数越多，其织物的手感越硬挺，质地也越紧密。同时，浮长长的织物容易拉毛、起毛起球；浮长短的织物不易拉毛和起毛起球。

⑤复杂组织。复杂组织的纱线系统与简单组织不同，因此，它的质地和手感与简单组

织也有较大区别。复杂组织虽然一般都配置了较大的经纬密度，由于是多系统织物，故手感仍然蓬松柔软，质地稀松但不疲软；起毛起球决定于织物表面经纬纱的浮长和表面组织的紧密度。

⑥提花组织。提花组织主要是对织物的外观风格产生影响。对织物手感质地的影响要分析提花组织的浮长以及花、地部分的不同组织结构的松紧。比如平纹地起花的提花织物，如果提花部分浮长比较长就容易引起勾丝，地组织平纹，结构还是比较紧密的；如果是双层组织的提花织物，一般手感就比较柔软。

（4）对织物内在性能的影响。织物组织对织物内在性能的影响也取决于织物中经纬纱的交织情况，经纬纱交错次数多，织物紧密，织物中的空隙较少，滞留的静止空气少，织物的保暖性相对差一些，吸湿性和透气性也相对差一些，但强力较好，织物坚牢耐磨；经纬纱交错次数少，织物松软，织物中空隙较大，滞留的静止空气较多，织物的保暖性、吸湿性和透气性相对好些，但织物稀疏，强力和牢度将受到影响。织物组织与经纬纱线密度、经纬密度等，共同对织物产生影响。

（三）机织物规格

机织物规格是指织物的品名、原料成分、线密度、经纬密度、织物组织、成品重量、幅宽和匹长等织物的基本量化指标和信息，有的还包括织物的编号、总经等。机织物规格是我们解读织物性能、品质的重要参数。

1. 品名

（1）定义。品名是指织物的名称，它说明了织物的基本特征。不同品名的织物、规格配置不同。

（2）表示方法。如平布、府绸，华达呢、啥味呢、哔叽，电力纺、双绉等。

2. 原料成分

（1）定义。原料成分标明了织物采用的纤维原料种类及它们的配比。通过“原料成分”，了解面料的性能特点，如吸湿性能、透气性能、保暖性能、安全卫生性能、抗起毛起球性能、缩水性能、弹性等。

（2）表示方法。如100%C（棉）、65/35T/C（涤棉）、55/45L/C（亚麻棉）、100%W（羊毛）、95silk（真丝）/5sp（氨纶）等。

（3）解读。65/35T/C布，是一款涤棉混纺的棉型面料，它既有涤纶的光洁、平整、不易皱的优点，又有棉的吸湿、透气、舒服的优点，从比例看，涤纶的特点占多数。CVC是涤棉倒比例面料，棉多涤少，该面料棉的性能更明显些。95silk（真丝）/5sp（氨纶）是一款有弹性的真丝面料，柔软亮泽，舒适透气，不易霉蛀，有保健功能，弹性好，悬垂性好，但洗涤要轻柔。

3. 线密度

（1）定义。线密度是指织物经纱和纬纱采用的纱线种类及粗细。

（2）表示方法。如150旦×150旦；32英支+32英支/2×32英支；45公支×45公支；18tex×18tex。

（3）解读。150旦×150旦是指长丝织物，经纬纱线的粗细均为150旦；32英支+32英支/2×32英支是指短纤织物，经纱有两种粗细不同的纱线，一种是32英支的单纱，一种是32英支的双股线，纬纱是一种32英支的单纱。

4. 经纬密度

（1）定义。经纬密度是指单位长度内，经纱和纬纱排列的根数，一般用根/英寸或根/10cm表示。

（2）表示方法。如136根/英寸×76根/英寸、68根/英寸×58根/英寸，或者451根/10cm×244根/10cm等。

（3）解读。136根/英寸×76根/英寸，表示一平方英寸的面料中，经纱的排列根数是136根，纬纱排列的根数是76根；451根/cm×244根/10cm，表示10平方厘米的面料中经纱的排列根数是451根，纬纱排列的根数244根。

（4）配置。织物经纬密度的确定与多方面的因素有关。其一，与服装要求织物的松紧程度有关：织物紧，密度高；织物松，密度低；其二，与织物的纱线粗细有关：纱线粗，密度低；纱线细，密度高；其三，与织物的组织有关：组织紧（平均浮长小），密度低；组织稀松（平均浮长大），密度高等。另外，还与织物的厚度、重量、外观、性能要求等因素有关。

机织物经纬密度的配置，一般规律是经密略大于纬密，这与织物使用时的要求（经向受力常大于纬向受力）有关；另外，与织物的生产方式有关，纬密低的织物生产效率高。这对我们鉴别织物的经、纬向提供了一个参考依据。

有些织物的经纬密度配置，还受到了织物特定的外观效应的制约。如府绸经密常常是纬密的2倍，以突出经向纱支颗粒状的效应；华达呢、卡其布等，经密也大大超过纬密，以使织物细腻紧密、斜向陡直；强捻纱绉布，一般经密比较小，以使织物在整理时，纬向纱支有充分收缩的余地；缎面织物，经面缎经密大大超过纬密，纬面缎纬密大大超过经密，以突出缎面效果；经起花织物和纬起花织物，经纬密度的确定也是要根据花型的要求配置，或经密大于纬密，或纬密大于经密。

织物的经纬密度对织物的外观、风格、手感、质地、力学性能有很大的影响。织物密度的紧密或稀松与织物组织的紧密或稀松对织物的影响有相似之处。

5. 织物组织

（1）定义。织物组织是指织物中纱线运动的规律。

（2）表示方法。如平纹；2上1下单面斜纹；2上2下双面斜纹；5枚缎纹；7枚缎纹等。

（3）解读。织物组织除了告诉我们织物的外观结构，还告诉我们组织的松紧。平纹组织最紧密，双面斜纹比单面斜纹松，缎纹最松，但5枚缎纹比7枚缎纹紧。

（4）配置。线密度、经纬密度和织物组织是构成机织物最重要的三大要素，三者是互相关联的，又是互相制约的。

织物纱线粗细、密度、组织是按一定要求进行合理搭配的。密度过高，不但生产困难，织物的性能也会受到影响，密度过低也同样。所以，织物纱线粗细、密度、组织的配合一定要恰当，使织物的外观、手感、吸湿、透气、弹性、强力等指标都能达到预计的效果。长期以来，人们经过不断的测试和积累，总结了不少织物的最佳搭配，把它固定下来，形成了常用品种的织物规格表（表2-7～表2-10）。

表2-7　毛织物部分代表产品规格

规格 品名	原料（%）	线密度（tex）	参考细度（公支）	成品密度（根/10cm）	织物组织	成品重量（g/m²）
哔叽	羊毛100	22×2/22×2	45/2×45/2	297×254	2/2斜纹	270
哔叽	羊毛100	26×2/26×2	38/2×38/2	288×250	2/2斜纹	311
啥味呢	羊毛100	22×2/22×2	46/2×46/2	321×264	2/2斜纹	271
华达呢	羊毛100	20×2/20×2	50/2×50/2	451×244	2/2斜纹	305
华达呢	羊毛100	18×2/18×2	56/2×56/2	404×223	2/1斜纹	250
缎背华达呢	羊毛100	19×2/19×2	52/2×52/2	602×262	11枚7飞 变化缎纹	392
牙签条单面花呢	羊毛100	14×2/14×2	70/2×70/2	503×391	3/1、1/3经二重组织	287
板司花呢	羊毛100	26×2/26×2	39/2×39/2	297×254	2/2方平组织	308
毛涤薄花呢	羊毛50 涤纶50	13×2/13×2	76/2×76/2	264×225	平纹	137
凡立丁	羊毛100	19×2/19×2	52/2×52/2	243×204	平纹	187
派力司	羊毛100	17×2/25	58/2×40/1	282×225	平纹	161
贡呢	羊毛100	21×2/21×2	48/2×48/2	510×244	3/2、1/2急斜纹	347
色子贡	羊毛100	19×2/19×2	54/2×54/2	352×282	10枚7飞变化缎纹	261
驼丝锦	羊毛100	17×2/21	60/2×48/1	551×417	13枚4飞变化缎纹	303
巧克丁	羊毛100	22×2/22×2	45/2×45/2	550×240	5/1、3/1、5/2、1/1、 1/2急斜纹	380
马裤呢	羊毛100	22×2/22×2	45/2×45/2	492×252	4/1、2/2、1/2、1/1 急斜纹	364

表2-8　部分本色棉布产品规格

棉布编号	产品名称	幅宽（cm）	经纬纱线密度（tex）（英支支数）	成品密度（根/10cm）	无浆干重（g/m²）	织物组织
101	粗平布	91.5	58/58（10×10）	181×141.5	186.2	平纹
102	粗平布	91.5	58/58（10×10）	185×181	212.9	平纹
103	粗平布	91.5	48/58（12×10）	200.5×183	202.4	平纹
104	粗平布	91.5	48/58（12×10）	212.5×181	208.0	平纹
105	粗平布	96.5	48/48（12×12）	181×173	169.4	平纹
106	粗平布	91.5	48/44（12×13）	204.5×204.5	190.6	平纹
107	粗平布	106.5	48/44（12×13）	232×204.5	208	平纹
108	粗平布	91.5	42/48（14×12）	208.5×204.5	185.4	平纹
109	粗平布	91.5	42/48（14×12）	233×204.5	196.7	平纹
110	粗平布	91.5	42/42（14×14）	188.5×188.5	156.4	平纹

续表

棉布编号	产品名称	幅宽（cm）	经纬纱线密度（tex）（英支支数）	成品密度（根/10cm）	无浆干重（g/m²）	织物组织
170	细平布	96.5	19.5/19.5（30×30）	267.5×236	95.6	平纹
171	细平布	96.5	19.5/19.5（30×30）	267.5×267.5	101.8	平纹
172	细平布	96.5	19.5/19.5（30×30）	287×271.5	107.3	平纹
196	细平布	99	14/14（42×42）	362×346	97.5	平纹
197	细平布	98	13/13（44×44）	350.5×334.5	87.6	平纹
198	细平布	91.5	14×2/28（42/2×21）	297×283	164	平纹
290	全线府绸	91.5	J10×2/J10×2（J60/2×J60/2）	433×251.5	136.2	平纹
294	全线府绸	99	J7×2/J7×2（J80/2×J80/2）	511.5×291	112.1	平纹
298	全线府绸	99	J6×2/J6×2 J100/2×J100/2）	610×299	108.3	平纹

表2-9　常用牛仔布产品规格

经纬纱线密度（tex）（英制支数）	成品密度（根/10cm）（根/英寸）	重量（g/m²）
84/97（7×6）	283.6×196.5（72×50）	508.6
84/97（7×6）	275.5×196.5（70×50）	500.1
84/97（7×6）	271.5×192.5（69×49）	491.6
84/84（7×7）	283.5×173（72×44）	474.7
84/84（7×7）	275.5×181（70×46）	457.7
58/84（10×7）	307×181（78×46）	398.4
58/58（10×10）	307×220（78×56）	356
58/58（10×10）	307×196.5（78×50）	339.1
48/48（12×12）	307×181（78×46）	271.2
36/36（16×16）	307×196.5（78×50）	203.4

表2-10　常见里料规格表

品名	成品密度（根/10cm）（根/英寸）	线密度（tex）（英支）（旦）	织物组织
蜡羽绫	380×280（97×71）	13.3×18，有光黏胶丝×棉纱	变化组织
蜡线羽纱	450×280（114×71）	13.3×28，有光黏胶丝×棉纱	3/1斜纹

续表

品名	成品密度 （根/10cm）（根/英寸）	线密度（tex） （英支）（旦）	织物组织
羽纱	480×260（122×66）	13.3×28，有光黏胶丝×棉纱	3/1斜纹
粘胶丝斜纹绸	550×280（140×71）	13.2×13.2，有光黏胶丝×有光黏胶丝	3/1斜纹
粘胶丝羽纱	420×290（107×74）	13.2×13.2，有光黏胶丝×有光黏胶丝	3/1斜纹
光缎羽纱	500×310（127×79）	13.2×13.2，有光黏胶丝×有光黏胶丝	五枚缎纹
美丽绸	720×370（183×94）	13.2×13.2，有光黏胶丝×有光黏胶丝	3/1斜纹
新羽纱	500×320（127×81）	13.2×13.2，有光醋酯丝×有光醋酯丝	五枚缎纹
闪色里子绸	650×380（165×96）	13.2×8.3，有光黏胶丝×醋酯丝	2/2斜纹
醋酯绸	500×330（127×84）	6.7×7.2，醋酯丝×醋酯丝	平纹
铜氨斜纹绸	460×290（117×74）	8.3×11.1，铜氨人造丝×铜氨人造丝	斜纹
平纹尼丝纺	420×330（107×84）	7.8×7.8，半光锦纶丝×半光锦纶丝	平纹
涤纶美丽绸	580×350（147×89）	7.5×8.3，有光涤纶丝×半光涤纶丝	1/2斜纹
230T尼丝纺	500×400（128×102）	7.8×7.8，半光锦纶丝×半光锦纶丝	平纹
210T尼丝纺	460×360（118×92）	7.8×7.8，半光锦纶丝×半光锦纶丝	平纹
250T尼丝纺	580×400（148×102）	7.8×7.8，半光锦纶丝×半光锦纶丝	平纹
190T涤纶塔府绸	420×330（106×84）	7.5×7.5，半光涤纶丝×半光涤纶丝	平纹
210T涤纶塔府绸	460×360（118×92）	7.5×7.5，半光涤纶丝×半光涤纶丝	平纹
230T涤纶塔夫绸	500×400（128×102）	7.5×7.5，半光涤纶丝×半光涤纶丝	平纹
细纹绸	560×350（142×89）	7.5×8.3，半光涤纶丝×涤纶低弹丝	1/2斜纹
星月缎	880×380（224×96）	5.5×8.3，有光异形丝×涤纶低弹丝	五枚缎纹
寒星缎	660×320（168×82）	8.3×11.1，有光异形丝×涤纶低弹丝	五枚缎纹
锦益缎	660×320（168×82）	8.3×11.1，有光异形丝×涤纶低弹丝	五枚缎纹
电力纺	600×420（152×106）	2.2×2.2，桑蚕丝×桑蚕丝	平纹
洋纺	500×400（128×102）	2.2×2.2，桑蚕丝×桑蚕丝	平纹
全棉坯布	236×228（60×58）	28×28，棉纱×棉纱	平纹
防羽绒布	530×400（135×102）	14.5×14.5，棉纱×棉纱	平纹

6. 幅宽

（1）定义。幅宽是织物门幅宽度，一般用厘米（cm）表示（国际贸易中有时用英寸表示）。织物的幅宽是由生产织物织机的宽度决定的。

（2）表示方法。如幅宽91.5cm（36英寸），幅宽114cm（45英寸），幅宽147cm（58英寸）。

（3）解读。一般来说，棉织物的幅宽分80～120cm和127～168cm两大类。近年来，随着服装工业的发展，宽幅织物的需求量增大，幅宽为106.5cm、122cm、135.5cm的织物增多，无梭织机出现后，幅宽可达300cm以上，幅宽在91.5cm以下的织物有逐渐淘汰的趋势。

精纺毛织物的幅宽一般为144cm或149cm。粗纺毛织物的幅宽一般为143cm、145cm和150cm三种，长毛绒的幅宽为124cm，驼绒的幅宽为137cm。丝织物品种繁多，规格复杂，因此幅宽极不一致，一般在70～140cm之间。麻织物夏布的幅宽为40～75cm。上述织物的幅宽也包括相应的化纤混纺织物、交织织物以及纯化纤织物等。

7. 匹长

（1）定义。匹长是指一段织物的长度。一般用米（m）来表示（国际贸易中有时用码（yd）来表示）。匹长主要根据织物的种类和用途而定，同时还要考虑织物的单位重量、厚度、卷装容量、搬运以及印染后整理和制衣排料、铺布裁剪等因素。

（2）表示方法。定码50m，乱码10段/包，每段不小于30m。

（3）解读。一般来说，棉织物的匹长为30～60m，精纺毛织物的匹长为50～70m，粗纺毛织物的匹长为30～40m，长毛绒和驼绒织物的匹长为25～35m，丝织物的匹长为20～50m，麻类夏布的匹长为16～35m等。

三、针织物

（一）针织物概述

1. 定义

针织物是指用织针将纱线构成线圈，再把线圈相互串套而成的织物。

2. 特点

针织物的基本单元结构是线圈，线圈是针织物区别于其他织物的标志。针织物质地松软，除了具有良好的抗皱性和透气性之外，还具有较大的延伸性和弹性，适宜于作内衣、紧身衣和运动服的面料。针织物在改变结构和提高尺寸稳定性后，同样可以作外衣面料。

3. 分类

针织物分纬编针织物和经编针织物两大类。纬编针织物是将纱线由纬向喂入针织机的工作针上，使纱线顺序弯曲成圈，并相互串套而形成。经编针织物是用一组或几组平行排列的经纱由经向同时喂入针织机的所有工作针上，每根经纱在横列上仅形成一个或两个线圈。纬编针织物和经编针织物具有不同的线圈形态。针织物的组织结构和性能主要取决于线圈形态和线圈之间的相互排列，如图2-17所示。

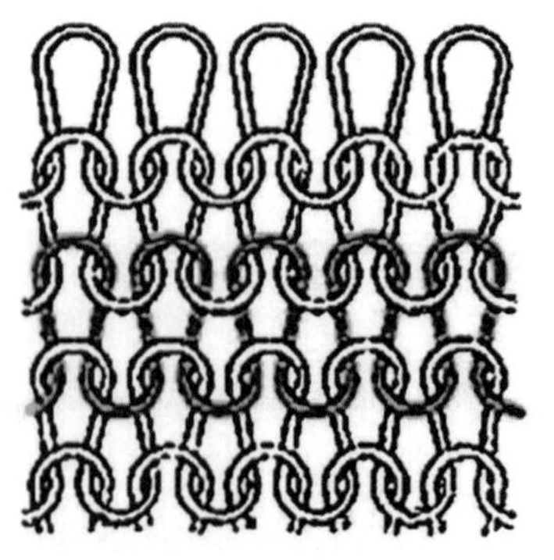

(a) 纬编针织物线圈形态

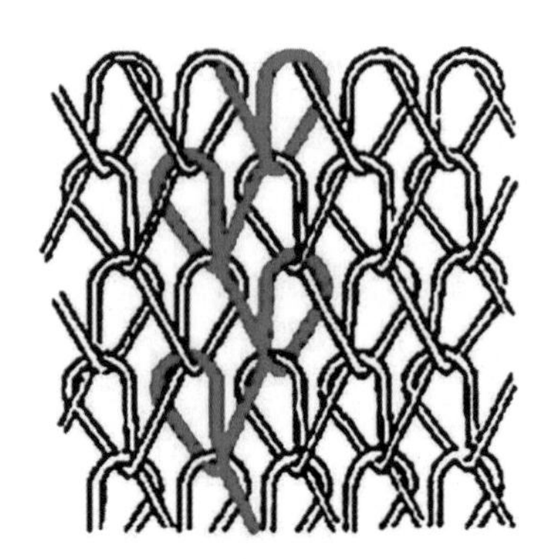

(b) 经编针织物线圈形态

图2-17　纬编针织物线圈和经编针织物线圈

（二）针织物组织

1. 定义

针织物组织是指针织物的线圈结构形态和其相互间的排列方式。

2. 针织物组织分类

根据线圈结构形态和相互间排列方式，针织物组织分为基本组织、变化组织和花式组织三大类。

（1）基本组织。基本组织是由单一结构的线圈串套而成的组织。这类组织有纬编的平针组织、罗纹组织和双反面组织，经编的编链组织、经平组织和经缎组织等。

（2）变化组织。变化组织是由两个或两个以上相同的基本组织复合而成，即在一个基本组织的相邻线圈纵行间，配置另一个或另几个相同基本组织的线圈纵行，以改变原来组织的结构和性能。纬编针织物的变化组织有纬编变化平针组织与双罗纹组织等；经编针织物的变化组织有经编经绒组织与经斜组织等。

（3）花式组织。花式组织是以基本组织或变化组织为基础派生出来的，利用线圈结构的改变或者另外编入一些附加纱线（或其他纺织原料），以形成具有显著花纹效果和不同力学性能的花式针织物。

花式组织种类很多，常用于服装面料的有纬编提花组织、集圈组织、纱罗组织、菠萝组织、抽花组织、衬垫组织、毛圈组织、添纱组织、波纹组织、衬经衬纬组织、长毛绒组织，以及由上述基本组织、变化组织或花式组织相互复合而成的复合组织。经编花式组织有多梳组织、空穿组织、衬纬组织、压纱组织、毛圈组织、贾卡提花和双针床经编绒组织等。

3. 针织物组织介绍

（1）纬编针织物组织。纬编针织物是指它的横向线圈由同一根纱线按顺序弯曲成圈而成。织物有单面和双面之分，一面为正面线圈，另一面为反面线圈的织物，称单面针织物；正面线圈和反面线圈混合分布在同一面的，称双面针织物。纬编织物的基本组织有纬平组织、罗纹组织和双反面组织等。

①纬平组织。纬平组织又称纬编平针组织，是最简单的组织。它是由连续的单元线圈相互串套而成，织物的正面平坦均匀并呈纵向条纹，反面具有横向弧形线圈。

纬平组织在纵向和横向拉伸时，具有较好的延伸性，织物正面有平滑感；纬平组织由于正反面线圈对光的反射作用不同，因此，织物正面有光泽比反面明亮；在编织过程中，纱线上的接头和棉结杂质易被滞留在织物反面，致使织物正面比较光洁（图2-18）。

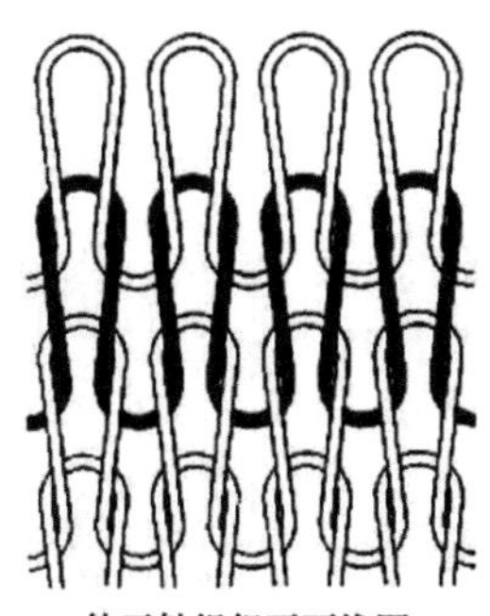

纬平针组织正面线圈

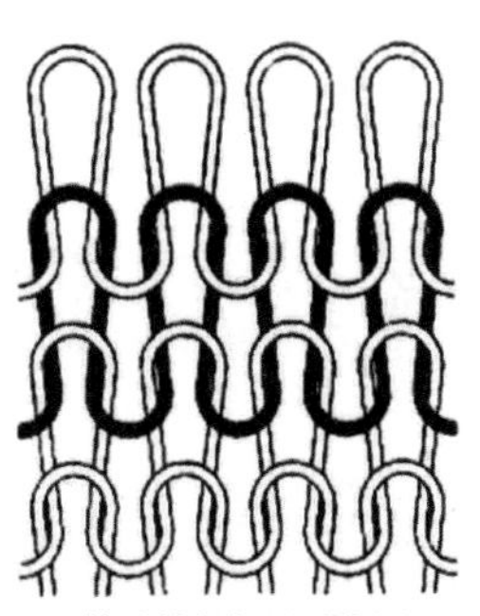

纬平针组织反面线圈

图2-18　纬编平针组织

纬平组织织物在某一线圈断裂时，容易造成脱散，裁片需要锁边。纬平织物有严重的卷边性，且尺寸稳定性差。

纬平组织广泛用于针织内衣、袜子、手套等。

②罗纹组织。罗纹组织也是纬编针织物的基本组织之一。是由正面线圈纵行和反面线圈纵行以一定的形式组合配置而成。罗纹组织的种类很多，如1+1罗纹组织，是指由一个正面线圈纵行和一个反面线圈纵行相间配置所构成；1+2罗纹组织，是由一个正面线圈纵行和两个反面线圈纵行相间配置构成（图2–19）。

罗纹组织针织物在横向拉伸时，具有较大的弹性和延伸性，而且密度越大弹性越好；与纬平组织相比，罗纹组织不卷边，且不易脱散。

由于罗纹组织的特性，常用于需要有一定弹性的内外衣制品，如弹力衫、弹力背心、套衫袖口、领口、裤口等。

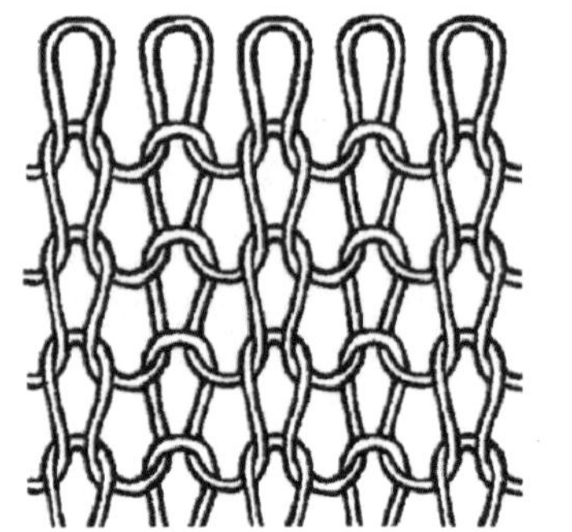

1+1罗纹线圈排列

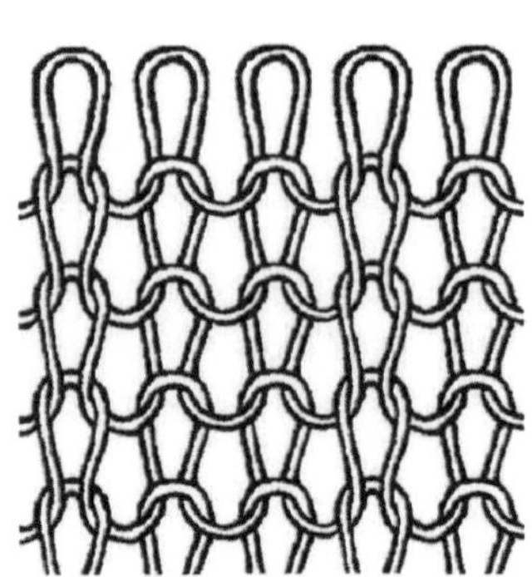

1+2罗纹线圈排列

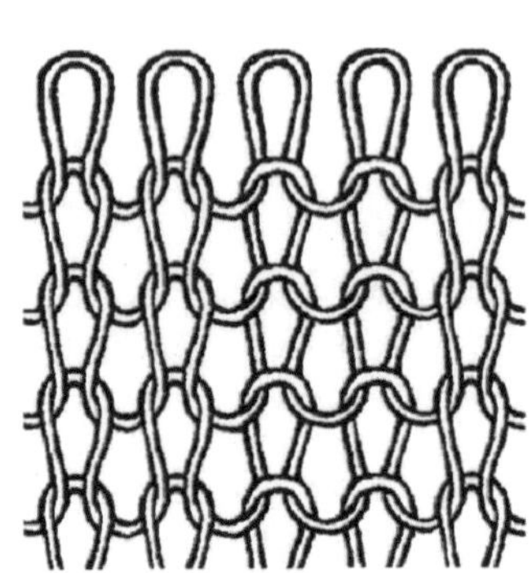

2+2罗纹线圈排列

图2–19　纬编罗纹组织

③双反面组织。双反面组织也是纬编针织物的基本组织之一，它由正面线圈横列和反面线圈横列相互交替配置而成。

双反面组织针织物比较厚实，具有纵、横向弹性与延伸性相近的特点。适宜作婴儿衣物及袜子、手套、羊毛衫等成形针织品的面料。

在双反面组织基础上，可以编织很多带有不同花色效应的针织物。如按照花纹要求，在织物表面混合配置正、反面线圈，即可形成正面线圈凸起，反面线圈下凹的凹凸针织物；又如，在提花组织的线圈纵行中配置正、反线圈，即可形成既有色彩又有凹凸效果的提花凹凸针织物，如图2–20所示。

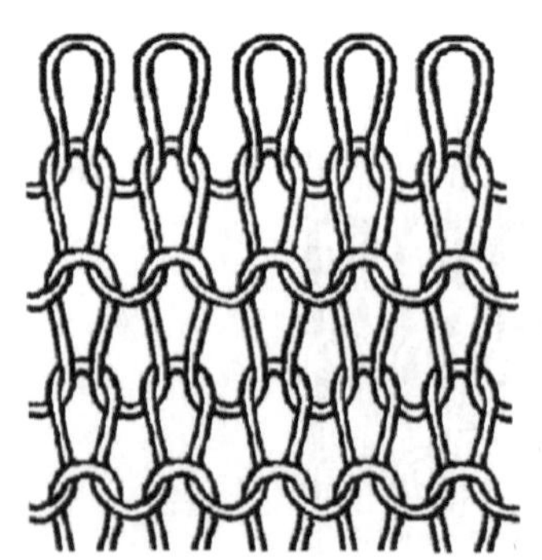

双反面组织线圈排列

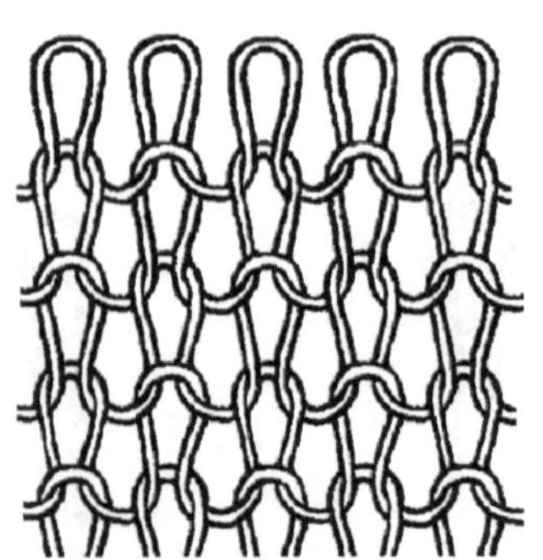

桂花针组织线圈排列

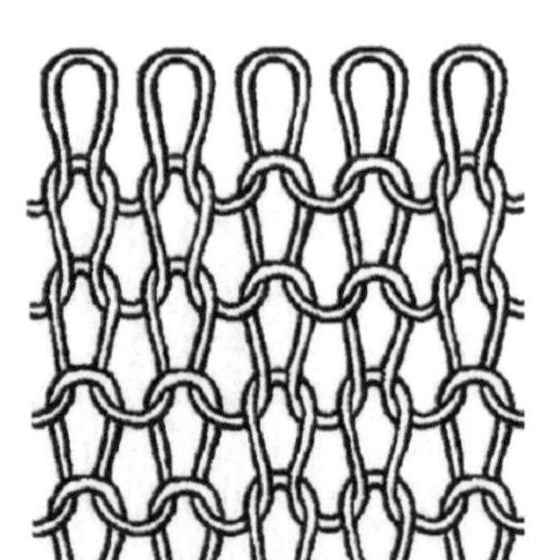

席纹组织线圈排列

图2–20　纬编双反面组织

（2）经编针织物组织。经编针织物是指它的横向线圈系列由平行排列的经纱组同时弯曲相互串套而成，而且每根经纱在横向逐次形成一个或多个线圈，也有单、双面之分。经编针织物的基本组织有编链组织、经平组织和经缎组织等（图2-21）。

①编链组织。编链组织是经编针织物的基本组织之一。其特点是每一线圈纵行由同一根经纱形成，编织时每根经纱始终在同一针上垫纱。根据垫纱方式可分闭口编链和开口编链两种形式。在编链组织中，各纵行间互不联系，纵向延伸性小，一般用它与其他组织复合织成针织物，可以减小纵向延伸性。编链组织常用来制作钩编织物和条形花边的分离纵行及加固边。

②经平组织。经平组织也是经编针织物的基本组织之一。特点是同一根经纱所形成的线圈轮流配置在两个相邻线圈纵行中。经平组织针织物正、反面都呈菱形网眼，宜制作T恤衫及内衣。

经平组织针织物的纵横向都具有一定的延伸性，而且卷边性不明显。最大的缺点是：当一个线圈断裂并受到横向拉伸时，线圈从断纱处开始沿纵行逆编织方向逐一散脱，使织物分成互不联系的两片。

在经平组织的基础上稍加变化，即可得到变化经平组织。变化经平组织由几个经平组织组合而成，如由两个经平组织组合而成的经绒组织等。

③经缎组织。经缎组织也是经编针织物的基本组织之一。其特点是每根经纱顺序地在许多相邻纵行内构成线圈，并且在一个完全组织中，有半数的横列线圈向一个方向倾斜，而另外半数的横列线圈向另一方向倾斜，遂在织物表面形成横条纹效果。

经缎组织织物的延伸性较好，其卷边性与纬平组织针织物相似，当纱线断裂时，线圈也会沿纵行逆编织方向脱散。

经缎组织常与其他经编组织复合，以得到一定的花纹效果。如菱形花纹、变化经缎花纹等。变化经缎组织由于延展线较长，织物的横向延伸性降低，常作衬纬拉绒针织物的地组织。

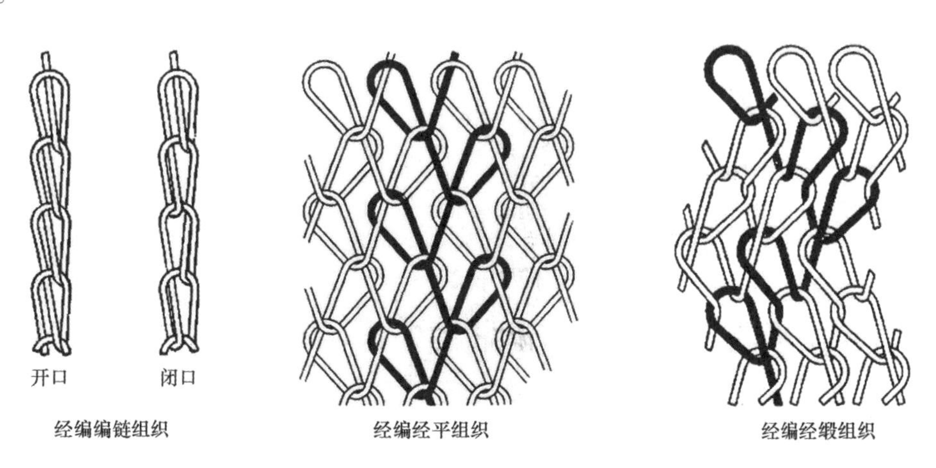

图2-21　经编针织物基本组织

（3）针织物花式组织。针织物花式组织织物十分丰富，主要有纬编衬垫组织、毛圈组织、添纱组织、集圈组织、衬纬组织、经编衬纬组织、长毛绒组织、提花针组织、复合花式组织等，如图2–22所示。

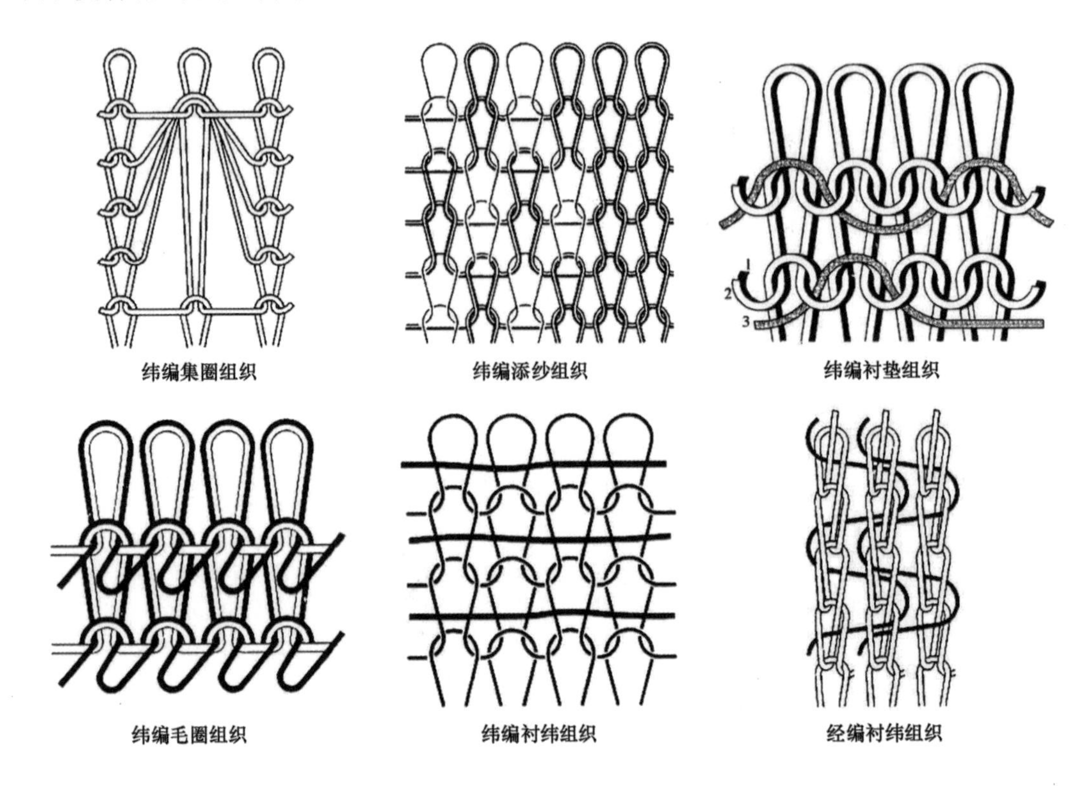

图2–22　针织物花式组织

（三）针织物结构参数

1. 线圈长度

线圈长度指每个线圈的纱线长度（以毫米为单位）。

2. 密度

针织物在单位长度或单位面积内的线圈个数。它反映在一定纱线粗细条件下针织物的稀密程度。通常用横密、纵密和总密度表示。横密是针织物沿横列方向规定长度（如50mm）内的线圈数。纵密是针织物沿线圈纵行方向规定长度内的线圈数。总密度是针织物在规定面积（如25cm^2）内的线圈数。针织物横密对纵密的比值，称为密度对比系数。

3. 未充满系数

指线圈长度对纱线直径的比值。它说明在相同密度条件下，纱线粗细对针织物稀密程度的影响。未充满系数越大，针织物就越稀疏。

4. 单位面积重量

指每平方米干燥针织物的重量（克数）。它可以通过线圈长度、针织物密度与纱线线密度（或支数）求得。

（四）针织物力学性能

1. 脱散性

脱散性是指在针织物中因某根纱线断裂引起线圈与线圈彼此分离或失去串套的性能。

针织物的脱散性与组织结构、稀密程度和原料种类有关。

2. 卷边性

卷边性是指在自由状态下针织物边缘出现包卷的性能。这是由于边缘线圈中弯曲纱线力图伸直所引起的。一般单面纬编和经编针织物均有卷边现象，并且横向线圈（纬平反面线圈）向纵向线圈（纬平正面线圈）方向弯曲卷起。

针织物的卷边性与组织结构和织物的密度，及纱线的弹性、细度、捻度等因素有关，纱线的弹性越好，纱线越粗捻度越大，或织物密度越大，线圈长度越短卷边性也越显著。一般双面针织物，因为在边缘处正反面线圈的内应力大致平衡，所以基本不卷边。

3. 延伸性和弹性

延伸性是指在外力拉伸下，针织物尺寸伸长的性能。由于线圈能够改变形状和大小，所以针织物具有较大的延伸性。能改变组织结构、织物密度和纱线细度，能改变针织物的延伸性。

弹性是指当引起针织物尺寸变化的外力去除后，针织物回复原来尺寸的能力。针织物的弹性取决于组织结构、纱线本身的弹性、纱线的摩擦系数和织物的密度等。

针织物的延伸性和弹性统称为针织物的伸缩性，它使针织品在穿着时具有合体性和舒适感。这是针织物区别于机织物（梭织物）最显著的特点之一。但针织物的伸缩性又会造成面料尺寸的不稳定性，使服装尺寸和造型难以控制。

4. 柔软性和抗皱性

针织物具有柔软的质地，当它触及或紧贴人体肌肤时，能给人温柔、轻软的舒适感受，针织物的柔软性主要取决于织物的组织结构、织物密度和原料种类等因素。

针织物具有较好的抗皱性，当织物折皱时，由于线圈内的纱段可以转移，能适应受力处的变形，当折皱力消失后，被转移的纱段在线圈平衡力的作用下迅速恢复，使其结构回复原状。

5. 勾丝和起毛起球

针织物遇到毛糙物体，会被勾出纤维或纱线，抽紧部分线圈，在织物表面形成丝环，称作勾丝。

织物在穿着洗涤中不断经受摩擦，纱线中的纤维端露出织物表面，形成毛茸，称作起毛。在以后的穿着使用中，如果毛茸没有及时断裂脱落，而相互纠缠在一起，揉成球粒，称作起球。

针织物由于结构松软，较机织物（梭织物）容易勾丝起球。特别是薄型长丝针织物容易勾丝，合成纤维针织物容易起球。针织物的勾丝起球与织物的密度、织物的组织、纱线原料和染整加工等因素有关。

6. 纬斜和织物方向

针织物纵横向线圈纹路清晰，严格地说针织物的幅宽方向应与线圈横列方向平行。由于大多数纬编针织面料是在多路进线的圆形针织机上编织的，因此织物的线圈横列发生倾斜比较严重（常称纬斜现象）。用纬斜面料制成服装，一经洗涤就会变形。为此，高档纬编针织面料在后整理时需经过整纬处理，使纬斜有所改善。

针织物的纵向有逆、顺之分，即分逆编方向和顺编方向。针织物在逆顺方向上有不同的纹路外观和散脱性。辨别逆顺方向的方法是：当织物线圈纵行上的圈柱呈“|/”形

时，则由下向上为顺编方向，由上向下为逆编方向。所有针织物均有逆编方向散脱的缺点，在裁剪、制作时应予以注意。

7. 工艺回缩性

针织物在缝制加工过程中，长度和宽度方向会发生一定程度的回缩，其回缩量与原衣片长度、宽度之比称为缝制工艺回缩率。缝制工艺回缩是针织面料的重要特性，回缩率大小与织物的组织结构、原料规格、染整加工工艺条件等因素有关。在设计针织服装样板时必须考虑工艺回缩率，以确保成品规格尺寸。

（五）针织物形态

1. 针织物成形形式

与机织物不同，针织物可以在织造过程中，通过增加或减少参与织造的针数，来改变织物的形状或宽度，达到需要的形状和尺寸。

（1）全成形针织产品。如无缝内裤、袜子、连袖无领衫、羊毛衫成形衣片、手套等，整件服装或产品无需经过裁剪，只需要少量缝制即可穿着。

（2）部分成形针织产品。如在横机上织造的初具外形的衣片或在圆机上织造的筒状衣坯，只要经过少量裁剪和缝制，即可穿着。

2. 针织物下机形态

针织物与机织物不同，可通过不同的机器加工，形成不同的织物形态。

（1）圆筒形。在圆机上织造，织物形态呈圆筒状。

（2）片形。在横机上织造，织物形态呈片状。

（六）针织物度量

针织物度量指标主要有匹长、幅宽、单位面积重量、厚度等。

1. 针织物匹长

针织物的匹长分定重式和定长式两种。通常由工厂的具体条件而定。主要考虑原料、织物品种、针织物染整加工工序等。经编针织物的匹长以定重式为多。纬编针织物的匹长大多由匹重、幅宽、每米重量而定。

2. 针织物幅宽

经编针织物幅宽随产品品种和组织结构而定。纬编针织物幅宽主要与织物的用途、针织机的规格、纱线粗细、组织结构等因素有关。

3. 单位面积重量

针织物的重量指标用平方米克重（g/m^2）表示。按各类针织物的厚度与用途，分档规定重量范围。

4. 厚度

在组织结构相同时，针织物的厚度主要与纱线直径和纱线互相挤压的紧度有关。纱线粗细相同时，其厚度取决于织物组织结构和原料。针织物的厚度对体积重量、蓬松度、刚柔性，有很大的影响。针织物厚度一般用织物测厚仪在一定的压力和加压时间条件下测定，所加的压力随织物种类而定。

常用针织物规格见表2-11～表2-13。

表2-11 常用棉毛布主要规格

产品	18tex（32英支）棉毛布		14 tex（42英支）棉毛布		19.5 tex（30英支）腈纶棉毛布	
	15～17英寸筒径	18～23英寸筒径	15～17英寸筒径	18～23英寸筒径	15～17英寸筒径	18～23英寸筒径
匹重（kg）	10 ± 0.5	11 ± 0.5	8.5 ± 0.5	9.5 ± 0.5	7.5 ± 0.5	8.5 ± 0.5
幅宽（cm）	40～45	47.5～60	37.5～42.5	45～57.5	37.5～42.5	45～57.5
匹长（m）	60.47～52.98	55.09～43.00	71.02～61.88	65.90～50.99	42.52～37.20	40.21～31.14

表2-12 各类经编针织物主要规格

产品	坯布每平方米重量（g）		成品幅宽（m）		坯布匹重（kg）	每匹布长度（m）	
			服装用	售布		服装用	售布
外衣布	薄型	140～160	1.8～2.0	1.5	10	33～37	42～48
	中型	170～190	1.8～2.0	1.5	10	28～31	35～39
	厚型	200～280	1.8～2.0	1.5	10	22～26	27～33
衬衫布	薄型	80～90	1.8～2.0	1.5	10	60～70	74～83
裙子布	中型	90～100	1.8～2.0	1.5	10	50～60	66～74
头巾布	15～28		1.68～1.8		5	120～160	
网眼布	140～160		1.5		12	50～70	

表2-13 下摆、领口、袖口，针织物的主要规格

产 品	绒 布			棉 毛 布			汗 布	
	下摆	领口	袖口	下摆	领口	袖口	下摆	领口
匹长（m）	27.5～41	32.8～37.8	39.5～57	25.9～36.5	43.75～46.2	29.25～56	42.5～60	79.1～84.7
匹重（kg）	7.5 ±0.5	3.5 ±0.5	2.5 ±0.5	5.0 ±0.5	3.5 ±0.5	1.30 ±0.5	5.0 ±0.5	3.5 ±0.5

（七）针织物性能

与机织物相比，针织物结构较松，延伸性能好，穿着舒服透气，不易对身体产生压迫感和紧绷感。针织物吸湿性能好，能减少静电产生，吸收汗水，保持皮肤干爽。针织物纱线捻度小，结构松，含气量大大提高，穿着更暖和；针织物受外力挤压时，线圈能滑动缓冲，故织物不易褶皱。但因为针织物结构松软，所以更容易出现勾丝和起毛起球的现象，其牢度也不如机织物好；并且针织物结构不够稳定，容易拉扯变形。因此内衣、衬衫等宜选用针织面料，而外套、大衣等还是机织面料比较合适。针织物以其柔软的手感和舒适的穿着性能在服装中的运用越来越广。

四、非织造布

（一）非织造布概述

1. 定义

非织造布是指以纺织纤维为原料经过黏合、熔合或其他化学、机械方法加工而成的纺织品。这种纺织品不经传统的纺纱、机织或针织工艺过程，故也称无纺布、不织布。

2. 特点

非织造布从20世纪40年代开始工业生产，由于工艺流程短、原料来源广、生产产量高、成本价格低、产品品种多、应用范围广而迅速发展，被称为是继机织、针织之后的纺织第三领域。

3. 发展

美国是开发非织造布最早、发展速度最快、产量最高的国家。西欧也是非织造布生产较为发达的地区。日本非织造布生产起步略晚，但发展很快。我国从1958年开始对非织造布进行研究，1978年后开始走上发展的道路，到20世纪末我国的非织造布产量已达20～25万吨，可以说我国的非织造布已初具规模。

（二）非织造布分类

1. 按制造方法分类

（1）干法。干法是先把纤维原料在棉纺或毛纺设备上开松、混和、梳理制成纤维网，然后经过机械加固法（针刺法、缝编法、射流喷网法）、化学黏合法（浸渍法、喷洒法、泡沫法、印花法、溶剂黏合法）和热黏合法（热熔法、热轧法）等方法制成非织造布。

（2）湿法。湿法和造纸法类似，纤维网的成形在湿态中进行，是非织造布生产中产量最高的一种方法，主要有圆网法（化学黏合法、热黏合法）和斜网法等。

（3）聚合物压挤成网法。聚合物压挤成网法主要有纺丝成网法、熔喷法和膜裂法（针裂法和轧纹法）等。

2. 按产品用途分类

（1）医用卫生类。医用卫生类有手术衣、帽、口罩，病员床单、枕套，妇女卫生巾，尿布、失禁尿垫，内裤等。

（2）服装鞋帽类。服装鞋帽类有衬布、垫肩，劳动服、防尘服、保暖絮片、鞋内底革、人造麂皮、合成革、布鞋底等。

（3）家用装饰类。家用装饰类有地毯、贴墙布、购物袋、沙发内包布、床罩、床单、窗帘等。

（4）工业用布类。工业用布类有电池隔层、过滤材料、抛光布、电气绝缘布、车门内衬、隔音毡、隔热垫、各种工业擦布等。

（5）土木工程类。土木工程类有加固、加筋、过滤、分离、排水用土工布，屋面防水材料，球场人造草坪等。

（6）农业园艺类。农业园艺类有土壤保温布、育秧布、温室大棚隔帘、水果套袋等。

其他还有如高级印钞纸、地图布、复合水泥袋、火箭头部防热锥体等。

3. 按使用时间分类

（1）耐用型。耐用型产品要求能维持较长的重复使用时间，如服装衬垫、领底衬、肩垫、絮片、贴墙布等。

（2）用即弃型。用即弃型是使用一次或几次就不再使用的产品，如医用口罩、卫生巾、尿布等。

4. 按织物厚度分类

（1）薄型。薄型重量一般为20～100g/m^2，多用作服装衬里、黏合衬基布、装饰布、手帕、妇女卫生用品等。

（2）厚型。厚型的用作絮片、地毯、过滤材料、土工布等。

（三）非织造布开发

随着非织造布生产技术的发展，这些材料的厚薄、弹性、延伸性、手感、黏着性能等，越来越符合现代服装设计生产的需要，非织造布在服装中的应用范围也将不断地扩大。目前，用于服装领域的非织造产品主要有衬垫材料、黏合衬基布、喷胶棉、热熔棉、仿丝绵和服装标签等。也有部分非织造布可用于外衣，如缝编法非织造布等。

1. 热熔黏合衬

以非织造布为基布的黏合衬具有定量轻、回弹好、价格低，并易于与各种面料相配伍的优点，尤其适应当今服装轻、薄、软、挺的潮流，因此，应用范围日益扩大，用量不断增加。目前，非织造布黏合衬的用量已占服装黏合衬的60%以上。非织造布黏合衬品种很多，应用也极为广泛。通常用黏合衬的非织造布定量一般在8～60g/m^2，其中，8～12g/m^{2}的超薄型用量较小，主要用于丝绸衬衣。

非织造黏合衬的用途主要有外衣黏合衬（用于外衣前身、肩、胸、下摆、嵌条、领、袋盖等）、皮革黏合衬（用于皮革、裘皮、人造革等的衬里）、鞋帽黏合衬（黏合衬与鞋料制成复合材料做鞋帮、中间垫和后跟垫等，还可用于便帽和硬帽帽檐）、装饰用黏合衬（黏合衬与装饰布复合制成墙面装饰布，还可用于地毯衬布和制成商标、标签等）。

2. 保暖絮片

保暖絮片是指用于防寒服、滑雪衫、被褥、睡袋、枕芯等防寒保温用品的填充材料，按加工方式可分为喷胶棉、热熔棉、喷胶棉复合衬里、金属镀膜薄绒复合絮料等。

（1）喷胶棉。喷胶棉又称喷浆絮棉，它是对纤网喷洒化学黏合剂经烘干固化而制成的。

生产喷胶棉的常用原料为涤纶，纤维细度为4.4～7.7dtex，长度为51～75mm。为增加产品的蓬松性、弹性及保暖性，通常需加10%～30%的高卷曲中空涤纶。产品定量一般在40～300g/m^{2}之间。根据蓬松性和手感要求的不同，适当调整工艺，可生产出普通喷胶棉、软棉、半松棉及松棉。

在喷胶棉工艺的基础上，利用不同原料特性，先制成精细软棉，再将其表面用轧光机熨平，便可制成仿丝绵。一般仿丝绵中所用的中空纤维含量较大，可高达75%。若采用更细、更富有弹性的纤维为原料，经梳理成网并喷洒超级软性树脂浆料，采用轧光处理，即得到更高档的超级羽绒棉。

（2）热熔棉。热熔棉又称定型棉，是以涤纶和腈纶等为主体原料，以适量的低熔点纤维，如丙纶、乙纶等作热熔黏合剂，经梳理成网和热熔定型等工艺而制得的絮片。

由于不用化学黏合剂，所以产品耐水性较好，强力一般优于喷胶棉。但其蓬松性、保暖性和压缩回弹性不如喷胶棉，如果用双组分纤维加工的热熔棉，其产品质量比喷胶棉更好。

（3）喷胶棉复合衬里。为了提高喷胶棉特别是轻定量喷胶棉的强力，可将喷胶棉与薄型非织造布复合，制成复合型絮片。

薄型非织造布一般选用25g/m^{2}的热轧黏合法非织造布或泡沫黏合法非织造布。复合用黏合剂可选用粉末状热熔胶及乳液型及其他类型的黏合剂。也可以直接采用薄型非织造布黏合衬与喷胶棉复合。由于这类产品成本较高，一般只用于皮衣等高档服装。

（4）金属镀膜薄绒复合絮料。金属镀膜薄绒复合絮料又称金属棉、宇航棉或太空棉。它由五层构成，基层是涤纶弹力绒絮片，金属膜表层是由非织造布、聚乙烯薄膜、铝钛合金反射层、表层（保护层）四部分组成，金属膜表层与絮片基层用针刺法复合在一起。金属镀膜复合絮料厚度为2～5mm，成品定量一般为80～260g/m^2。

金属镀膜复合絮料的保暖效果在常温下并不十分显著，但在特别冷或特别热的条件下应用，保温效果显著。

3. 缝编织物

缝编是干法纤网加固法非织造布生产中的一种主要固网方法。缝编有两层含义：一是对所要加工的底基如纤网、纱线层、底布等进行穿刺，类似于缝纫加工；二是利用缝编纱形成线圈结构，类似于针织物加工中的经编，对底基进行加固。

缝编织物除了一般非织造布所具有的优点以外，最突出的优点是外观和产品性能接近传统的机织物和针织物。在服装家用方面，缝编产品可作为衬衫料、裙料、外衣料、仿毛皮、衬绒、窗帘、床罩、毛毯、台布、地毯等，在工业方面，缝编产品可作高强度传送带帘子布、人造革底布、绝缘材料、过滤材料、汽车装饰材料、篷布等。

（四）非织造布优势

1. 原料使用范围广

非织造布使用的原料除纺织工业所能使用的原料都能使用外，纺织工业不能使用的各种下脚原料也可使用。粗而硬、细而软以及一些极短的毫无纺织价值的废纤维、再生纤维等都能使用。一些在纺织设备上难以加工的无机纤维、金属纤维，如玻璃纤维、碳纤维、石墨纤维、不锈钢纤维等也可通过非织造方法加工成工业用的非织造布。一些新型化学纤维，如耐高温纤维、超细纤维、功能型纤维等在纺织设备上难以加工，而用于非织造布工业，可生产出各种应用性很强的非织造布产品。

2. 产品丰富用途多

非织造布加工方法很多，且每种方法工艺又可多变，各种方法之间还可相互结合，组成新的生产工艺。

从非织造布后整理技术上讲，其工艺变化更多，如印花、染色、涂层、叠层、轧花等。不同性质的涂料涂在非织造布上，就会赋予非织造布不同的性能，也可以说为一种新产品。除此之外，非织造布还可以和其他织物复合叠层，产生各种各样的新产品。

非织造布的用途日益广泛，可以说从航天技术到人民生活，从工业到农业，非织造布几乎无处不在，有些产品已经成为不可缺少的工程材料。相信在今后的日子里，非织造布在服装领域中的运用将越来越广泛。

五、织物的选择

（一）充分了解织物特性

机织物、针织物、非织造布是目前纺织面料的主要类别。由于它们的织造方法不同、织物结构不同，各自又有许多不同的性能，使得服装面料非常丰富。

织物对于服装内在性能的影响，主要是指织物结构的不同，对面料性能产生的影响。比如，机织物因为是经纬结构，所以织物一般比较紧密、稳定，牢度比较好。机织物的组织对织物的松紧产生影响，所以机织物组织又直接影响到服装的内在性能，如吸湿性、保暖性、柔软性、弹性、抗起毛起球性能等。机织物的规格决定织物的厚薄、软硬、疏密、粗细等，当然对服装的内在性能产生影响，比如保暖性、弹性、造型性、透气性、档次等。

针织物由线圈构成，因此，织物柔软蓬松，延伸性好，稳定性差，易脱丝、卷边。除了影响织物的力学性能外，对织物的内在性能也产生影响，如柔软、保暖、吸湿、透气等。针织物的结构参数又决定着针织物的厚薄、松紧、疏密等，当然也对针织服装的内在性能产生影响。

非织造布用更简单的制毡方法制成，而且变化丰富、成本低、效果好，是今后面料的方向，它的性能与原料、织物厚薄、加工方法有关。

（二）科学选择合适织物

夏季穿的服装，特别要求吸汗、透气、凉爽、耐洗涤，外观保持性好，那么全棉的府绸、细纺、绉布、泡泡纱、印花布、汗布、网眼布等都是非常合适的选择；棉黏原料的织物，印花布、汗布、牛仔布等，柔软、吸汗、透气；真丝原料的织物，双绉、乔其纱、桑波缎、绉缎等，滑爽、凉快、清洁；细薄的亚麻布、苎麻布等，透爽、卫生、大气；各种和天然纤维、再生纤维混纺、交织、交并的原料的细薄织物，都是不错的选择。

冬天穿的服装，要求蓬松保暖、轻柔、耐脏、不易起毛起球等，可以选择全毛或毛混纺的粗纺织物、花式纱线织物，法兰绒、惠罗呢、拷花呢、钢花呢、双面呢等都是非常不错的选择。

礼仪服装、生活服装、运动服装、休闲服装、职业服装、功能服装、群体服装等，不同用途、不同环境穿着的服装都有不同的要求。了解服装的要求，选择最合适的面料，能使服装的外观和内在性能都能符合着装者的需要。

第四节　织物后整理

一、织物后整理综述

（一）织物后整理概念

1. 织物后整理的定义

织物后整理是指用化学或物理的方法，改善织物的外观和手感，增进服用性能的工艺过程。织物后整理就其本质来说，是纺织品锦上添花的加工过程。

织物后整理赋予织物的是色彩效果、形态效果（光洁、绒面、挺括等）和实用效果（防水、不毡缩、免烫、防蛀、阻燃性等）。

2. 织物形成重要环节

纺纱、织布（机织或针织）、后整理被称为织物形成的三部曲，每一环节都对纺织织物的形成产生重大的影响。织物后整理在近代纺织织物的进步和创新上，起到了非常重要的作用。

3. 整理技术提高发展

随着生产技术和人民生活水平的提高，人们对织物提出了更高的要求，不仅要求花色品种丰富多彩，穿着舒适，而且还要求织物具有各种不同的风格，如原始的、破旧的、前卫的等，具有易洗、免烫的性能，具有卫生、安全的性能等。对于某些特殊用途的织物，还提出了特殊的要求，例如阻燃、拒油、防水透湿、防霉防腐、防静电等。这些都要求织物后整理工艺和技术不断提高和发展。

4. 整理工艺的发展

我国在春秋时期，已用天然漆液制作涂层织物，东晋时期应用薯莨汁液处理麻类织品。19世纪早期英国开始用铝皂作拒水整理；19世纪中叶，英国J·默塞发现羊毛氯化可以增进光泽，改善印花性能，之后，逐渐发展为毛织物的防毡缩整理；19世纪50年代，拉幅机开始应用，稍后出现了电光机械整理；20世纪20年代，用尿素—甲醛在纤维素纤维织物上进行防皱整理，取得成功，为纺织物的化学整理开辟了新的途径。各种新的化学整理方法相继出现，为改善织物的性能、增强织物功能提供了一个有效的途径。

进入20世纪80年代后，整理技术进一步朝着产品功能化、差别化、高档化，加工工艺多样化、深度化方向发展，并强调提高产品的服用性能，增加产品的附加值。近几年来，不断从其他技术领域引进借鉴各种新技术，如低温等离子体处理、生物工程、超声波技术、电子束辐射处理等，以提高加工深度，获得良好的整理产品。

现代面料的开发，就是采用化学纤维和对织物进行各种化学整理。新的染整工艺技术开发，为拓展服装的功能开辟了途径。

（二）织物后整理作用

1. 稳定尺寸、改善外观

一般织物都要经过烘干和拉幅，使之符合规定幅宽；棉织物经预缩整理可降低缩水率；天然纤维织物经树脂整理可稳定尺寸，并保持良好的吸湿性和手感；涤纶、锦纶等热塑性纤维及其混纺织物经热定型处理，布面平整挺括，保型性好；毛织物经过煮呢和蒸呢可使织物形态稳定，手感、光泽得到改善。另外，烧毛、丝光、增白、轧光、电光等整理工艺可使织物更为平整、美观、有光彩；通过各种表面整理的机械设备，能使织物具有仿麂皮、仿长毛绒的效果；改善织物外观的还有拷花整理、植绒整理、起绒整理、抗皱整理、柔软整理等方式。

2. 改变手感、优化性能

采用新型柔软剂进行柔软整理，可使织物具有良好的柔软性、滑糯性以及回弹性，且手感丰满；对合成纤维织物进行碱或酸的减量处理，能使合成纤维织物像真丝织物一样轻薄柔滑，手感柔软，且穿着舒适；水洗、砂洗、石磨等整理工艺，能使织物外观、尺寸、手感、性能等得到改善，使之柔软饱满，呈现特殊的外观风格；织物进行起毛或磨绒整理可增进其保暖性能，手感柔软温和，布身蓬松丰厚，有暖感；用一些化学剂对织物整理后，可分别获得防皱、拒水、阻燃、拒油污、抗静电以及防止和减轻微生物损伤等性能；化学纤维织物还可以通过后整理改善服用性能，如提高伸缩性、吸湿性、防水透湿性、保湿隔热性、防静电性、阻燃性、抗菌防臭性、防污性、形态稳定性，提高光泽、手感等。

3. 拓展、创造新颖外观

织物后加工整理的工艺越来越丰富，不断地拓展和创造着织物的新外观，比如烂花、压烫、植绒、各种机绣、绳带绣、珠绣、亮片绣、簇绒、绗缝绣、轧花、轧皱、起皱、打孔、镂空绣花、转移印花、泡沫印花、烫金、黏合、涂层等，使织物外观变得更加丰富。

4. 增加功能和附加值

为开发纺织产品的多功能和高附加值，在织物染整中探索了防水整理、防水透湿整理、防热整理、防熔融整理、阻燃整理、防静电整理、防油污整理、防菌整理、亲水整理、防污整理、防臭整理、香味印花整理、夜光印花整理、钻石印花整理、织物变色整理等。为特殊环境下使用的织物进行的耐辐射整理、耐极端气候条件（极寒、极热）整理等，使织物的功能大大提高，以适应现代服装的需要。

5. 深度加工、追求高级

为提高加工深度，开发高级化织物，除了开发新的纤维原料，使其具有优异的性能外，织物染整的作用功不可没，所探索的整理工艺有各种仿丝绸整理、仿麻整理、仿毛整理、仿麂皮整理等，使普通织物具有高级织物的手感、外观和性能。

6. 满足行业的特殊要求

有的织物还要有满足不同行业特殊要求的功能，如航天用的织物、南极考察用的织物、防辐射用的织物、保健织物、止血织物、消痒织物、消肿织物、抗冻疮织物等。也可通过新的染整技术获得其他不同的特殊功能。

（三）织物后整理方法

纺织织物的后整理方法分物理—机械整理和化学整理两大类。

1. 物理—机械整理

物理—机械整理即单靠机械作用完成的整理过程，如粗纺织物的起毛、剪毛；绒布的拉绒；合成纤维织物的热定型、轧皱等。

2. 化学方法整理

化学整理是使化学剂在纤维上发生化学反应或物理化学变化，或将化学制品覆盖于纤维表面，从而获得整理效果。化学整理需要经过浸轧、焙烘等过程。如丝光整理、树脂整理、碱减量柔软整理、加重整理、涂层整理等。

化学整理的方法十分多样，效果非常明显，并不断有新工艺诞生，成为现代织物整理的主要方法，新产品开发的重要手段，达到理想效果的杀手锏。

（四）整理效果保持

织物整理效果的保持有暂时性和耐久性之分。

1. 暂时性整理效果

暂时性的保持有淀粉上浆、轧光、电光，以及用油、蜡、肥皂的柔软整理等；

2. 耐久性整理效果

耐久性的保持有缩绒、热定型、防皱整理等。某些化学整理剂能在纤维上发生化学反应或与纤维生成共价键结合，使整理效果更为耐久。不同整理方法，整理工艺、整理剂，保持时间会不同。

二、不同织物的后整理

不同织物的原料、化学性能、用途和使用目的不同，采用的整理工艺也不同。

（一）棉麻织物整理

棉织物的特点是耐洗涤、吸湿性好、穿着舒适，沾上尘污后容易洗去，但光泽较蚕丝差，回弹性不及羊毛，容易起皱。因此，棉织物的整理应尽可能保持其特性，并使其在一定程度上获得其他纤维的优点，为此，可进行丝光、电光、防皱等整理。

麻织物容易起皱，可采取上浆、轧光和拒水等整理工艺。

（二）蚕丝织物整理

蚕丝织物手感柔软，光泽悦目，回弹性比棉、麻纤维好，一般蚕丝织物不需特殊整理。缎类织物可用明胶等单面上浆再经柔软处理，可取得丰实而柔和的手感。丝绒织物须经刷毛、剪毛整理。有些蚕丝织物还可进行加重整理或防皱整理。

（三）羊毛织物整理

羊毛织物有良好的保暖性和回弹性。通过缩绒整理可使毛织物紧密厚实，表面覆有绒毛；经蒸呢、煮呢和压呢等整理能使毛织物形态稳定，手感柔和，改善服用性能。毛织物还可以进行防毡缩整理、防蛀整理和拒水整理。

（四）再生纤维织物整理

黏胶纤维手感柔软，长丝可以织成仿蚕丝织物，产品的干湿强力都较差，很容易起皱，缩水率很大。采用化学防皱整理，可以增进防皱性能，提高强力和降低缩水率。

（五）合成纤维织物整理

涤纶、锦纶等热塑性合成纤维织物经过热定型整理，可得到良好的形态稳定性。但由于吸湿性差、容易沾污，可用易去污整理和防静电整理等方法改善其服用性能。

（六）混纺交织织物整理

化学纤维的混纺和交织物，可按照产品的棉型、毛型或丝绸型等设计要求，分别参照棉织物、毛织物或丝织物的整理要求，结合化学纤维的特性采用不同的整理工艺。

三、织物后整理的基本工艺

（一）增白

1. 定义

增白是指利用光的补色原理增加纺织物白度的整理工艺过程，又称加白。增白方法有上蓝和荧光增白两种。

2. 原理和作用

（1）上蓝。在漂白的纺织物上施以很淡的蓝色染料或颜料，借以抵消织物上残存的黄色。由于增加了对光的吸收，织物的亮度会有所降低而略显灰暗。

（2）荧光增白。荧光增白剂是接近于无色的有机化合物。上染于纺织物后，受紫外线的激发而产生蓝色、紫色荧光，与反射的黄光相补增加织物的白度和亮度，效果优于上蓝。荧光增白剂还可以用于浅色纺织物，用以增加色泽亮度。

（二）上浆

1. 定义

上浆是指织物浸涂浆液并烘干，以获得手感厚实和硬挺效果的整理过程。

2. 原理和作用

浆液主要用浆料和少量防腐剂配成，也可在浆料中加入柔软剂、填充剂或荧光增白剂等。根据上浆量的多少，有轻浆和重浆之分，浆液中通常加有滑石粉、陶土等填充材料。用纤维素锌酸钠浆液浸轧棉织物，再经稀酸处理，使纤维素凝固在织物上，可取得较为耐洗而硬挺的仿麻整理效果。

（三）拉幅

1. 定义

拉幅是指利用纤维素、蚕丝、羊毛等纤维在潮湿条件下所具有的一定可塑性，将织物幅宽逐渐拉阔至规定尺寸并进行烘干稳定的整理过程，也称定幅。

2. 原理和作用

织物经过练漂、印染等工序后，经向伸长而纬向收缩，拉幅整理可减少织物在服用过程中的变形。在拉幅机的前端加装超喂装置，可使织物在拉幅过程中经向发生较多的收缩，以降低产品的经向缩水率。

（四）预缩

1. 定义

预缩是指用物理方法减少织物浸水后的收缩，以降低缩水的整理过程，又称机械预缩整理。

2. 原理和作用

织物在染整过程中经向受到张力，经向的屈曲波高减小，因而会出现伸长现象。亲水性纤维织物浸水湿透时，纤维发生溶胀，经纬纱的直径增加，从而使经纱屈曲波高增大，织物长度缩短，形成缩水。长度缩短与原来长度的百分比称为缩水率。

机械预缩是把织物先经喷蒸汽或喷雾给湿，再施以经向机械挤压，使屈曲波高增大，然后经松干燥。预缩后的棉布缩水率可降低到1%以下，并由于纤维、纱线之间的互相挤压和搓动，织物手感的柔软性也会得到改善。

毛织物可采用松弛预缩处理，织物经温水浸轧或喷蒸汽后，在松弛状态下缓缓烘干，使织物的经纬向都发生收缩。织物用装有超喂装置的拉幅机进行拉幅整理时，由于经向松弛超量喂布和纬向施加张力，也可得到经向预缩效果，尤适用于轻薄类织物。

（五）轧光、电光与轧纹

1. 轧光

（1）定义：轧光是指利用纤维在湿热条件下的可塑性将织物表面轧平或轧出平行的细密斜纹，以增进织物光泽的整理过程。

（2）原理和作用：轧光机由若干只表面光滑的硬辊和软辊组成。硬辊为金属辊，表面经过高度抛光或刻有密集的平行斜线，常附有加热装置。软辊为纤维辊或聚酰胺塑料辊。

由硬辊和软辊组成硬轧点，织物经轧压后，纱线被压扁，表面光滑，光泽增强，手感硬挺，称为平轧光。由两只软辊组成软轧点，织物经轧压后，纱线稍扁平，光泽柔和，手感柔软，称为软轧光。使用多轧辊设备，软、硬轧点的不同组合和压力，温度，穿引方式的变化，可得到不同的表面光泽。如织物先浸轧树脂初缩体并经过预烘、拉幅，轧光后可得到较为耐久的光泽。常用轧光方式有普通轧光、叠层轧光、摩擦轧光、电光和局部轧光等。

2. 电光

如果轧辊使用通电加热对织物轧光称为电光。

3. 轧纹

由刻有阳纹花纹的钢辊和软辊组成轧点，在热轧条件下，织物可获得呈现光泽的花纹，叫轧纹。合成纤维可以在120～200℃下直接轧出花纹，棉纤维及其混纺织物轧纹与树脂整理相结合，能增进凹凸花纹的效果和耐久性。

（六）磨毛

1. 定义

磨毛是指用砂磨辊使织物表面产生一层短绒毛的整理工艺，又称磨绒。

2. 原理和作用

磨毛织物具有厚实、柔软、温暖等特性，可改善织物的服用性能。

磨毛是利用金刚砂皮包裹的砂磨辊高速旋转，由砂粒的尖端将织物中纱线表面的纤维钩出并磨成绒毛。砂磨辊砂粒的大小、织物的组织规格和操作条件的密切配合，关系到磨毛的质量。磨毛以绒毛的短密和均匀程度为主要指标。

仿麂皮绒是变形纱或高收缩涤纶的针织物或机织物磨毛后，制成的一种仿麂皮绒织物；以超细纤维为原料的基布，经过浸轧聚氨酯乳液和磨毛，是制造人造麂皮的基本工艺。

（七）柔软整理

1. 定义

纺织物在染整过程中，经各种化学剂的湿热处理并受到机械张力等作用，不仅组织结构发生变形，而且能引起织物表面手感僵硬和粗糙。柔软整理就是弥补这种缺陷，使织物手感柔软的加工过程。

2. 原理和作用

柔软整理有机械整理和化学整理两种方法。

（1）机械法。机械法采用捶布等工艺，使纱线间或纤维间互相松动，从而获得柔软效果。

（2）化学法。化学法是用柔软剂的作用来降低纤维间的摩擦因数，以获得柔软效果。化学法较为常用，有时也辅以机械方法。通常是将纺织物在柔软剂溶液中浸渍一定时间，然后脱液、干燥。有时也可以把柔软剂与其他整理剂一并使用。有的柔软剂经过焙烘能产生耐洗整理的效果。

由于柔软剂的不同，有的产品软滑而丰满，有的产品手感滑爽。有时将两者混合使用，使整理的产品既丰满又滑爽。阴离子型柔软剂主要用于纤维素纤维制品，处理后织物吸水性和缝纫性良好，但柔软效果较阳离子型柔软剂差；阳离子型柔软剂适用于各种纤维，用于腈纶纤维制品效果最好，经处理的织物手感柔软而平滑，但会降低某些染料的日晒牢度。纺织物的柔软性能尚无统一的测试方法，主要凭手感进行评定。

（八）液氨整理

1. 定义

液氨整理是用液态氨对棉纺织物进行整理，可改善其光泽和服用性能。

2. 原理和作用

棉纤维浸渍液氨后，由于氨分子较小，因而能很快扩散进入纤维内部，拆散纤维分子间的氢键，并与纤维发生氢键结合而使织物溶胀。经加热或水洗，将氨从纺织物上去除后，纤维分子间在新的位置上重新发生氢键结合。

棉纺织物经液氨处理可减少缩水，增加回弹性、断裂强度和吸湿性。经液氨整理的棉纱线主要作为缝纫和针织用纱线，编织的针织物成圈结构均匀，有良好的尺寸稳定性。棉织物经液氨整理后再进行防皱整理，可取得良好的防皱效果和机械性能。

（九）防皱整理

1. 定义

防皱整理是提高纤维的回弹性，使织物在服用中不易皱折的整理工艺过程。

2. 原理和作用

防皱整理主要用于纤维素纤维的纯纺或混纺织物，也可用于蚕丝织物。防皱整理经历了较长的发展阶段，防皱的效果和处理的方法都有较大的不同。最初，防皱整理主要用于黏胶纤维织物，使织物尺寸稳定，缩水率下降。随后，美国开始生产免烫棉织物，在干湿状态下都有良好的防皱性能，出现了不少新的整理剂。再后来，出现了耐久压烫整理，整理的产品多为涤纶与棉的混纺织物，经成衣压烫以后，对合成纤维起热定型作用，因此在服装中能保持平挺和折裥。

织物经防皱整理后，可测定其从折皱中回复原状的能力（回复性）。防皱整理的织物，其断裂伸长有不同程度的下降，在正常工艺条件下，黏胶织物的断裂强度稍有增加，湿强度显著提高。棉织物的强度有所下降，这是因为整理后棉纤维内应力难以分散而致。防皱整理后，黏胶纤维织物和棉织物的撕裂强度和耐曲磨性也有不同程度的降低，对棉织物进行液氨前处理并在整理液中加入柔软剂等会有所改善。防皱整理织物的耐洗性随整理剂的不同而不同，有的耐洗，经多次沸洗仍有较好的回复性，有的经几次沸洗就有较大的下降，有的还会出现脆损和泛黄现象。防皱整理对染色产品的水洗牢度有所提高，但有些整理剂会降低某些染料的日晒牢度。有的整理剂在服用过程中还不能避免释放对人体有刺激的甲醛，解决方法尚在研究中。

（十）拒水整理

1. 定义

拒水整理是用化学的拒水剂，在纤维上形成拒水表面的整理工艺过程。经过拒水整理的织物仍能保持其透气性。

2. 原理和作用

由于拒水整理剂的不同，效果也不同。有的整理剂拒水效果良好，但不耐水洗和干洗，也不耐摩擦，不过整理工艺简单，价格低廉，服用中性能降低后再次处理比较方便；有的整理剂适用于棉织物，处理后拒水性能较为持久；有的是耐洗的拒水整理剂，整理后织物具有良好且耐洗的拒水性能；还有的适用于深色织物的拒水整理。有机硅是较新发展起来的耐洗拒水整理剂，反应性能比较活泼，经其整理后的织物具有良好而且较耐洗的拒水性能。它能适用于各种纤维织物，并能增加织物的撕破强力，改善织物的手感和缝纫性能。织物的拒水整理效果和织物的组织结构有关。

拒水性评定大多采用喷淋法，按规定条件在织物上淋水，根据水滴在织物上的润湿或透过织物的情况来评定整理效果，有的还进行抗水压测定。

（十一）防静电整理

1. 定义

防静电整理是用化学药剂施于纤维表面，增加其表面亲水性，以防止纤维上积聚静电的整理工艺。

2. 原理和作用

纤维、纱线或织物在加工或使用过程中由于摩擦而产生静电。纤维带静电后，容易吸附尘垢而造成沾污；在加工过程中，由于静电，使加工变得困难；带有静电的衣服，则会贴附人体或互相缠附。当积聚的静电高于500V时，因放电而产生火花，会引起火灾；高于8000V时，则会产生电击现象。

纤维积聚静电与其吸湿性有关。化学纤维吸湿性很低，表面电阻高，因而容易积聚静电。为了改变这种状况，可采用亲水物质处理，提高纤维表面的吸湿性。

耐洗的织物防静电整理方法通常有用吸湿性强的高分子电解质处理织物，并固着于纤维表面；用含有亲水性基团的聚合物处理织物，使织物具有一定的防静电性和易去污性；用接枝使纤维变性的方法提高吸湿性，可达到耐久的防静电效果。

（十二）易去污整理

1. 定义

易去污整理是使织物表面的污垢容易用一般洗涤方法除去，并使洗下的污垢不致在洗涤过程中再回沾其他化学污垢。

2. 原理和作用

织物在穿着过程中，由于吸附空气中的尘埃和人体排泄物以及沾污而形成污迹。特别是化学纤维及其混纺织物，容易带静电吸附污垢，并且由于表面亲水性差，洗涤中水不易渗透到纤维间隙，污垢难以除去；又因表面具亲油性，所以悬浮在洗涤液中的污垢很容易重新沾污到纤维表面，造成再污染。增加合成纤维及其混纺织物易去污性的基本原理，是用化学方法增加纤维表面的亲水性，降低纤维与水之间的表面张力。其方法是在织物表面浸轧一层亲水性的高分子材料，以改善合成纤维及其混纺织物的易去污性。易去污整理后，还可增加织物的抗静电性，使穿着舒适，手感柔软，但织物的撕破强度有所下降。

（十三）防蛀整理

1. 定义

防蛀整理是用化学的方法对易蛀的毛织物进行处理，是以毒死蛀虫为目的的工艺过程。

2. 原理和作用

毛织物易受虫蛀。蛀虫的幼虫在生长过程中是以毛纤维为食料的。最早的防蛀方法是在贮藏毛织物时放入樟脑或萘，利用它们升华产生的气体驱除蛀虫，但防蛀效力不高，且不持久。

染整生产中最常用的防蛀整理是对毛织物进行化学处理，以毒死蛀虫达到防蛀目的。化学的防蛀整理剂无色无臭，对毛织物作用直接，比较耐洗而无损于毛织物的服用性能，且使用方便，可以按酸性染料染色法进行处理，防蛀效果良好。在一般服用情况下，其对人体未见有显著毒性。将毛织物进行化学变性也可获得防蛀效果，但纤维变性防蛀法在生产上尚未大量应用。

（十四）防霉防腐整理

1. 定义

防霉防腐整理一般是在纤维素纤维织物上施加化学防霉剂，以杀死或阻止微生物的生长。

2. 原理和作用

在湿热气候条件下，纺织物含有浆料和脂肪等物质时，微生物很容易繁殖，细菌、放线霉、霉菌所分泌的酶能把纤维分解成为它们的食料而造成纤维损伤。

为了防止纺织物在贮藏过程中霉腐，可用对产品色泽和染色牢度无显著影响、对人体健康也比较安全的水杨酸等防腐剂处理，效果较好。对于露天淋雨条件下使用的纤维素纤维纺织物，可用比较耐水淋洗的防腐剂进行浸轧处理。纤维素纤维经过变性处理后，也有良好的防霉防腐性能。

（十五）阻燃整理

1. 定义

纺织物经过某些化学品处理后遇火不易燃烧，或一燃即熄，这种处理过程称为阻燃整理，也称防火整理。

2. 原理和作用

纺织品的燃烧是一个复杂的过程，它们的易燃性除了纤维的化学组成以外，还和织物结构以及织物上染料等物质的性质有关。

阻燃剂可以改变纤维着火时的反应过程，在燃烧条件下生成具有强烈脱水性的物质，使纤维炭化而不易产生可燃的挥发性物质，从而阻止火焰的蔓延。阻燃剂分解产生不可燃气体，从而稀释可燃性气体并起遮蔽空气作用或抑制火焰的燃烧。阻燃剂或其分解物熔融覆盖在纤维上起遮蔽作用，使纤维不易燃烧或阻止炭化纤维继续氧化。

纤维素纤维织物容易燃烧，所以对其的阻燃整理研究得最多。有的阻燃剂有较好的阻燃效果；有的阻燃剂具有耐洗的阻燃性和防皱性，但织物的断裂强度和撕裂强度有所降低。纤维素纤维的阻燃方法很多，应用也较广泛。

涤纶是合成纤维中应用最广的品种，燃烧时熔融，熔融体落下能阻碍继续燃烧。涤棉混纺织物燃烧时，棉纤维生成炭化物使涤纶纤维熔融体落下受阻，燃烧不易熄灭，可用磷酸三酯等作整理剂。

羊毛的回潮率和受热分解气体的着火点都比较高，而羊毛本身的含氮量又高，因此羊毛不易燃烧且着火后有自熄性。其阻燃整理主要是利用钛盐和锆盐与纤维生成络合物，通常在织物染色后进行。

（十六）加重整理

1. 定义

加重整理是用化学方法使丝织物增加重量的工艺，又称增重整理。加重整理主要是为了使丝织物手感丰满，增加其悬垂性。

2. 原理和作用

（1）锡加重法。锡加重法能使织物厚实，密度增加，手感滑爽，光泽丰润，吸湿后的收缩率减少。处理一次，增重约20%，如反复处理，增重可达100%。丝织物经锡增重后，其强度、伸长、耐磨牢度等都有所下降，且不易经久储存，日光暴晒后更易脆损。锡增重后的织物如再经肥皂或合成洗涤剂处理去除附着在表面的锡盐，可以减轻脆化。

（2）单宁加重法。单宁加重法，不适宜于白色或浅色丝织物的加重整理。丝织物的防皱整理也有加重作用，但过量则织物手感粗硬，光泽灰暗。丝织物的变性处理，也可达到加重的效果，对光泽和手感无严重影响。

（十七）减重整理

1. 定义

减重整理是用化学方法在涤纶表面引起溶蚀，可使织物重量减轻，形成丝绸风格的整理工艺，又称减量整理。

2. 原理和作用

涤纶长丝织物经减重整理后，光泽柔和，轻盈柔软，悬垂性能大为改善，可制成仿乔其纱、双绉、绡和斜纹绸等仿丝绸产品。涤纶短纤维及其混纺与纬长丝交织的织物经减重整理后，平挺滑爽，也可获得类似效果。

减重整理是利用涤纶在较高温度和一定浓度氢氧化钠溶液中产生的水解作用，使纤维逐步溶蚀，并在表面形成若干凹陷，使纤维表面的反射光呈现漫射，形成柔和的光泽；同时纱线中纤维间的空隙增大，从而形成仿丝绸的外观和手感。

涤纶碱水解时，随着纤维直径的减小，其强力也相应降低。溶蚀现象在异形、变形和变性涤纶上进行较为迅速。一般失重率达10%时，涤纶长丝织物的手感和悬垂性就开始改善，正常的失重率控制在20%～25%。

纤维素纤维有溶解于65%以上浓硫酸中的性能，对涤棉或涤黏混纺织物，也可利用浓硫酸溶蚀棉或黏胶纤维做减重整理，使产品手感风格明显改变。

（十八）涂层整理

1. 定义

涂层整理是在织物表面涂覆或黏合一层高分子材料，使其具有独特功能的整理方法。

2. 原理和作用

涂层在现代织物中应用越来越广。在高分子材料中增加一些添加剂，可使涂层织物具有各种各样的特殊性能。如可获得既透湿又防水的织物，可制得具有防火阻燃功能的涂层织物，具有导电、防热辐射等功能的织物，具有灭菌止疼效果的织物，具有驱蚊效果的织物。涂层还可用于绒毯类织物背面的加固，防止绒毛或绒圈的脱落。

许多特殊性能的织物都可以通过涂层的方法得到解决。织物的一些特殊外观也可以通过涂层的方法获得，如织物的金属色涂层、荧光色涂层、仿漆面涂层、橡塑涂层、仿皮革涂层、激光涂层、覆膜涂层等，使织物面料更具有现代色彩。

（十九）煮呢

1. 定义

煮呢是羊毛织物在张力下用热水浴处理，使之平整且在后续湿处理中不易变形的整理过程。

2. 原理和作用

煮呢主要用于精纺毛织物，羊毛在纺织过程中由于纤维受到外力发生各种变形，松后会产生收缩，浸湿时更为显著。在煮呢的热水浴过程中，纤维中的许多氢键遭到破坏，二硫交链也会断裂，纤维的内应力随之降低。二硫交链断裂后，在新的位置上生成更为稳定的交链，冷却后连同新形成的氢键对纤维起定型作用，使毛织物在后工序的湿处理中不易收缩、变形。

（二十）洗呢

1. 定义

洗呢是洗去呢坯上的浆料、油剂和污迹的整理工艺过程。

2. 原理和作用

毛织物在纺织过程中要黏附和毛油、浆料，并沾上尘埃、油污等杂质，通过洗呢，不仅可以洗去污物，还可以改善毛织物的手感。比如，阴离子型洗涤剂能使毛织物手感柔软丰满。

（二十一）缩绒

1. 定义

缩绒是指利用羊毛毡缩性使毛织物紧密厚实，并在表面形成绒毛的整理过程，也称缩呢。

2. 原理和作用

缩绒可改善织物的手感和外观，增加其保暖性。缩绒尤其适用于粗纺毛织物等产品。

羊毛表面有鳞片层，鳞片的摩擦因数顺向比逆向小。经过交替挤压和松弛后，羊毛发生反复的变形和回复，向毛根方向移动，相互缠结、挤集在一起，遂产生毡缩现象。缩绒就是利用这种现象进行的工艺过程。

碱性或酸性物质都可以促进羊毛变形，但碱性介质会降低羊毛的回复性。增进羊毛的定向摩擦效应，促进其变形与回复性，使纤维易于移动，都能促进缩绒。表面损伤较少、结构较为疏松的毛织物，缩绒效果也较好。

缩绒可以在碱性、中性、酸性缩绒剂中进行，根据织物的品种和含油污情况而定。碱性缩绒剂适用于未经洗净含油污较多的毛织物。使用酸性缩绒剂缩绒时，织物收缩较快，并可避免染料褪色，产品质地紧密，强力较高，但手感较为粗糙，常用于花色毛织物的轻缩绒。中性缩绒工艺简便，可用于一般毛织物。

（二十二）起毛

1. 定义

起毛是用密集的针或刺将织物表层的纤维剔起，形成一层绒毛的整理过程，又称拉绒。

2. 原理和作用

绒毛层可以提高织物的保暖性，改善外观并使手感柔软。起毛主要用于粗纺毛织物、腈纶织物和棉织物等。毛织物在干燥状态起毛，绒毛蓬松而较短，在湿态时纤维延伸度较大，表层纤维易于起毛，毛织物喷湿起毛可获得较长的绒毛，浸水后起毛则可得到波浪形长绒毛。

起毛设备又分针辊起毛机和刺果起毛机两种。刺果起毛机作用较为缓和，适用于毛织物的湿起毛或浸水起毛，但须多次重复才能达到预想效果。

（二十三）剪毛

1. 定义

剪毛是剪去织物表面不需要的茸毛的整理工艺过程。

2. 原理和作用

剪毛的目的是使织物织纹清晰、表面光洁；或使起毛、起绒织物的绒毛或绒面整齐。一般毛织物、丝绒、人造毛皮以及地毯等产品，都需要经过剪毛整理。

（二十四）蒸呢

1. 定义

蒸呢是利用毛纤维在湿热条件下的定型性，通过汽蒸使毛织物形态稳定，手感、光泽改善的整理过程。

2. 原理和作用

蒸呢主要用于毛织物及其混纺产品，一般在常压下进行，又称开口式蒸呢。蒸呢也可在密闭的压力容器中进行，称为罐蒸。罐蒸有较耐久的定型效果。蒸呢温度不宜过高，以免损伤纤维。蒸呢所用的衬布表面状态能影响毛织物的光泽和手感，有光面和绒面两种，可根据整理要求选用。

（二十五）压呢

1. 定义

压呢是在湿热条件下以机械加压使毛织物平整、增进光泽、改善手感的整理过程。

2. 原理和作用

压呢的方式有两种。一种是回转式压呢，又叫烫呢。毛织物经蒸汽喷射均匀给湿后，在加热的滚筒和相配合的弧形托床之间通过挤压和摩擦熨烫平整，并赋以光泽，但效果不持久。另一种是纸板电热压呢，织物经电压后光泽柔和，手感挺括，有暂时性效果，但设备庞大生产效率低，主要用于精纺毛织物。

（二十六）防毡缩整理

1. 定义

防毡缩整理是毛织物在洗涤和服用中防止或减少收缩变形的整理工艺过程。

2. 原理和作用

羊毛具有鳞片，并且在湿的状态有较大的延伸和回弹性。毛织物经受洗涤搓挤，易发生毡状收缩，称为毡缩。经过防毡缩整理的织物可减少毡缩变形，还能减轻起球现象。

防毡缩整理有两种方法：一种是用化学方法，局部侵蚀鳞片，改变羊毛的表面性质；另一种是在羊毛表面利用聚合物覆盖鳞片或在纤维交叉点黏结。

羊毛氯化是在酸性条件下进行的，必须严格控制氯化作用，使之缓和而均匀，既要得到防毡缩效果，又减少纤维的损伤。除氯化方法外，还可以用其他侵蚀鳞片方法进行防毡缩处理。用侵蚀鳞片方法进行防毡缩处理，必须注意毛纤维的损伤程度。

近年来，人们试用在纤维上形成聚合物、在纤维表面进行界面接枝聚合、在毛纤维上生成柔软薄膜的方法，阻止毛织物毡缩。经过防毡缩织物的耐洗性良好，但手感仍不理想。

（二十七）水洗、砂洗和石磨整理

1. 定义

水洗、砂洗和石磨整理是采用水洗、砂洗、石磨等方法使织物表面有自然的风貌，手感柔软穿着舒适，尺寸稳定缩率小的整理工艺。

2. 原理和作用

当人们发现穿过并洗过的服装要比新衣服穿起来舒服，也没有缩水烦恼，无论有皱无皱，洗过后的织物外观都具有自然风貌时，首先在牛仔服装中引发了石磨水洗整理。

牛仔服装用火山石、次氯酸钠、酸以及其他洗涤摩擦、磨毛等处理，制成石磨洗、雪花洗（又称大理石洗）、磨毛等品种，效果很好。

（1）水洗。近年来为了加强水洗效果，又出现了加纤维素酶的水洗加工，这种加工亦称酶减量处理或生物洗，织物的最终效果是具有良好的柔软性和光洁度，而这种柔软程度是用一般柔软剂处理难以达到的。加酶水洗只限于纤维素纤维的纯纺或混纺织物，其作用类似涤纶的减量处理。

（2）砂洗。砂洗在近年的流行服装中占较大的比例。这类服装手感柔软，织物外表有一层细短并且匀称的茸毛，不仅风格高雅自然，而且穿着舒适，也符合人们反朴归真的意念。

砂洗整理首先从砂洗绸开始，现在已发展到各种纤维制品。砂洗绸是利用丝纤维在碱性溶液中能够膨化，稍加外力摩擦即能使外层包覆的微纤裸露而产生茸毛的原理生产。砂洗绸除增厚和起毛外，特殊性的手感是关键，那就是必须显现与众不同的“腻”和“糯”的手感。自砂洗绸之后，黏胶织物的砂洗效果最为成功，之后又有棉、亚麻、苎麻织物等。砂洗方法主要有两种，一种是依靠机械性的磨毛法；另一种是化学起毛法。

（二十八）抗菌防臭整理

1. 定义

织物的抗菌防臭后处理，也称为“卫生整理”。这种处理主要是采用对人体无害的抗菌物质，通过化学结合，使它们能够保留在织物上，经过缓慢释放达到抑菌作用的目的。

2. 原理和作用

抗菌防臭整理最常用的是有机硅—季铵盐法。有机硅季铵盐既能与纤维素纤维发生化学结合，又能自身缩聚成膜。因此，它不仅可用于纤维素纤维，使之具有优良的抗菌持久性，而且也可用于涤纶、锦纶等合成纤维和它们的混纺交织产品，亦能形成较好的抗菌耐久性。有机硅季铵盐处理后的织物具有良好的抗菌性，如对白癣菌、大肠杆菌、念珠菌和绿脓杆菌等均有抑制作用。防臭抗菌整理适用于睡衣、被褥、内衣、内裤、运动服、工作服、袜子及毛巾等。另外，还有其他抗菌剂的卫生整理方法，也都有一定抗菌防臭作用。

四、整理织物例举

（一）磨毛

1.定义

磨毛是指用砂磨辊使织物表面产生一层短绒毛的整理工艺，也称磨绒。

2. 外观风格

磨毛后的织物比原来厚实、柔软、温暖、光泽柔和。

3. 织物例举

如将超细纤维织物磨毛后，就成为人造麂皮绒了；纱卡磨绒后手感更饱满、柔软、舒服；涤纶变形纱织物、涤纶高收缩纱织物等都可以进行磨绒整理，外观和手感都会有很大改善（图2–23）。

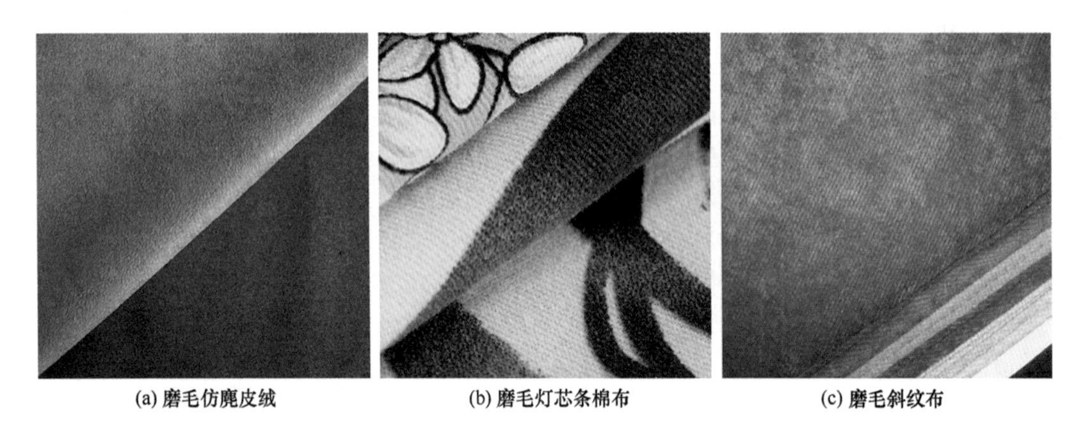

(a) 磨毛仿麂皮绒　(b) 磨毛灯芯条棉布　(c) 磨毛斜纹布

图2–23　磨毛织物

（二）拉绒

1.定义

拉绒是指用刺毛辊对面料进行拉抓，将纤维拉出在织物表面形成短密绒毛的工艺过程。

2. 外观风格

织物拉绒后变得蓬松、柔软、保暖了。

3. 织物例举

如各种印花绒布，可作婴儿服装面料，冬季睡衣面料等；色织条格绒布，可用作休闲衬衫面料等；还有毛织物大衣呢、绒面粗花呢等（图2–24）。

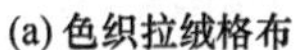
(a) 色织拉绒格布

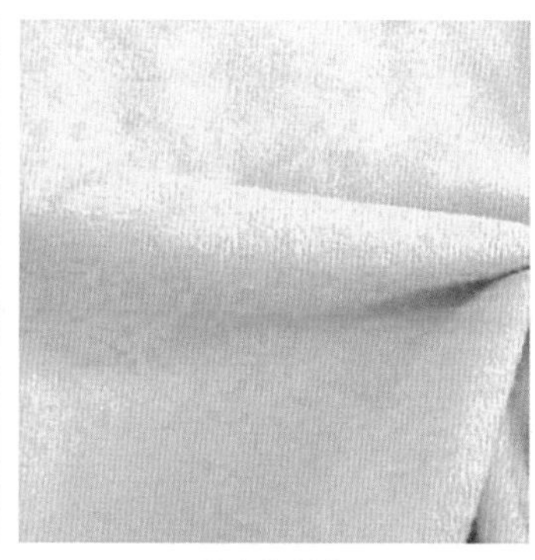

(b) 浅色拉绒布

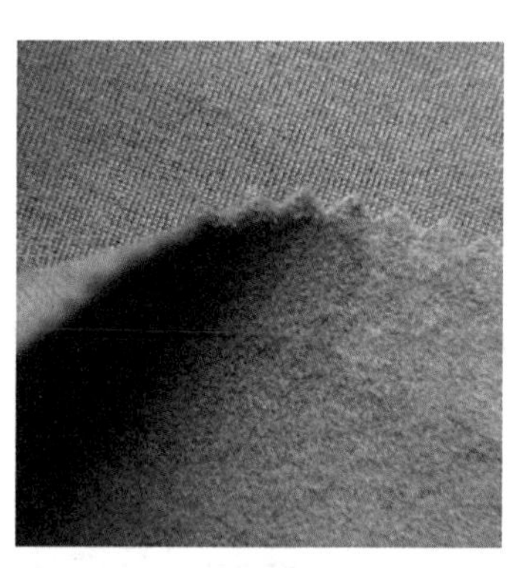

(c) 针织拉绒布

图2–24　拉绒织物

（三）割绒

1.定义

割绒是指将起绒组织的起绒纱线割断，使之矗立并形成整齐绒毛的加工过程。

2. 外观风格

织物表面绒毛矗立、整齐、密集，可形成一定高度。

3. 织物例举

如各种灯芯绒织物，机织长毛绒织物，针织长毛绒织物（图2–25）。

(a) 割绒灯芯绒

(b) 割绒机织长毛绒

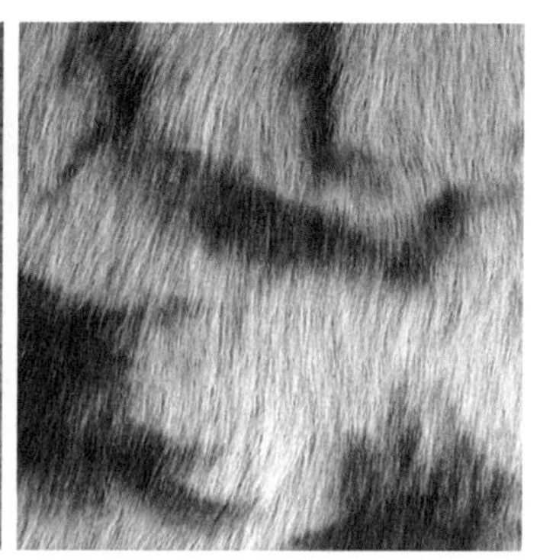

(c) 割绒针织长毛绒

图2–25　割绒织物

（四）轧光、电光、轧纹

1.定义

轧光、电光、轧纹是指利用织物在湿热条件下的可塑性，用轧辊将织物压平、压扁、压光、压出纹理，以增强织物的光泽、光滑、平挺、外观纹理效果的工艺过程。

2. 外观风格

轧光后的织物更薄、更亮泽、更光滑，不容易起毛起球，夏季穿着更凉快舒服。轧纹后的织物表面轧有凹凸纹理，增加了织物的花色。

3. 织物例举

如全棉轧光布、轧纹布，涤棉轧光布、轧纹布等，都非常适合夏季服装（图2–26）。

(a) 棉印花轧光布

(b) 涤棉轧纹布

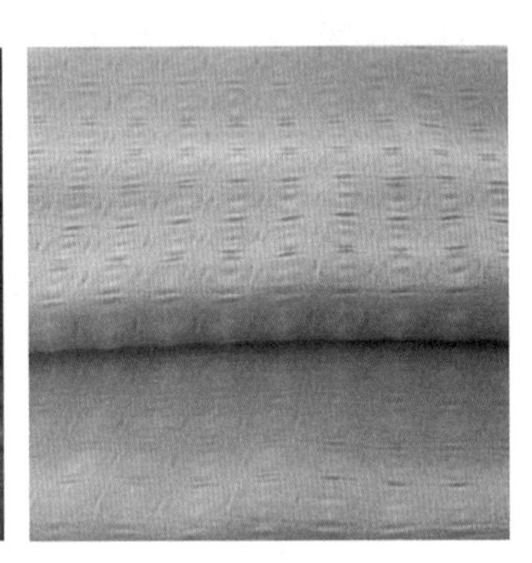

(c) 涤棉轧泡布

图2–26 轧光、轧纹织物

（五）增白

1.定义

增白是指利用光的补色原理，用上蓝和荧光的方式，增强织物白度的整理工艺过程。

2. 外观风格

增白后的面料比原来白度增强，带有蓝色光和紫色光，比原来更清爽、漂亮。

3. 织物例举

如漂白织物的增白、浅色织物的增白等（图2–27）。

(a) 漂白提花织物增白

(b) 漂白镂空绣花织物增白

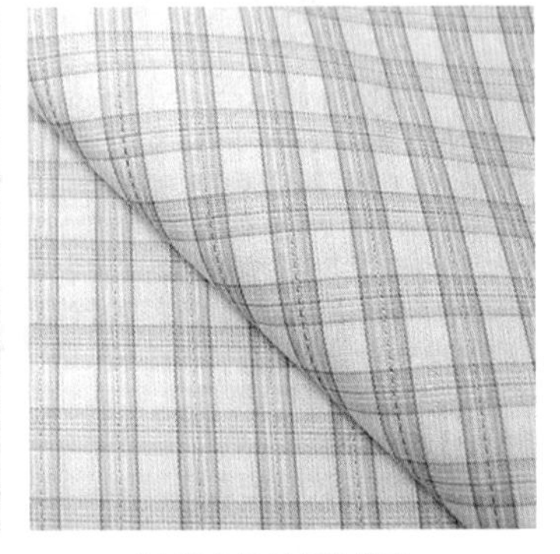

(c) 浅色格子织物增白

图2–27 增白整理织物

（六）上浆

1.定义

上浆是指将织物浸涤浆液并烘干，以获得厚实手感和硬挺外观的整理过程。

2. 外观风格

上浆后的面料比原来厚实、平整、挺括，可获得厚实的手感和硬挺的外观。

3. 织物例举

需要造型性能较好的服装面料、家纺面料都可以进行上浆整理（图2–28）。

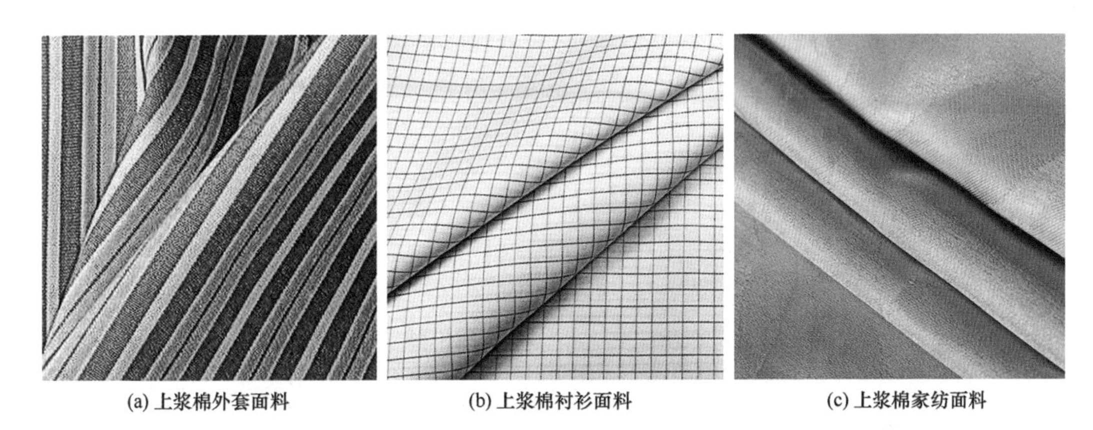

(a) 上浆棉外套面料　(b) 上浆棉衬衫面料　(c) 上浆棉家纺面料

图2–28　上浆织物

（七）免烫（防皱）整理

1.定义

免烫（防皱）整理是指用树脂或其他整理剂提高纤维的回弹性，使织物在服用中不易褶皱的整理工艺。

2. 外观风格

免烫整理的织物外观保持性较原来有所提高，平整、挺括、不易褶皱，织物尺寸稳定，缩水率下降，但有些指标会受些影响。

3. 织物例举

如全棉织物卡其布、府绸的免烫整理，黏胶仿棉、仿真丝织物的免烫整理，甚至真丝织物的免烫整理等（图2–29）。

(a) 免烫整理真丝双绉

(b) 免烫整理全棉格布

(c) 免烫整理棉卡其布

图2–29　免烫整理织物

（八）水洗、砂洗、石磨

1.定义

水洗、砂洗、石磨都是对面料进行整回处理的加工方法，也可以对服装进行该工艺处理。

2. 外观风格

水洗、砂洗、石磨处理后的面料，外观朴素、自然，有穿旧褪色的感觉，表面似有短茸毛，手感柔软，稳定性好。

3. 织物例举

如水洗棉布，柔软、泛白，缩水小；砂洗真丝绸，光泽柔和，尺寸稳定，手感舒适，表面有细短白色茸毛；水洗石磨牛仔布，陈旧感，柔软、舒适；水洗卡其布、灯芯绒、帆布，砂洗电力纺、真丝绸等，都是常见的织物品种（图2-30）。

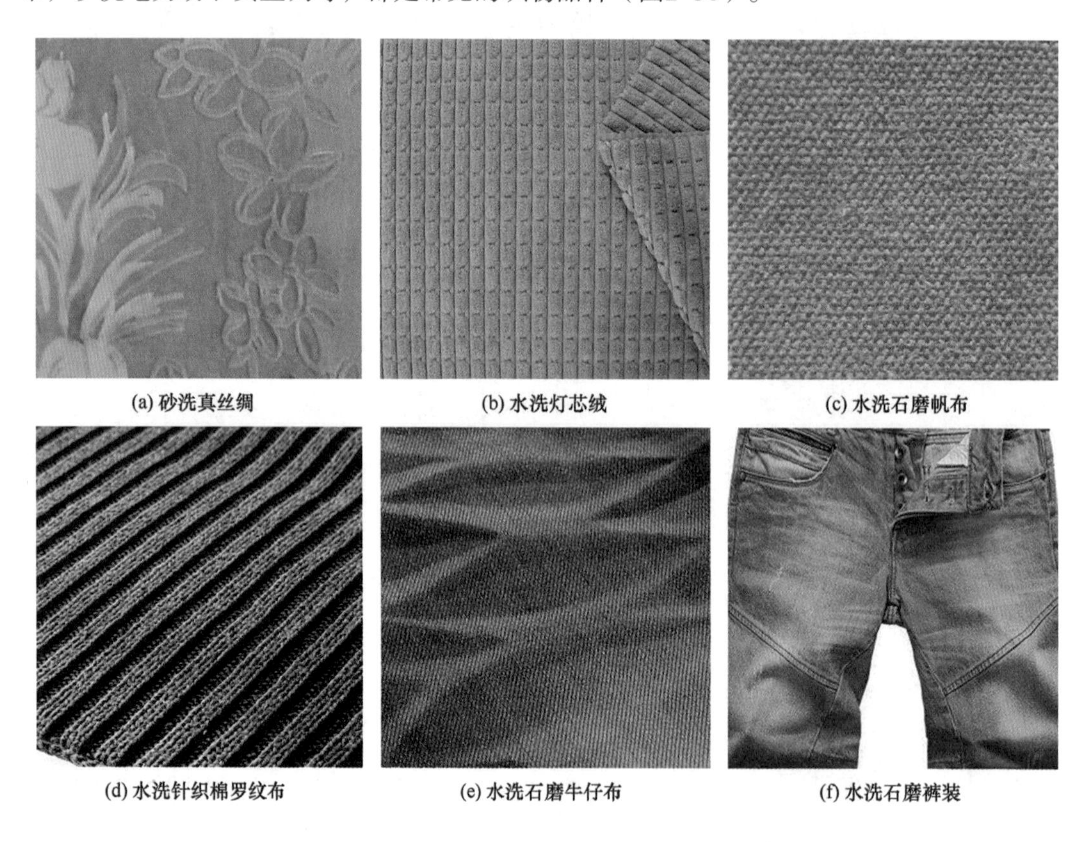

(a) 砂洗真丝绸　(b) 水洗灯芯绒　(c) 水洗石磨帆布

(d) 水洗针织棉罗纹布　(e) 水洗石磨牛仔布　(f) 水洗石磨裤装

图2-30　水洗、砂洗、石磨织物及服装

（九）涂层

1.定义

涂层是指在织物表面涂覆或黏合一层高分子材料，使织物具有特殊功能或特殊外观的整理工艺。

2. 外观风格

涂层属添加加工工艺。涂层在现代织物中应用越来越广，许多织物的特殊外观风格，都可以通过涂层的方法获得。如织物的金属色涂层，可以获得金属般铮亮的光泽；荧光色涂层，可以使织物的光泽晶莹透亮；仿漆面涂层，能使织物像刷了油漆般光亮；橡塑涂层、仿皮革涂层等，都能使织物获得与原来完全不同的外观面貌。涂层整理将使面料更具有现代感，具有特殊的风格。

3. 织物例举

如仿皮革涂层面料、防水透湿涂层面料、荧光色涂层面料、金属色涂层面料、防水涂层面料、印花涂层面料等（图2–31）。

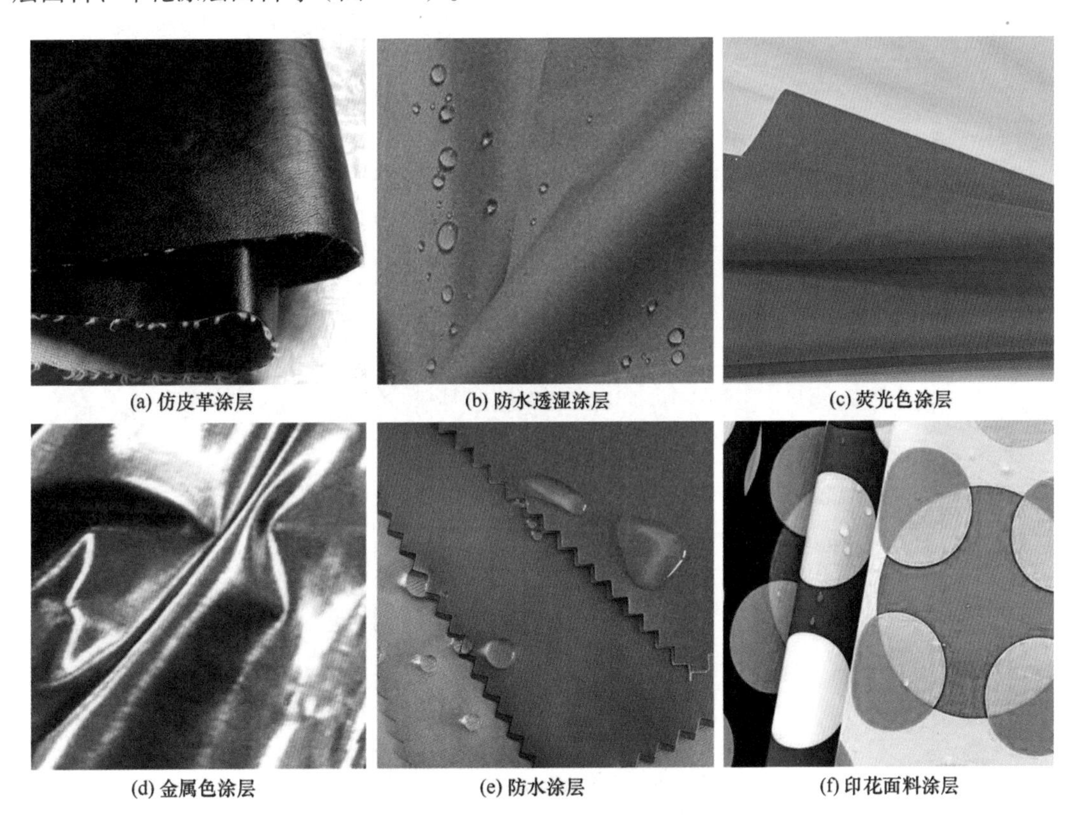

(a) 仿皮革涂层　(b) 防水透湿涂层　(c) 荧光色涂层

(d) 金属色涂层　(e) 防水涂层　(f) 印花面料涂层

图2–31　涂层整理织物

（十）绣花

1. 定义

绣花是指用针线在面料上进行缝纫，由缝纫线线迹形成花纹图案的加工过程。绣花有手绣、机绣、电脑绣，有单色绣、彩色绣，有十字绣、链条绣等不同的绣花工艺。

2. 外观风格

绣花是在面料上添加缝纫线，形成具有立体感的花纹图案。绣花面料给人精致、细腻的感觉，有很强的艺术感染力。

3. 织物例举

有真丝绣花面料、全棉绣花面料、麻绣花面料，甚至还有毛织物绣花面料。连很厚的大衣呢、牛仔布都有运用绣花工艺的，把很精致的加工方法与很粗犷的织物风格相结合，产生激烈的碰撞，是现代服装的特点。绣花织物（图2-32）。

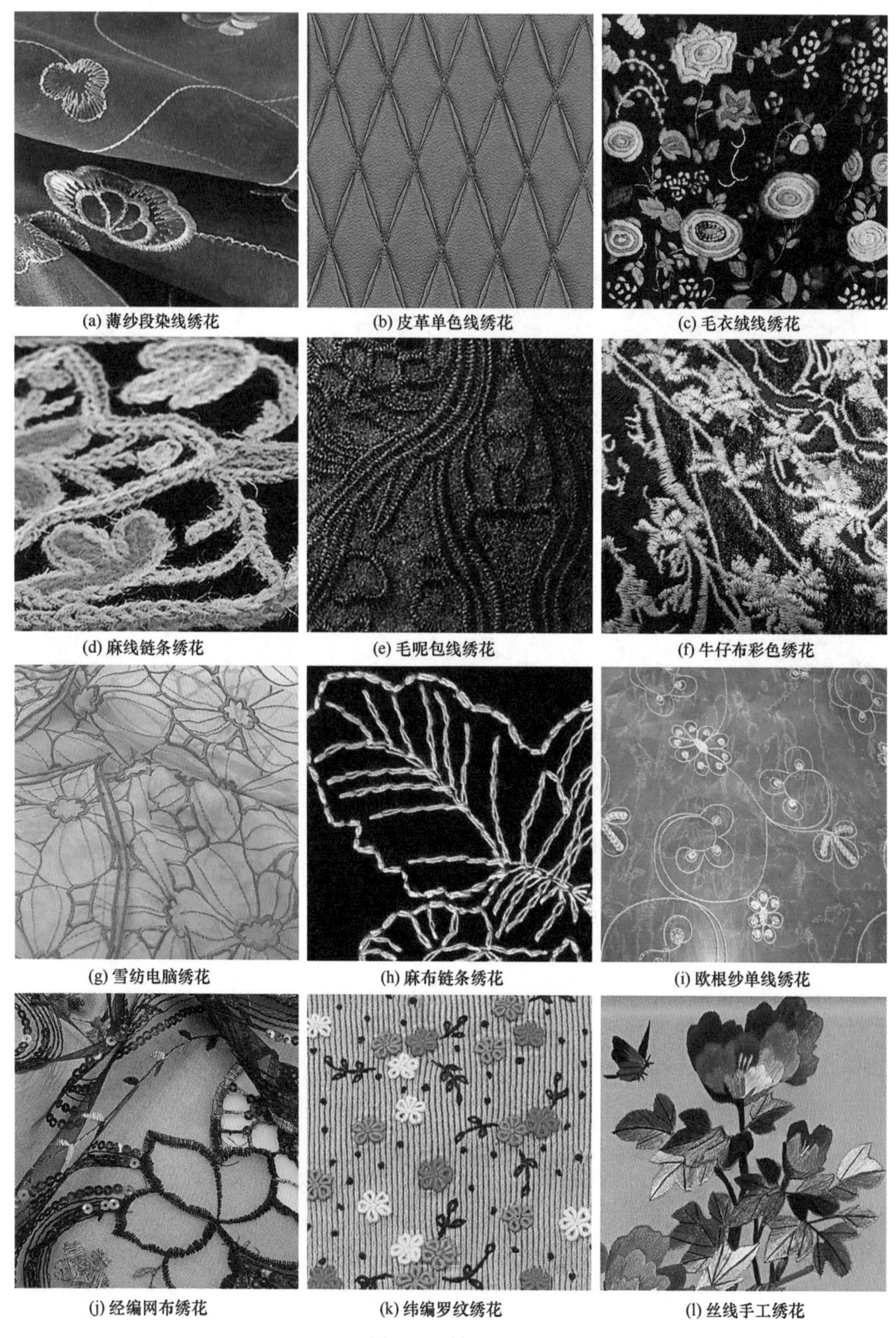

(a) 薄纱段染线绣花　(b) 皮革单色线绣花　(c) 毛衣绒线绣花

(d) 麻线链条绣花　(e) 毛呢包线绣花　(f) 牛仔布彩色绣花

(g) 雪纺电脑绣花　(h) 麻布链条绣花　(i) 欧根纱单线绣花

(j) 经编网布绣花　(k) 纬编罗纹绣花　(l) 丝线手工绣花

图2-32　绣花织物

（十一）烂花

1. 定义

烂花是指用化学的方法，烂去织物中部分纤维，使织物形成半透明图案的加工工艺。烂花面料由两种纤维原料组成，其中一种通常为纤维素。

2. 外观风格

烂花加工是减缺的加工方法，使部分织物变薄、变透明，有一种神秘的、浪漫的和妩媚的感觉。

3. 织物例举

如涤棉烂花、涤黏烂花、涤麻烂花、真丝与黏胶长丝烂花、真丝麻烂花等，还有混纺烂花、包芯纱烂花、交织烂花等，其外观和透明度都有所不同（图2-33）。

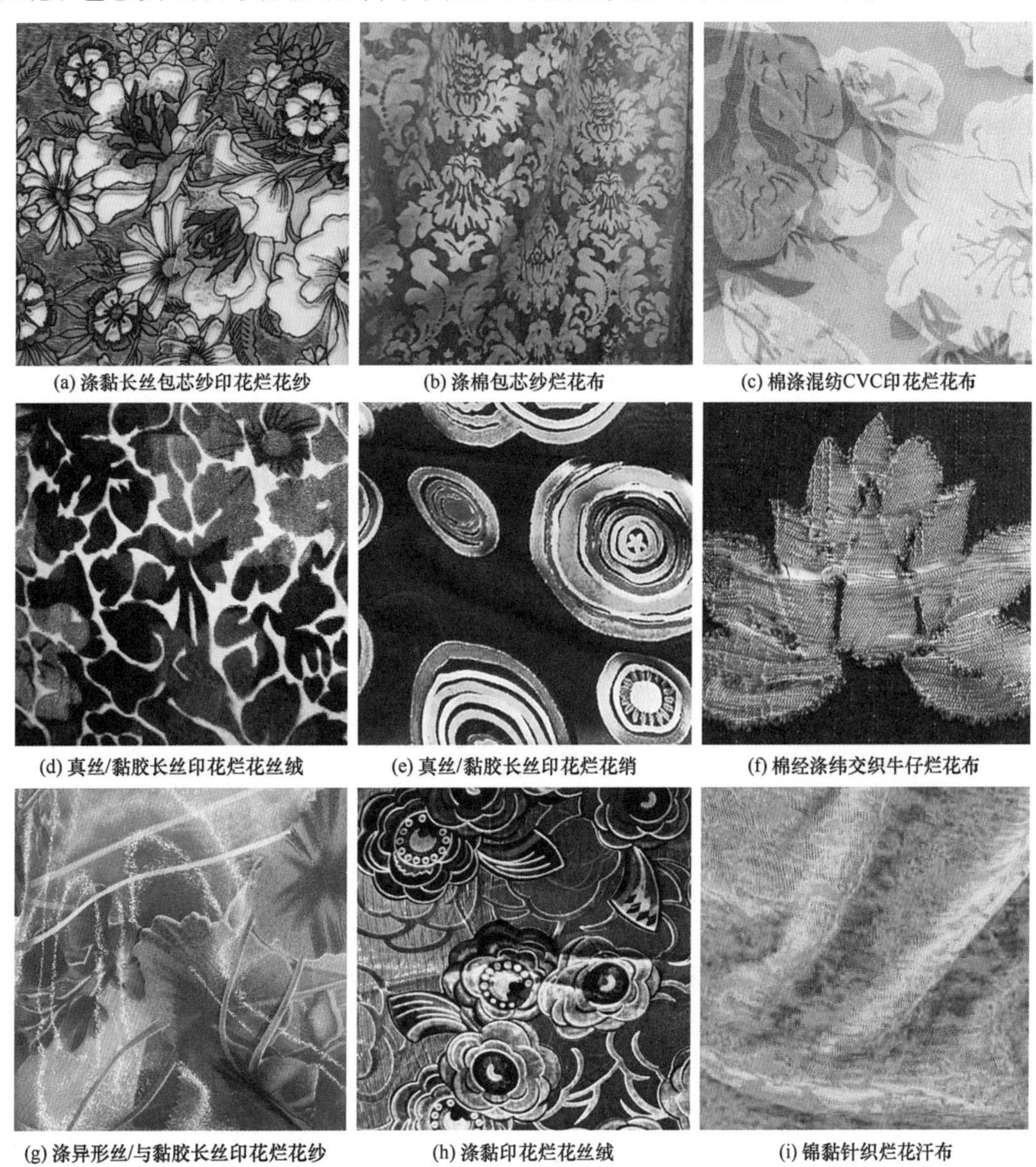

(a) 涤黏长丝包芯纱印花烂花纱　(b) 涤棉包芯纱烂花布　(c) 棉涤混纺CVC印花烂花布

(d) 真丝/黏胶长丝印花烂花丝绒　(e) 真丝/黏胶长丝印花烂花绡　(f) 棉经涤纬交织牛仔烂花布

(g) 涤异形丝/与黏胶长丝印花烂花纱　(h) 涤黏印花烂花丝绒　(i) 锦黏针织烂花汗布

图2-33　烂花织物

（十二）剪花

1. 定义

剪花是指将织花面料的长浮长，用剪刀剪断，将纱线留在面料上形成特殊外观风格的工艺过程。

2. 外观风格

剪花织物表面有外露的纱线，毛茸茸的，纱线有的长、有的短，有的是花色纱线，外观风格别致，给织物增添了无尽的乐趣。剪花面料一般以有外露纱线的一面为正面，亦可反之。

3. 织物例举

剪花织物有小提花剪花有大提花剪花，有单色也有彩色，有长丝也有短纤等（图2-34）。

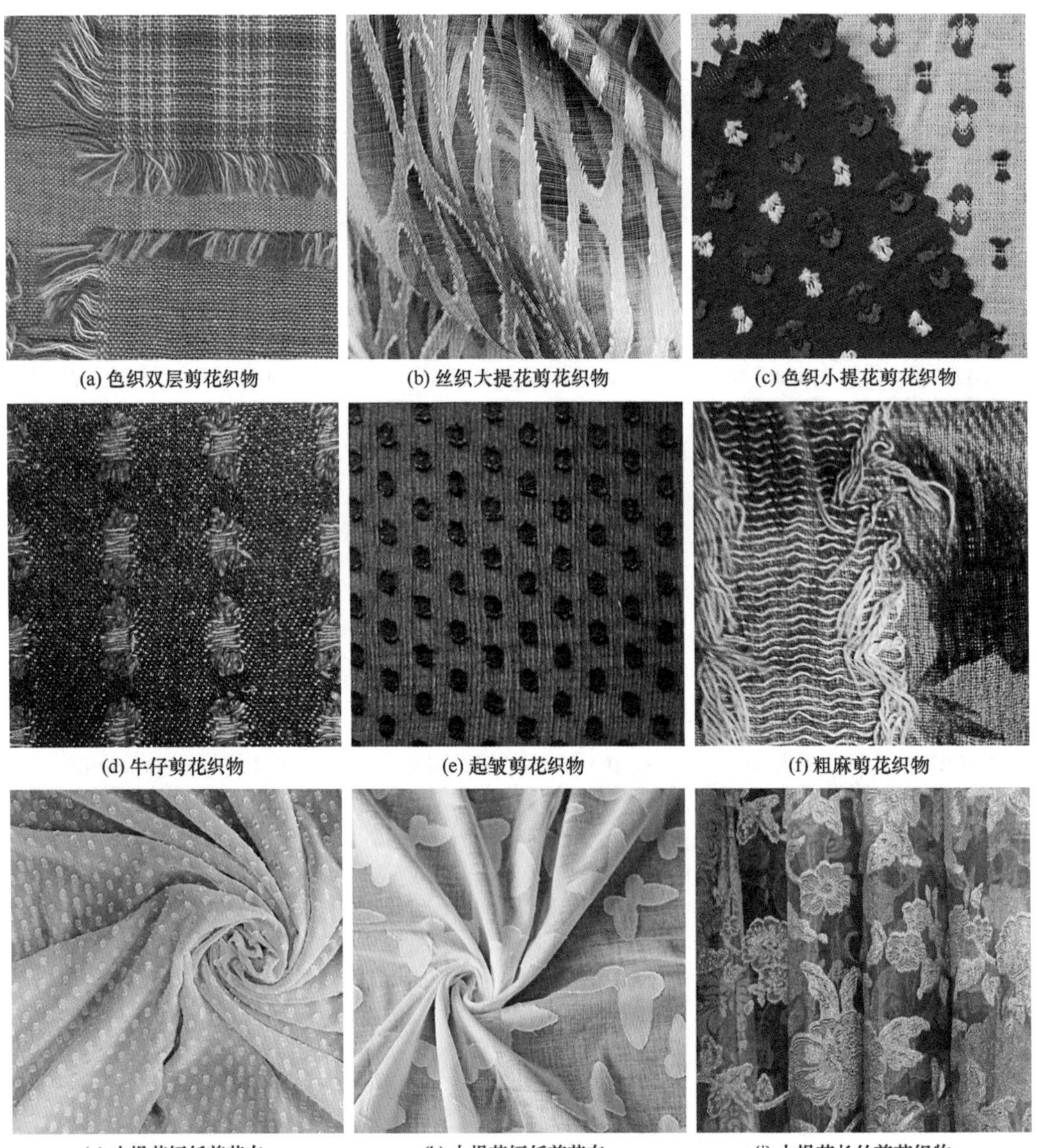

(a) 色织双层剪花织物　(b) 丝织大提花剪花织物　(c) 色织小提花剪花织物
(d) 牛仔剪花织物　(e) 起皱剪花织物　(f) 粗麻剪花织物
(g) 小提花短纤剪花布　(h) 大提花短纤剪花布　(i) 大提花长丝剪花织物

图2-34　剪花织物

（十三）轧花、轧皱

1.定义

轧花、轧皱是指利用合成纤维的热塑性能，在加热时对面料进行轧花定型，冷却后花纹保持且水洗不变的工艺过程。

2. 外观风格

轧花的面料必须要含有合成纤维成分，否则花型难以保持。轧花面料表面由褶皱形成花纹，有很强的表面肌理感，轧皱面料表现的花纹呈不规则皱纹，自然、随意、偶然、天成，符合当代人的审美要求。

3. 织物例举

有合成纤维长丝轧花面料、合成纤维短纤轧花面料、合成纤维混纺织物轧花面料、机织轧花面料、针织轧花面料等（图2-35）。

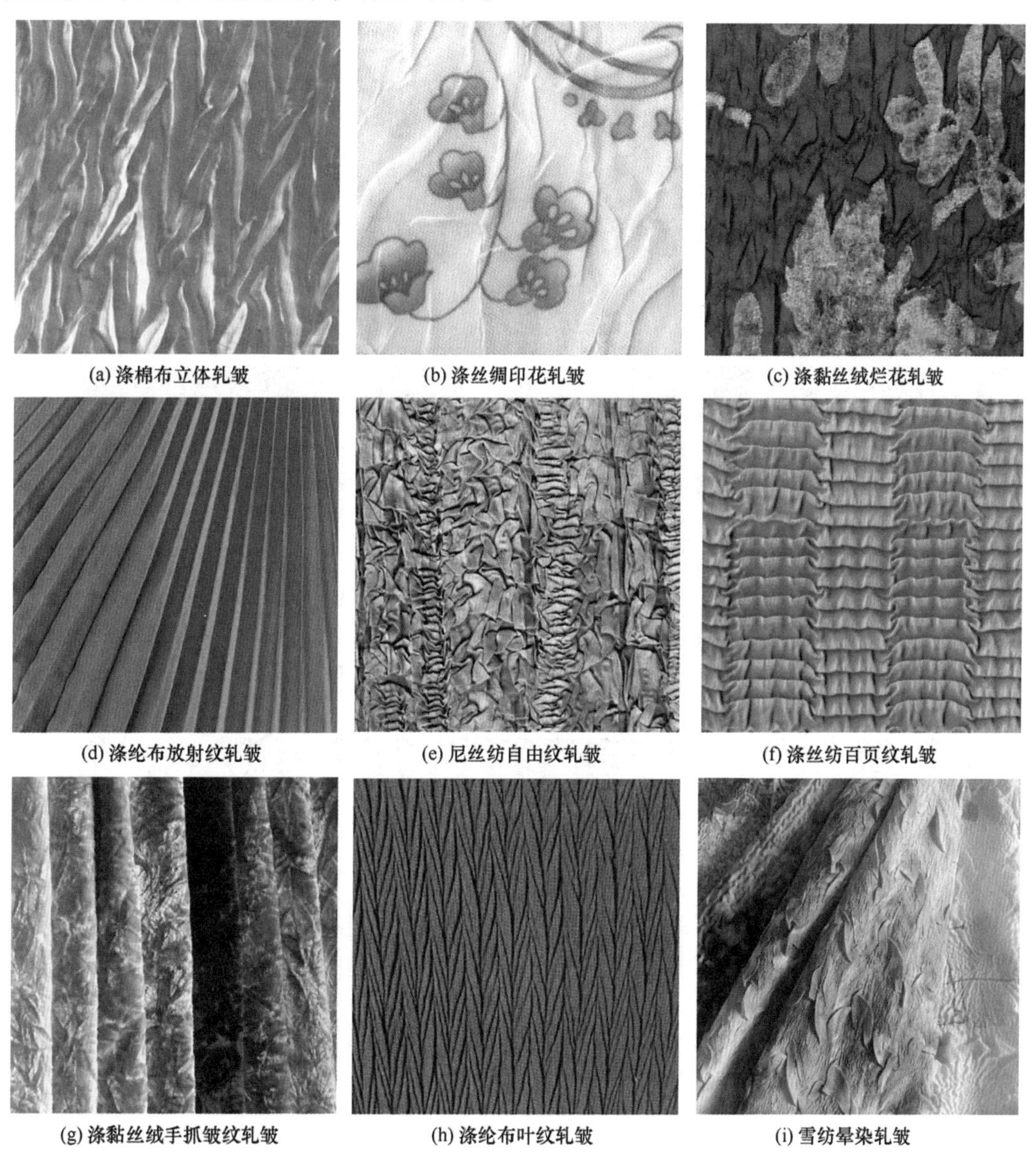

(a) 涤棉布立体轧皱　(b) 涤丝绸印花轧皱　(c) 涤黏丝绒烂花轧皱

(d) 涤纶布放射纹轧皱　(e) 尼丝纺自由纹轧皱　(f) 涤丝纺百页纹轧皱

(g) 涤黏丝绒手抓皱纹轧皱　(h) 涤纶布叶纹轧皱　(i) 雪纺晕染轧皱

图2-35　轧皱织物

（十四）起皱

1.定义

起皱是指用不同松紧、不同延伸性、不同收缩的纱线，使织物表面形成皱纹的工艺过程。

2. 外观风格

起皱织物表面有明显的皱纹，可以是具象的，但更多是抽象的，织物凹凸不平，肌理感很强。

3. 织物例举

如经向排列较松、纬纱用强捻纱织造的绉布、双皱等，整理后皱纹更明显；用氨纶纱线绣花的起皱纹样，面料有较大的延伸性；间隔地加入少量弹力纱线的皱纹面料；用棉和涤棉纱线织造的面料经收缩处理后的织物（图2–36）。

(a) 纬向强捻纱起皱　(b) 组织不同收缩起皱　(c) 织造送经量不同起皱
(d) 添加氨纶纱线起皱　(e) 间隔添加氨纶纱线起皱　(f) 纱线不同收缩起皱
(g) 雪纺面料氨纶起皱　(h) 各种起皱面料　(i) 氨纶起皱+亮片绣

图2–36　起皱织物

（十五）褶皱

1.定义

褶皱是指用任意方法将面料揉皱，然后用化学剂把皱纹固定、保持的整理加工过程。

2. 外观风格

布面呈现较大的、不规则的皱纹纹理，织物蓬松，身骨好，有夸张感。

3. 织物例举

如全棉手抓绉布，皱纹自然，保持良久，肌理感强；真丝缎褶皱皱纹面料，光泽好，手感软，皱纹深，有另类的装饰效果；亚麻褶皱面料、羊毛褶皱面料等都与普通面料的外观有很大的不同，表面肌理感特别强（图2–37）。

(a) 细特色织平布褶皱　(b) 细特印花府绸褶皱　(c) 烫金平纹麻布褶皱

(d) 涂层仿皮革面料褶皱　(e) 全棉染色面料褶皱　(f) 粗特印花帆布褶皱

(g) 真丝/棉交织面料褶皱　(h) 黏胶色布褶皱　(i) 全棉色织汗布褶皱

图2–37　褶皱织物

（十六）植绒

1.定义

植绒是指用黏合的方法将细短绒毛吸附在面料上，形成花纹图案的加工方法。

2. 外观风格

植绒采用添加的方法，在织物上添加黏合绒毛，使织物表面产生凸起的绒面或图案，光泽柔和，立体感强，在不同的面料上植绒，能产生不同的外观风格。

3. 织物例举

如在牛仔面料、针织面料、棉布、丝织物等织物上进行的植绒（图2-38）。

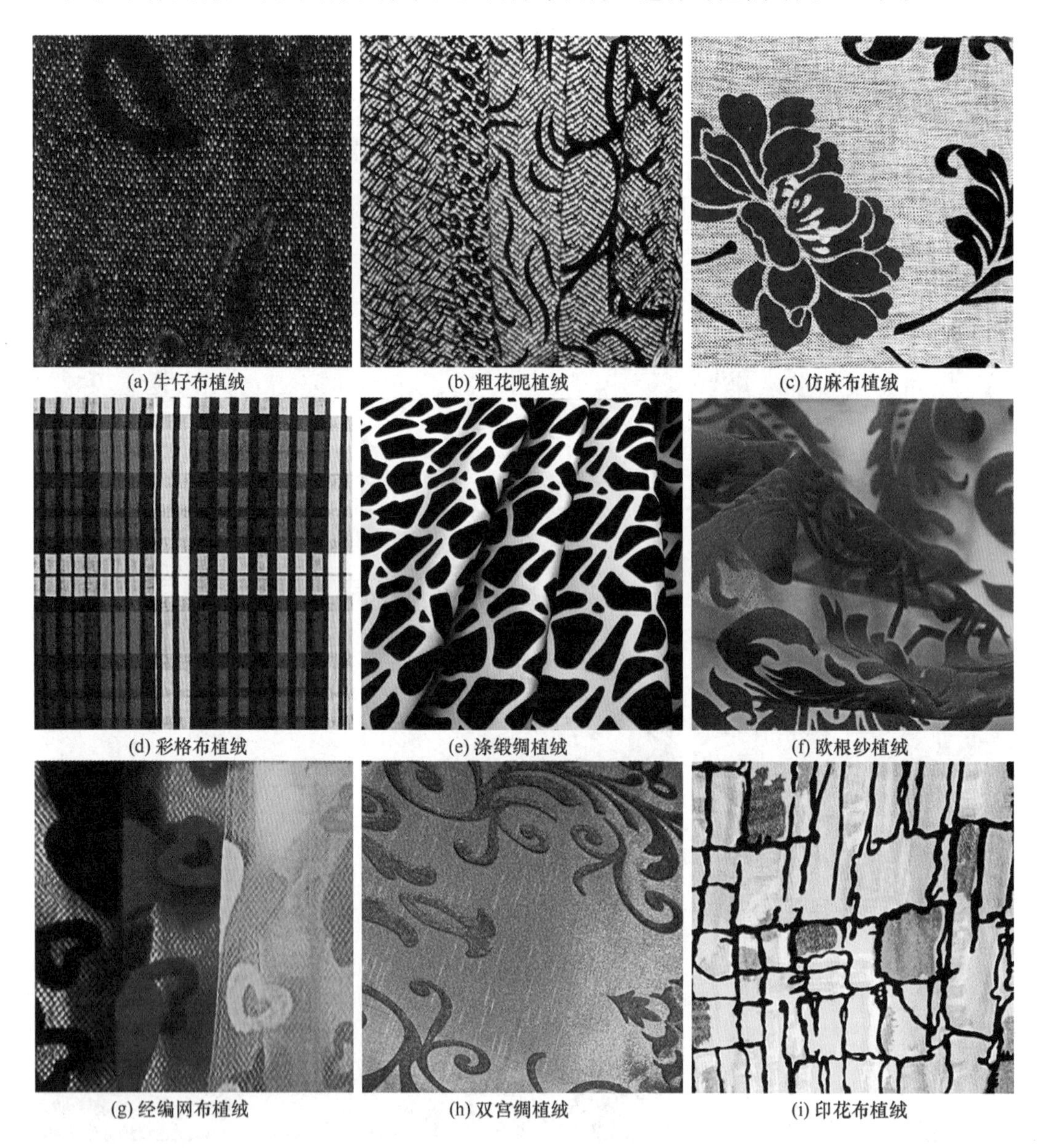

(a) 牛仔布植绒　(b) 粗花呢植绒　(c) 仿麻布植绒

(d) 彩格布植绒　(e) 涤缎绸植绒　(f) 欧根纱植绒

(g) 经编网布植绒　(h) 双宫绸植绒　(i) 印花布植绒

图2-38　植绒织物

（十七）滴塑

1. 定义

滴塑又称为微量射出，是在织物表面喷滴白色或彩色滴胶，形成颗粒或颗粒图案的加工工艺，是一种近似PVC的硅胶类产品。

2. 外观风格

滴塑颗粒或颗粒图案表面凸起，有一定的立体感；手感柔软，富有弹性，具一定的黏滞性；滴塑胶液中添加各种色彩或金银粉末更增添织物的装饰感。

3. 织物例举

如普通面料上的圆点颗粒滴塑、绒类面料上的圆点颗粒图案滴塑、雪纺面料上的圆点颗粒图案滴塑、缎类织物上圆点颗粒形成的阴面图案滴塑，颗粒还有彩金颗粒、珠光颗粒、仿钻颗粒等（图2-39）。

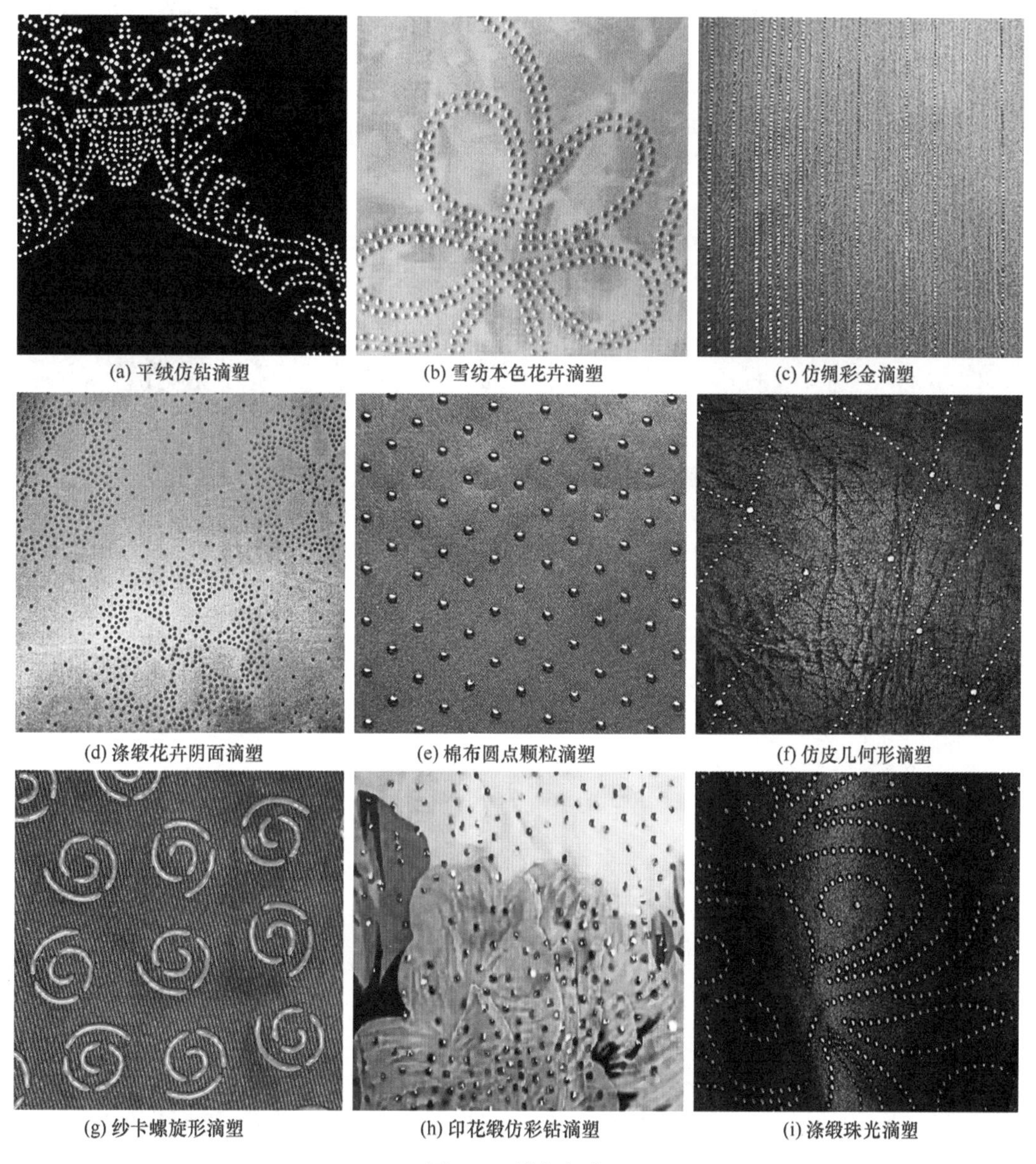

(a) 平绒仿钻滴塑　(b) 雪纺本色花卉滴塑　(c) 仿绸彩金滴塑

(d) 涤缎花卉阴面滴塑　(e) 棉布圆点颗粒滴塑　(f) 仿皮几何形滴塑

(g) 纱卡螺旋形滴塑　(h) 印花缎仿彩钻滴塑　(i) 涤缎珠光滴塑

图2-39　滴塑织物

（十八）发泡印花

1. 定义

发泡印花是指将发泡剂加入染液进行印染加工，使花纹图案凸起并具有柔软手感的印花工艺过程。

2. 外观风格

织物花纹凸起，具有很强的立体感、装饰效果和肌理感。

3. 织物例举

如针织织物上的发泡印花图案、仿皮织物上的发泡印花、帆布上的发泡印花、棉布上的打孔发泡印花、丝绒上的发泡印花（图2-40）。

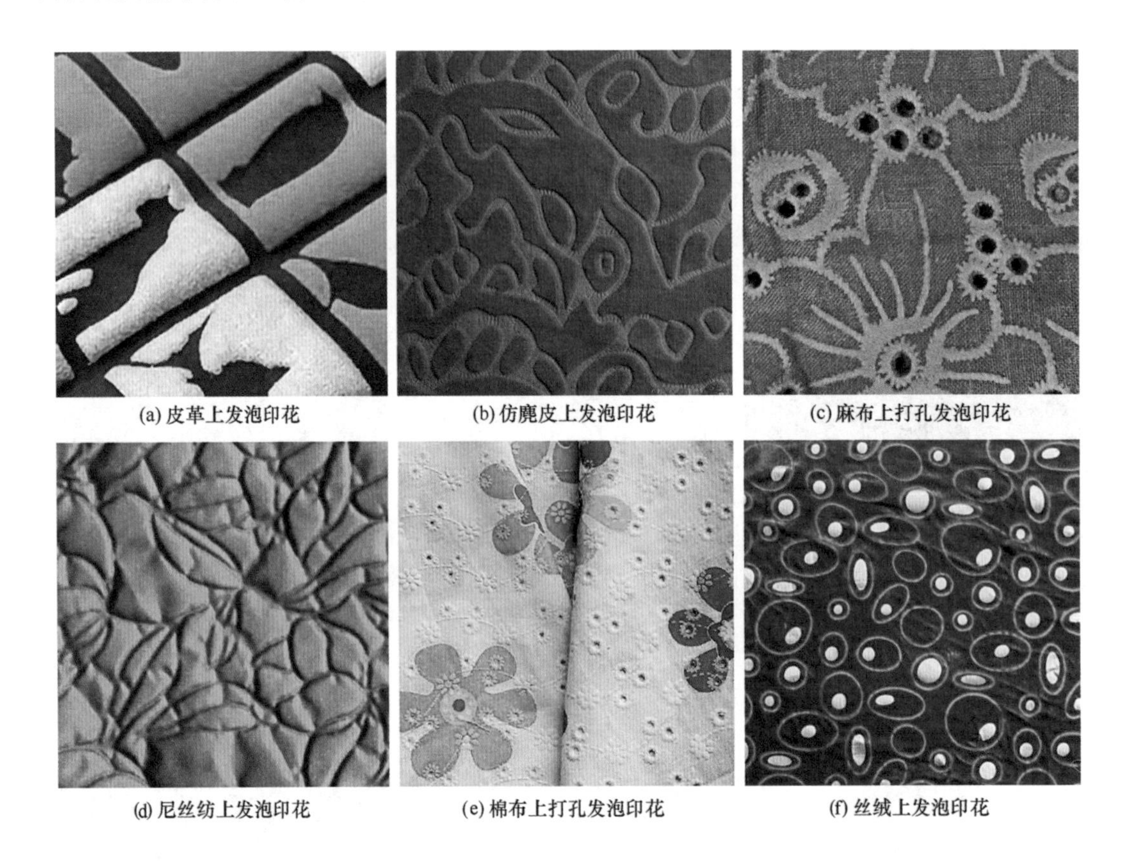

(a) 皮革上发泡印花　(b) 仿麂皮上发泡印花　(c) 麻布上打孔发泡印花

(d) 尼丝纺上发泡印花　(e) 棉布上打孔发泡印花　(f) 丝绒上发泡印花

图2-40　发泡印花

（十九）绒线绣、绳带绣

1. 定义

绒线绣、绳带绣是指将不同装饰感的纱线、绳带，用缝缀的方式连接在面料上，形成花纹图案的工艺过程。

2. 外观风格

绒线绣、绳带绣织物的风格因不同绒线、绳、带的外观不同而不同，如段染绒线绣织物，色彩斑斓，层次丰富，有较强的装饰感；斜料布带锈织物，有的布带与面料同色，用缝纫线将布带缝缀在面料上，攀附缠绕，缝绣成立体花卉、盘绕图案，十分有趣，给人立体感、整体性非常强的感觉；缎带绣织物、圆绳绣织物等都具有非常好的外观效果。

3. 织物例举

如不同面料的绒线绣、缎带绣、花式纱线绣、织物绳带盘花绣等（图2-41）。

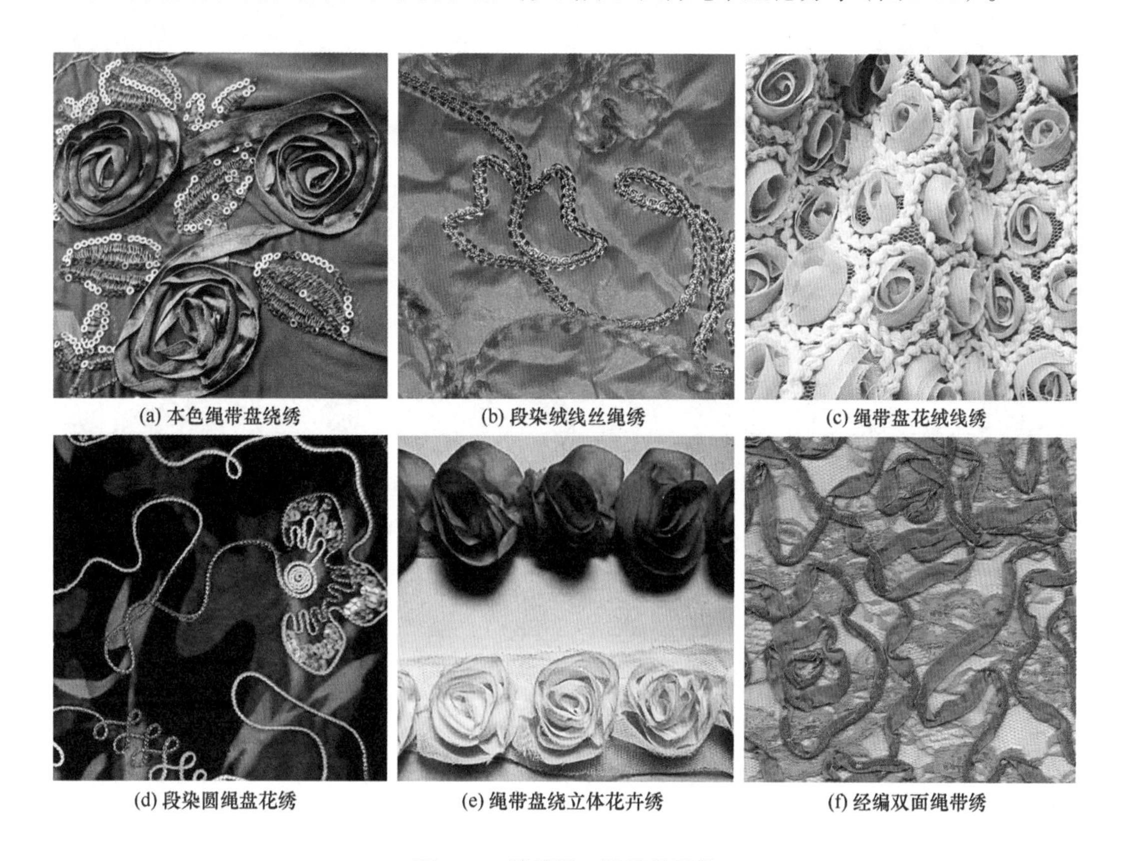

(a) 本色绳带盘绕绣　(b) 段染绒线丝绳绣　(c) 绳带盘花绒线绣

(d) 段染圆绳盘花绣　(e) 绳带盘绕立体花卉绣　(f) 经编双面绳带绣

图2-41　绒线绣、绳带绣织物

（二十）亮片绣

1. 定义

以各种闪亮的、彩色的亮片为装饰物，用缝钉的方式将亮片添加到织物上，形成满地图案的加工工艺。

2. 外观风格

光泽感、装饰感很强的亮片给面料带来高贵、华丽的感觉，色彩和图案的搭配，使面料更具有强烈艺术感染力。

3. 织物例举

如用作华丽服装的亮片绣面料、礼仪服装的亮片绣面料、旗袍的亮片绣面料。特别是晚礼服的亮片绣面料，闪亮美丽，夺人眼球。亮片绣在流行华丽风格的服装中应用广泛，如针织T恤衫图案中点缀的亮片绣等（图2-42）。

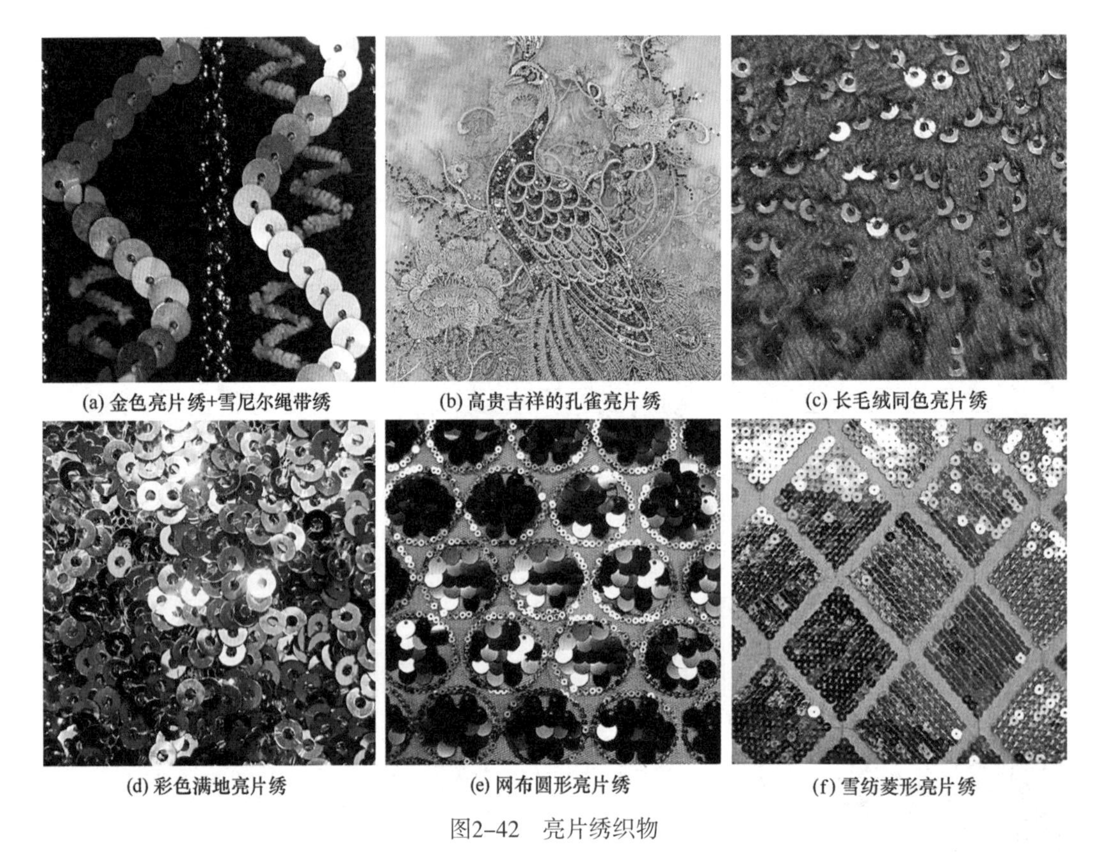
(a) 金色亮片绣+雪尼尔绳带绣 (b) 高贵吉祥的孔雀亮片绣 (c) 长毛绒同色亮片绣
(d) 彩色满地亮片绣 (e) 网布圆形亮片绣 (f) 雪纺菱形亮片绣

图2-42 亮片绣织物

（二十一）珠绣

1. 定义

珠绣是指将各种形状、光泽、色彩的珠子，用缝线穿过，固定在织物上的加工过程。珠绣较多运用于高档礼服、服饰用品装饰和现代服装的装饰上。

2. 外观风格

珠绣织物、服装有较高的艺术感和装饰性，高档女装、旗袍、经典服饰中应用较多，给人优美、典雅、高贵、精致、艺术的感觉，有着宫廷生活的奢华感。

3. 织物例举

如珠绣纹样高档旗袍、精致的印花珠绣图案羊绒毛衫；珠绣手袋、珠绣鞋、现代的珠绣服饰等（图2-43）。

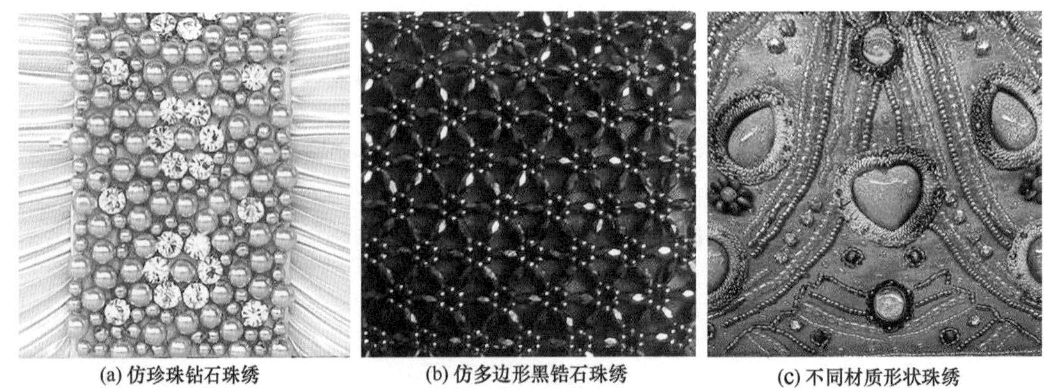
(a) 仿珍珠钻石珠绣 (b) 仿多边形黑锆石珠绣 (c) 不同材质形状珠绣

图2-43

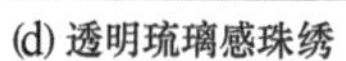

(d) 透明琉璃感珠绣

(e) 树形图案彩珠珠绣

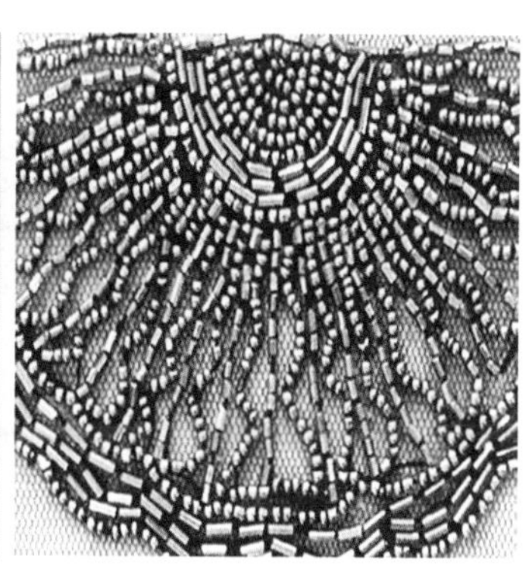

(f) 金属色朋克风格珠绣

图2-43 珠绣织物

（二十二）贴花

1. 定义

贴花是指将布料剪出图案，然后用缝纫的方法在周边缝绣，连接到面料上去的加工工艺。

2. 外观风格

贴花亦属于添加手法。布料的花纹、质感、肌理与缝纫线的色彩、针迹共同形成的花纹图案，有一定的装饰性和立体感。

3. 织物例举

针织服装胸前的贴花纹样，绒感的布料与光洁丝线结合，具对比性和装饰感；儿童服装上水果、动物等可爱图案，贴绣在面料上，同样具有很强的装饰性；羊毛衫上丝绸面料贴花，丝线缝绣镶嵌水钻，高贵典雅（图2-44）。

(a) 毛衫可爱图案贴花

(b) 针织衫机织面料贴花

(c) 卫衣印花色织棉布贴花

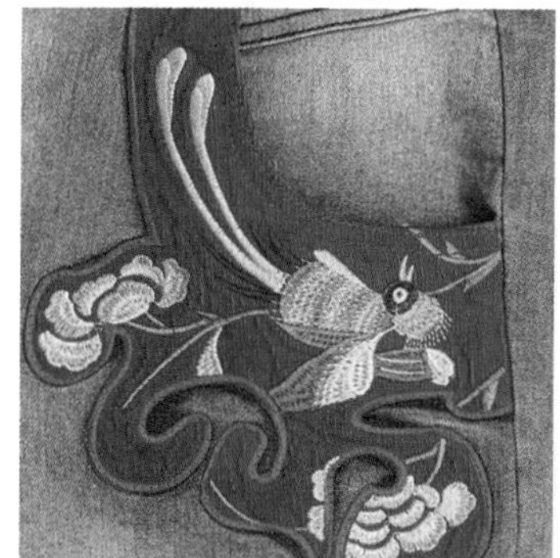

(d) 牛仔裤灯芯绒面料贴花

(e) T恤衫手绘贴花

(f) 儿童长毛绒大衣贴花

图2-44 贴花装饰

（二十三）贴布绣

1. 定义

贴布绣是指将与本身面料不同外观和质地的织物，用缝纫线缝缀到面料上的加工工艺。

2. 外观风格

添加到面料上的织物形状怪诞，不修边际，翻卷飘动不定，缝纫线色彩斑斓，线迹自由来回，整体给人新颖别致、层次丰富、视觉冲击力强的装饰效果。

3. 织物例举

如用多色亮泽的缝纫线，将不规则的毛边牛仔布，缝缀添加到柔软的针织织物上去的面料；将不规则的薄纱缝缀到细薄的棉布上，印上抽象花纹色彩的面料（图2–45）。

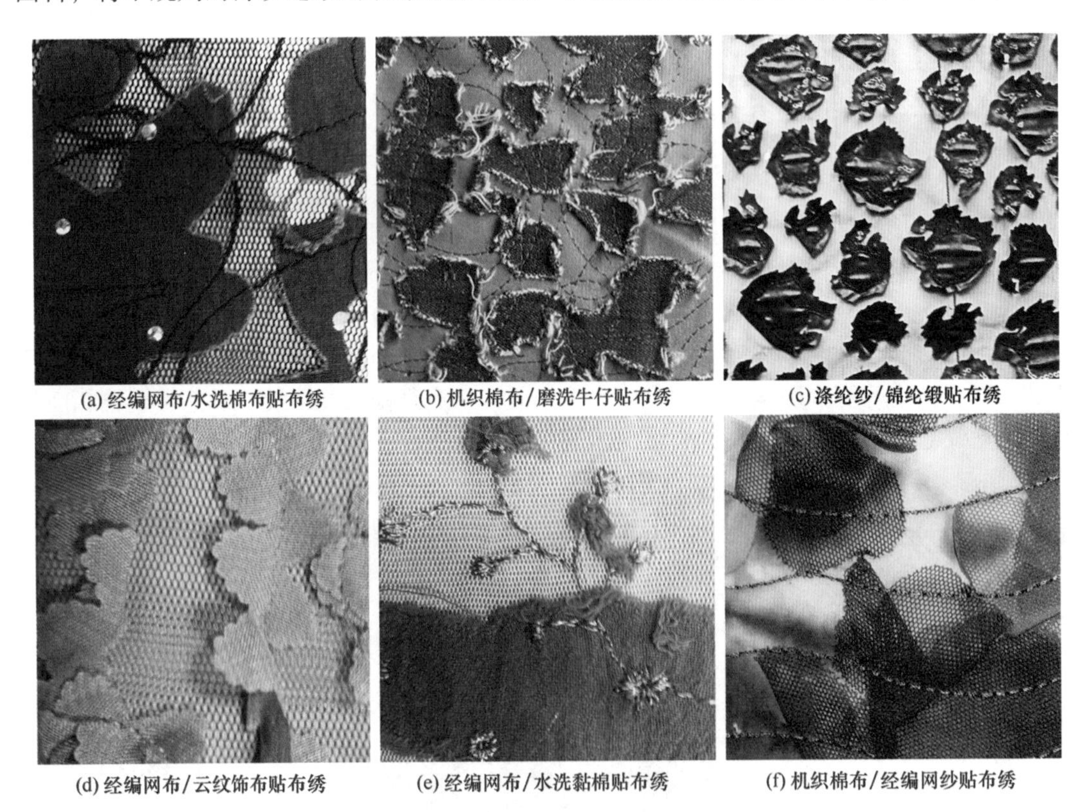

(a) 经编网布/水洗棉布贴布绣　(b) 机织棉布/磨洗牛仔贴布绣　(c) 涤纶纱/锦纶缎贴布绣

(d) 经编网布/云纹饰布贴布绣　(e) 经编网布/水洗黏棉贴布绣　(f) 机织棉布/经编网纱贴布绣

图2–45　贴布绣织物

（二十四）绗缝绣

1. 定义

绗缝绣是指在带有填充物的面料上进行的各种绣花加工工艺。

2. 外观风格

绗缝绣外观饱满，图案凸起，有浮雕感。加上绣线的色彩、肌理、质感的变化，图案的变化，织物有很强的艺术感。

3. 织物例举

如在带有填充物的丝质面料上的绗缝绣，皮质面料上的绗缝绣，亮缎面料上的绗缝绣，仿麂皮面料上的绗缝绣，在羊羔绒/牛仔布复合面料上的绗缝绣；在连接长毛绒/真丝缎两块面料的绗缝绣（图2-46）。

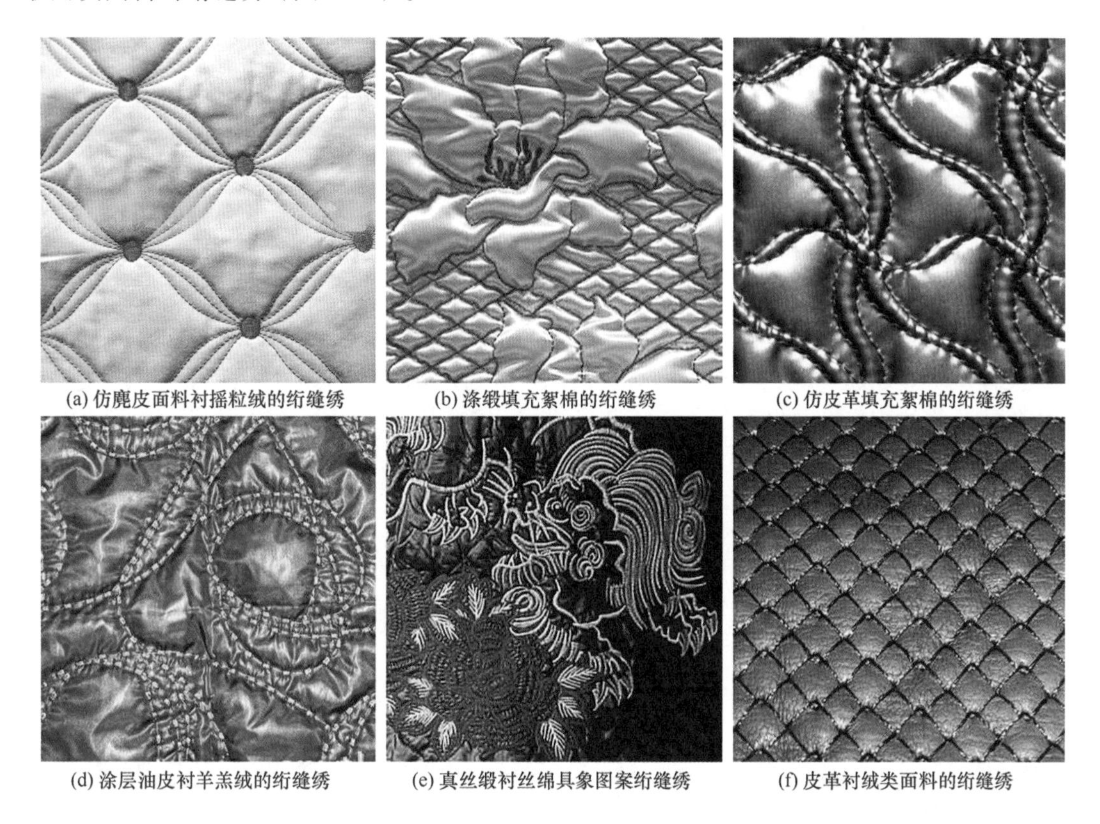
(a) 仿麂皮面料衬摇粒绒的绗缝绣　(b) 涤缎填充絮棉的绗缝绣　(c) 仿皮革填充絮棉的绗缝绣
(d) 涂层油皮衬羊羔绒的绗缝绣　(e) 真丝缎衬丝绵具象图案绗缝绣　(f) 皮革衬绒类面料的绗缝绣

图2-46　绗缝绣织物

（二十五）无针刺绣

1. 定义

无针刺绣是对牛仔面料进行的后加工工艺，将牛仔面料的经纱按花纹的位置钩断，毛羽拉出，在织物表面形成破损感的花纹图案。

2. 外观风格

织物平整的外观被破坏，出现了不规则毛茸感的花纹，如云纹、随意花纹、花卉等简单图案，给人的感觉抽象、模糊、陈旧。

3. 织物例举

如加泼彩的牛仔无针刺绣面料，随意图案的牛仔无针刺绣面料，具象图案的无针刺绣面料等（图2-47）。

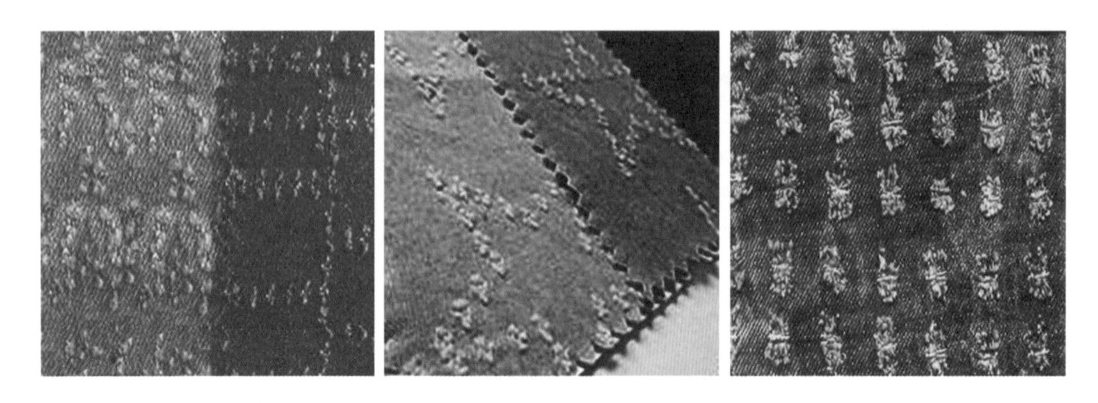

图2-47　无针刺绣

（二十六）立体刺绣

1. 定义

立体刺绣是用缝纫线在面料反面规定的点上穿过、抽紧、打结，将面料点点连接，形成凹陷或凸起的立体花纹图案的加工工艺。

2. 外观风格

织物外观凹陷、凸起整齐排列，形成有序的立体花纹图案，有井字形、人字形、方格形等多种图形，面料整体装饰性强。

3. 织物例举

立体刺绣面料有一定的延伸性，常用于婚纱胸前的立体花纹装饰，时装局部的立体花纹装饰等（图2-48）。

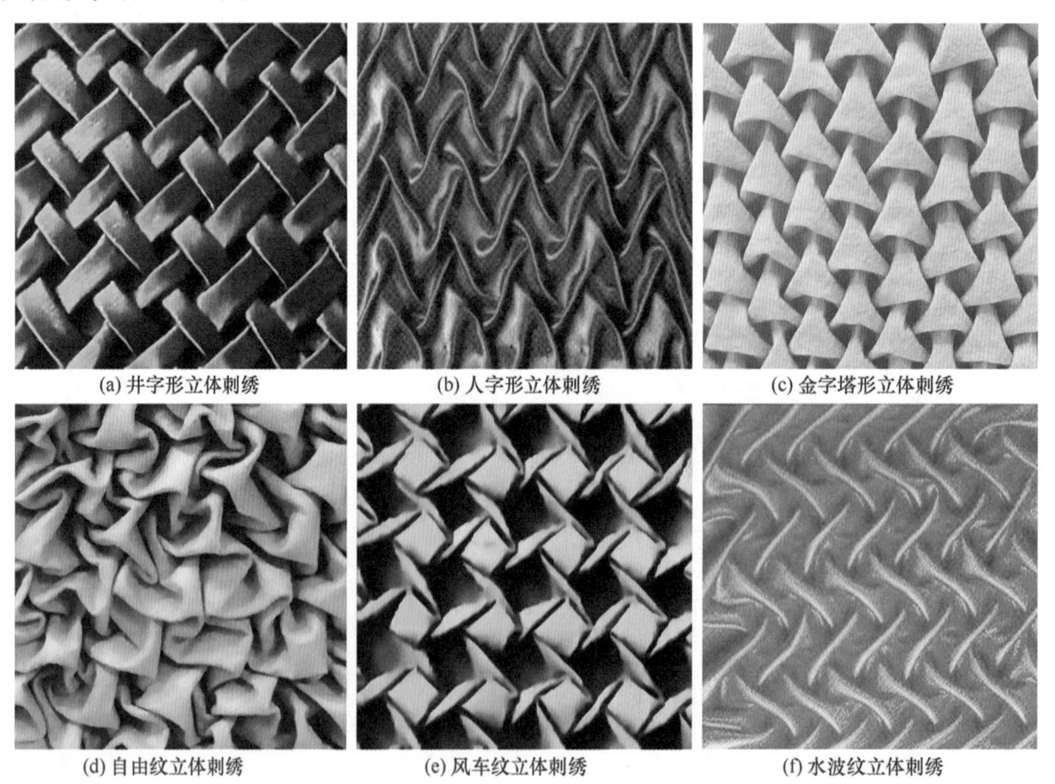

(a) 井字形立体刺绣　(b) 人字形立体刺绣　(c) 金字塔形立体刺绣

(d) 自由纹立体刺绣　(e) 风车纹立体刺绣　(f) 水波纹立体刺绣

图2-48　立体刺绣

（二十七）扳网

1. 定义

扳网是用不同颜色的丝线在面料上抽褶绣缝，使面料褶皱，丝线形成几何纹样的加工工艺。

2. 外观风格

扳网面料表面褶皱肌理感强，彩色丝线绣缝形成的网状纹样有浓浓的民族气息，织物整体装饰感强。

3. 织物例举

扳网面料有一定的延伸性，所以可用于服装的袖口、胸部，有较好的收缩和衬托体形的作用（图2-49）。

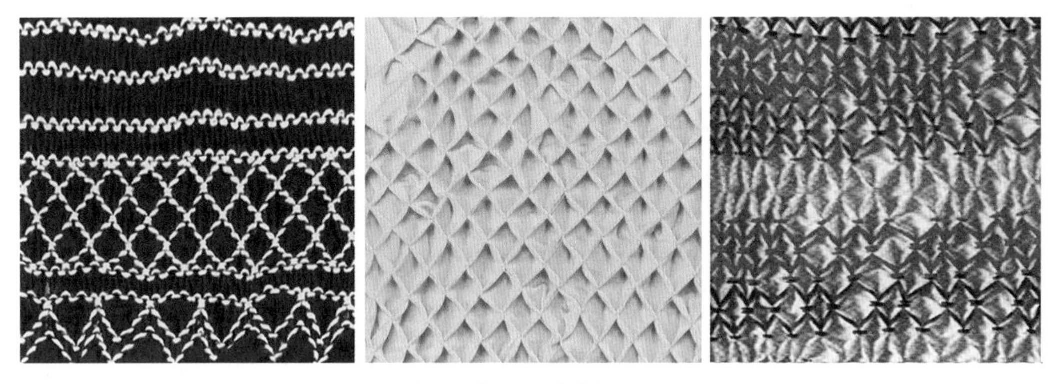

图2-49　扳网

（二十八）缉线

1. 定义

缉线是指将面料用缉线的方式形成花纹图案的工艺过程。

2. 外观风格

缉线可密可稀，图案一般呈几何形、直线形、弧线形较多。缉线后，织物支撑性较好，缉线处面料突起，立体感强。

3. 织物例举

缉线可用于棉织物、麻织物、丝织物、毛织物、化纤织物等各种织物面料（图2-50）。

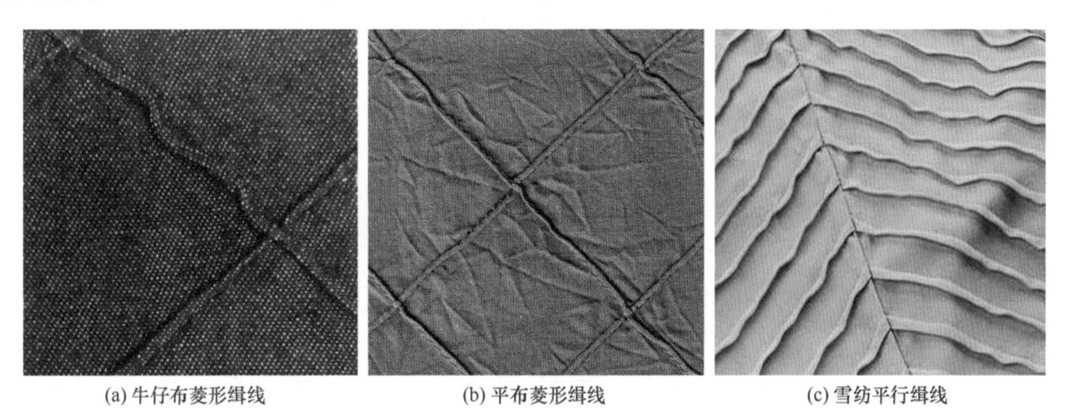

(a) 牛仔布菱形缉线　(b) 平布菱形缉线　(c) 雪纺平行缉线

图2-50　缉线处布料凸起形成纹路的后加工织物

（二十九）转移印花

1. 定义

转移印花是指将制作在纸上或其他介质上的花纹图案转移附着至面料上的工艺过程。

2. 外观风格

转移印花花纹边际清晰，图案精致，色彩鲜艳，色彩图案附着在织物表面；织物无染料渗透，能形成一些特殊的染色效果；织物正反色彩图案不同，可具有双面织物的外观特点。

3. 织物例举

如将面料轧花后再进行转移印花加工的织物，面料表层与皱褶处的色彩不同，有特殊的外观风格；薄型面料经转移印花加工的织物，面料两面具有不同的外观效果；金银色、亮色图案转移印花的织物，色彩华丽，织物漂亮（图2-51）。

(a) 清晰精致的转移印花　(b) 细洁无渗透感的转移印花　(c) 漂亮多层次的数码转移印花

(d) 色彩鲜艳丰富的转移印花　(e) 针织汗布转移印花　(f) 线条干净利落的转移印花

图2-51　转移印花织物

（三十）烫金

1. 定义

烫金是指织物在烫金机上经高温高压等工艺处理的过程。一般有单压胶类烫金、单贴膜类烫金（布上胶和膜上胶）和先压胶后贴膜类烫金等。

2. 外观风格

烫金面料，花型新颖，风格独特，光泽亮丽，手感柔软，颜色别致，是一种新型的面料外观加工工艺。色彩一般以金银色为主，有压烫的立体感，又有镀膜的皮革感，可在不同的面料上进行烫金加工，特别是仿皮系列，具有类似真皮的风格效果，但是价格远远低于真皮的价格。

3. 织物例举

如仿麂皮绒烫金面料、仿皮革烫金面料、印花烫金面料、绗缝织物上的烫金加工、牛仔布上的烫金加工、亮片绣织物上的烫金加工等，有满地烫金的，也有花纹烫金的，风格和加工范围还在不断地延展（图2–52）。

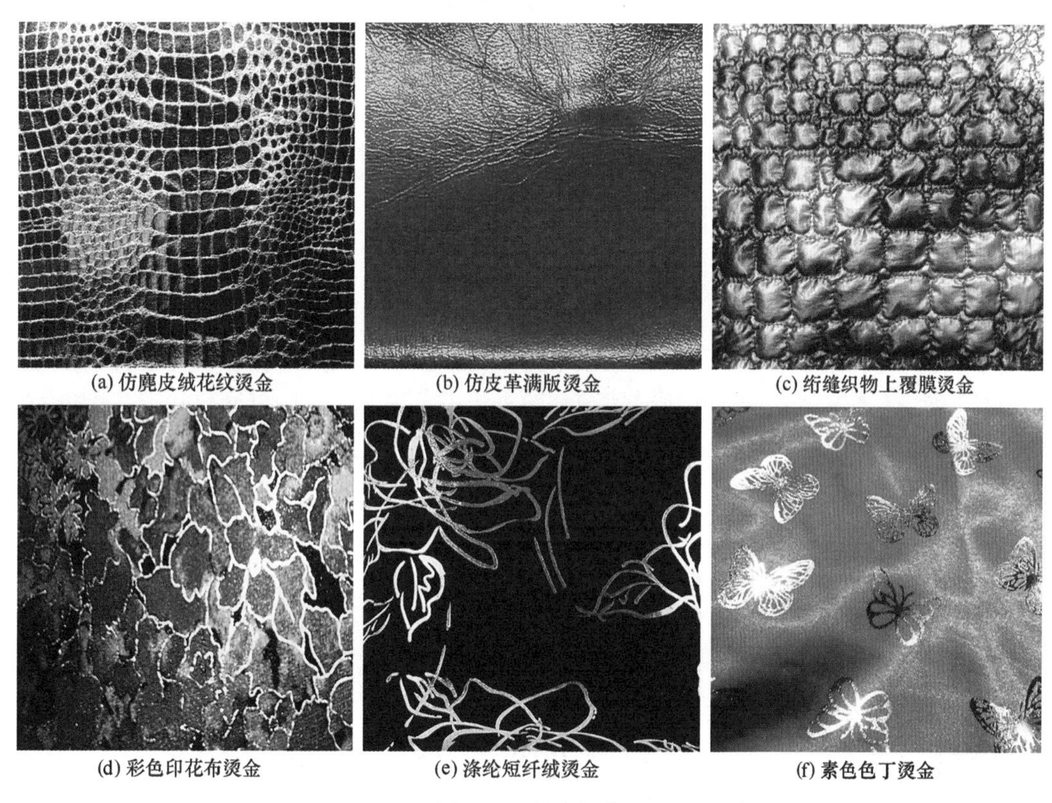

(a) 仿麂皮绒花纹烫金　(b) 仿皮革满版烫金　(c) 绗缝织物上覆膜烫金

(d) 彩色印花布烫金　(e) 涤纶短纤绒烫金　(f) 素色色丁烫金

图2–52　烫金织物

（三十一）手绘

1. 定义

手绘是指在面料上手工绘制花纹、图案的工艺过程。

2. 外观风格

手绘图案自然、随意、不重复，画法、风格多样，可收可放，可在特定的服装位置绘制，是极具个性和艺术风格的服装装饰手法。

3. 织物例举

如传统的旗袍手绘纹样，有中国画风格，充满浓郁的诗情画意；手绘领带、手绘方巾、儿童服装上的手绘卡通图案等，各有各的风格、特点、韵味和个性特色。

如今DIY风盛行，特别在夏季，拥有一款自己绘制的、喜欢的、独一无二的手绘T恤衫，或是一双手绘帆布鞋，都是一件十分愉快和时尚的事情（图2–53）。

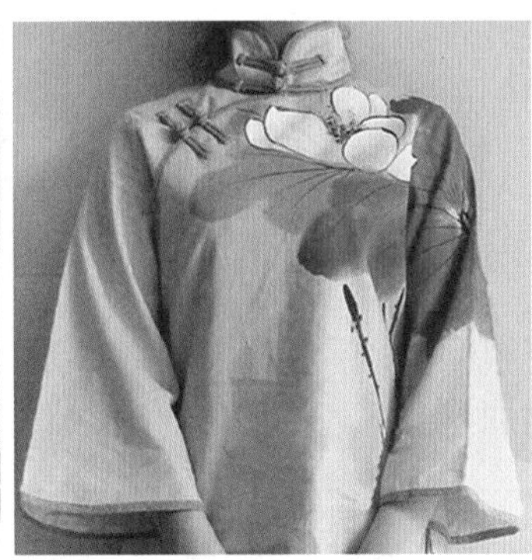
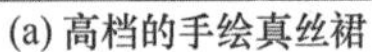

(a) 高档的手绘真丝裙　(b) 胸前手绘真丝缎旗袍　(c) 高档手绘亚麻旗袍

图2-53　手绘服装

（三十二）扎染

1. 定义

扎染是指用绳线结扎防染，经手工染色，形成花纹图案的加工工艺。

2. 外观风格

扎染有单色扎染和彩色扎染，具象图案扎染与抽象图案扎染等，外观有虚有实，有图案、有纹理，不重复、雷同，是极具装饰性的手工染色工艺。扎染可面料扎染，也可制成服装后在特定的部位扎染。

3. 织物例举

如全棉扎染面料、真丝扎染面料、合成纤维扎染面料、麻扎染面料等（图2-54）。

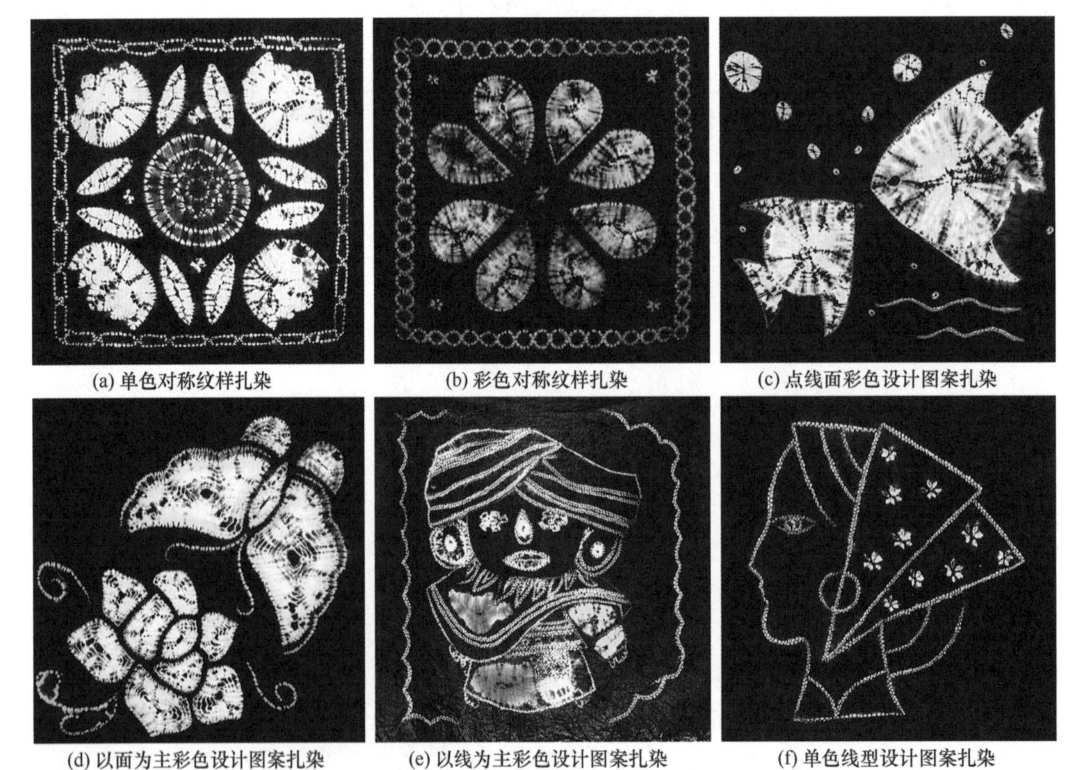

(a) 单色对称纹样扎染　(b) 彩色对称纹样扎染　(c) 点线面彩色设计图案扎染

(d) 以面为主彩色设计图案扎染　(e) 以线为主彩色设计图案扎染　(f) 单色线型设计图案扎染

图2-54　扎染工艺

（三十三）蜡染

1. 定义

蜡染是指用封蜡防染，经手工染色，形成花纹图案的加工工艺。

2. 外观风格

蜡染可先绘画后涂蜡防染，也可直接泼蜡防染，蜡碎裂痕形成的冰纹，常被称为蜡染的灵魂。细碎、偶然、无规则的冰纹，是十分漂亮的装饰纹样。

3. 织物例举

贵州蜡染是非常有名的，具有浓浓的民族味，给人纯朴、悠远、宁静的感受，仿佛令人置身其中。蜡染服装、蜡染头巾、蜡染服饰等都散发着令人神往的民间艺术气息，是现代人所向往的（图2-55）。

(a) 彩色泼蜡冰纹蜡染　(b) 传统图案蜡染　(c) 古朴图案蜡染

(d) 蜡染传统壁画　(e) 真丝彩色蜡染　(f) 粗麻布原始图案蜡染

(g) 粗布原始图案蜡染　(h) 单色粗布蜡染　(i) 蝴蝶冰纹蜡染

图2-55　蜡染工艺

（三十四）压烫

1. 定义

压烫是指将绒面织物用带温度和压力的花辊压烫，使部分绒毛倒伏压扁，形成具有明显凹凸感花纹图案的工艺过程。压烫又称“压花工艺”。

2. 外观风格

经压烫整理的面料表面立体感强，花纹凹凸明显，有很强的肌理感和光泽效应。

3. 织物例举

如灯芯绒压烫面料、仿麂皮绒压烫面料、瑶粒绒压烫面料、长毛绒压烫面料、磨绒压烫面料、平绒压烫面料等（图2–56）。

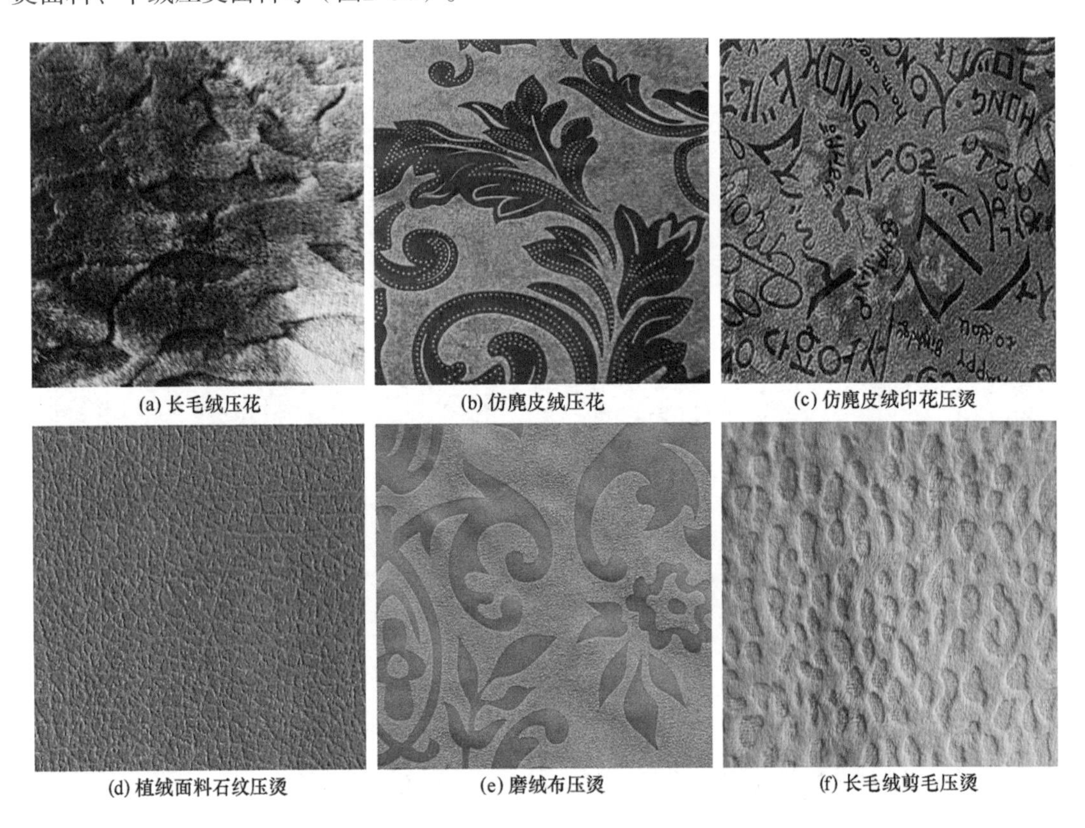

(a) 长毛绒压花　(b) 仿麂皮绒压花　(c) 仿麂皮绒印花压烫

(d) 植绒面料石纹压烫　(e) 磨绒布压烫　(f) 长毛绒剪毛压烫

图2–56　绒面压烫织物

（三十五）黏合

1. 定义

黏合是指将仿钻、仿琉璃、仿玛瑙等晶莹剔透的装饰物，或者绣花图案、泡沫图案等装饰图案，用熨烫黏合的方式添加到服装中的工艺过程。

2. 外观风格

将不同质感的装饰物、装饰图案黏合到服装面料上，使服装更具漂亮外观，风格随装饰物的不同而不同，或晶莹透亮、高贵华丽；或精致传统、寓意深刻；或前卫时尚，外观新潮。

3. 织物例举

各种装饰物、装饰图案的黏合面料，或在服装特定部位的黏合等（图2–57）。

(a) 牛仔服满身装饰黏合　(b) 牛仔裤袋口下金属黏合　(c) 休闲鞋上饰物黏合

(d) 短裙奢华仿钻黏合　(e) 裙装腰部亮钻黏合　(f) 民族风仿彩钻黏合

图2–57　黏合装饰

（三十六）打孔、镂空绣花

1. 定义

打孔、镂空绣花是指用减缺的方式对面料进行加工处理。打孔多用于合成纤维织物，用加热器具对面料进行打孔处理，使孔洞四周受热熔融，图案保持完整，搓洗不易产生毛边；镂空绣花是将织物打孔后，用绣花方式锁住毛边，使之完整，不易散开；打孔发泡印花是将孔洞周围的毛边，用发泡黏合印花的方式固定住，使其不轻易发毛。现在有一种激光打孔工艺，使孔洞周围更加干净利落，图案也清晰。

2. 外观风格

打孔一般以圆形居多，也有其他如三角形、五角星、规则花卉图案等。打孔给人以透气、隐约、时尚、剪纸艺术般的感觉。镂空绣花、镂空发泡印花给人雅致、淑女、精细、含蓄的感觉。随着电脑绣花的发展，镂空绣花加工变得更加丰富。

3. 织物例举

如各种仿麂皮绒的打孔面料，合成纤维织物的打孔面料，全棉、涤棉、麻布的镂空绣花面料，镂空发泡印花面料等（图2–58）。

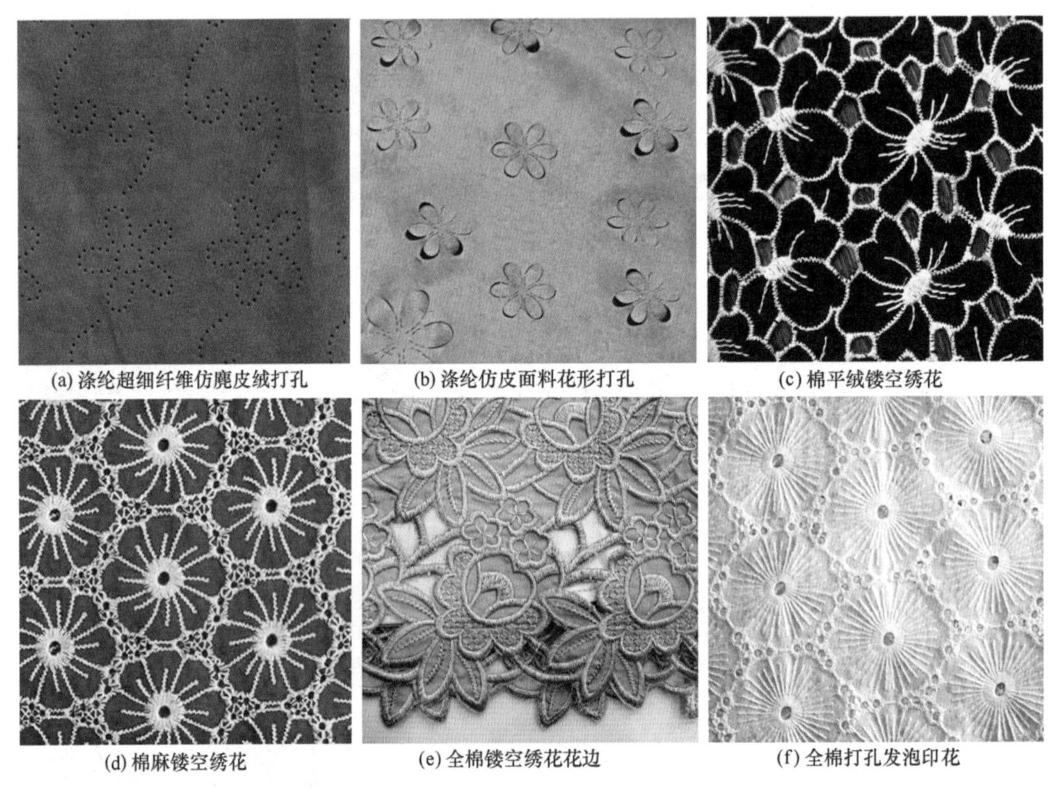

(a) 涤纶超细纤维仿麂皮绒打孔　(b) 涤纶仿皮面料花形打孔　(c) 棉平绒镂空绣花

(d) 棉麻镂空绣花　(e) 全棉镂空绣花花边　(f) 全棉打孔发泡印花

图2-58　打孔、镂空绣花织物

（三十七）撕破、毛边

1. 定义

撕破、毛边是指将织物的经纬纱线剪断或者抽去，使织物破损、短缺的加工工艺。

2. 外观风格

经撕破、拉毛边处理的面料，织物有缺损感、陈旧感、沧桑感，这样的面料外观给人标新立异，与传统穿着观念背道而驰的逆叛感觉。

3. 织物例举

如乞丐风格服装的面料，常运用撕破、拉毛的处理方法；牛仔服装欲表现颓废风格，也常使用撕破、拉毛的处理方法；一些时装在摆、口处用拉毛边的手法做出排须，来表现动感和特别的外观风格（图2-59）。

(a) 撕破毛边牛仔短裤

(b) 撕破拉毛牛仔马甲

(c) 减缺破损牛仔裤

图2-59

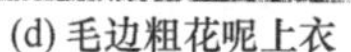

(d) 毛边粗花呢上衣

(e) 毛边棒针外套

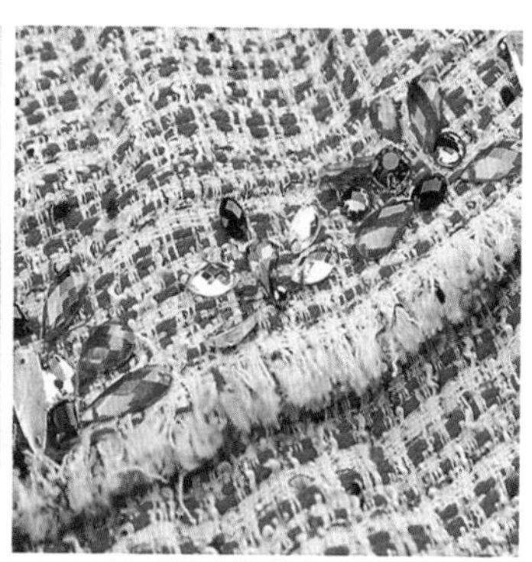

(f) 毛边水钻黏合工艺组合

图2-59　撕破毛边服装

（三十八）拼接

1. 定义

拼接是指将不同原料、不同质地、不同色彩图案的织物，以一定的形状连接在一起的加工工艺。

2. 外观风格

与一般面料相比，有更多的层次感、肌理感等不同外观感受，织物更显丰富和别有情趣。

3. 织物例举

如不同色彩、格形的色织面料的拼接，牛仔面料与薄纱面料的拼接，皮革制品与真丝纱的拼接，不同色块的拼接等（图2-60）。

(a) 各种花色工艺面料拼接　(b) 皮革雪纺面料珠绣拼接　(c) 色织格布图案拼接

(d) 印花、色织、染布工艺拼接　(e) 具象图案拼接　(f) 色布图案拼接

图2-60　拼接工艺

（三十九）缝缀

1. 定义

缝缀是指用针线绕缝的方式将各种装饰物吊挂、缝缀在面料上，以达到装饰目的的加工工艺。

2. 外观风格

装饰物不是完全固定在织物上，而是吊挂、连接在织物上，所以除装饰物本身的美感外，更给人动感、灵气、生命的感觉。

3. 织物例举

如立体的花卉、折纸、别针、玻璃球饰物、贝壳饰品、羽毛、拉链、漂亮的纽扣、雕刻的木珠、小金属链子等用作装饰的物件，用缝缀的方式连接在面料上（图2-61）。

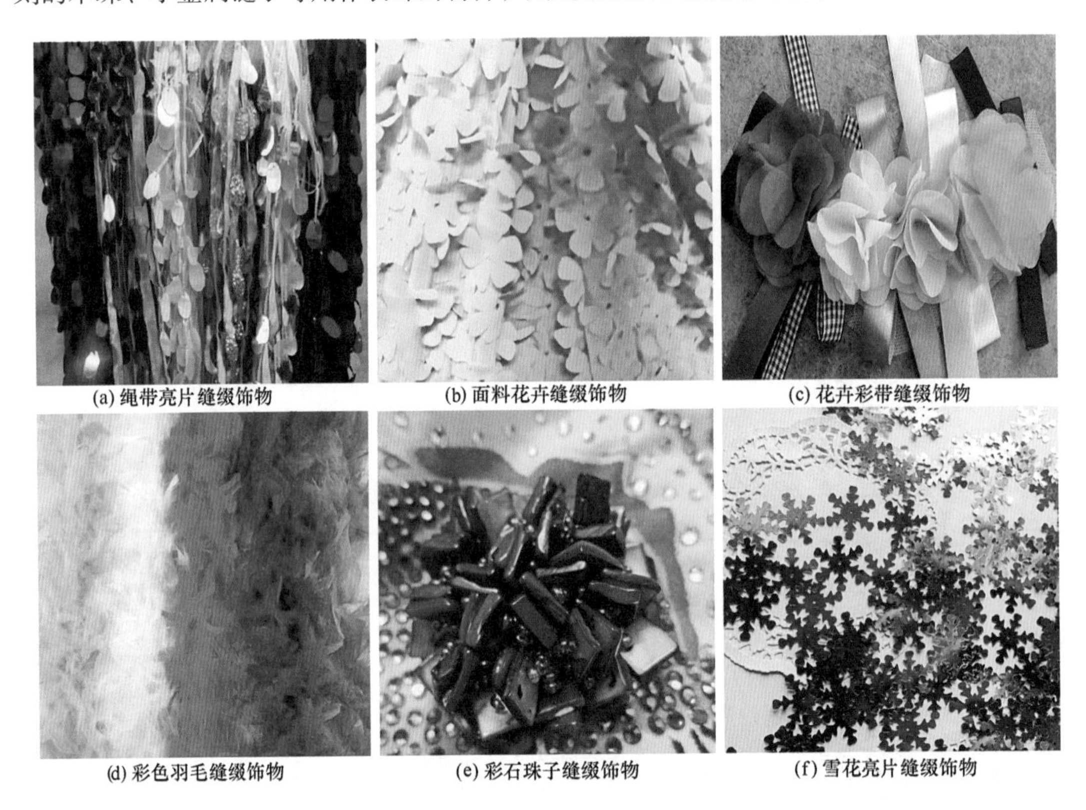

(a) 绳带亮片缝缀饰物　(b) 面料花卉缝缀饰物　(c) 花卉彩带缝缀饰物

(d) 彩色羽毛缝缀饰物　(e) 彩石珠子缝缀饰物　(f) 雪花亮片缝缀饰物

图2-61　缝缀装饰物

（四十）几种起花工艺相结合的面料

在很多服装面料中，织物的加工整理已不仅限于某一种，几种起花工艺相结合的面料在服装中已越来越多。如织花、印花、缝缀饰物的服装面料，烂花、印花、轧皱的服装面料，带珠绣、亮片绣的绣花面料，拼接加珠绣的服装面料，扳网加珠绣的服装面料，印花加绗缝绣的服装面料，印花加珠绣、黏合钻石的服装面料等，都使服装的面料越来越美丽，越来越丰富，越来越有个性色彩（图2-62）。

(a) 印花+仿钻滴塑　(b) 珠绣+亮片绣+缝缀　(c) 珠绣+亮片绣+绣花

(d) 珠绣+花色纱线绳带绣+缝缀　(e) 珠绣+亮片绣+彩石　(f) 色织+提花+印花

图2-62　几种起花工艺相结合的织物

（四十一）激光、簇绒、数码印花

新颖的加工工艺还在不断地诞生，新型的面料随着技术、设备、工艺的开发，正快速地展现在我们面前，让人欣喜。

如激光技术的应用，让我们看到了比原来色彩更为闪亮和奇异的色彩出现在面料中；看到了激光在打孔面料中的应用，使孔洞的边缘更加整齐和光洁；看到了激光对织物表面色彩的微雕刻，出现犹如烂花而完全不同于烂花的表面去色的新面料。

如簇绒，使漂亮的起花绒线与松结构的织物轻松地连接在一起，出现了蓬松自然花纹图案的新面料。数码印花使得印花像照片那样富有渐进和层次感，而让人生厌的重复被隐去，一幅幅崭新的画面出现在眼前（图2-63）。

(a) 非织造布激光膜转移印花　(b) 激光打孔　(c) 段染绒线簇绒

图2-63

(d) 真丝缎数码印花

(e) 真丝电力纺数码印花

(f) 真丝乔其数码印花

图2-63　激光、簇绒、数码印花的织物

五、后整理对织物性能的影响

（一）对织物内在性能的影响

1. 化学整理的两面性

织物后整理的方法越来越多，技术越来越先进，对完善织物性能，提高织物质量，满足人们的服用需要，起着重要的作用。

随着科学技术的发展，各种化学方法和高科技手段在纺织领域的应用，确实使服装材料的性能发生了翻天覆地的变化。不过人们在享受高科技成果的同时，也应注意它可能给人们带来的伤害。

2. 服用性能的大进步

织物后整理确实能改善服装的一些内在性能，如拉绒、磨毛等处理能使织物蓬松，提高织物的保暖性、吸湿性；轧光、电光、烧毛等处理，能使织物表面毛羽减少，提高织物的抗起毛起球性能；预缩、液氨、定型等处理，能使织物稳定，降低织物的缩水率；柔软、液氨整理，能改善织物的手感，使服装穿着更舒服；防水透湿整理，能使服装在雨天穿着更舒服、透气；拒水、易去污整理，能使服装更干净卫生；防静电整理，能使服装穿着更自在，免受静电的困扰，从而更安全、干净、整洁。

3. 织物功能的大提高

织物后整理使服装获得了许多新功能，如织物的防蛀整理、防霉整理、阻燃整理、抗菌防臭整理、防辐射整理、防紫外线整理、抗电磁波整理、陶瓷整理、甲壳素整理等，增添了服装的新性能、新功能，使服装的性能更符合现代人穿着服装的要求。

可以预见，由于织物整理工艺的不断创新，今后的服装性能会更加完美。

（二）对织物外观性能的影响

1. 美化织物的方法

织物后整理打开了人们对织物美的创造阀门。不同织物美的外观可以通过不同的整理方式获得。只要敢想，能构思，懂得整理的方法，就能参与到重塑织物外观美的工作中。

随着人们对服装美的追求，各种新的工艺还在不断地诞生，了解、掌握和应用各种不同的加工、整理工艺，创作、美化服装材料，并运用在自己的作品中，相信未来的服装将会更美。

2. 了解不同工艺的效果

纺织品的后整理加工运用物理和化学的方法，使织物或改变原来的形态，变皱、变挺括，变毛、变光洁，变亮白、变陈旧，变出凹凸感、变出浮雕感等；或添加装饰材料、装饰图案、装饰物品等；或减缺部分材料，使之凹陷、缺损、透明、破旧等，达到另一种美的观感。

3. 参与美化织物的创造

织物后整理加工的方法不胜枚举，效果各不一样，细细咀嚼品味，就会有自己的心得。织物的后整理加工就像房屋的装潢，可用不同的材料和工艺，设计出不同的品位和风格。把对面料外观的思考、设计、创作，与各种面料加工工艺结合起来，可以获得更多崭新的、独一无二的、彰显自己个性的服装新面料，由此服装设计才能更完美。

理论知识及专业知识——

服装面辅材料分类

教学内容： 1. 按纺织品在服装中的用途分类，可以分为服装面料和服装辅料，了解它们的作用和特点。

2. 按不同服装对纺织品的要求分类，可以分为礼仪服装、生活服装、职业服装等，了解不同服装对面辅材料的要求。

3. 按纺织品不同的纤维原料分类，可以分为棉织物、麻织物、毛织物、丝织物等，了解不同织物的外观风格、内在性能，并能读懂面料，知晓不同原料织物的名称。

4. 按纺织品不同的生产工艺分类，了解纯纺、混纺，棉型、毛型，精纺、粗纺，高支、粗支，常捻、强捻等。了解不同织物名称的含义、区别及它们的性能、特点，区分不同类型的面料。

建议课时： 16课时。

教学目的： 从分类的角度学习不同面辅材料的知识，从对比、鉴别入手，促进理解和掌握，加强对各种材料的认知。

教学方式： 理论教学与认知面料相结合。

教学要求： 1. 能辨别和认识不同的面辅材料。

2. 按分类要求收集面料，制作样卡。

3. 熟悉不同面辅材料的外观和内在性能。

第三章　服装面辅材料分类

第一节　按纺织品在服装中的用途分类

按纺织品在服装中的用途分类，服装材料可分为服装面料和服装辅料两大类。

一、服装面料

服装面料是给服装的内在性能和外观带来重大影响的服装的主要材料。能够用作服装面料的纺织品非常多，按原料分，有棉织物、毛织物、丝织物、麻织物、再生纤维织物、合成纤维织物等；按照织物的织造方法分类，有各种不同的机（梭）织物、针织物、非织造布和复合面料；按照机织物不同的组织分类，有平纹织物、斜纹织物、缎纹织物、变化组织织物、复杂组织织物和提花组织织物等；还可以按照染色方法、起花方式、纺纱工艺等来分类。

（一）作用

服装面料是体现服装主体特征的材料，面料以各自的造型特征、悬垂性、弹性等决定服装的性质（柔软性、流动性、轮廓清晰性、刚性等）。

面料在服装中的作用：一是要使着装者感觉舒服，二是要使着装者感觉美。人们对服装舒适性能的要求是多元化的，内衣和外套不同，夏装和冬装不同，在室内环境和艰苦的劳动环境中不同。人们对服装美的感觉更是多元化的，有人喜欢含蓄内敛的风格，有人喜欢夸张亮丽的风格，有人喜欢个性化的着装，有人则喜欢时尚时髦的着装，有人喜欢宽松舒适的造型，有人喜欢紧身合体的造型。因此，纺织面料的品种必须是缤纷多彩的，变化必须是频繁有序的，适应的对象必须是面面俱到的。服装面料担负着的是“满足人们日益增长的对服装的物质和精神两方面的需求”。

（二）特点

多样化、个性化、舒适化、时代化是纺织面料设计和生产的主要特点。设计师潜心于纺织面料的图案设计、色彩设计、组织规格的配置、纱线的运用、后整理工艺的创新等，就是为了有更具特色、有个性、有韵味、有时代特征的纺织面料问世，满足不同层次、不同对象、不同环境、不同气候条件下人们的穿着需要。科研人员不断对纺织原料的结构、性能、加工方法等进行深层次的研究，是为了让人们能穿上更舒服、更卫生、更安全、更适合现代社会需要的服装。

二、服装辅料

服装辅料是指在服装中除了面料之外所有用来制作服装的材料。用作服装辅料的纺织品非常多，里料有尼丝纺、涤丝纺、棉线绫、美丽绸、色丁、真丝纺绸等；衬料有机织黏合衬、针织黏合衬、非织造黏合衬，黑炭衬、树脂衬、麻衬等；絮料有棉絮、丝绵絮、驼毛、化纤絮棉、絮片等；袋布白市布、涤棉本色白布等；还有各种肩垫、臀垫、绳带、花边、缝纫线、标签、包装材料等。服装辅料的内容很多，具体可以分为三类（图3–1）。

（1）基本辅料，包括里料、衬料、填充料、垫料、纽扣、线料、装饰材料等。

（2）标签，包括商标、成分标签、尺寸标签、洗涤标签、号型标签、示明牌等。

（3）包装材料，包括包装纸、包装盒、塑料袋、别针、塑胶片、衣架、衣套等。

(a) 里料　(b) 标签

(c) 衬料　(d) 垫料

(e) 松紧带　(f) 黏合衬

图3–1

(g) 纽扣　　(h) 包装盒

图3-1　服装辅料

（一）作用

不同类型的辅料在服装中的作用各不相同。基本辅料的作用是辅助面料达到服装设计的效果，标签的作用是说明和告知，包装材料的作用是宣传和保护等。

辅料的花色和变化远不如面料那样丰富、变化频繁，辅料追求的不是外观上的多样化，而是与面料匹配、与服装匹配的同步化。面料有厚有薄，那么配置的衬料、里料等也要有不同的厚薄；面料有的柔软有的硬挺，衬料的手感也要和其相一致；面料有的缩率大有的缩率小，辅料除预缩之外，也要与面料有较为一致的缩率；服装有的要经常水洗，有的要干洗，衬料或其他一些辅料也要经得起水洗或干洗；服装的款式有的舒展飘逸，有的平整挺括，衬料、里料及其他一些辅料也要能衬托服装的舒展飘逸或平整挺括的风格；服装肩型变化，或圆、或尖、或翘，肩衬的形状也要随之变化，或圆、或尖、或翘；服装流行轻、柔、平、挺，辅料也必须随之变化，衬料更细软，里料更轻滑，填充料更柔暖。

（二）特点

辅料的设计、生产是以辅料的功能和作用为首要条件的。衬料是服装的骨骼，要有一定的支撑性能；里料经常接触内部衣服，要有滑爽、耐磨、柔软的性能；袋布要承受各种软硬物品的摩擦，织物的牢度指标不可忽视。羽绒服的胆料，以紧密、光滑、不钻绒为首要条件；真丝双绉衬衫的衬料以与面料同步的轻薄、柔软的性能和耐水洗性能为首要条件；填充料要以优越的保暖性能和轻柔干爽的手感为选择的要点等。

非织造黏合衬的诞生，使衬料具有轻、薄、软、挺的性能，满足了现代服装风格的要求；人们用涤纶线替代棉纱线，提高了牢度，适应了面料原料的变化要求。人们在纺织辅料方面的研究，是和面料的发展水平相适应的。

面料在变化，在进步，服装风格在更替，服装辅料也要与之一起变化、进步、更替，才能跟上服装变化的要求。

第二节　按服装对纺织品的要求分类

人们穿着服装除了要满足基本功能之外，不同的服装有不同的穿着目的，对面辅材料有不同的性能要求。

一、礼仪服装面料

（一）穿着场合

礼仪服装一般是在一些比较特定的场合穿着，如与国家政要会面，参加重要会议、正式宴会，新郎新娘结婚装，观看高雅艺术演出穿着等。礼仪服装一般都是在一些比较特殊和隆重的场合穿着。

（二）穿着目的

礼仪服装穿着的目的，有的是为了符合礼节，有的是为了表示敬意，有的则是为了显示自我。

（三）对面料要求

礼仪服装对面料的选择会非常慎重，要求织物外观性能的优良是首要的，传达的观感必须是准确的。

礼仪服装一般会选用比较高档的面料，如线密度小、质感细腻、外观平整、色泽柔和的羊毛织物面料；色彩鲜艳、图案隽秀、精工细织、光泽宜人的提花丝绸面料；或是肌理质感新颖奇特，外观效果别具一格、色彩光泽明艳照人的时尚织物面料；此外，各个国家、民族还有自己特别的礼仪服装面料。这些面料有的显示的是高雅端庄的气质，有的给人的是雍容华贵的感觉，有的展现的是新潮别致的风格，有的带来的是不同民族的风采和特色等。

礼仪服装面料色彩图案的选择也是相当讲究的，除了色彩本身和图案文化之外，还要考虑传统习惯和民俗民风。

二、生活服装面料

（一）穿着场合

生活服装十分广义，是指我们生活中穿得最多，感觉最随意、最方便，在各个场合最得体，最能体现个性的服装种类。

（二）穿着目的

生活服装穿着的场合众多，穿着目的一般以整洁悦目、舒适方便为主。外出生活装偏重于体现个性、修养、气质和风度等；而居家生活装则更在乎家庭温馨气氛的营造。

（三）对面料要求

生活服装面料的选择范围较广，不同季节、不同年龄、不同性格的人适应不同的生活服装的面料，因此，制作生活服装的织物，风格是多方面的。

一般生活服装面料以流行的潮流为依据，按不同对象的需要来确定。棉织物能体现朴实无华；毛织物给人稳重亲切的感觉；丝织物轻柔美丽；麻织物粗犷刚毅；化纤织物新潮怡人，都能成为生活装的理想面料。

外出生活服装面料需要有耐磨的性能、与外部环境相适应的色彩格调、舒适的穿着感觉以及塑造形象的织物身骨等。外出生活服装多以机织物为主，机织物平整稳定，耐磨性好。随着针织物的进步和发展，其在外出生活服装中的运用也日趋增多。

居家生活服装一般以手感柔软、色彩温和、图案清新、穿着舒适的纺织面料为主。质感淳朴、穿着性能优良、方便洗涤和整理的棉织物是居家生活服装的首选面料。

随着人们生活水平的提高，高支棉织物、真丝面料等也越来越多地用作居家服装的面料。针织物手感柔软，伸缩性能好，在居家生活装中普遍运用。

三、职业服装面料

（一）穿着场合

职业服装一般是指标志性较强，在各自的工作场合穿着的服装。比如军人的军服、警察的警服、空港人员的职业服、乘务人员的职业服、餐厅服务人员职业服、商场销售人员职业服、医院医务人员职业服装等。

（二）穿着目的

职业服装是表现职业的特点，显示着装者的身份、职务、任务和行为的服装。职业服装穿着的目的是展现群体形象，起着整体统一美观和标识的作用。

（三）对面料要求

职业服装的面料以端正大方，适应众多对象的群体穿着为依据。一般为素色传统面料，并在不同的部位镶嵌显著色彩的标志。面料的档次、性能按不同的职业要求而不同。

比如，警服要求威严、端庄、易于识别，通常采用军绿色、藏青色、黑色的全毛或混纺华达呢、马裤呢和白色的平纹呢等面料；空乘人员的服装要求近距离服务时给乘客留下温馨、舒适、美好的回忆，因此，短纤的、机织的、平整光洁的混纺织物，如毛涤花呢套装，涤棉府绸衬衫，加上一条标志性小丝围巾，是空姐经常的装扮。不同的企业可根据各自的工作特点和行业的要求，确定职业服装的色彩和面料。

四、运动服装面料

（一）穿着场合

运动服装顾名思义是指人们进行体育运动时，运动员进行训练、比赛、表演时穿着的服装。穿着场合一般为户外，或者特定的体育运动场所，如篮球场、游泳馆、足球场、高尔夫球场、田径运动场、瑜伽馆、学校操场等。

（二）穿着目的

运动服装的穿着目的，是使穿着者在运动时感觉舒服，动作不受牵绊；大运动量运动出汗时，服装能尽快地吸收人体排出的汗水，使人体感觉舒畅；比赛时服装能使运动员成绩加分；表演时要能清晰地看到运动员优美的动作，和感受健康向上的运动精神。同时运动服装还要有保障安全的作用。

（三）对面料要求

运动服装面料的选择有其特殊的要求。首先，面料要有足够的弹性，保证大幅度动作的轻松完成不受阻碍；其次，面料要有良好的吸湿透湿和散热性能，使剧烈运动的人体感到舒适；第三，面料的色彩要鲜艳夺目，与运动员向上的精神面貌、健美的飒爽英姿相协调，同时在表演时还要便于观看；第四，运动服要有柔软的手感和舒适的皮肤触感。

棉/氨纶包芯纱针织物，丝/氨纶包芯纱针织物，吸湿纤维和氨纶包芯纱针织物等都是比较理想的运动服装面料。还有防水透湿处理的尼丝纺，湿敏变色游泳衣，能减少阻力和自重的泳衣面料，都是人们关注、研究和开发的新的运动服装面料。运动服装面料的色彩还要注意标识功能和安全功能。

五、旅游服装面料

（一）穿着场合

如今旅游已经成为人们的一种生活方式，因此旅游服装受到关注。旅游服装是指人们外出旅行游玩时穿着的服装。穿着场合十分广泛，可在深山老林、陡壁悬崖；可乘舟大江湖海，看波涛汹涌；可在一望无际的旷野沙漠；可在苍茫的高原雪山；也可在异国小镇、豪华都市、名胜古迹、江南水乡。

（二）穿着目的

旅游服装的穿着目的是旅游者在旅行过程中，服装能抵挡较差环境、气候可能对人体产生的伤害和影响。

（三）对面料要求

旅游服装面料首先要与外出的环境和气候条件相适应，比如城市、乡村、野外，春季、夏季、冬季，所选择的面料是不同的；其次要有防风、防雨、防虫等功能，能够应付不同天气的变化和野外小虫的侵扰；第三要选择耐气候性较强的面料，比如在气温相差几度、十几度时，服装仍能使人们不感觉太热或太冷，因为在外旅行，服装很难周到；第四要选择耐脏或者易于清洗、打理、快干面料的服装；需要天天换洗的衣裤，可以选择一次性面料的。

六、内衣服装面料

（一）穿着场合

内衣虽然是穿在里面的服装，但是有的内衣具有矫正体型、衬托外衣的作用，所以在不同场合穿着的服装，内衣的选择是有所区别的。

（二）穿着目的

内衣是直接接触人体皮肤的服装。穿着内衣的目的除了卫生、舒适、衬托外衣的作用之外，有的还有矫正人体、挺拔身材的美化功能。

（三）对面料要求

内衣对面料的要求首先是舒适、安全、卫生、健康和有良好的触感。内衣一般选择吸湿性能优良的天然纤维原料，手感柔软、伸缩性和透气性良好的针织织物是不错的选择；从卫生的角度考虑浅淡的颜色比较合适，而从装饰的角度考虑，色彩又很重要。用作矫形的内衣，面料要能承受一定力的作用。内衣款式、色彩、面料的选择还要考虑与外衣的搭配。

近年来，内衣的发展变化很快，装饰功能日显突出。因此，对面料的要求也在变化，许多花边织物被广泛运用于各种内衣。手感柔软、弹性好、穿着贴身的氨纶包芯织物在内衣中普遍运用，棉/氨纶、天丝/氨纶、莫代尔/氨纶、真丝/氨纶的针织面料，在内衣中用得最多。触感细腻、舒适、柔软、暖和的高支全棉针织双层空气层保暖内衣裤，具有清洁和健康功能的真丝针织内衣裤，具有卫生、安全性能的干爽麻针织内衣裤等，受到更多人的青睐。

七、儿童服装面料

（一）穿着场合

无论场合，儿童服装都要以舒适、安全、健康、卫生为首要条件。除了讲究漂亮的外观外，更应该重视的是面料的内在性能。比如甲醛、重金属超标，除草剂、杀虫剂超标，pH值超过允许范围，偶氮染料的使用等，都是儿童服装面料绝对禁止的。儿童服装面料的安全性指标应该是最严格的。

（二）穿着目的

儿童服装穿着目的是为了适应儿童生长发育时期的特点，满足儿童生理和心理需要，保护儿童不受伤害。因此，儿童服装对面料有特别的要求。儿童稚嫩、好动、天真、活泼，不同年龄段的儿童有不同的特点，对面料的要求也不完全相同。

（三）对面料要求

婴儿皮肤柔嫩，而新陈代谢旺盛。因此，要求面料要柔软、稀松，吸湿性能良好，以满足婴儿的生长需要。婴儿服装色彩要清新淡雅，符合卫生要求，与婴儿的肤色相协调。浅淡色彩的素色绒布、白底碎花的印花全棉绒布、浅色超细纤维的珊瑚绒面料都是婴儿服装较为理想的面料。

学龄前儿童服装的面料，在原料上以舒适透气、朴素自然的全棉织物为主。面料的图案花纹对儿童面料来说很重要，儿童喜爱的动物花草、卡通形象是儿童服装面料最理想的图案。儿童好动，柔软舒适的针织面料对他们来说很合适。儿童的自理和自卫能力还很差，因此儿童服装面料还要考虑防火和阻燃等功能。

八、劳保服装面料

（一）穿着场合

劳保服装是人们在特殊的操作环境中为保护人体安全穿着的服装。如电焊工人焊接时穿着的电焊服；消防队员救火时穿着的消防服；电工带电操作时穿着的防静电服；医护人员在发生疫情时穿着的抗菌服装等。

（二）穿着目的

穿着劳保服装的目的是为了保护相关人员在工作和操作时人体免受伤害。

（三）对面料要求

劳保服装面料的选择对服装能否起到保护人体安全的作用关系重大。不同的劳保服对面料有不同的要求。比如，电焊工人的劳保服、炼钢工人的劳保服和电气工人的劳保服要求都是不同的，有的需要具有耐火、隔热的特殊性能，有的要具有防辐射热的功能，有的要具有形成等电位差的屏蔽功能等。劳保服一般要用经过特殊处理的功能面料，不同要求的劳保服对纺织面料提出了不同的功能要求。

九、舞台服装面料

（一）穿着场合

舞台服装主要在各类表演场所穿着，舞台上灯光聚集，演员的表演是视觉的焦点。服装所表现出来的形象、外观是被首先关注的。

（二）穿着目的

舞台服装不同于生活服装，舞台服装穿着的目的是为了追求悦目的舞台表演效果，完美的视觉形象是演员和观众共同期盼的。

（三）对面料要求

舞台服装的要求是面料在舞台灯光的照射下，显现出的超乎寻常的亮艳色彩和层次丰富的质地。舞台服装注重的是在远距离、灯光下，人物服装的色彩、图案、质感的夸张效果，而不太在意服装的穿着性能。因此，舞台服装面料以织物特殊的外观感觉为首要因素，对面料色彩、图案和能刺激感官的各种装饰作重点的设计，并根据剧情和人物角色的需要选择与外观相吻合的面料。

第三节　按纺织品的纤维原料分类

一、棉纤维织物

棉纤维织物是服装面辅材料中应用最多的织物，有纯纺棉织物、混纺棉织物、交织棉织物；有机织棉织物，针织棉织物；有印染棉织物，色织棉织物；有平纹棉织物、斜纹棉织物、缎纹棉织物、提花棉织物等。

（一）棉纤维织物内在性能

棉纤维织物吸湿性能好，不易产生静电；触感柔软亲和，穿着自然舒适，透气性能好，织物耐穿耐用；湿强大于干强，耐碱不耐酸，耐水洗、易水洗；弹性较差，容易褶皱，水洗会收缩，易受潮霉变，比重在天然纤维中最大，不具有热塑性能。

（二）棉纤维织物外观风格

棉纤维织物外观朴素、自然，除了细特或经丝光处理外，一般无光泽；棉纤维染色性能好，色谱全，因此，织物色彩较丰富。棉纤维织物品种多，外观有很大的不同，如高支的细腻紧密，强捻的稀薄透爽，粗支的粗犷厚实，双层的柔软舒适。

（三）棉纤维织物面料举例

牛仔布、灯芯绒、牛津纺、平纹布、府绸、卡其、斜纹布，朝阳格、条格布、绉布、巴黎纱、横贡缎、直贡呢、麻纱等都是棉织物中常用的品种。此外，还有各种棉混纺面料、棉交织面料、棉弹力面料等。棉纤维面料不胜枚举。一些常见的棉纤织物如图3-2所示。

二、麻纤维织物

麻纤维织物是指以麻为主要纤维原料的织物，有苎麻布、亚麻布、麻混纺布、麻交织面料等；也有机织物、针织物及不同组织结构的织物。

(a) 牛仔布 (b) 灯芯绒 (c) 牛津纺

(d) 横贡缎 (e) 棉哔叽 (f) 条府绸

(g) 卡其 (h) 帆布 (i) 绒布

图3-2

(j) 小提花布　(k) 粗斜纹布　(l) 双层剪花布

(m) 绉布　(n) 格布　(o) 朝阳格布

图3-2　棉纤维织物

（一）麻纤维织物内在性能

麻织物具有吸湿性能好，散湿速度快，干爽，不易滋生细菌，织物断裂强度高，因此，麻织物挺爽透气，穿着凉爽舒适，干净卫生，出汗不粘身，是夏季服装的优良面料，特别适合温暖潮湿的环境中穿着。麻织物手感较硬，容易产生刺痒感，折皱后皱痕较深，弹性差且不耐磨；织物水洗会收缩，耐碱不耐酸，一般洗涤剂均适用，洗涤时应注意避免剧烈揉搓刷洗，防止起毛；麻织物具有不易霉烂、虫蛀的优点；麻纤维织物密度略小于棉。麻织物不具有热塑性能。

（二）麻纤维织物外观风格

麻纤维织物外观朴素、自然、粗犷。由于麻纤维长短不一，故纱线表面粗细不匀，布面有凸起的疙瘩，成为麻织物一种特殊的外观肌理；麻纤维较粗，所以织物较硬，服装有离体感；麻织物一般光泽较弱，有质朴、原始、粗犷的感觉；麻织物易起皱；麻织物染色性能不如棉，所以色彩较有限。

（三）麻纤维织物面料举例

麻织物的品种远不如棉织物丰富多样，一般以平纹织物为多，现逐渐多样起来，主要有亚麻布、苎麻布、夏布（苎麻布的一种）等。

麻混纺织物如棉麻布、麻黏布、涤麻布、涤麻黏织物、麻黏锦织物等不断丰富起来；麻交织面料，如羊毛、麻交织面料，真丝、麻交织面料，棉、麻交织面料，锦纶、麻交织面料等也不断丰富着麻织物的品种。如图3-3所示。

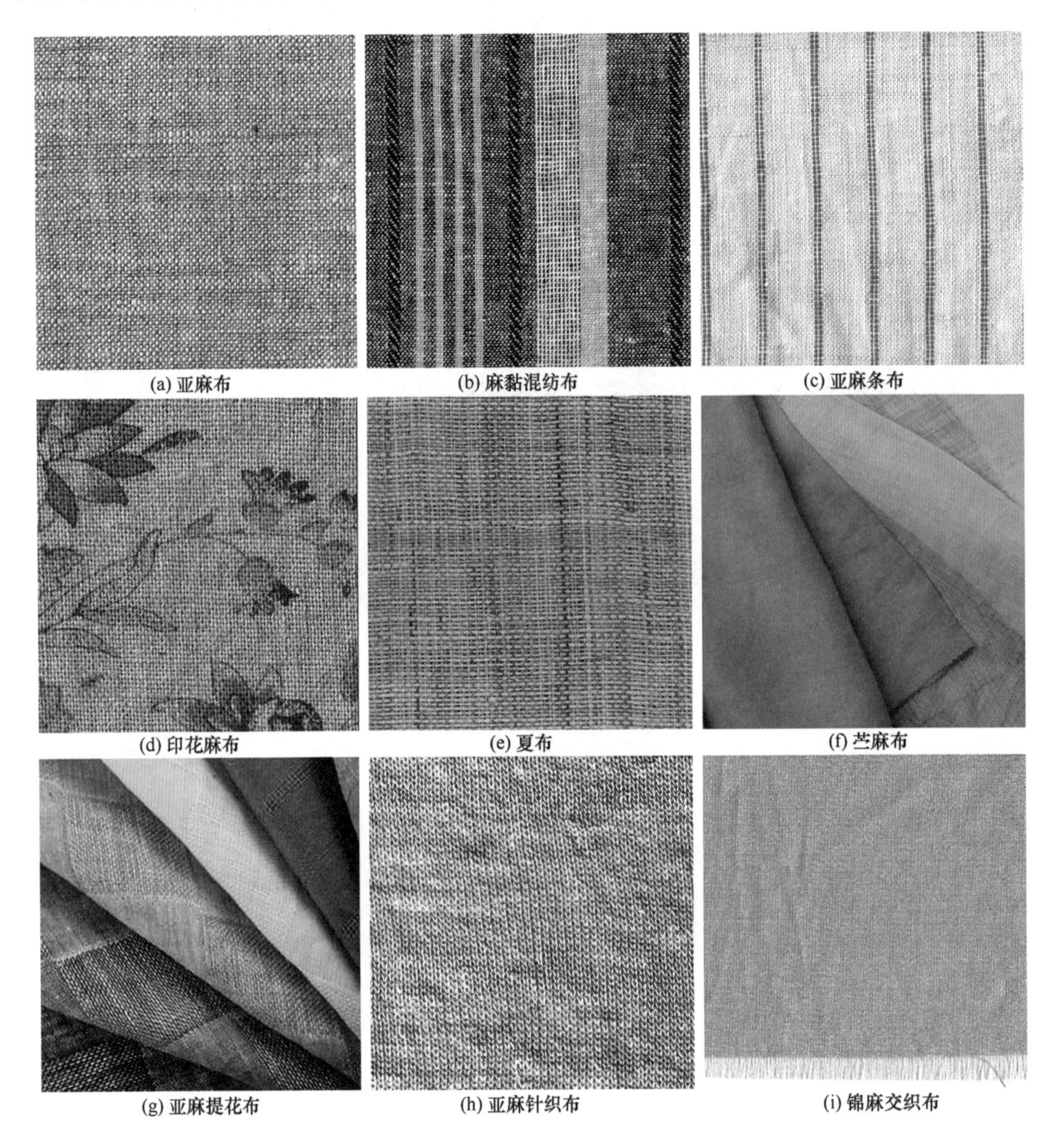

图3-3 麻纤维织物

三、蚕丝纤维织物

蚕丝纤维织物是指以蚕丝为主要纤维原料的织物，有真丝织物、柞丝织物等，在服装中以真丝织物为主。蚕丝纤维织物，有100%蚕丝的织物，也有与其他化学纤维长丝交织的织物，如真丝/人造丝交织，真丝/涤纶丝交织，真丝/锦纶丝交织等；还有与天然短纤交织的，如真丝/麻交织的等；真丝有机织真丝织物和针织真丝织物等；还有各种不同组织的，如平纹纺、斜纹绸、缎纹的缎等，以大提花组织的真丝织物最为漂亮和著名。

（一）蚕丝纤维织物内在性能

蚕丝质轻而细长，手感柔软，织物光滑，面料舒服细软；织物吸湿性好，且无潮湿感，服装透水气性好，穿着舒适；蚕丝在小变形时弹性恢复率高，织物抗皱性能好，但服装湿态易起皱，洗后免烫性也差，这是蚕丝织物的缺点。蚕丝耐酸不耐碱，洗涤时应选择中性或弱酸性的洗涤剂；桑蚕丝隔热性能好，导热系数小，所以冬夏穿着均适宜；蚕丝保暖性好，耐光性较差，对汗液的抗力差，服装汗湿后应注意及时洗涤；它的抗霉蛀性能好于羊毛、棉和黏胶纤维。蚕丝织物易于吸收人体排除的水分、汗液和分泌物，保持皮肤清洁，能增进皮肤细胞活力，减轻血管硬化，延缓衰老，还可抗御紫外线对皮肤的伤害，是最佳的卫生保健衣料。蚕丝纤维同样不具有热塑性能。

（二）蚕丝纤维织物外观风格

蚕丝纤维织物光泽明亮，风格华丽、富贵，手感柔软、飘逸，有较好的悬垂性，织物平整、弹性较好。蚕丝长丝织物紧密光滑，有凉感；短纤织物蓬松，有暖感。其织物纤维长，不易起毛起球。

（三）蚕丝纤维织物面料举例

真丝传统织物非常丰富，对其分类，有纱、罗、绫、绢、纺、绡、绉、锦、缎、绨、葛、呢、绒、绸14类。

在服装中用得较多的长丝织物有电力纺、双绉、杭纺、小纺、乔其纱、建宏绉、绉缎、桑波段、冠乐绸、领带绸、软缎、织锦缎、丝绒、烂花丝绒等。

除了长丝之外，还有短纤维织物——绢纺织物；粗纺真丝织物——绵绸（细丝）；双宫绸织物等。常见的蚕丝纤维织物如图3-4所示。

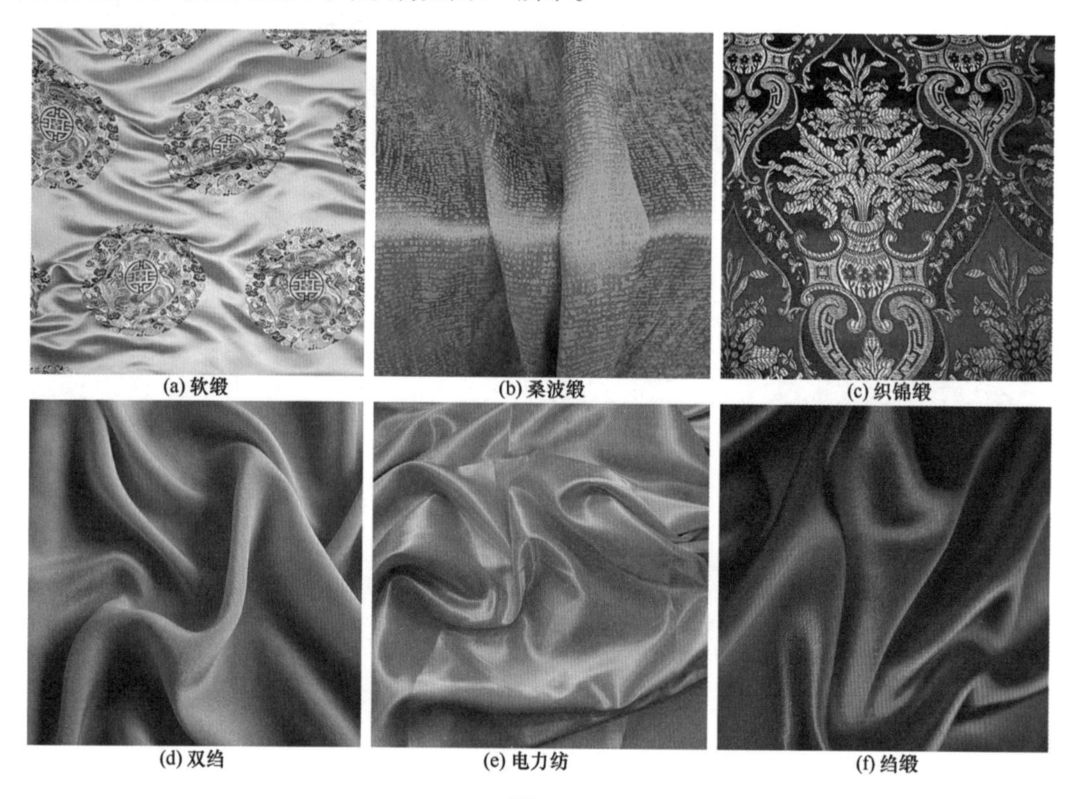

(a) 软缎　(b) 桑波缎　(c) 织锦缎

(d) 双绉　(e) 电力纺　(f) 绉缎

图3-4

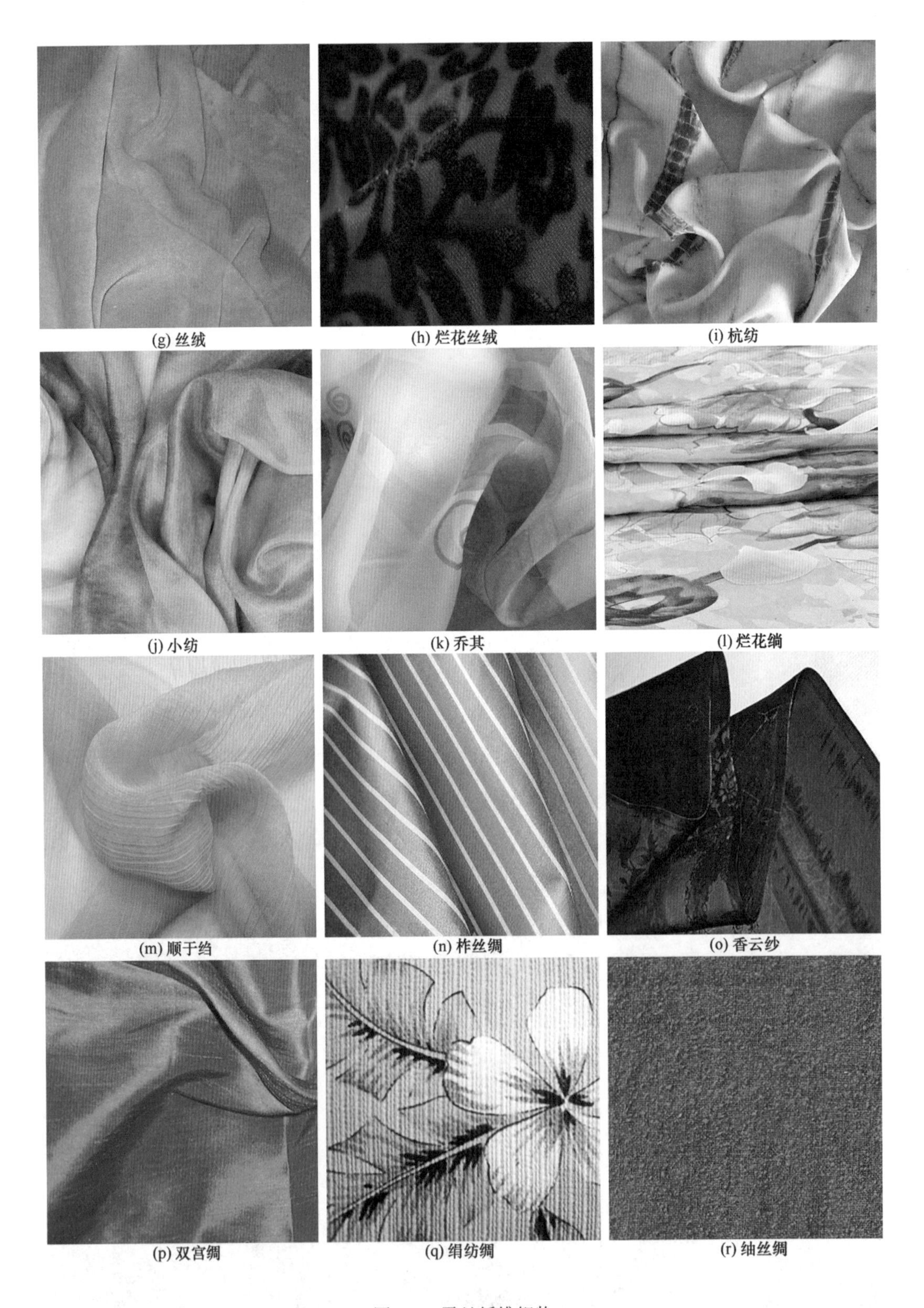

(g) 丝绒　(h) 烂花丝绒　(i) 杭纺
(j) 小纺　(k) 乔其　(l) 烂花绡
(m) 顺于绉　(n) 柞丝绸　(o) 香云纱
(p) 双宫绸　(q) 绢纺绸　(r) 䌷丝绸

图3-4　蚕丝纤维织物

四、毛纤维织物

毛纤维织物是指以羊毛为主要纤维原料的织物。它有纯纺毛织物、混纺毛织物和交织毛织物等，有粗纺毛织物、精纺毛织物，也有机织织物和针织织物，有平纹、斜纹、缎纹、复杂组织和提花组织的织物等。

（一）毛纤维织物内在性能

毛织物性能十分优越，它吸湿性能非常好，感觉干爽，穿着舒适；织物蓬松、柔软、穿着暖和。毛织物弹性优良，急弹性和缓弹性都好，服装平整挺括。毛织物水不易润湿，难污；织物耐磨性好，服装不脏不皱，经久耐穿。毛织物染色性能也不错，染色方便。毛织物具有拒水、难燃、缩绒性等特殊性能。毛织物耐酸不耐碱，洗涤时应选择中性或弱酸性的洗涤剂。毛纤维密度是天然纤维中最小的，易被虫蛀，须经防蛀整理或在收藏时放入防蛀药剂。毛纤维不具有热塑性能。

（二）毛纤维织物外观风格

毛纤维织物外观端庄、稳重、色泽莹润；织物蓬松、饱满，有暖感。毛纤维弹性较好，织物平整不易起皱，而且褶皱后易自然回复。毛织物品种丰富，外观风格多样化，有十分细腻高端的细特缎纹礼服呢，有普通穿着的粗纺学生呢；有夏季透爽服装风格的细特强捻薄花呢，有冬季松暖风格的各种大衣呢；有精纺素色的各种礼仪服装面料，又有松结构花色纱线的各种时装面料；有针织毛衫的松柔亲切感，又有机织大衣的密实原则感。

（三）毛纤维织物面料举例

（1）精纺毛织物。有凡立丁、派力司、薄花呢、哔叽、啥味呢、华达呢、海力蒙、眼睛呢、板司呢、女衣呢、英国条、轧别丁、巧克丁、马裤呢、驼丝锦、礼服呢、缎背华达呢、牙签条单面花呢、麦斯林等。一些常见的精纺毛织物如图3-5所示。

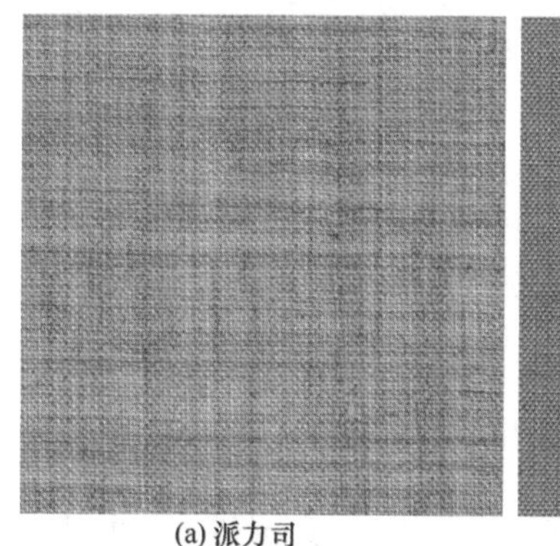
(a) 派力司

(b) 凡立丁

(c) 英国条

图3-5

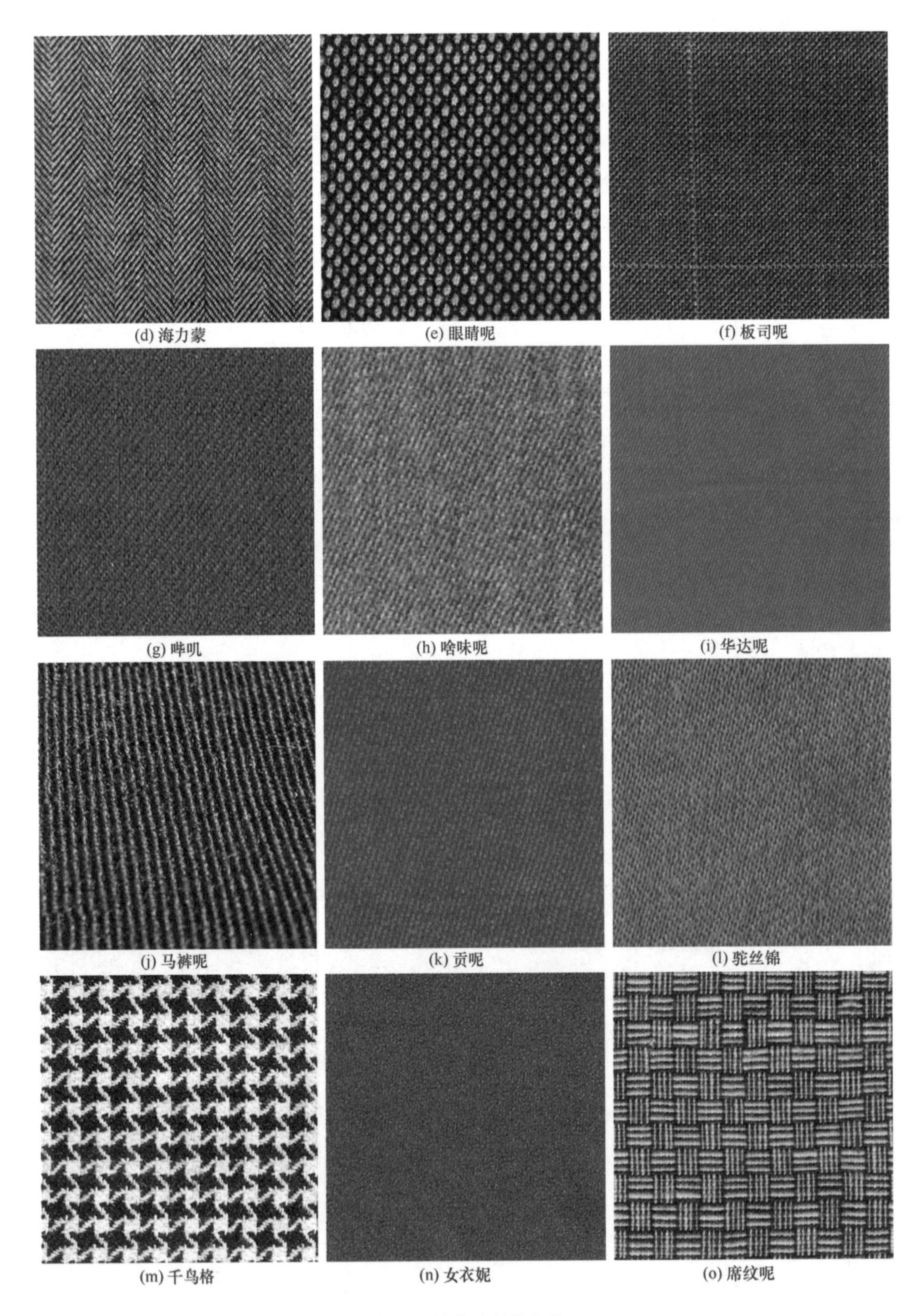

图3-5　精纺毛纤维织物

（2）粗纺毛织物。有法兰绒、麦尔登、维罗呢、海军呢、制服呢、学生呢、钢花呢、人字呢、霍姆斯苯、彩芯呢、圈圈呢、松结构粗花呢、双面呢、拷花大衣呢、银枪大衣呢、顺毛大衣呢、立绒大衣呢等。一些常见的粗纺毛织物如图3-6所示。

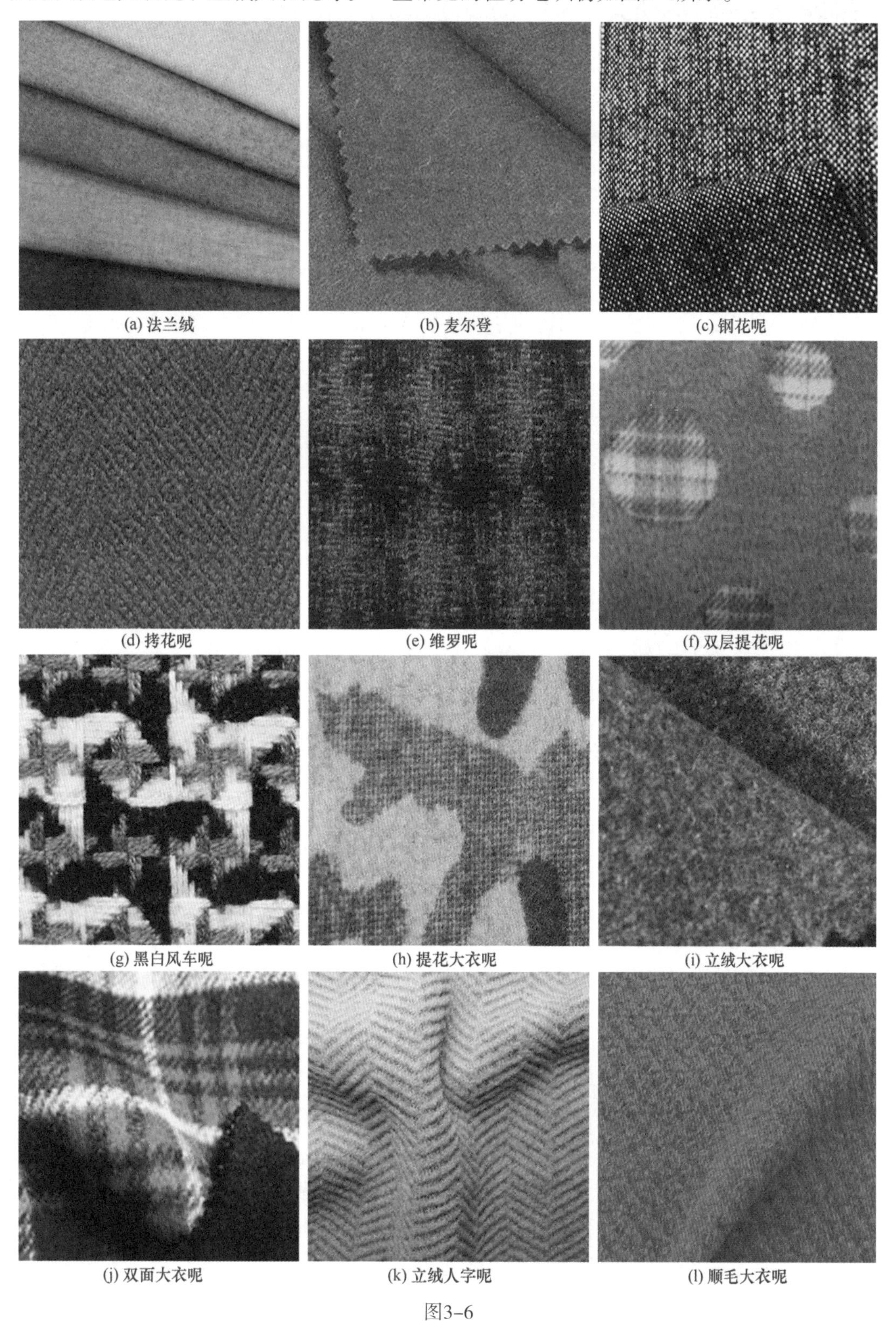

(a) 法兰绒　(b) 麦尔登　(c) 钢花呢

(d) 拷花呢　(e) 维罗呢　(f) 双层提花呢

(g) 黑白风车呢　(h) 提花大衣呢　(i) 立绒大衣呢

(j) 双面大衣呢　(k) 立绒人字呢　(l) 顺毛大衣呢

图3-6

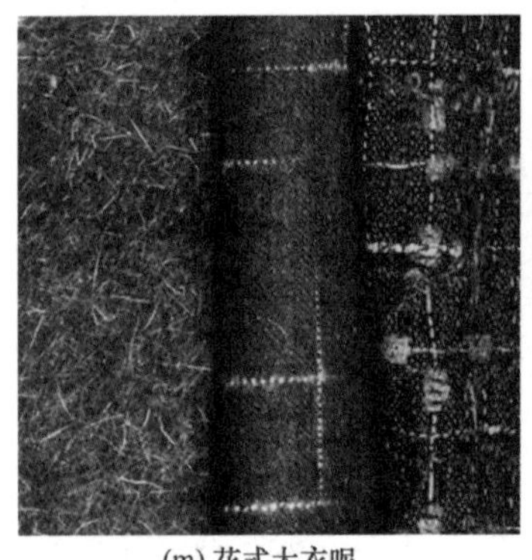

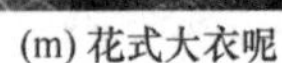

(m) 花式大衣呢　(n) 彩芯人字呢　(o) 提花格子呢

图3-6　粗纺毛纤维织物

（3）其他毛织物。毛纤维织物的品种是非常丰富的，除了以上例举之外，还有毛涤混纺的凡立丁、派力司、薄花呢、哔叽、啥味呢、华达呢等，毛黏混纺的法兰绒、麦尔登、维罗呢、海军呢、制服呢等，毛腈混纺的粗花呢、毛衫面料等。

五、再生纤维织物

再生纤维织物是指以黏胶纤维为主的各种再生纤维原料的织物。有黏胶纤维织物、铜氨纤维织物、醋酯纤维织物、天丝纤维织物、莫代尔纤维织物、牛奶丝纤维织物、大豆丝纤维织物、花生丝纤维织物以及它们的混纺、交织织物等。

（一）再生纤维织物内在性能

再生纤维素纤维织物的主要性能特点是吸湿性、透气性和染色性，织物柔软、光滑、吸湿透汗、穿着舒适，染色后色泽鲜艳，色牢度好。再生纤维织物与天然纤维织物一样具有水洗会收缩和易霉蛀的性能，存在着洗涤褪色和弹性不如合成纤维好的缺点。再生纤维不具有热塑性能。人造蛋白纤维织物有类似羊毛的性能，手感柔软，富有弹性，保暖性好，穿着舒适。

（二）再生纤维织物外观风格

再生纤维是化学纤维的一种，是用化学的方法制成的，因此它的形态是多变的，纤维可以是长丝、也可以是短纤维，可以是有光的，也可以是无光的。其织物的外观风格也是多样化的。

再生纤维的外观风格与它模仿的纤维织物相接近。黏胶纤维是再生纤维的主要品种，仿棉的黏胶纤维（人造棉）具有棉纤维织物的外观特点，仿毛的黏胶纤维（人造毛）具有毛纤维织物的外观特点，仿丝的黏胶纤维（人造丝）具有丝纤维织物的外观特点。黏胶纤维柔软，悬垂性好，抗起毛起球性能好，但易皱。

（三）再生纤维织物面料举例

大多数化学纤维是以仿天然纤维织物为主的，并可以和各种纤维混纺、交织，因此就有了各种棉黏布、黏麻布、涤黏仿毛织物、毛黏粗花呢、黏锦冰丝织物，真丝/人造丝交织的烂花销、烂花丝绒，人造丝双绉、人造丝乔其纱、铜氨丝印花绸，铜氨丝里料，天丝混纺织物、莫代尔内衣、牛奶丝内衣、醋酸丝织物等。

再生纤维织物的变化要比天然纤维大，品种十分丰富。不同风格的再生纤维织物如图3-7所示。

(a) 人造丝乔其纱　(b) 人造丝提花绸　(c) 人造丝交织香云纱
(d) 人造棉印花布　(e) 麻粘色织布　(f) 毛粘格呢
(g) 涤丝人造丝锦缎　(h) 人造丝剪花绸　(i) 真丝人造丝烂花绒
(j) 粘纤仿麻　(k) 铜氨纤维宾霸里料　(l) 真丝人造丝烂花绡

图3-7

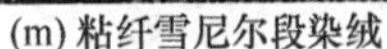
(m) 粘纤雪尼尔段染绒

(n) 粘锦针织蕾丝

(o) 人造丝交织美丽绸

图3-7　再生纤维织物

六、合成纤维织物

合成纤维织物是指以涤纶、锦纶、腈纶为主要原料的各种合成纤维织物。消费量最大的是涤纶的纯纺、混纺、交织和交并织物。其具体有涤纶仿棉织物、涤纶仿麻织物、涤纶仿毛织物、涤纶仿真丝绸织物等，有涤纶与棉混纺的涤棉织物，有涤纶与毛混纺的毛涤、涤毛织物，有涤纶与麻混纺的涤麻、麻涤织物，有涤纶与黏胶混纺的涤黏织物、有涤纶与多种纤维混纺的三合一、四合一织物等，涤丝还可与真丝、人造丝交织，与棉、麻交织、与羊毛交织等，涤纶还可与麻纱线交并织物，与毛纱线交并织物。所以说，涤纶在服装面料领域中的运用是最广泛的。

随着锦纶的再崛起，锦纶替代涤纶在各种混纺、交织、交并织物中出现，如锦棉混纺织物、锦黏混纺、交织织物，锦丝交织、交并织物等。锦纶织物的品种也在不断丰富着。

此外，还有腈纶的纯纺、混纺和交织织物。氨纶与各种纤维的包芯纱弹力织物，氨纶变形纱弹力织物等，在内衣、紧身服装、合体服装中应用十分广泛。

（一）合成纤维织物内在性能

合成纤维织物强度高，牢度好，织物平整、挺括，弹性好，耐磨，不易发霉虫蛀，色彩鲜艳，不易褪色，具有热塑性能和易洗快干的性能。

合成纤维的穿着舒适性能不如天然纤维，吸湿性和通透性能差，出汗感觉闷、不透气，织物易产生静电，吸附灰尘，黏身贴体，产生火花，易缠绕起球等。

（二）合成纤维织物外观风格

合成纤维的外观风格多样，它可以是棉纤维织物的外观，无光泽、朴素；可以是麻纤维织物的外观，粗犷、硬挺；可以是毛纤维织物的外观，蓬松、饱满；可以是真丝织物的外观，滑亮、细软。随着仿生技术的发展，合成纤维可以把各种天然纤维模仿得非常相似，但它又不是天然纤维，与天然纤维的穿着性能有很大的不同。

合成纤维织物弹性好，布面平整挺括；色彩鲜艳，不易褪色；织物具有热塑性能，可一次定型；吸湿性差，易产生静电，起毛起球。合成纤维本身的性能将融入到模仿的纤维织物中。

（三）合成纤维织物面料例举

常见的合成纤维织物有涤棉布、锦棉布、毛涤花呢、涤纶仿真丝绸、涤纶仿麻、涤纶仿麂皮绒、涤丝纺、尼丝纺、锦纶袜、腈纶大衣呢等（图3-8）。

(a) 涤棉府绸　(b) 锦麻色布　(c) 涤棉泡泡纱
(d) 涤棉烂花布　(e) 氨纶弹力牛仔布　(f) 涤棉针织菠萝布
(g) 涤粘中长板司格　(h) 涤毛薄花呢　(i) 毛腈花式呢
(j) 欧根纱　(k) 涤缎绸　(l) 雪纺

图3-8

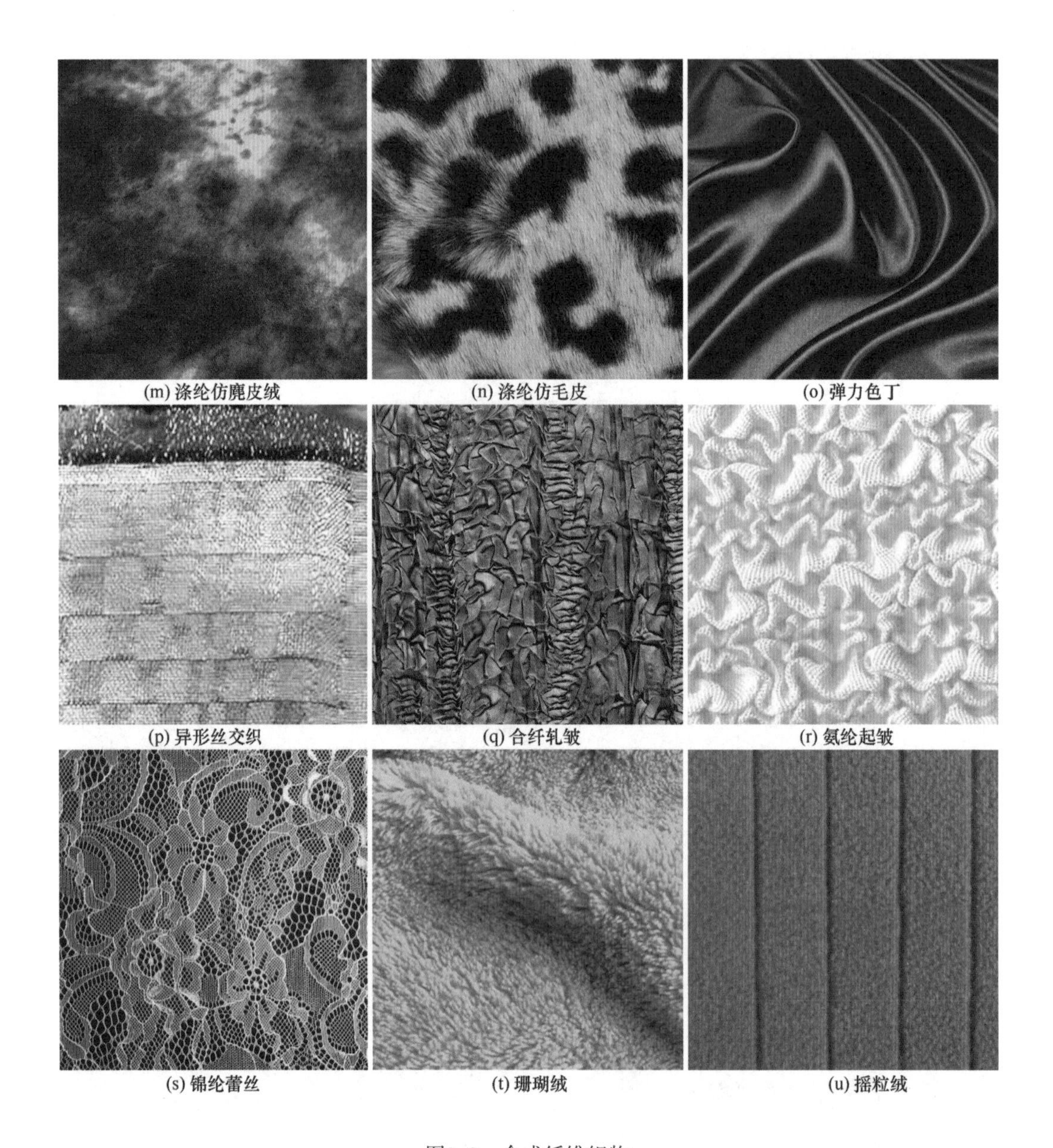

(m) 涤纶仿麂皮绒　(n) 涤纶仿毛皮　(o) 弹力色丁

(p) 异形丝交织　(q) 合纤轧皱　(r) 氨纶起皱

(s) 锦纶蕾丝　(t) 珊瑚绒　(u) 摇粒绒

图3-8　合成纤维织物

第四节　按纺织品的生产工艺分类

一、按织物原料的组成方式分类

纺织织物按原料的组成方式分类，可以分为纯纺织物、混纺织物、交织织物、交并织物等。

（一）纯纺织物

1. 定义

纯纺织物是指由一种纤维原料织成的织物。

2. 例举

如全棉府绸、卡其，全毛凡立丁、华达呢，亚麻布、真丝绸、纯涤纶仿毛花呢、黏胶（人造棉）印花布等。

3. 性能

纯纺织物的性能与纤维原料的性能直接相关。

（二）混纺织物

1. 定义

混纺织物是指由两种或两种以上的纤维原料混合纺纱后织制的织物，混纺织物一般为短纤。

2. 例举

如毛涤哔叽、涤棉格布、涤黏驼丝锦、黏锦斜纹布、涤麻黏细布、毛腈大衣呢等。

3. 性能

混纺织物的性能与混纺的原料及混合纺纱原料的配比有关。

（三）交织织物

1. 定义

交织织物是指织物的经纬纱分别是不同的纤维原料，或者是不同的纱线形态。

2. 例举

如经真丝、纬人造丝的交织软缎，经羊毛、纬亚麻的交织呢，经涤丝、纬黏胶纱的交织四维呢，经黏胶丝、纬黏胶纱的富春纺、美丽绸等。

3. 性能

交织织物的性能与交织的原料及原料的纱线形态有关。

（四）交并织物

1. 定义

交并织物是指用两种原料的单纱并合而成的纱线织成的织物。交并织物原料的组合是在纱线环节完成的。

2. 例举

如氨纶包芯纱织物、涤棉包芯纱烂花织物、羊毛/涤纶包缠纱大衣呢、涤纶/黏胶雪尼尔纱织物等。

3. 性能

交并织物的性能与交并原料的性能及原料比例、纱线形态有关。

二、按织物纤维的长度分类

按织物纤维的长度分类，可以分为棉型纤维织物、毛型纤维织物、中长纤维织物、长丝织物等。

（一）棉型纤维织物

1. 定义

棉型纤维织物是指用像棉纤维一样长短、粗细的化学纤维单独或与棉纤维混纺后织制的，外观酷似棉织物的仿生纤维原料织物。

2. 例举

如涤棉混纺织物中的涤纶是棉型涤纶；棉黏织物中的黏胶纤维是棉型黏胶纤维等。

3. 性能

棉型纤维织物外观虽然像棉织物，但性能取决于纤维原料的性能。

（二）毛型纤维织物

1. 定义

毛型纤维织物是指用像毛纤维一样长短、粗细的化学纤维单独或与毛纤维混纺织制的，外观酷似毛织物的仿生纤维原料织物。

2. 例举

如涤毛混纺织物中的涤纶是毛型涤纶；毛黏织物中的黏胶是毛型黏胶等。

3. 性能

毛型纤维织物外观像毛织物，性能取决于纤维原料的性能。

（三）中长纤维织物

1. 定义

中长纤维织物是指纤维的长度在棉纤维和毛纤维之间的，能够在棉纺设备上生产的，成本比较低的，化学纤维仿毛型的织物。

2. 例举

中长纤维织物主要有涤黏仿毛织物、涤腈仿毛织物等，如涤黏中长凡立丁、涤黏中长华达呢、涤腈中长花呢等。

3. 性能

中长纤维织物为纯化纤织物，性能取决于纤维原料的性能和纤维原料混纺的配比。

（四）长丝织物

1. 定义

长丝织物是指用长度在800m以上的长丝织造的丝织物。织物一般明亮、光滑、华丽。

2. 例举

天然纤维中只有蚕丝是长丝，而化学纤维大多可以制成长丝，织成长丝织物，如涤纶仿丝织物涤丝纺、锦纶仿丝织物尼丝纺、黏胶仿丝织物人丝绸等。

3. 性能

不同原料的长丝织物性能不同。长丝织物的内在性能取决于不同纤维原料的性能。

三、按织物纱线的纺纱工艺分类

纺织织物按纱线的纺纱工艺分类，可以分为精梳棉织物、普梳棉织物、精纺毛织物、粗纺毛织物等。

（一）精梳棉织物

1. 定义

精梳棉织物是指在纺纱过程中，棉纤维经普梳纺纱工序后又增加了精梳的纺纱工序，去除了短纤维、杂质，多次梳理使纱条中纤维平行顺直，条干均匀，表面毛羽减少，光洁细腻，光泽增强，外观和品质都优于普梳棉纱。精梳棉纱多采用长绒棉、细绒棉为原料，所纺纱线一般较细，多用于织造高档的棉织物。

2. 外观风格

精梳棉纱织物外观精致、细腻、匀净，光洁、柔软，手感光滑，具有高档感。

3. 织物例举

如精梳府绸、精梳牛津纺、精梳横贡缎、精梳卡其布，各种细特高密棉织物等。

（二）普梳棉织物

1. 定义

普梳棉织物是指棉纤维在纺纱过程中采用普通梳理加工工序纺成普梳棉纱线，采用普梳棉纱线织成的织物称为普梳棉织物。

2. 外观风格

普梳棉纱织物外观朴素、自然、光泽差，表面毛羽较多，蓬松，布面不够均匀，略感粗糙。

3. 织物例举

外观普通的印花棉布、绒布、条格布、卡其布、牛仔布、帆布、斜纹布、棉哔叽、灯芯绒、沙发布等。

（三）精纺毛织物

1. 定义

精纺毛织物是指用较细、较长且均匀的优质羊毛为原料，经工序复杂的精梳纺纱系统纺制成的毛纱，织成的织物。精梳毛纱纱内纤维平行顺直，故纱线条干均匀、光洁。精梳毛纱一般较细，多用于织造纹路清晰、细腻精致、表面毛羽较少的中薄型西服类面料。

2. 外观风格

精纺毛织物手感饱满、糯滑，外观光洁、细腻、精致，感觉端庄、稳重，有权威感。

3. 织物例举

细薄、平整的凡立丁、派力司、薄花呢等，常用的华达呢、啥味呢、哔叽、海力蒙、眼睛呢、板司呢、女衣呢、花呢等，较厚的马裤呢、缎背华达呢、轧别丁等，高档的礼服呢、驼丝锦、贡呢等。

（四）粗纺毛织物

1. 定义

粗纺毛织物是指可用精纺落毛、较粗短的羊毛为原料，用毛网直接拉条纺成的毛纱，织成的织物。粗纺毛纱纱内纤维长短不匀，纤维排列不够平行顺直，结构蓬松，表面毛羽多，纱线捻度较小，纱线一般较粗。粗纺毛纱多用于织造蓬松、保暖、粗厚，或表面被绒毛覆盖着的大衣的面料。

2. 外观风格

粗纺毛织物蓬松、保暖，柔软、厚实，有的手感略显粗糙，花式纱线运用较多，外观有较强的装饰性。

3. 织物例举

如柔软的法兰绒、霍姆斯本，麦尔登、拷花大衣呢、苏格兰呢、松结构粗花呢，双面呢、惠罗呢、毛圈呢、女式呢、提花呢、彩芯呢、海军呢、制服呢、学生呢等。

四、按织物纱线的细度分类

纺织织物按纱线的细度分类，可分为细特纱织物，中特纱织物和粗特纱织物等。

（一）细特纱织物

1. 定义

细特纱线指线密度较小的纱线。用细特纱线织造的织物叫细特纱织物。

2. 外观风格

纱线细，织物精致、细腻、光泽较好，织物细薄、手感柔软，细特纱线原料品质要求高，加工难度大，织物有高档感。

3. 织物例举

如细特精梳府绸、细特精梳色织布、细特精梳汗布，细特精纺驼丝锦、细特精纺礼服呢、细特精纺贡呢等。

（二）中特纱织物

1. 定义

中特纱线是指线密度中等的纱线。用中特纱线织造的织物叫中特纱织物。

2. 外观风格

纱线粗细中等，织物厚薄适中，用途最为广泛，织物风格自然，随处可见，不像细特织物那么精致细腻，也不像粗特织物那么粗犷厚实，是最常用、最休闲、最自然的服装面料。

3. 织物例举

色织青年布、格布、条绒，灯芯绒、卡其、细帆布，常用汗布、麻布、印花棉布，中特凡立丁、华达呢、女衣呢等。

（三）粗特纱织物

1. 定义

粗特纱线指线密度较高的纱线，用粗特纱线织造的织物叫粗特纱织物。

2. 外观风格

纱线粗，织物粗厚、饱满，风格粗犷；弹性较好，不易褶皱，外观平整；粗特纱一般梳理简单，织物蓬松、暖和，有亲切感。

3. 织物例举

如法兰绒、麦尔登、粗花呢、大衣呢；牛仔布、粗帆布、粗平布、粗麻布等。

五、按织物纱线的捻度分类

纺织织物按纱线的捻度分类，可分为常捻纱织物、强捻纱织物、弱捻纱织物和无捻纱织物等。

（一）常捻纱织物

1. 定义

常捻纱织物是指用捻度适中，手感适宜，强度和其他技术指标符合常用织物要求的纱线织造的织物。

2. 外观风格

常捻纱织物外观平整，手感柔顺，弹性适中，应用最为广泛。

3. 织物例举

如常用棉织物府绸、平布，卡其、斜纹布，牛仔布、印花布等；常用麻织物亚麻布、苎麻布、色织麻布等；常用毛织物凡立丁、派力司，华达呢、啥味呢、哔叽，海力蒙、马裤呢、轧别丁等。

（二）强捻纱织物

1. 定义

强捻纱织物是指用捻度较大，抱合紧密，手感较硬挺的纱线织造的织物。

2. 外观风格

强捻纱织物外观略呈凹凸不平状，手感挺爽，触摸有沙沙感，光泽较弱，多用于夏季薄型面料中。

3. 织物例举

如丝织物中的双绉、绉缎、乔其纱、建宏绉、顺纡绉、雪纺、绉纱等；棉织物中的绉布、巴厘纱等；毛织物中的细特强捻薄花呢等；还有各种合成纤维仿麻、仿绉织物等。

（三）弱捻纱织物

1. 定义

弱捻纱织物是指用捻度较小，纤维抱合较松，手感较软，外观蓬松的纱线织造的织物。

2. 外观风格

弱捻纱织物光泽比常捻纱、强捻纱织物好，手感松软有暖感，织物表面毛羽较多，短纤弱捻纱织物较容易起毛起球。

3. 织物例举

如蓬松的粗纺毛织物、拉绒的棉纤维绒布、外观风格别致的异色花线织物等。

（四）无捻纱织物

1. 定义

无捻纱织物是指用捻度非常小，或者根本不加捻度的，排列整齐紧密的长丝纱线织造的织物。

2. 外观风格

长丝纱线无捻，能使织物表面光泽更亮，手感更加柔滑，增强其华丽感；短纤必须加捻，纱线才能成形，但在单纱并股线时，有时采用无捻，使纱线织造时两根单纱随机上下，形成一种云纹的外观，貌似花色纱线，很有创意。

3. 织物例举

如各种丝织物中的斜纹绸、领带绸、美丽绸、涤缎绸，软缎、织锦缎、素缎、色丁，还有电力纺、小纺、涤丝纺、尼丝纺以及异色花线的云纹呢等。

六、按织物纱线的形态分类

纺织织物按纱线的形态分类，可分为单纱织物、股线织物、半线织物、长丝织物、变形纱织物、包芯纱织物、包缠纱织物、花式纱线织物、花色纱线织物、膨体纱织物、异形纤维纱织物、超细纤维织物等。

（一）单纱织物

1. 定义

单纱织物是指织物的经纱、纬纱都是单纱的。单纱是指短纤维经一次加捻形成的单股纱线。

2. 外观风格

单纱织物表面毛羽较多，纱线粗细不够均匀，外观感觉自然朴素，有明显的暖感、亲近感。

3. 织物例举

棉织物中单纱织物的品种最为丰富，如纱府绸、纱平布、纱卡、牛仔布、绒布、印花布等；麻织物中有常见的单纱亚麻布、棉麻混纺布、麻黏混纺布、苎麻布等；毛织物中单纱织物较少，多出现在粗纺毛织物中。

（二）股线织物

1. 定义

股线织物是指织物的经纱、纬纱都是股线的。股线是指两根及以上的单纱，经合股、加捻而成的纱线。

2. 外观风格

由于纱线经两次加捻，故股线织物表面毛羽比单纱少，纱线均匀度也比单纱好，织物较光洁；同样粗细的纱线，股线比单纱柔软，因为股线由多股较细的单纱合股而成。

3. 织物例举

精纺毛织物中股线应用最多，如平纹的凡立丁、派力司、薄花呢，斜纹的华达呢、啥味呢、哔叽，缎纹的驼丝锦、贡丝锦、贡缎，还有板司呢、海力蒙、眼睛呢等均为股线织物。棉织物中的线府绸、全线卡其、线呢、线平布等也都是股线织物。

（三）半线织物

1. 定义

半线织物是指织物的纱线一向是股线的，另一向是单纱的。多数织物的经向为股线，纬向为单纱。

2. 外观风格

半线织物的外观风格介于单纱织物和股线织物之间。有的半线织物则是为了织造特别外观风格的织物。

3. 织物例举

如棉织物中的半线卡其、半线平布，毛织物中的半线凡立丁、半线驼丝锦等。还有经向部分是股线，部分是单纱，纬向全部是单纱的泡泡纱；经向是细特单纱，纬向是中特股线的牛津纺；经向部分是复色花线、部分是单纱，纬向也同样纱线的仿毛格布等。

（四）长丝织物

1. 定义

长丝织物是指由连续不断的、排列整齐的、空隙较小的、牢度较好的长丝纱线织造的织物。

2. 外观风格

长丝织物一般光滑、亮泽，有华丽感；织物牢度好，不易起毛起球，有冷感。

3. 织物例举

天然纤维中只有蚕丝是长丝，化学纤维中有人造长丝（人丝、再生纤维长丝）和合纤长丝两大类。如有合纤仿真丝绸的各种仿丝织物，雪纺、色丁、柔姿纱、涤缎绸、锦丝绸、涤丝纺、尼丝纺等；有人丝和真丝交织的各种交织软缎、交织香云纱、交织锦缎等；全部人丝的人丝乔其纱、铜氨仿丝绸、宾霸里料等；以及各种真丝长丝织物。

（五）变形纱织物

1. 定义

变形纱织物是指用变形纱织造的具有短纤外观的合成纤维长丝织物。合成纤维长丝卷曲变形后，获得了短纤纱线蓬松的外观、自然的光泽、松软的手感和温暖的心理感觉。变形纱的出现使合成纤维长丝仿短纤变得方便、容易。

2. 外观风格

变形纱虽本质还是长丝，但外观却可以逼真地模仿天然短纤。变形纱织物以棉织物、麻织物、毛织物等天然短纤织物为模仿对象，外观十分相像。

3. 织物例举

变形纱织物可以模仿各种短纤织物，如经向是棉纱、纬向是变形纱的牛仔布，经向是变形纱、纬向是棉纱的牛津纺，经向是黏胶纱、纬向的变形纱的灯芯条，经纬向都是变形纱的毛型风车呢，经纬向都是仿色纺变形纱的毛型花呢等。变形纱在合成纤维长丝仿短纤织物中的应用，已经十分普遍。

（六）包芯纱织物

1. 定义

包芯纱织物是指织物的经向或纬向有一向是包芯纱，或者两向都是包芯纱的织物。包芯纱一般芯线为长丝，外包短纤。其条干要比一般短纤纱均匀，强力也比一般短纤纱好；染色性要比混纺纱好；抗起毛起球性能也比混纺纱好。

2. 外观风格

包芯纱织物很多，外观随原料的不同而不同。最常见的是氨纶包芯纱织物和包芯纱烂花织物等。氨纶包芯纱织物由于芯线为氨纶，所以弹性是其最明显的特点。外包短纤可以是棉、毛、真丝、涤纶、锦纶等，运用在各自的织物中，外观风格受外包短纤的影响；包芯纱烂花织物，芯线多为涤纶长丝，外包短纤可以是各种纤维素纤维（如涤棉烂花、涤黏烂花、涤麻烂花等），还可以芯线是真丝的烂花织物（如真丝/黏胶烂花织物、真丝/亚麻烂花织物等）。包芯纱烂花织物透明度好于混纺烂花织物。

3. 织物例举

如使用在各种合体服装中的氨纶包芯纱织物，棉/氨纶包芯纱牛仔布、棉/氨纶包芯纱卡其布、棉/氨纶包芯纱横贡缎等各种机织弹力棉布、还有毛/氨纶花呢等各种机织弹力毛织物，机织弹力真丝织物等。弹力织物有单纬向弹力的和经纬向都有弹力的织物等。

（七）包缠纱织物

1. 定义

包缠纱织物是指用平行短纤为芯纱，外缠绕另一种长丝或短纤纱的包缠纱线织制的织物。

2. 外观风格

包缠纱织物外观饱满，伸长均匀，手感柔软，强度较好，抗起毛起球性能比一般短纤纱好。一般用于针织毛衫、花式纱线织物和松结构粗花呢中。

3. 织物例举

如一般花式纱线织物、疙瘩花色纱线织物、波纹花式纱线织物、圈圈花式纱线织物、大肚花式纱线织物、粗节花式纱线织物等，都是用包缠纱线的形式固着芯线和饰线的；另外，还有一些松散结构的粗花呢，用羊毛为芯线、外包较细涤纶纱线的包缠纱线织造，外观丰满，手感柔软，且不易起毛起球；针织毛衣中，用包缠纱织造的也不少。

（八）花式纱线织物

1. 定义

花式纱线织物是指用各种外观肌理与常规纱线不同的花式纱线织造的织物。

2. 外观风格

花式纱线织物外观肌理感强，有凹凸、粗细、圈圈、结子、飘纱、亮丝等不同的外观特征和风格的纱线织成，织物装饰性强，时尚、个性，风格别致。

3. 织物例举

如夏季穿着的结子棉汗布、小毛圈纱棉布、竹节纱交织布，时装圈圈绒面料、亮丝飘丝时装面料，雪尼尔机织物、针织物，各种松散结构花式纱线织物等。花式纱线织物在冬季毛呢织物中应用最多。

（九）花色纱线织物

1. 定义

花色纱线织物是指织物纱线的色彩与常规纱线不同。有一根纱线多种颜色的段染纱线；混合彩芯、黑芯、灰芯等色芯纱线；有并合的纱线、颜色一段存在，一段消失的断丝纱线等。织物可以全部是花色纱线织造的，也可以是部分点缀花色纱线的，或是用花色纱线形成条格的等。

2. 外观风格

花色纱线织物的外观风格十分漂亮，有特色，与常规纱线明显不同。段染纱线织物布面色彩丰富多样，但又比色纺纱线活泼、灵动，无规则感；色芯织物星星点点的色彩，自然随意，犹如喷洒的感觉，别致新颖；断丝织物利用不同原料纱线在湿态下牢度不同的原理，使一部分纱线在纺纱的过程中被拉伸断裂，形成断丝，风格另类。

3. 织物例举

如仿毛织物中镶嵌段染纱线的段染彩色平纹呢；彩芯纱钢花呢、粗花呢，色芯纱霍姆斯苯；断丝纱线中长纤维仿毛织物等。还有更多色彩和肌理同时与常规纱线织物不同，或者由更新技术创造出的。别致新颖的各种花色纱线及其织物，使我们的服装变得更美。

（十）膨体纱线织物

1. 定义

膨体纱线织物是指采用结构蓬松、手感柔软、光泽柔和的膨体纱线织制的织物。膨体纱多以腈纶为原料，将低收缩纤维与高收缩纤维混合纺纱，汽蒸后高收缩纤维遇热收缩变短，低收缩纤维卷曲，形成膨体。

2. 外观风格

膨体纱织物由于蓬松柔暖、光泽柔和，非常像粗纺毛织物，而且洗涤和缩水性能优于粗纺毛织物，通常用来制作仿大衣呢、毛毯等，被称为不缩水的毛织物。

3. 织物例举

膨体纱线织物主要有腈纶膨体大衣呢、腈纶膨体彩格呢、腈纶膨体绒线、腈纶膨体毛毯等，在童装中应用广泛。腈纶膨体纱织物像毛呢，却又比毛呢耐洗快干，颜色鲜艳，不易霉蛀，密度又轻。

（十一）异形纤维织物

1. 定义

异形纤维织物是指用非圆形截面的化学纤维（异形纤维）纱线织制的织物。同样原料纤维，截面不同，其纱线的光泽、手感和一些性能都会有所不同。

2. 外观风格

异形纤维是化学纤维仿天然纤维的重要方法之一，不同截面的化学纤维有不同的光泽，可仿不同的天然纤维。如三角形仿丝绸、哑铃形仿兔毛、五角中空仿羊毛、豆形和扁杏仁形仿马海毛等，效果都不错。

异形纤维除了经常用来仿天然纤维织物之外，还可以做出比天然纤维光泽更柔和或更明亮的织物。

3. 织物例举

如纬三叶丝小提花府绸，细洁的府绸加上明亮的三叶丝小提花，星星点点、亮亮闪闪，精致高档；狗骨形涤纶仿丝绸针织物，光泽比真丝还要柔和，手感比真丝还要细软，印上热带雨林图案，绝对是高档的沙滩服面料；闪亮的涤纶异形丝欧根纱，透明亮泽，性感时尚；涤纶异形丝交织物，光泽、色彩、手感对比，层次丰富。

（十二）超细纤维织物

1. 定义

超细纤维织物是指用超细纤维纱线织造的织物。超细纤维是指纤维的细度比常规的天然纤维细得多的化学纤维，主要是合成纤维，也有一些再生纤维。

2. 外观风格

超细纤维织物由于纤维非常纤细，织物表面手感超柔、细腻、糯滑、滋润，光泽温和悦目，悬垂性能优良，比表面积大，有较好的吸湿性能，触感十分舒服。

3. 织物例举

超细纤维最早开发擦拭眼镜的眼镜布，细腻柔软，有很好的清洁功能；超细纤维仿麂皮绒织物，外观手感逼真；超细纤维仿桃皮绒织物，紧密细致，外观高档；超细纤维珊瑚绒，松软细滑，惹人喜爱。超细纤维带给织物的别样手感。

七、按织物的织造方式分类

纺织织物按织造方式分类，可分为机织物、针织物、非织造布等。

（一）机织物

1. 定义

机织物是指由经纬两向的纱线，按一定的规律交织而成的织物。

2. 性能特点

机织物结构稳定，平整挺括、坚实耐穿、品种众多。

3. 织物例举

机织物品种众多，如各种棉布、麻布、毛呢、丝绸织物；各种化学纤维仿生织物，各种纯纺、混纺、交织、交并织物等。在一般呢绒绸布商店里看见的，绝大多数是机织物，具体名称更是举不胜举。如印花布、色织布、卡其布、牛仔布、灯芯绒、彩格绒、泡泡纱、巴厘纱、横贡缎、直贡呢、亚麻布、苎麻布、华达呢、啥味呢、板司呢、海力蒙、凡立丁、派力司、电力纺、乔其纱、桑波缎、织锦缎、涤棉布、锦棉布、雪纺绸、美丽绸等。

4. 应用

机织物由于坚牢、挺括，多用来制作衬衫和外衣类服装。

（二）针织物

1. 定义

针织物是指由线圈串套而成的织物。因织造方式不同，其又有纬编针织物和经编针织物之分。

2. 性能特点

针织物质地松软，穿着舒适，贴体合身，不易褶皱。

3. 织物例举

针织有的下机就是成形产品，有的需要裁剪加工才能成为服装。全成形产品有羊毛衫、袜子、手套等。需要裁剪加工的针织物有片状和圆筒状两种。最常见的是各种针织汗布，罗纹布、双面布、珠地布、卫衣布、罗马布、摇粒绒等。

4. 应用

针织物由于柔软、舒服，多用来制作内衣、休闲衣、运动服等服装。

（三）非织造布

1. 定义

非织造布是指不经过纺纱、织布的工序，直接由纤维制成的片状纺织品。

2. 性能特点

非织造布结构简单、品种多样、价格便宜、应用广泛。

3. 织物例举

在服装中应用的非织造布主要有非织造布黏合衬、非织造布领底衬、非织造布垫肩、非织造布保暖絮片等服装辅料；一次性穿戴用品，有非织造布口罩、非织造布防护衣、非织造布内裤、非织造布帽子、非织造布袖套、非织造布手套和鞋套等；可用于服装面料的非织造布正不断出现，如非织造布印花织物、非织造布涂层织物、非织造布仿麂皮绒织物等。

4. 应用

非织造布成本低、用途广、前景好，在服装中主要用于服装辅料、一次性穿戴用品，并正在向服装面料方向发展。

八、按机织物的组织分类

纺织织物按机织物的组织分类，可分为平纹组织织物、斜纹组织织物、缎纹组织织物、联合组织织物、复杂组织织物和提花组织织物等。

（一）平纹组织织物

1. 定义

平纹组织织物是指织物的经纬向按1上1下规律交织的织物，是机织物中组织最简单的织物。

2. 性能特点

平纹组织织物浮长最短，交错次数最多，织物最平整、挺括，反光最差。

3. 织物例举

如平布、府绸、巴厘纱，凡立丁、派力司、薄花呢，双绉、电力纺、杭纺，亚麻布、苎麻布、夏布；涤丝纺、尼丝纺、雪纺等。

（二）斜纹组织织物

1. 定义

斜纹组织织物是指经纬纱线的运动规律，使织物表面形成明显的斜向纹路的织物。斜纹组织织物有经面斜纹、纬面斜纹和双面斜纹之分。

2. 性能特点

斜纹组织织物浮长比平纹长，交错次数比平纹少，织物比平纹柔软饱满，反光比平纹好，织物表面有明显的斜向纹路。

3. 织物例举

如卡其布、牛仔布、斜纹布，华达呢、啥味呢、哔叽，斜纹绸、美丽绸、羽纱等。

（三）缎纹组织织物

1. 定义

缎纹组织织物是指经纬纱线的运动，使织物正反两面光泽明显差异，一面光滑亮泽，一面光泽较暗的织物。

2. 性能特点

缎纹组织织物浮长最长，交错次数最少，织物最柔软，需要配置较高的经纬密度，反光性最好。

3. 织物例举

如横贡缎、直贡呢，驼丝锦、礼服呢，花软缎、素绉缎、织锦缎、色丁、涤缎等。

（四）联合组织织物

1. 定义

联合组织织物是指将三原组织变化联合而成的组织织物。可以这么定义，只要不是平纹、斜纹、缎纹或明显的变化组织之外，都可以归到这一类。

2. 性能特点

联合组织通过变化联合之后，品种较为丰富，经典的有绉组织、凸条组织、透孔组织、蜂巢组织、网目组织、方格组织等，还有许许多多不同的变化联合组织织物，各有各不同的外观特征和内在性能。织物外观是可以看见的，也是设计者希望通过变化获得的；内在性能可以通过求平均浮长的方法得知。如平均浮长较短的，组织就比较紧；而平均浮长较长的，组织就比较松等。

3. 织物例举

如葡萄绉、女衣呢、灯芯条、透孔仿麻布、蜂巢粗花呢、菱形网目布、隐格布、眼睛呢等。

（五）复杂组织织物

1. 定义

复杂组织织物是指织物的经向或纬向有一向是两个或两个以上系统的纱线组成的，或者织物的经纬向双向都是有两个或两个以上系统纱线组成的织物。其常称为双层（三层）组织织物，或者经双重组织织物，纬双重组织织物等。

2. 性能特点

双层组织织物由于经纬向分别有两个系统的纱线、两层织物组成，因此每一层可以比较稀松，两层结构又比较稳定。上下层可以组织相同，也可以组织不同；可以上下层互相交替，也可以用接结纱将两层联系在一起。经双重、纬双重分别是经向两个系统纱线、纬向一个系统纱线，或者经向一个系统纱线、纬向两个系统纱线的搭配。灯芯绒复杂组织，是指织物的两个系统的纱线分别担负地组织纱线和起绒组织纱线的不同用途。复杂组织织物加工难度较大，织物大多松软、透气、吸湿，穿着舒适性较好。

3. 织物例举

复杂组织织物使用较多的有冬季大衣面料，如双面呢，一面素色、一面格子，或两面为不同颜色的素色，或两面都是格子。还有夏季双层休闲衬衫面料，如双层布，柔软、透气、吸汗、舒服，也可以是素色的或格子的。丝织物中双层提花织物也不少，还有经双重的缎背华达呢、牙签条；纬双重的提花毛毯织物等。

（六）提花组织织物

1. 定义

提花组织织物是指织物由于纱线的运动规律不同，形成各种花纹图案的组织织物。提花织物纱线的运动规律十分复杂、多样，一般织机不能完成，必须用大提花织机控制每根纱线的运动才能完成。

2. 性能特点

提花组织织物表面立体感较强，用提花织机完成，工艺难度大。提花织机可织造各种具象图案、中国传统图案，隽秀精美，在丝织物中应用最多。提花组织织物有简单组织的，也有复杂组织的。

3. 织物例举

如织锦缎、冠乐绸、桑波缎、提花软缎、提花香云纱、提花被面、提花床单、提花印花布、提花衬衫布、提花时装料、提花毛料等。

九、按机织物的规格分类

纺织织物按机织物的规格分类，可分为密度较高的织物、密度较低的织物、密度适中的织物等。与机织物密度有关的因素主要有线密度、经纬密度和织物组织。

（一）密度较高的织物

1. 定义

密度较高的织物是指织物的线密度、经纬密度、织物组织配合紧密的织物。线密度增高、经纬密度加大、组织浮长减短，都会使织物的密度增高。

2. 性能特点

密度较高的织物一般布面紧实，空隙较小，手感硬挺，有较好的密闭性，能挡风遮雨，但悬垂性会差，断裂强度会降低等。

3. 例举织物

如细特高密的府绸，细特高密防羽布，密度较高的帆布、卡其布、牛仔布、华达呢、麦尔登，密实的硬缎、织锦缎，紧密的涤丝纺、尼丝纺、双绉、电力纺等。

（二）密度较低的织物

1. 定义

密度较低的织物是指织物的线密度、经纬密度、织物组织配合较稀松的织物。线密度减小、经纬密度降低、组织浮长增长，都会使织物的密度变小。

2. 性能特点

密度较低的织物一般手感较柔软，布面较稀松，甚至有明显的空隙，有透明感，感觉松弛，牢度下降，但使用强捻纱织造，会使稀松的织物有身骨。

3. 织物例举

如稀薄的巴厘纱，麻纱、细纺、绉布、乔其纱、顺纡绉、纱罗、透孔布等，还有一些夏季穿着的稀薄的服装面料。

（三）密度适中的织物

1. 定义

密度适中的织物是指织物的线密度、经纬密度、织物组织搭配科学合理，外观、手感、牢度等符合多数服装要求的织物。

2. 性能特点

密度适中的织物手感饱满、松紧合适、外观自然、悬垂性和断裂强度适中，穿着舒适，弹性优良，是感觉比较合适的织物密度。

3. 织物例举

绝大多数织物密度适中，如印花布、牛津纺、横贡缎、条格布、灯芯绒、哔叽、啥味呢、海力蒙、板司呢、女衣呢、法兰绒、顺毛呢、大衣呢、绉缎、桑波缎、斜纹绸等。

十、按织物的染色方法分类

织物按不同的染色方法分类，可分为原色织物、印染织物、色织织物、色纺织物等。

（一）原色织物

1. 定义

原色织物是指不经过染色加工的，仍存留坯布原本颜色的织物。

2. 特点

原色织物不经染色加工，所以成本低、工序短、交货快，一般只用作服装辅料，如袋布、包装袋材料布等。或者用来作为立体裁剪的样板用布。

3. 织物例举

如全棉坯布、涤棉坯布、平纹坯布、斜纹坯布等。

（二）印染织物

1. 定义

印染织物是指将坯布前处理后，经过印花和染色加工后的织物。

2. 特点

印染织物的印花和染色加工是在面料织成以后，对织物进行的加工工艺，所以色彩较浅。其生产工序较短，交货较快。

3. 织物例举

印染织物的应用非常广泛，如各种颜色的染色棉布、印花棉布，卡其布、斜纹布、色平布、印花细布、印花哔叽布、印花横贡缎；染色汗布、印花汗布；染色麻布、印花麻布；染色丝织物、印花丝织物，素缎、色丁、素绉缎、美丽绸、印花乔其、印花雪纺等。

（三）色织织物

1. 定义

色织织物是指将纱线染色后，再进行织造、整理的织物。

2. 特点

色织织物的染色加工是在纱线阶段，对纱线进行染色，所以染料用量较大，颜色深入、织物立体感强，色牢度较好。但其加工工序较长，交货时间较慢，染色成本较高。

3. 织物例举

如牛仔布、牛津纺、青年布、条格布、色织绒布、色织中长纤维仿毛织物，色织被单布、色织横条汗布，色织缎条府绸、色织小提花府绸，色织大提花沙发布、色织大提花时装面料等。色织织物在棉织物中最多。

（四）色纺织物

1. 定义

色纺织物是指将织物纤维或毛条染色后，再进行纺纱、织布、整理的各道工序，而织制成的织物。

2. 特点

色纺织物的染色在纤维阶段进行，可以将纤维染成各种颜色，再进行混合，所以织物的色彩层次特别丰富，有空间混合的效果，十分精彩。色纺织物除常规色彩外，定制织物要从纤维染色开始，所以加工时间长、成本高、交货慢。

3. 织物例举

如各种常规麻灰针织物，毛织物中的派力司、啥味呢、法兰绒、花呢、大衣呢、钢花呢、彩芯呢等都是非常有特色的色纺毛织物，其他各种色纺毛织物比比皆是。色纺织物在毛织物中最多。

十一、按织物的起花方式分类

纺织织物按织物的起花方式分类，可分为印花织物、织花织物、花色纱线织物等。

（一）印花织物

1. 定义

印花织物是指织物织成之后，用各种印花方式在织物上加印花纹图案的织物。

2. 特点

因为施印花纹、图案的过程在织物织成之后，所以印花织物色彩较浅；但是由于花纹、图案的形成受机械设备的制约较少，所以图案的风格多样，色彩丰富。随着印花机械、工艺、方式的进步，印花织物变得越来越漂亮，风格越来越多样。

3. 织物例举

如各种印花府绸、印花平布、印花横贡缎、印花斜纹布、印花棉哔叽、印花葡萄绉、印花亚麻布、印花双绉、印花电力纺、印花领带绸、印花斜纹绸、印花绉缎、印花乔其纱、印花雪纺等。印花工艺在薄型织物特别是棉织物和丝织物中应用最多。

（二）织花织物

1. 定义

织花织物是指织物在织造的过程中，由于纱线运动规律不同，形成花纹图案的织物。

2. 特点

织花织物由于花纹图案在织物织造的过程中形成，因此花纹图案的变化会受到织机的制约，不像印花那么风格多样、色彩变化。但是织花织物花纹立体感强，凹凸明显，有较强的感染力。

3. 织物例举

如各种多臂织机织造的小提花织物，提花府绸、提花布等；各种大提花织机织造的大提花衬衫布、大提花时装面料、大提花家纺织物等；各种针织提花机织造的针织提花织物，纬编提花织物、经编提花织物等；各种大提花传统丝织物，团花织锦缎、云纹织锦缎、龙凤织锦缎、鸳鸯织锦缎、莲花鲤鱼织锦缎等，让人印象深刻。

（三）花色纱线织物

1. 定义

花色纱线织物是指由于织物纱线肌理和色彩的变化，形成的花纹图案的织物。

2. 特点

花色纱线最大的特点是它的装饰性。花色纱线织物表面肌理感强，色彩变化奇特，图案形成偶然，花纹灵活不呆板，有很强的装饰感。花色纱线开发越来越多，花色纱线织物的种类也越来越丰富。

3. 织物例举

如各种圈圈绒大衣呢、波纹线大衣呢、段染疙瘩纱大衣呢、段染花色平纹呢，彩芯钢花呢、彩结时装呢，雪尼尔针织呢绒、竹节棉汗布、竹节涤纶仿麻织物，金银色飘絮舞台服装面料等。

十二、按织物后整理工艺分类

纺织织物按后整理工艺分类，可分为磨毛、拉绒、割绒、轧光、电光、轧纹、增白、上浆、免烫、水洗、砂洗、石磨、涂层、绣花、烂花、剪花、轧花、轧皱、起皱、褶皱、植绒、滴塑、发泡印花、绒线绣、绳带绣、亮片绣、珠绣、贴花、贴布绣、绗缝绣、无针刺绣、立体刺绣、扳网、缉线、转移印花、烫金、手绘、扎染、蜡染、压烫、黏合、打孔、镂空绣花、撕破、毛边、拼接、缝缀、激光、簇绒、数码印花和几种起花工艺相结合的织物等。

理论知识及专业知识——

服装面料

教学内容： 1. 棉麻织物，常用的棉麻织物的名称、特点及在服装中的应用。如平布、府绸，卡其、斜纹布，平绒、灯芯绒，绉布、泡泡纱，牛津纺、青年布，提花布、烂花布等。

2. 毛织物，常用毛织物的名称，特点及在服装中的应用等。如精纺毛织物，凡立丁、派力司、哔叽、华达呢、啥味呢；粗纺毛织物，麦尔登、法兰绒、制服呢、海军呢、大衣呢等。

3. 丝织物，传统丝织物大类织物名称介绍，如纺、绉、绸、缎、锦、罗、纱、绫、绢、绡、呢、绒、绨、葛、绢丝织物等。

4. 化纤织物，包括中长纤维织物，变形纱织物，仿毛织物、仿丝织物、仿纱织物、人造麂皮织物、人造毛皮织物的一些品种。

5. 其他服装面料，介绍一些针织物的面料，如汗布、棉毛布、卫衣布，针织弹力呢、纬编涤盖棉等；一些民族服装面料，如靛蓝花布、蜡染花布、壮锦、傣锦、苗锦、哈达、氆氇、高山花布、舒库拉绸等。

建议课时： 4课时。

教学目的： 让学生具体了解不同面料的名称、特点、种类和应用。掌握面料的特征和变化方法。

教学方式： 可作资料查询翻阅。

教学要求： 1. 熟悉不同面料的名称。

2. 辨认不同名称的面料。

3. 了解不同面料的特点和应用。

第四章　服装面料

第一节　棉麻织物

一、棉织物

棉织物是指以棉纱、线为原料的机织物，统称棉布。棉布的品种十分丰富，自从化学纤维问世以后，更增加了一些棉与化学纤维混纺或交织的品种。

（一）平纹类

1. 平布

平布是一种平纹组织的棉织物。

（1）特点。特点是经纱和纬纱的特数相等或相近，经密和纬密也相等或相近。

（2）种类。平布分为粗平布、中平布和细平布。

粗平布用32tex以上（18英支以下）较粗的棉纱作经纬纱织成，又称粗布。布身粗厚、结实、坚牢，用作衬料或印染加工后制作风格粗犷的服装；中平布用22～30tex（26～20英支）的中号特棉纱作经纬纱织成，称市布或细布。厚薄中等、坚牢，多用作衬料、袋布等辅料，或经印染加工成各种漂白布、色布等制作服装；细平布用19tex以下（30英支以上）较细的棉纱作经纬纱织成。布身细薄，加工成各种漂白布、色布和印花布等，适宜作衬衫等服装。

此外，用15tex以下（40英支以上）棉纱制织的平布也称细纺，布面细洁光滑，是较好的衬衫面料，穿着柔滑、舒适。用低特（高支）棉纱制织的稀薄平纹组织织物，称为玻璃纱或巴厘纱，经纬纱线采用强捻纱，故透气性好，特别适宜于制作夏令服装。

（3）应用。平布种类多，厚薄跨度大，适用制作多种服装。

2. 府绸

府绸也是一种平纹棉织物，是棉布类中的一个重要品种。

（1）特点。织物具有布身紧密、布面匀净、织纹清晰、滑爽柔软、有丝绸感等特性。织物表面有明显、匀称、由经纱凸起部分构成的菱形颗粒。

府绸与细布相比，经向较紧密，经、纬密度的比例为2：1。府绸采用条干均匀的经纬纱线，织成结构紧密的坯布，再经烧毛、精练、丝光、漂白和印花、染色、整理而成。府绸所用的纱支都在19tex以下（30英支以上），最细的纱支可达5.8tex以下（100英支以上），故手感细腻柔软，光泽丰润，质地挺括，穿着舒适透气。缺点是府绸经纬密度相差较大，故经纬向强力不平衡，穿旧后会出现纵向裂痕。

（2）种类。府绸以经纬纱原料分，有全纱府绸、全线府绸、半线府绸等，如纱府绸有18.2tex × 18.2tex（32英支 × 32英支），19.4tex × 14.6tex（30英支 × 40英支），14.6tex × 14.6tex（40英支 × 40英支）等规格；线府绸有7.3tex × 2 × 7.3tex × 2（80英支/2 × 80英支/2），5.8tex × 2 × 5.8tex × 2（100英支/2 × 100英支/2），4.9tex × 2 × 4.9tex × 2（120英支/2 × 120英支/2）等规格；半线府绸有13.9tex × 2 × 17.1tex（42英支/2 × 34英支），13.9tex × 2 × 27.8tex（42英支/2 × 21英支）等规格。

以纺纱工艺分，有普通府绸14.6tex［以（40英支）左右的单纱为主］、半精梳府绸［经纱用高支纱，纬向用14.6tex（40英支）左右的单纱］、精梳府绸［经、纬都用7.3tex（80英支）的细特纱］。

以织造花式分，有隐条隐格府绸、缎条缎格府绸、提花府绸、色织府绸、彩条彩格府绸、闪色府绸等；以印染加工分，又有漂白府绸、杂素色府绸、印花府绸等；有些品种还经树脂等特殊处理，具有防雨、免烫、防缩等功能。

（3）应用。府绸是较好的衬衫面料，也可以作外衣等服装，还可以作绣花的底布。经树脂处理过的府绸，广泛用于羽绒服装面料、防雨服装面料等。府绸是棉织物的一个品种，现也有以涤棉混纺为原料的。

3. 罗缎

罗缎也是平纹棉织物的一种，是比较好的外衣面料。

（1）特点。罗缎布面呈横条罗纹，因布面光亮如缎而称罗缎。

（2）种类。织物紧密厚实，一般采用经重平组织或小提花组织，多以13.9tex × 2（42/2英支）双股线作经线，27.8tex × 3（21/3英支）三股线作纬线织成。由于纬线大大粗于经线，因此，布面呈现明显的横向条纹。罗缎坯布需经漂练、丝光、染色或印花、整理加工。

如采用9.7tex × 2（60英支/2）和27.8tex × 2（21英支/2）精梳烧毛线作经纬，称为四罗缎或丝罗缎。丝罗缎织物结构更为紧密，布面更为光洁，但经线易断裂。如采用涤纶混纺纱线，则可避免这一缺点。

（2）应用。罗缎质地厚实，手感平挺光滑，适宜作男女外衣等服装。

4. 麻纱

麻纱也是平纹棉织物的一种，多采用平纹变化组织，是布面纵向有细条织纹的轻薄棉织物。

（1）特点。麻纱因挺爽如麻而得名，是夏季衣用的主要品种之一，有风凉透气的特点。麻纱大多用纯棉纱制织，也有用棉麻、涤麻、涤棉混纺纱制织的。

（2）种类。麻纱按组织结构可分为普通麻纱和花式麻纱。普通麻纱一般采用变化平纹组织——纬重平组织。经纬纱采用13 ~ 18tex（45英支 ~ 32英支），纬密比经密高10% ~ 15%，布面经向有明显的直条纹路。经纱捻度较一般平布经纱捻度高10%左右，可使织物挺而爽；经纱和纬纱的捻向必须相同，使织物表面条纹清晰；花式麻纱是利用织物组织的变化或经纱用不同的特数和经纱排列的变化来织成的。有变化麻纱、柳条麻纱、异经麻纱等。变化麻纱包括各种变化组织，特点是纹路粗壮突出，布身挺括。柳条麻纱的经纱排列每隔一定的距离有一空隙，特点是布面呈现细小空隙，质地细洁、轻薄、透凉、滑爽。异经麻纱以单根经纱和不同粗细的双根经纱循环间隔排列，特点是布面条纹更为清晰突出。

麻纱有漂白、染色、印花、提花、色织等多种品种。

（3）应用。麻纱由于织物组织和纱线排列的方式，以及密度小捻度高等因素使布面呈现高低不平的细条纹，并散布着许多清晰的空隙，因而有穿着不贴身、凉爽、透气的特点，特别适宜于夏令衣用，是男女衬衫、儿童衣裤、裙子等的合适面料。

平纹组织棉织物如图4-1所示。

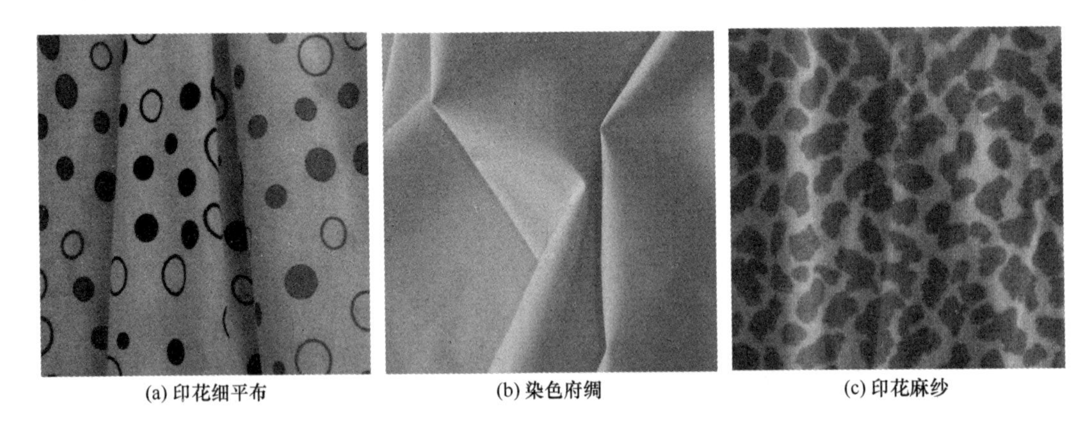

(a) 印花细平布　(b) 染色府绸　(c) 印花麻纱

图4-1　平纹组织棉织物

（二）斜纹类

1. 斜纹布

斜纹布是织物组织为二上一下斜纹，45° 左斜的棉织物。

（1）特点。正面斜纹纹路明显，反面则不甚清晰。织物用单纱制织，经纬纱特数相近，经密略高于纬密，手感比卡其柔软，吸湿、透气，但布面光洁度、挺括度不及卡其。

（2）种类。斜纹布分粗斜纹和细斜纹。粗斜纹布用32tex以上（18英支以下）棉纱作经、纬纱；细斜纹布用18tex以下（32英支以上）棉纱作经、纬纱。

（3）应用。斜纹布有本色、漂白、杂色多种，常用作制服、运动服等服装面料。也可作运动鞋的夹里和服装的衬垫料。本色和杂色细斜纹经电光或轧光整理后，布面光亮，可作服装夹里。

2. 卡其

卡其是斜纹组织棉织物中的一个重要品种。刚开始多用于军装，用一种名为“卡其（khaki）”的矿物染料染成类似泥土的保护色，后遂以此染料名称统称这类棉布。

（1）特点。卡其织物结构紧密厚实、坚牢耐磨、平整挺括，纹路明显陡直，经密往往是纬密的1倍以上，密度是斜纹织物中最大的一种。因此，在染色时不易渗透，常摩擦之处易发白，折边处易磨白折断。民用卡其除土黄色外，还染成灰、蓝、棕等颜色。

（2）种类。卡其品种有双面卡、单面卡、线卡、纱卡之分。双面卡采用二上二下斜纹组织，经纬密度大，结构紧密，正反面斜纹纹路都很明显，但不凸起，手感比较硬挺。单面卡一般采用三上一下或二上一下的斜纹组织，经纬密度大，正面斜纹纹路明显并稍凸起。此外，还有采用变化斜纹组织织造双纹卡其、人字卡其等。线卡分全线卡和半线卡，布面斜纹方向大多是右斜纹，全线卡为9.7tex×2×9.7tex×2（60英支/2×60英支/2）、7.3tex×2×7.3tex×2（80英支/2×80英支/2）线经线纬交织，半线卡为13.9tex×2×27.8tex（42英支/2×21英支）、16.2tex×2×24.3tex（36英支/2×24英支）线经纱纬交织。纱卡大多是左斜纹，以48.6tex × 58.3tex（12英支 × 10英支）、29.2tex × 41.7tex（20英支 × 14英支）单纱作经、纬。化纤织物问世后，用化纤混纺纱织造的涤棉卡其，更具有挺括、耐穿、免烫等优点。经过不同后整理工艺处理的有闪光卡、防雨卡、磨绒、水洗卡其等。

（3）应用。卡其在服装中运用十分广泛，适合于各种年龄层次和性别的人穿着，特别适宜于各种外衣，如外套、夹克、风衣、裤装等。经水洗和磨绒等工艺处理的卡其，具有十分舒适柔软的手感、柔和细腻的外观，吸湿性和抗皱性能都有很大提高。

3. 棉哔叽

哔叽是毛织物中的一个品种，以棉或棉混纺纱为原料织造的哔叽称棉哔叽，组织结构与毛哔叽相似。

（1）特点。哔叽是斜纹组织中密度较小的一种，经纱和纬纱密度比较接近，经密略大于纬密，斜纹角度略大于45°，多采用二上二下斜纹组织。哔叽由于密度比较小，表面光洁平整，纹路较宽且平坦，结构较为疏松柔软，手感柔糯舒适，悬垂性好。

（2）种类。哔叽有线哔叽与纱哔叽之分。

（3）应用。线哔叽正面为右斜，经染色加工可作各类男女服装；纱哔叽正面为左斜纹，经印花加工，风格非常独特，可作女装、时装和各种童装等。印有民族风格图案的纱哔叽制作的时装，有一种特别的韵味。

4. 棉华达呢

华达呢也是毛织物的一个品种，以棉为原料的华达呢是仿毛风格的棉织物。

（1）特点。棉华达呢是斜纹棉织物中的一个重要品种，它的经纬密度、柔软性、挺括性等在卡其和哔叽之间。组织多为二上二下斜纹，单面华达呢采用二上一下斜纹组织，斜纹角度为63°左右的急斜纹。棉华达呢坯布需经丝光、染色等整理加工工艺。华达呢呢面平整光洁，纹路清晰细致，手感挺括结实，色泽柔和，多为素色，也有闪光和夹花的。

（2）种类。华达呢也有全线和线经纱纬两类。

（3）应用。华达呢外观平整，手感厚实，软硬适中，适用于外衣等服装。

斜纹组织棉织物如图4-2所示。

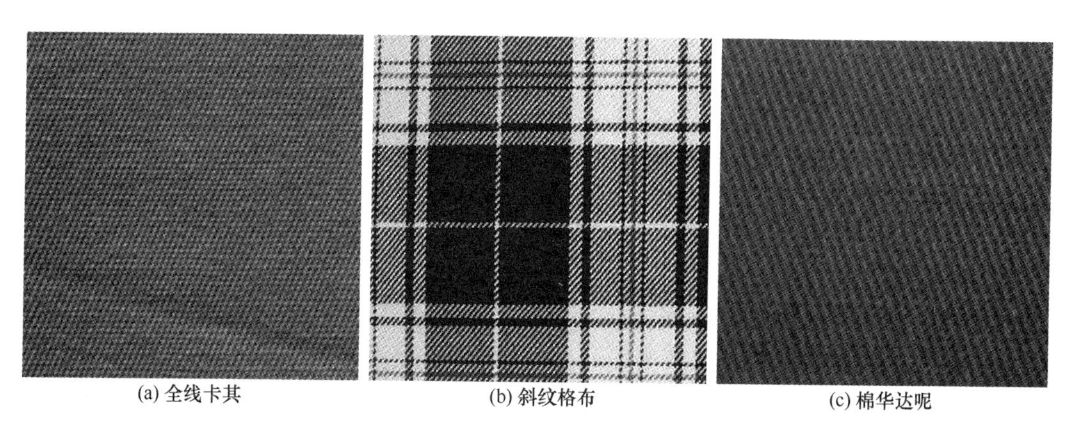

(a) 全线卡其　(b) 斜纹格布　(c) 棉华达呢

图4-2　斜纹组织棉织物

（三）缎纹类

横贡缎是一种纬面缎纹组织的棉织物。

（1）特点。横贡缎织物结构紧密，经纬纱交织点较少，纬纱在织物表面浮长较长，布面大部分由纬纱所覆盖。横贡缎的纬密大于经密，纬密和经密的比值为5∶3。纬密的选择应使纬纱排列紧密，无明显间隙，保持布面匀整细致。横贡缎一般选用优质细支棉纱作经纬，织物组织为5枚3飞纬面缎纹。横贡缎质地柔软，富有光泽，布面光滑细洁，手感柔滑丰满，是棉织物中的优秀品种。

（2）种类。横贡缎有印花和杂色两类。织造后经染色或印花，再经轧光、电光整理。也可加以树脂整理，增加防皱和防缩性能。

（3）应用。横贡缎织物精细光滑，有绸缎般漂亮的光泽，常用于各类女装，其质地柔滑悬垂性好，更适合于各类裙装。横贡缎具有漂亮、柔滑、舒适的穿着性能，也常应用于高档的男女睡衣中。横贡缎浮长较长，容易勾丝起毛，经电光整理，有很大改善。

缎纹组织棉织物如图4–3所示。

(a) 印花横贡缎

(b) 染色直贡呢

(c) 印花横贡缎

图4–3 缎纹组织棉织物

（四）起绒类

1. 平绒

平绒是指用经纱或纬纱在织物表面形成紧密绒毛的棉织物。

（1）特点。平绒布身厚实，绒面柔软，绒毛短而稠密，不易倒伏，光泽柔和，富有抗皱性，保暖性好，经染色或印花后，外观华丽。平绒熨烫时要垫水布，不要过分用力，烫后要刷毛。尽量避免用力揉搓。

（2）种类。平绒按加工方法分有割纬平绒和割经平绒两类。传统方法以割纬平绒为主，割纬平绒以一组经纱和两组纬纱交织而成，再经割绒、退浆、烧毛、反复刷毛、煮练、染色或印花最后拉幅、上光而成成品。割经平绒由两组经纱，一组纬纱交织而成。若起绒经纱用丝光棉，则成品为丝光绒。丝光绒绒毛光亮耀眼，华丽平坦，有非常好的外观效果。

（3）应用。平绒是棉布类的高档面料，常用来作春秋季或冬季的女装面料，有温和优雅的风格；还有作鞋帽、包袋、沙发套、窗帘等面料的。丝光绒较平绒有更强的装饰性。

2. 灯芯绒

灯芯绒是指割纬起绒、表面形成纵向绒条的棉织物。因绒条像一条条灯草芯，所以称为灯芯绒。

（1）特点。灯芯绒质地厚实、保暖性好，光泽柔和，手感柔软舒适，风格淳朴粗犷，种类较多，是传统品种，又是经常流行的时尚面料。

灯芯绒是由一组经纱、两组纬纱，按不同的地组织和固结方法交织而成，织物表面呈现或宽或窄的条状浮纱，再用割绒机割绒后，经碱处理、退浆、刷绒、烧毛、练漂、染色或印花、拉幅、后刷绒、上光处理等整理工艺完成。

灯芯绒洗涤时注意不要用热水烫、硬搓、敲打，以免脱绒；也不要熨烫，以免倒绒。另外，在裁剪时，要注意绒毛的倒顺方向等。

（2）种类。灯芯绒的品种很多，通常按绒条粗细分，2.54cm（1英寸）宽的织物中有19条的称为特细条，14～19条的称为细条，9～14条的为中条，6～9条的为粗条，6条以下的为阔条。也有粗细条间隔、部分条纹不割绒、或将绒条偏割，形成绒毛一高一低的各类品种。提花灯芯绒是利用提花的方法在地组织上呈现几何形花纹的条形绒毛。

灯芯绒有印花、提花、色织、素色等品种。

（3）应用。灯芯绒品种较多，花色丰富，有的细腻如平绒，有粗放如粗呢；有柔嫩的浅色，浪漫的印花，还有层次丰富的色织灯芯绒等，因此适用的服装面料很多。从休闲的夹克到精做的西装，从男式猎装到婴儿的宝宝服等，无论男女老幼，春秋隆冬，灯芯绒都是很好的服装面料。经各种后整理工艺处理的灯芯绒，更有时尚的外观和舒适的穿着性能。

3. 绒布

绒布是指经过拉绒后表面呈现丰润绒毛的棉织物。

（1）特点。绒布布身柔软，穿着贴体舒适，保暖性好。绒布起绒是靠拉绒机的钢针尖多次反复作用在坯布布面上，拉起一部分纤维形成绒毛。绒毛要求短、密、匀。印花绒布在印花之前拉绒，漂白与杂色绒布则在最后拉绒。绒布坯布所用的经纱宜细，纬纱宜粗且捻度要少；经密较小，纬密较大，以使纬纱浮于织物表面，有利于纬纱形成丰满而均匀的绒毛。绒布经拉绒后，纬向强力损失较大，因此需掌握好棉纱的质量和拉绒的工艺。

（2）种类。绒布分单面绒和双面绒两种，单面绒组织以斜纹为主，又称哔叽绒；双面绒以平纹为主，正反双面起绒，并以短密绒毛一面为正面。

绒布又有印花绒布和色织绒布之分。还有本色绒、漂白绒、杂色绒、芝麻绒等。

（3）应用。绒布由于其柔软、温暖、舒适、贴身的特性，特别宜作冬季的睡衣衫裤面料。色织条格绒布是朴素自然风格的衬衣、外套的合适面料。印有动物、花卉、童话故事图案的绒布又称蓓蓓绒，是孩子们喜欢的服装面料。绒布是穿着性能非常好的棉织物品种，直到今天仍受到众多人的喜欢。

绒类棉织物如图4-4所示。

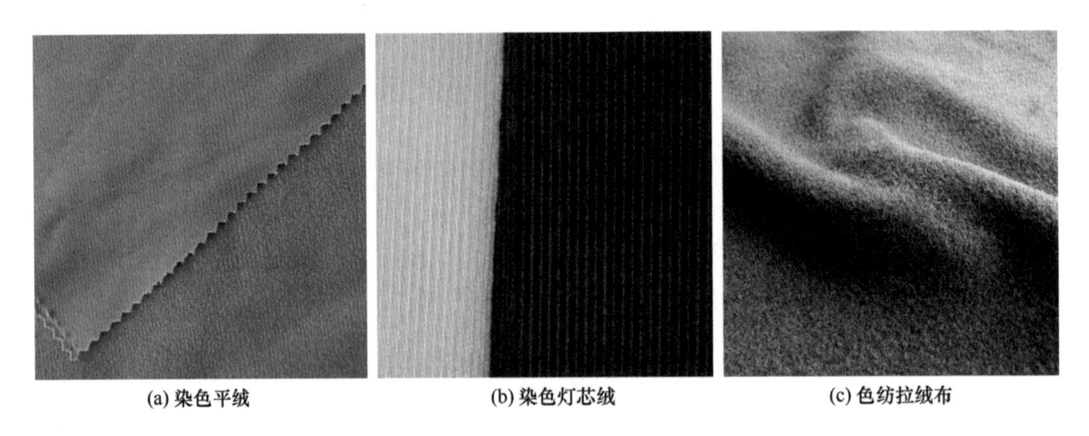
(a) 染色平绒　(b) 染色灯芯绒　(c) 色纺拉绒布

图4-4　绒类棉织物

（五）起绉类

1. 绉布

绉布是指表面具有纵向均匀绉纹的薄型平纹棉织物，又称绉纱。

（1）特点。绉布手感挺爽、柔软，纬向具有较好的弹性。绉布所用纱线较细，一般多在14.6tex以下（40英支以上），质地轻薄。绉布所用经纱为普通棉纱，纬纱则是经过定型的强捻纱。织成坯布后经过烧毛、松式退浆、煮练、漂白和烘干等前处理加工，使织物经受一定时间的热水和热碱液的处理，纬向收缩（约在30%左右）而形成全面均匀的绉纹，然后染色或印花，有的还进行树脂整理。

（2）种类。绉布有漂白绉布、染色绉布和印花绉布等。除此之外，还可将织物在收缩前先通过轧纹起绉处理，然后再加以松式前处理和染整加工，这样可使布面绉纹更加细致均匀和有规律，制成各种粗细直条形绉纹的绉布。另外，纬向还可利用强捻纱与普通纱交替织入，制成有人字形绉纹的绉布等。

（3）应用。绉布由于轻薄挺爽，最多用于夏季的各种服装，如衬衫、裙料、睡衣裤、浴衣等。其吸湿性、透气性好，出汗不易贴身，凉爽舒适，适合于夏令衣着的要求。其风格自然，绉纹外观独特，受到现代人的青睐。

2. 泡泡纱

泡泡纱是指布身呈凹凸状泡泡的薄型棉织物。

（1）特点。穿着舒适透气，布面富有立体感，穿着不贴身，凉爽随便，洗后不需熨烫，是夏令衣着用料的畅销品种。

（2）种类。泡泡纱由于加工方法的不同，分以下三类。

①机织方法泡泡纱。是指织造时采用地经和起泡经两只不同的经轴，起泡经纱线较粗，送经速度比地经快约30%。由于经纱张力的不同，织出的坯布形成条纹状的凹凸泡泡，再经松式整理，即成机织泡泡纱。机织泡泡纱以色织的条格花纹较多。

②化学方法泡泡纱。是将染色印花后的棉布，用氢氧化钠糊印花，再经松式洗烘，织物上受氢氧化钠作用的部分收缩，未印到部分不收缩，布身遂形成凹凸状的泡泡。同理，可制成与印花图案相对应的泡泡和着色泡泡等不同大小、形状、色泽泡泡的印花泡泡纱。

③利用纤维的不同收缩性能织造的泡泡纱。比如，采用涤纶与棉，在织物经向和纬

向间隔排列织造，用氢氧化钠溶液进行处理，由于棉比涤纶的收缩大，使布身形成凹凸状的泡泡。又如利用高收缩涤纶与普通涤纶，进行间隔排列织造，用热处理加工，由于两种纤维受热缩率不同，而使布身形成凹凸状的泡泡。再如，在织物的纬向间隔加入氨纶包芯纱，整理后形成有弹力和皱缩的泡泡纱。泡泡纱有漂白、素色、印花和色织等多种。

（3）应用。泡泡纱是人们夏季喜欢的服装面料之一，常用来制作童装、女衫、衣裙、睡衣裤等。纱支较粗的泡泡纱还可用来制作床罩、窗帘等。

3. 轧纹布

经过特殊整理，布面呈现凹凸花纹的薄型棉布，又称凹凸轧花布、浮雕印花布等。

（1）特点。花纹富于立体感，有一定的耐洗性，穿着挺爽舒适，宜作夏季衬衫、衣裙等。轧纹布的整理方法是：将印染加工的棉布浸轧树脂溶液，经预烘后，用轧纹机轧压，再经松式焙烘固着，即成为具有凹凸花型的轧纹布。轧纹布与泡泡纱有异曲同工的效果，工艺较简便，但耐洗性不如泡泡纱。

（2）种类。轧纹布也有漂白、色布和印花布等。如果在轧压的同时印以涂料，可产生着色轧纹布；用滚筒印花铜辊刻成凹纹花型与光面橡胶辊筒轧压的轧纹布又称拷花布。

（3）应用。轧纹布主要也是用于夏令衣料，吸湿透气不贴身。但多次洗涤后轧纹会渐渐平坦，所以洗涤时不要用热水泡烫，也不要用力搓洗。

起绉类棉织物如图4-5所示。

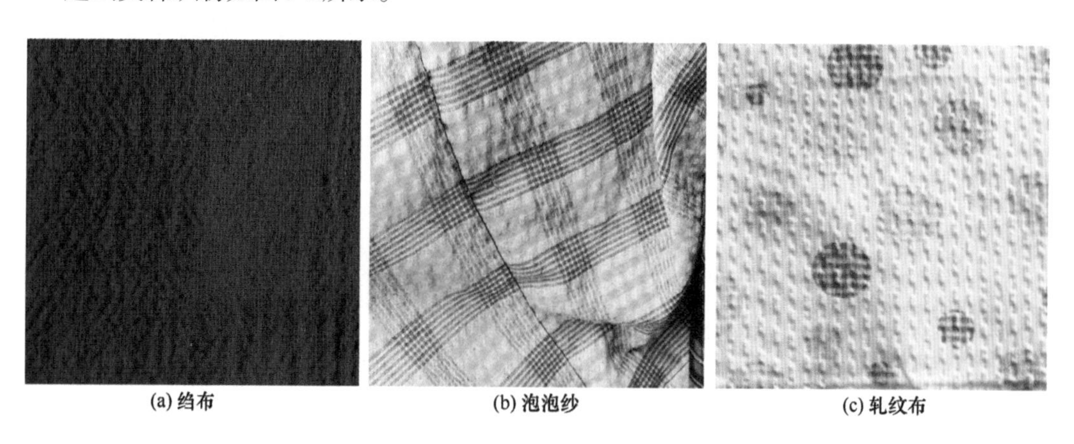

(a) 绉布　　(b) 泡泡纱　　(c) 轧纹布

图4-5　起皱类棉织物

（六）色织布类

色织布是指用染色纱线织成的棉织物。可以通过变化经纬纱的交织方式，配合不同的色泽，交织出多种花纹图案和色彩的产品。有线呢、劳动布、彩格绒、青年布、被单布、各种大小提花布等。加入合成纤维的色织布有涤棉细特府绸、中长花呢等。

1. 劳动布

劳动布是指质地紧密、坚牢耐穿的粗斜纹棉织物，又称坚固呢、牛仔布。

（1）特点。劳动布织物厚实，强力高，耐摩擦，有弹性，穿着不贴身，吸湿透汗，耐穿耐脏，风格自然朴实，粗犷随意，常被用来作为劳动服装、休闲服装的面料。经纬纱常用粗特纱［36.4～97.2tex（16～6英支）棉纱］，经纱用靛蓝或硫化蓝染成藏蓝色，纬纱用本白色，织物具有越洗越清爽的特点。织物组织多用经面斜纹或乱斜纹，织物正面经浮点多，呈藏蓝色，反面纬浮点多，呈本白色。劳动布一般都经防缩处理，以减少缩水率。

（2）种类。劳动布由于其随意的风格和耐穿的性能，受到了现代人广泛的青睐，在世界各国流行经久不衰，品种也越来越丰富。为了适应四季穿着，劳动布的纱线线密度从粗特发展到各种特数，甚至出现了细特纱劳动布；为了变化穿着性能，劳动布由全棉发展到棉经弹力纱纬、棉经细丝纬、棉经黏胶纬、棉经变形纱纬等多种原料交织的品种；花色也从单一的藏蓝色发展到元色、咖啡色等，反面色彩更是多样，出现了各种彩色的劳动布；更有印花劳动布、色织彩条劳动布、提花劳动布等新品的问世；后整理工艺从单纯的防缩发展到石磨、水洗、柔软和各种整旧、各种风格的化学处理等，使劳动布从外观到内在穿着性能都发生了很大的变化，越来越符合现代人的穿着要求。

（3）应用。劳动布最初以劳动防护服装的面料出现。随着人们穿着观念的变化和劳动布的优点被强化，该织物成为世界流行服装面料的热点，并有不断扩大的趋势。现代人不但将劳动布制成各种休闲服，还制作成各种时装；不仅是男士们的专利，还受到不少女士的倾慕；不仅是生性活泼好动的青年人喜欢的服装面料，也是不少中老年人重现青春活力装束的最好面料；不仅大人们爱穿牛仔服装，连孩子们都喜欢。劳动布有一种独特的魅力和帅气，适合作夹克、风衣、裤子、衬衫、裙装等不同的服装。

2. 牛津布

牛津布起源于英国，是以牛津大学命名的传统精梳棉织物，又称牛津纺。

（1）特点。牛津纺采用较细的精梳细特纱线作双经，与较粗的纬纱以纬重平组织交织而成，色泽柔和，布身柔软，透气性好，穿着舒适，多用作衬衣、运动服和睡衣等。

（2）种类。产品品种花色较多，有素色、漂白、色经白纬、色经色纬、中浅色条形花纹等。也有用涤棉纱织造的。

（3）应用。牛津纺经常应用于男士衬衫。

3. 青年布

青年布是指用单色经纱和漂白纬纱，或用漂白经纱和单色纬纱交织而成的棉织物。因适宜作青年人的服装而得名。

（1）特点。青年布以平纹组织为主，经纬异色、厚薄中等，穿着舒适。

（2）种类。经纬纱大都采用18.2～36.4tex（32～16英支）中特棉纱。色泽以中浅色居多，即使用深色棉纱织造，由于经纬向有一向采用漂白棉纱，故交织的布面仍呈现中色。织物质地滑爽柔软、色光柔和，风格素雅，是具有较好外观和服用性能的衣着用料。如经防缩整理，缩水率能控制在3%以内。

（3）应用。青年布常用来制作衬衫和风格随意的外衣等，也有用作夏季学生校服面料的。

4. 缎条府绸

缎条府绸是指以平纹组织为底，部分条纹以缎纹组织配置的高档细腻的色织物。

（1）特点。织物经向一般采用色纱，而纬向则以白纱为多，组织以平纹和缎纹间隔排列，纱线多以经向13.9tex×2（42英支/2），纬向27.8tex（21英支）单纱配置。织物密度较高，特别在缎条部分，密度往往比地部高出三分之一，因此缎纹紧密、光滑、凸起，有较好的光泽和立体感。织物柔软、光洁、细腻，具有较好的服用性能。

（2）种类。缎条府绸有深色地彩色缎条府绸和浅色地彩色缎条府绸等。

（3）应用。色织缎条府绸外销较多，常用来制作各种贴身穿用的服装。

5. 线呢

线呢是用染色纱线织造，外观类似呢绒的棉织物。

（1）特点。线呢织物手感厚实，质地坚牢，品种较多，适宜于春秋和冬季的外衣等服装。制织线呢的经纱和纬纱，有单色股线、花色股线（用两根或多根不同颜色的单色纱加捻而成的纱线）、花色线（带有结子、疙瘩、毛圈、断丝等各种外观特征的纱线）、色纺线（用几种染色纤维混合纺制的纱线）等。

线呢的组织可采用平纹、斜纹、缎纹及其变化组织、联合组织和提花组织等。利用不同色彩、外观的纱线和织物组织的变化，可设计制织多种色泽、花型和风格的产品。

（2）种类。如果经向和纬向都用股线织造的线呢织物叫作全线呢；经向用股线，纬向用单纱的叫作半线呢。按服用对象不同，可分为男线呢和女线呢。

随着化学纤维的发展，已经广泛采用棉型和中长型的涤纶、腈纶、黏胶纤维纱线，以及膨体纱、变形纱、金银丝等织造各种线呢，有涤/棉花呢，涤/黏和涤/腈中长纤维花呢以及纯涤纶花呢等。

（3）应用。线呢织物品种较多，是花色类外衣服装面料，广泛应用于各种服装。

色织棉织物如图4-6所示。

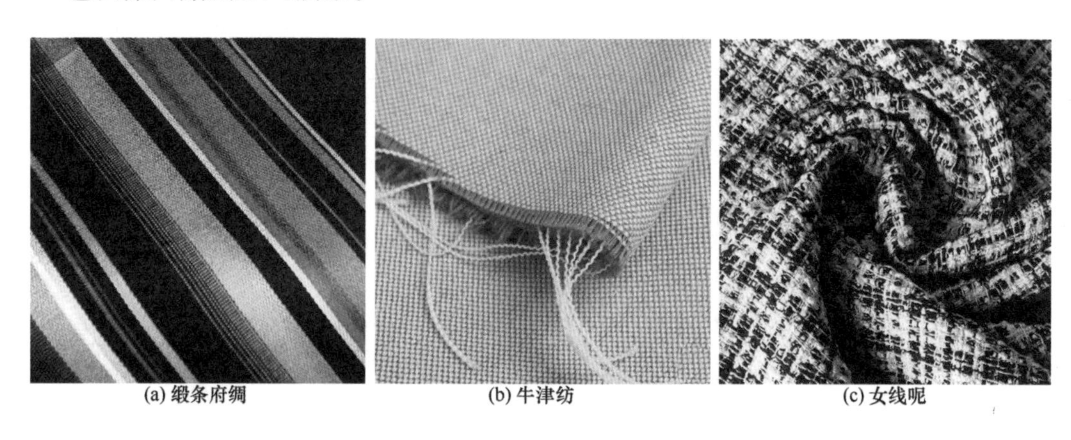

(a) 缎条府绸　(b) 牛津纺　(c) 女线呢

图4-6　色织棉织物

（七）其他棉织物

1. 提花布

提花布是一种有织纹图案的棉织物，有白织和色织之分。

（1）特点。提花布由于是经纬纱线上下运动形成的花纹图案，所以图案立体感强。

（2）种类。提花布的图案分大提花和小提花（小花纹）两种，大提花的图案有花卉、龙凤、动物、山水、人物等，在织物的全幅中有独花、两花、四花或更多的相同花纹，采用提花机织造，经纱循环数从几百根到千根以上。小提花图案多为点子花或小型几何图案，用多臂机织造，由于受综页的限制，织成的花纹较为简单。

（3）应用。提花布根据不同的品种特征可供不同的用途。一般提花布用作装饰的较多，提花府绸、提花麻纱、提花线呢等则多用于服装。

2. 网眼布

网眼布是有网眼形小孔的棉织物，有白织和色织，也有大提花，可织出繁简不同的图案。

（1）特点。透气性好，经漂染加工后，布身挺爽，特别适宜于夏季服装。网眼布用纱一般比较细，全纱网眼布用13～14.6tex（45～40英支）纱，全线网眼布用9.7tex×2～13tex×2（60英支/2～45英支/2），也有用纱和线交织的，可使布面花型更为突出，增强外观效应。

（2）种类。网眼布有用绞经法制织的真纱罗组织织物，布面网眼清晰，结构稳定，称为纱罗。另一种是利用提花组织和穿筘方法的变化，织出布面有小孔的织物，生产比较简单，但网眼结构不稳定，容易移动，所以也称假纱罗。网眼布除了全棉的之外，也有棉混纺和纯化纤原料的织物。

（3）应用。网眼布稀、薄、透、爽，多用于夏季服装中。

3. 烂花布

烂花布指表面具有半透明花纹图案的，轻薄漂亮的，经烂花工艺处理的织物。

（1）特点。烂花布具有较好的透气性，尺寸稳定，挺括坚牢，快干免烫，有较强的装饰性。烂花布通常用涤纶长丝为芯线，外包棉纤维的包芯纱，织成织物后用酸剂制糊印花，经烘干、蒸化，使印着部分的棉纤维水解烂去，经过水洗，呈现出只有涤纶的半透明花型。在加工过程中还可以结合印花、轧花工艺，生产出多种风格和花型层次的烂花布。

（2）种类。烂花布的坯布除了涤/棉织物之外，还有涤/黏、涤/麻等包芯纱的织物。

（3）应用。常用作装饰面料，也作衬衣、裙装等装饰性强的女装面料；还可经刺绣、抽纱等加工，使产品更显高贵、美观。

4. 涤棉布

涤棉布指涤纶短纤和棉混纺纱线织制的各种织物。

（1）特点。具有外观挺括、耐穿、耐用、尺寸稳定、易洗快干等优点，但吸湿性与透气性较纯棉织物稍差。

涤棉混纺最常用的比例是65/35，也有50/50、35/65、80/20等。棉的成分越高，织物的吸湿性等舒适性能越好；涤的成分高，则织物越挺滑，不易褶皱等。混纺比例可按服装的要求而定。当今人们的服装越来越追求穿着的舒适性，但又要有比较平挺光滑的外观，因此，倒比例的涤棉混纺织物受到欢迎。常用的13tex（45英支）涤棉混纺纱一般采用1.5旦、38mm的涤纶切断纤维做成条子与精梳棉条混并纺制。

（2）种类。涤棉织物有卡其、府绸、平布、细纺、纱罗和色织产品等多种。

（3）应用。涤棉织物坚牢耐穿、平整挺括，适合各类服装。

其他种类棉织物如图4-7所示。

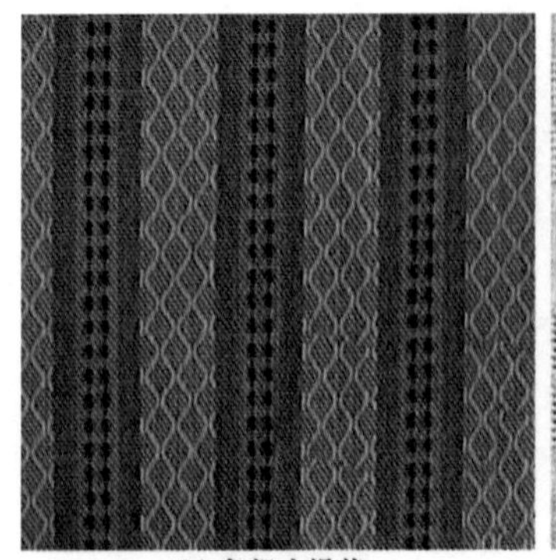
(a) 色织小提花

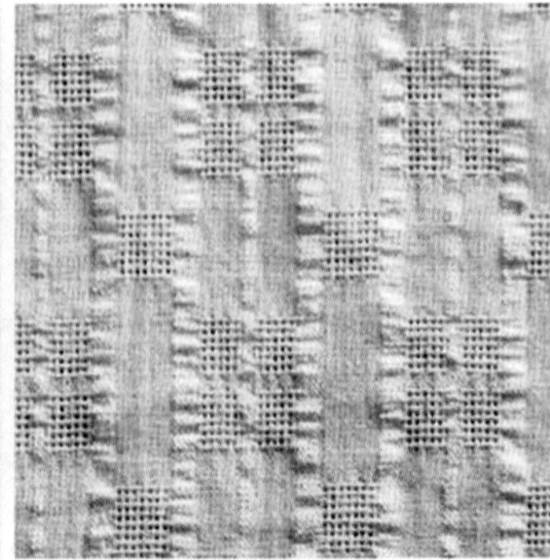
(b) 网眼泡泡纱

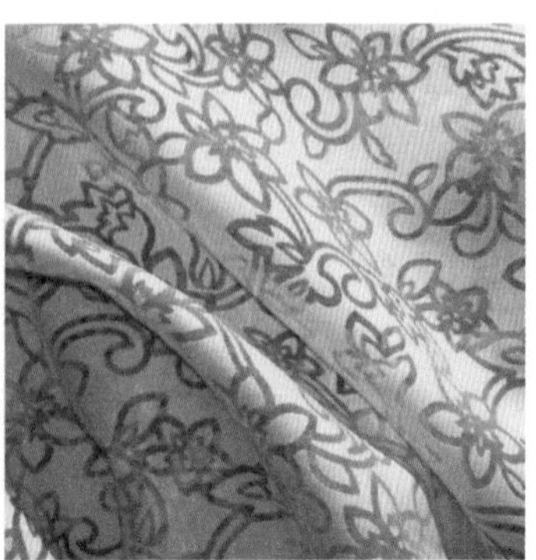
(c) 涤棉烂花布

图4-7 其他种类棉织物

二、麻织物

麻织物是指用麻纤维纺织加工成的织物，包括麻和化学纤维混纺和交织的织物。麻有苎麻、黄麻、亚麻、大麻等种类，其织物的用途各不相同。

麻织物大多具有吸湿、散湿速度快，断裂强度高，断裂伸长小等特性，穿着凉爽，出汗不贴身。麻纤维整齐度差，集束纤维多，成纱条干均匀度差，织物表面有粗节纱和大肚纱，而这种纱疵反倒构成了麻织物的独特格。有些仿麻织物还有意用粗节花色纱线织造，借以表现麻织物的特点。

麻纤维种类很多，但不是所有麻织物都可以作为服装面料的。

（一）黄麻织物

以黄麻及其代用品槿麻或苘麻纤维为原料的织物。

1. 特点

能大量吸收水分且散发速度快，透气性能良好，断裂强度很高，不霉不腐。

2. 应用

主要用作麻袋等包装材料和地毯底布等。由于黄麻纱线较粗，手感糙硬，一般不能用作服装面料。

（二）苎麻织物

以苎麻纤维为原料织成的织物。

1. 特点

具有吸湿、散湿快，光泽好，挺爽透气的特性，特别适用作夏季服装等面料。苎麻织物表面常有粗节纱、大肚纱，形成特殊风格。苎麻织物的断裂强度很高，湿强尤高，断裂伸长率极小，遇水后，纤维膨润性较好。苎麻织物的抗皱性和耐磨性差，折缝处易磨损，吸色性差和表面毛茸较多，若作为衣着和家用织物时，宜在使用前先预浆烫。

2. 种类

供衣着与家用的苎麻织物分为长麻织物与短麻织物两类，以长麻织物为主。

（1）长麻织物。以纯纺为主，大宗产品为27.8tex × 27.8tex（36公支 × 36公支）的平纹、斜纹或小提花织物，大多是漂白布，也有浅杂色和印花布。中国的抽绣品，常以苎麻织物为基布。也有纺纱特数为20.8tex（48公支）、16.7tex（60公支），甚至高达10tex以下（100公支）的精致的苎麻布，或采用未经缩醛的维纶与苎麻混纺，织成织物后再溶除维纶，制成细特精细的纯苎麻织物。还有苎麻、化纤混纺或交织的产品，如苎麻与涤纶混纺，既有苎麻凉爽透气的特性，又有涤纶耐磨、挺括的优点。

（2）短麻织物。用精梳落麻为原料，以混纺为主的织物，一般以苎麻和棉各50%混纺，制织55.6tex × 55.6tex（18公支 × 18公支）平布，专供缝制低档服装等。

苎麻短纤维也可与其他纤维混纺，制成风格粗犷的色织布等，用作外衣面料。

3. 应用

苎麻织物是麻织物中纱线较细的一种，而且布面富有光泽，服用性能好，在国际流行的麻织物中，苎麻及其混纺织物受到了普遍的欢迎。除了制作夏季的衬衫、裙装之外，它还可以制成各种时装，正规服装等。苎麻织物较硬的手感和容易褶皱的缺点，人们正想办法用混纺和改性的方法克服它。

（三）夏布

用手工把半脱胶的苎麻撕劈成细丝状，再头尾捻绩成纱，然后再织成窄幅的苎麻布，是中国的传统纺织品之一。因专供夏令服装和蚊帐之用而得名。

1. 特点

穿着时有清汗离体、透气散热、挺爽凉快的特点。

2. 种类

夏布历史悠久，品种和名称繁多。有淡草黄本色或经漂白的，也有染色和印花的；有仅头尾捻绩成纱而中段无捻度的，也有统体加捻甚至加强捻的。夏布以平纹组织为主，有的细致，有的粗糙，由手工操作者掌握。

3. 应用

20世纪以来，夏布的生产趋于衰落，但由于夏布的特性，仍受到人们的喜爱。我国江西、湖南、四川等地仍有手工生产的夏布，其精细度虽只能达到一般细布的水平。但夏布手工生产的工艺和朴素自然，粗犷原始的风格，在世界流行的回归浪潮中，又重新被人们所推崇。有的夏布加工成蓝印花布的风格，更强化了其浓郁的民族风格特色。

（四）亚麻织物

以亚麻纤维为原料的织物。现代胡麻、大麻等织物由于规格、特性、工艺相近，也归入这一类。

1. 特点

亚麻织物具有吸湿、散湿快，断裂强度高，断裂伸长小，防水性好，光泽柔和，手感较松软等特性，可作服装、装饰、国防和工农业特种用布。

亚麻织物的抗皱性、耐磨性差，折缝处易磨损，在穿着使用前宜先烫浆。由于亚麻纤维整齐度差，致使成纱条干不良，因此织物表面有粗、细条痕，甚至还有粗节和大肚纱，但这又是亚麻织物的一种独特风格。

2. 种类

亚麻织物有细布和帆布两大类。

（1）细布类。细布类织物以湿纺长麻纱为主制织，也有用优质的栉梳落麻或其他短麻，经精梳的湿纺短麻纱制织。中国生产的亚麻细布以纯纺为主，大宗产品有45.5tex×45.5tex（22公支×22公支）和52.6tex×52.6tex（19公支×19公支）纯亚麻布。色泽以漂白为主，也有浅杂色和印花布。白布主要作抽绣品的基布。此外，还有棉经麻纬交织布，涤纶和亚麻混纺的细平布等品种，穿着挺爽凉快，适宜作夏令服装等。还有干纺短麻166.7tex×285.7tex（6公支×3.5公支）平布和粗特棉经、干纺短麻纬交织的平布也属细布类，用作低档粗服装等。

（2）帆布类。以干纺短麻纱制织。大宗产品为166.7tex×285.7tex（6公支×3.5公支）帆布，用作防水帆布、帐篷布等。

3. 应用

亚麻手感比苎麻柔软，与棉交织成薄型的衬衫面料，穿着舒适，又有麻织物透气散湿的优点，是夏季理想的服装面料。亚麻与涤纶混纺制织成外观粗犷豪放的面料，在麻织物热潮中，成为外衣的流行面料。

（五）罗布麻织物

除了亚麻、苎麻常用于服装面料之外，还有罗布麻，它也可以织成非常好的服装面料。罗布麻是后起之秀，我国主要分布在淮河、秦岭一带，属于茎部韧皮纤维。它比苎麻、亚麻纤维更细更长，且具有光泽，由它纺织的面料更柔软、更细洁，而且还具有一定的保健作用，是很有发展前途的麻织物。

麻织物生产历史悠久，后逐渐被棉织物所替代。今天，人们又重新认识了麻织物的优良性能和独特外观之后，对改造麻织物倾注了很大的热情。从麻纤维纺织工艺开始，直到麻织物整理结束，试图从每道工序入手，克服麻织物的缺点，突出麻的优良风格。人们改进了纺纱工艺，运用混纺、交织、改性等各种方法，使麻织物的生产有了很大的拓展，产品的性能、风格有了很大的改善。

麻类织物如图4-8所示。

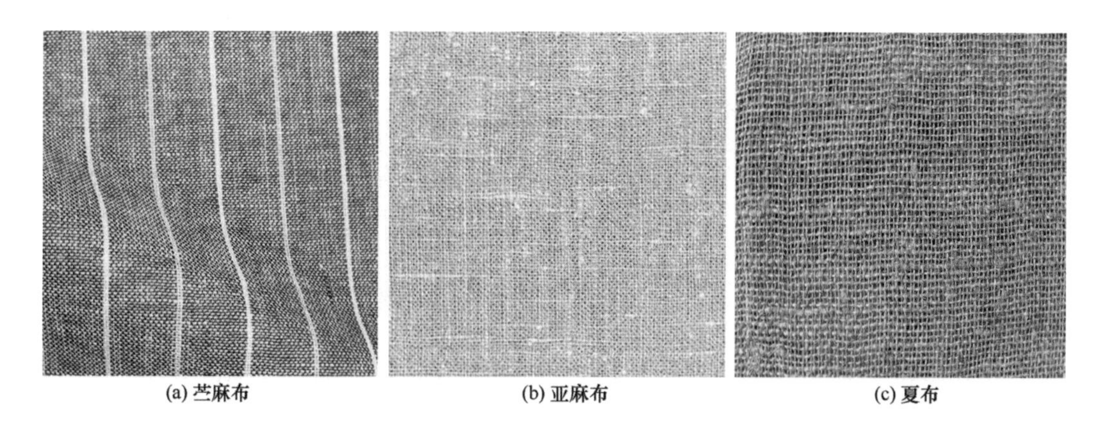

(a) 苎麻布　(b) 亚麻布　(c) 夏布

图4-8 麻类织物

第二节 毛织物

毛织物是指用羊毛、特种动物毛为原料或羊毛与其他纤维混纺、交织的纺织品，又称呢绒。毛织物主要供衣着用，少量为工业用。

毛织物可分精纺呢绒、粗纺呢绒和长毛绒三类。

精纺呢绒用精梳毛纱织造，所用原料纤维较长而细，梳理平直，纤维在纱线中排列整齐，纱线结构紧密。精纺呢绒的经纬纱常用16.7tex × 2 ~ 27.8tex × 2（60公支/2 ~ 36公支/2）毛线，主要品种有花呢、华达呢、哔叽、啥味呢、凡立丁、派力司、女衣呢、贡呢、马裤呢和巧克丁等。多数产品表面光洁，织纹清晰。

粗纺呢绒用粗梳毛纱织造。因纤维经梳毛机后直接纺纱，纱线中纤维排列不甚整齐，结构蓬松外观多茸毛。粗纺呢绒的经纬纱通常采用单股毛纱，常用62.5 ~ 250tex（16 ~ 4公支），主要品种有麦尔登、海军呢、制服呢、法兰绒和大衣呢。多数产品经过缩呢，表面覆盖绒毛，织纹较模糊，或者不显露。

长毛绒是经纱起毛的立绒织物，在机上织成上下两片棉纱底布，中间用毛经连接，对剖开后，正面有几毫米高的绒毛，手感柔软，保暖性强，主要品种为海虎绒和兽皮绒。

一般精纺呢绒幅宽为144cm或149cm，粗纺呢绒幅宽为143cm、145cm或150cm，长毛绒幅宽为118～122cm。一般轻薄的精纺呢绒重为100g/m^{2}左右，厚重的在380g/m^{2}以上。粗纺呢绒轻薄的仅180g/m^2，厚重的可达670g/m^{2}以上。长毛绒为430～850g/m^2。

毛织物外观光泽自然，颜色莹润，手感舒适，重量范围广，品种风格多。用毛织物制作的衣服挺括，有很好的弹性，不易折皱，耐磨、耐脏，吸湿性、保暖性、拒水性较好，但易被虫蛀，需经过防蛀整理或保存时使用防蛀药剂。

一、精纺毛织物

（一）凡立丁

用精梳毛纱织造的轻薄型平纹毛织物。织纹清晰，呢面平整，手感滑爽挺括，透气性好，多为匹染素色，颜色匀净，光泽柔和，适宜作夏令服装。

凡立丁用纱较细，常用16.7tex×2～20.8tex×2（60公支/2～48公支/2），纱线捻度较大。织物重为170～200g/m^2。凡立丁以全毛为主，也有仿效全毛风格的毛混纺和纯化纤品种。

（二）派力司

用混色精梳毛纱织造，外观隐约可见纵横交错有色细条纹的轻薄平纹毛织物。织物呢面光洁平整，手感滑爽挺括，质地轻薄，适宜作夏令服装。

派力司经纱一般用股线，纬纱用单纱，织物重量比凡立丁稍轻，为140～160g/m^2。派力司是条染产品，以混色中灰、浅灰和浅米色为主色。纺纱前，先把部分毛条染上较深的颜色，再加白毛条或浅色毛条相混。由于深色毛纤维分布不匀，在浅色呢面上呈现不规则的深色雨丝纹，形成派力司独特的混色风格。

派力司除全毛织品外，还有毛与化纤混纺和纯化纤派力司。

（三）哔叽

哔叽是用精梳毛纱织造的一种素色斜纹毛织物。呢面光洁平整，纹路清晰，紧密适中，悬垂性好，以藏青色和黑色为多，适用作学生服、军服和男女套装。其名称来源于英文词beige，意思是“天然羊毛的颜色”。

哔叽可以各种品质羊毛为原料，纱线线密度范围较广，一般为16.7tex×2～33.3tex×2（60公支/2～30公支/2），以二上二下斜纹组织织造，经密稍大于纬密，斜纹角度右斜约45°。薄哔叽织物重为190～210g/m^2，中厚哔叽织物重为240～290g/m^2，厚哔叽织物重为310～390g/m^2。哔叽通常采用匹染。哔叽除了用羊毛为原料的毛哔叽外，还有用棉为原料的棉哔叽。

（四）啥味呢

啥味呢是用精梳毛纱织造的中厚型混色斜纹毛织物。其名称最初来源于英文词semifinish，意思是“轻缩绒整理的呢料”。

啥味呢色彩层次丰富，色光柔和，手感柔软糯滑，悬垂性好，厚度适中，适宜于各式套装、裙装等。运用流行色彩的啥味呢是时装的理想面料。

织物常用二上二下斜纹组织，织物密度适中，与哔叽相类似。啥味呢一般经缩绒整理，呢面有短而均匀的绒毛，织纹隐约可见。色泽以混色灰为主，从黑灰到银灰，深浅齐全。随着流行色的推广运用，啥味呢的色彩变得丰富和漂亮起来，出现了其他各种混色。啥味呢是条染产品，先把毛条染成不同的颜色，然后进行混合纺纱。如混合不够充分，成品会出现色毛不匀的雨丝痕。若采用毛条印花法，对毛条滚轧上色，使羊毛单纤维上印上一节一节的颜色（可印单色和多色），然后混条纺纱，便能得到匀净和谐的混色。

啥味呢除了全毛品种外，也有毛混纺和纯化纤品种。

（五）华达呢

华达呢是用精梳毛纱织造、有一定防水性的紧密斜纹毛织物，也称轧别丁，是英文gabardine的音译。

华达呢呢面平整光洁，斜纹纹路清晰细致，手感挺括结实，色泽柔和，多为素色，也有闪色和夹花的，适宜做防雨衣、风衣、制服和便装等。

华达呢常用二上二下斜纹组织，织物表面呈现陡急的斜纹条，角度约为63°，右斜纹，重270～320g/m^2。质地轻薄的用二上一下斜纹组织，称单面华达呢，重250～290g/m^2。华达呢一般经纱密度是纬纱密度的2倍，经向强力较高，坚牢耐穿，但穿着后长期受摩擦的部位因纹路被压平容易形成极光。

华达呢除了全毛的以外，也有毛混纺和纯化纤的。此外，还有用棉为原料的棉华达呢，有毛经棉纬的华达呢等，其风格特征随纤维的特性而异。

（六）马裤呢

用精梳毛纱织造的厚型斜纹毛织物。因坚牢耐磨，适用于缝制骑马装而得名。

马裤呢织物厚实，风格粗犷，色彩浓重，多用于粗犷风格的男装，如大衣、卡曲、裤装、套装、制服等。

织物采用变化急斜纹组织，经密比纬密高1倍以上，经纱浮线较长，经过光洁整理，织物表面呈现粗壮凸出的斜条纹，有的还在织物背面起毛，使手感丰满柔软。马裤呢呢面光洁，手感厚实，色泽以黑灰、深咖啡、暗绿等素色混色为多，也有闪光、夹丝等。

除了全毛马裤呢以外，还有化纤混纺等品种，都仿效全毛的风格。

（七）巧克丁

巧克丁是类似马裤呢的毛织物，呢面织纹比马裤呢细。巧克丁是英文tricotine的音译，有针织的意思。巧克丁呢面光洁平整，以素色为多，适宜作运动装、制服、裤料和风衣等。

织物采用变化斜纹组织，呢面呈斜条，每两根斜条成一组，同一组内两根斜条距离近、沟纹浅，组与组之间距离大，沟纹深。组织形状与针织罗纹相似。巧克丁用纱较细，经纬纱为20tex×2（50公支/2）毛线，织物重为270～320g/m^2。

巧克丁除了全毛之外，也有混纺和纯化纤的。

（八）贡呢

贡呢是用精梳毛纱织造的中厚型紧密缎纹毛织物。贡呢呢面平正，光泽极好，质地细腻厚实，手感挺括滑糯，黑色贡呢色泽乌黑发亮，又称礼服呢。贡呢常用来制作礼服、男女套装和鞋面等。

织物纱线浮长较长，排列十分紧密，所以光泽极好，常匹染成乌黑色。除了黑色之外，还有各种闪色和夹花的。织纹组织采用各种变化的加强缎纹，用纱特数较细，经纬密度较大，表面呈斜纹，纹路清晰细洁。斜纹倾斜角度有两类，一类陡急，在75° 左右，称直贡呢；另一类平坦，在15° 左右，称横贡呢。

棉贡呢仿照毛贡呢的组织结构，先把纱染成黑色，再织造而成，称元贡呢。也有采用白坯匹染或印花加工而成的。中长纤维元贡呢是化纤仿毛织物。

（九）驼丝锦

驼丝锦是一种细洁紧密的中厚型素色毛织物。其名称来源于英文词doeskin，原意为“母鹿皮”，比喻品质精美。

驼丝锦织物呢面平整，织纹细致，手感柔滑，紧密而有弹性，光泽好，传统以黑色为主。现在的驼丝锦已经换上了漂亮的流行色的色彩。驼丝锦适宜制作礼服、上装、套装、猎装等。

驼丝锦有精纺和粗纺两种，织物重为321 ~ 370g/m^2。精纺驼丝锦纱线较细，采用变化缎纹组织，经纬密度较高，织物紧密细腻。粗纺驼丝锦以细羊毛作原料，采用5枚或8枚缎纹组织，织物较紧密，经过重缩绒和起毛整理，成品表面有一层短、密、匀、齐的顺绒毛，富有光泽，手感结实柔滑，弹性好。也有精梳毛纱作经纱，粗梳毛纱作纬的驼丝锦，风格与粗纺驼丝锦相类似，但重量轻些。

（十）花呢

花呢是精纺和粗纺呢绒中花色品种最多的一类毛织物。

花呢起花方式有纱线起花、组织起花、染整起花等。纱线起花常利用各种不同色彩和不同捻向的纬纱以及各种不同的嵌条线，织成条子、格子、隐条、隐格花呢。采用花色捻线织成的花呢，花样更为别致。组织起花利用织纹构成花样，常用的织纹组织有平纹、重平纹、二上一下斜纹、二上二下斜纹、二上二下变化斜纹、平纹变化组织、各种联合组织、双层平纹组织等。把织物组织和色纱排列结合起来，还可以构成各种几何图形。也可以采用印、染、整理等，加工做出花样，叫作染整起花。

花呢按呢面风格可分为纹面花呢（表面织纹光洁清晰）、呢面花呢（经过缩绒整理表面为短绒毛所覆盖，不显露织纹）、绒面花呢（介于纹面和呢面之间，表面有一些绒毛，织纹隐蔽，但隐约可见）；花呢以重量分，每平方米重195g以下的为薄花呢，195 ~ 315g的为中厚花呢，315g以上的为厚花呢；按原料可分为全毛花呢、毛黏花呢、毛涤花呢等。按花样分类，则可分为素花呢、条花呢、人字花呢、格子花呢等。按工艺分类，有精纺花呢、粗纺花呢、半精纺花呢等。

此外，还有一些独具风格的花呢。

单面花呢：一种细条子的精纺花呢，用纱较细，呢面细洁，手感丰厚，因采用纬纱换层的双层平纹组织，正反两面花型色泽可不相同，所以称单面花呢。

海力蒙：用精纺股线织造的花呢，表面有宽度为0.5 ~ 2cm的纵向人字形斜纹。得名于herringbone一词，意为“有鲱鱼骨状的花纹”。

板司呢：二上二下斜纹或方平组织的精纺花呢，得名于basket一词，意为“如藤篮编织状的花纹”。

火姆司本：粗纺花呢。用纱条干不匀，采用平纹或斜纹组织，呢面散布有大肚、粗节、毛粒等“纱疵”，构成自然的彩点花样，乡土气息浓厚，得名于homespun一词，意为“家庭手工纺织”。

花呢花样众多，根据不同的色彩、织纹、花样、厚薄、风格可制作各种不同风格的花呢服装。

（十一）女衣呢

女衣呢是一种精纺毛织物，具有重量轻、结构松、手感柔软、色彩艳丽等特点，宜作女装裙子、外衣、花色服装、时装等，织纹重为100～285g/m^2。

女衣呢品种多样，有平纹素色、色织条格、织花等。绉纹组织的女衣呢，呢面有微小的颗粒花纹。麦斯林薄纱是一种经纬纱都用单纱的印花平纹女衣呢，非常轻薄，稀疏透气。此外，还有用绣花、大提花、纱罗组织等工艺，采用花色捻线或混用棉、麻、丝、化纤、金银丝等纤维材料织成的具有多种风格、丰富多彩的女衣呢。

各类精纺毛织物如图4-9所示。

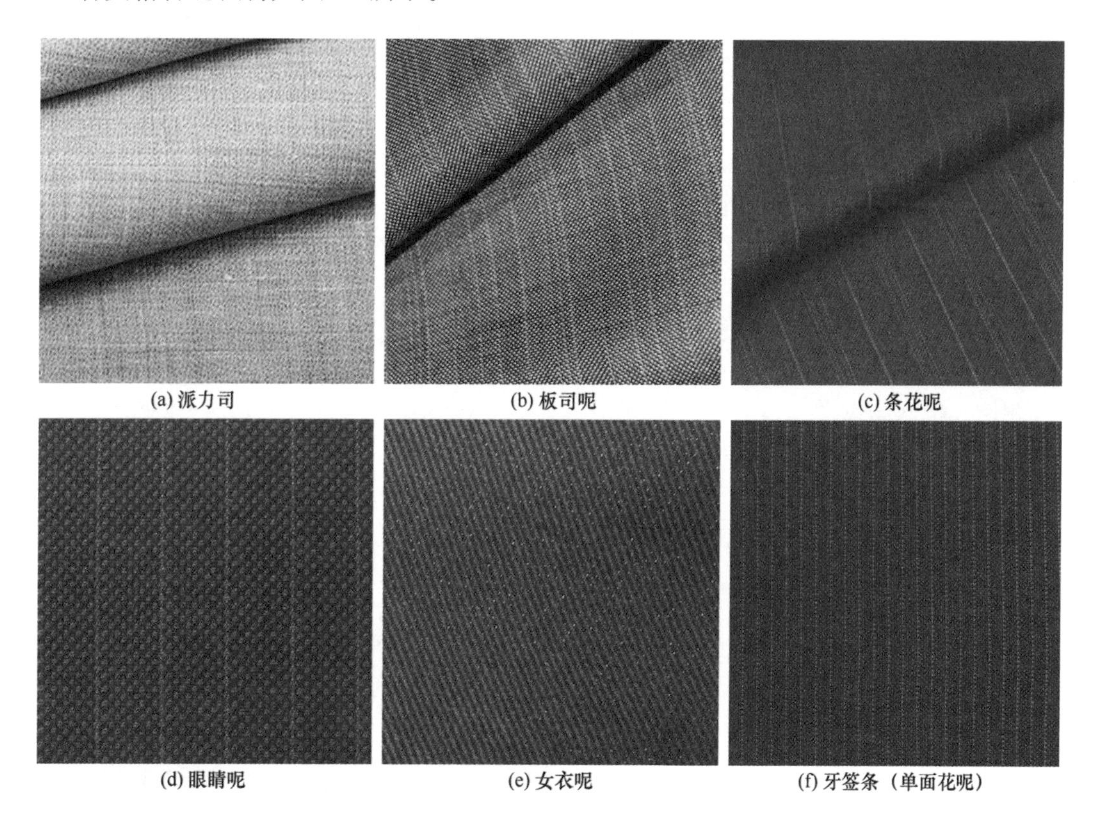

(a) 派力司　(b) 板司呢　(c) 条花呢

(d) 眼睛呢　(e) 女衣呢　(f) 牙签条（单面花呢）

图4-9　精纺毛织物

二、粗纺毛织物

（一）制服呢

用中、低级羊毛织造的粗纺毛织物。色泽以匹染藏青、黑色为主。质地厚实，适于制作秋冬季制服、外套、夹克、大衣和劳动保护用服。

采用半细毛或3级、4级改良毛，并混和部分再用毛，纺成125～166.7tex（8～6公支）粗梳毛纱作经、纬，织物组织采用二上二下斜纹或二上二下破斜纹，重为450～520g/m^2。织物呢面较粗，织纹未被绒毛所覆盖，色泽也不够匀净。

类似制服呢的还有学生呢、大众呢。这类织物采用精梳短毛、再用毛为原料，混和25%～35%黏胶纤维，经纬纱为100～125tex（10～8公支），织物重为400～500g/m^2，采用酸缩绒整理，使结构紧密，落毛减少，适用于学生制服、中山装等。

（二）海军呢

用粗梳毛纱织造的一种紧密而有绒面的毛织物，因适用作海军制服而得名。

海军呢采用半细毛，或1、2级改良毛为原料，经纬用83.3～100tex（12～10公支）粗梳毛纱，采用二上二下斜纹或破斜纹组织。织物重390～490g/m^2，经重缩绒和起毛整理，成品紧密厚实，具有较好的绒面。大多染成藏青色，也有墨绿、军绿、灰色、米色、驼色等。混纺海军呢采用20%～30%黏胶与羊毛混纺后织造。

（三）麦尔登

用粗梳毛纱织造的一种质地紧密具有细密绒面的毛织物。

麦尔登为英国所创制，当时的生产中心在列斯特郡的melton mowbray，故以地名命名，简称麦尔登（melton）。主要用作大衣、制服等冬季服装。

大多数使用品质支数为64支的细羊毛混用部分精梳短毛为原料，经纬用83.3tex（12公支）的粗梳毛纱，以二上二下斜纹、一上二下斜纹或平纹组织，织造成经纬密度较大的织物。重390～490g/m^2。经过重缩绒整理后，织物手感丰润，富于弹性，穿着时挺括不皱、耐穿耐磨、抗水防风。

麦尔登多染成藏青色或其他深色。以纯毛产品居多，有时混入少量锦纶，以提高原料的可纺性和织物的耐磨性。也有用羊毛与20%～30%黏胶混纺，织成毛黏麦尔登。还有以精梳毛纱为经，粗梳毛纱为纬的麦尔登，强度与弹性都较粗纺织物为好。

（四）大衣呢

用粗梳毛纱织造的一种厚重毛织物，因主要用作冬季大衣而得名。织物重量一般不低于390g/m^2，厚重的在600g/m^{2}以上。按织物结构和外观分，有平厚大衣呢、立绒大衣呢、顺毛大衣呢、拷花大衣呢和花式大衣呢等。

1. 平厚大衣呢

平厚大衣呢色泽素净、呢面平整，常采用双面组织，有二上二下斜纹、一上三下破斜纹和纬二重组织等。用83.3～125tex（12～8公支）的粗梳毛纱作经纬，有匹染和散毛染色两种。散毛染色产品以黑色和其他深色为主，掺入少量白毛或其他色毛，俗称夹色或混色大衣呢，匹染产品多用作女式大衣。

2. 立绒大衣呢

立绒大衣呢一般使用弹性较好的羊毛，常采用二上二下破斜纹、一上三下破斜纹或5

枚纬面缎纹组织，呢坯经反复倒顺起毛整理获得绒面，绒毛细密蓬松，毛茸矗立，有丝绒状立体感，绒面持久，不易起球，穿着柔软舒适，耐磨性能较好。有的立绒大衣呢用纬面缎纹组织，纬密较大，无明显织纹，经整理加工后，呢面平整，绒毛细密，又称假麂皮大衣呢。

3. 顺毛大衣呢

顺毛大衣呢外观模仿兽皮风格，光泽好，手感柔滑，适宜制作女大衣。织物多用二上二下斜纹，一上三下破斜纹或缎纹组织。用刺果湿拉毛整理，绒毛平服有光泽。使用原料除羊毛外，常用特种动物毛，如山羊绒、兔毛、驼绒、牦牛绒等，进行纯纺或混纺，成品均以原料为名，称羊绒大衣呢、兔毛大衣呢等。如在原料中掺入马海毛，呢面光泽尤佳，有闪光效果，有马海毛银枪大衣呢等品种。

4. 拷花大衣呢

拷花大衣呢呢面有整齐的立体花纹，质地丰厚。织物采用纬起毛组织，纬纱有地纬和毛纬2组，地组织用单层组织、纬二重组织或接结双层组织，并在表面织入起毛纬纱。经起毛整理后毛纬断裂，簇立起花。有顺毛、立绒两种，顺毛手感柔软，立绒质地丰厚。原料选用品质支数为60支以上的细羊毛，经纬纱线为100～111.1tex（10～9公支），织物重600g/m^{2}左右，花纹有人字、斜纹和其他几何形状。此外，还有一种仿拷花大衣呢，是采用一般的人字斜纹组织，用不同色泽的经纬纱交织而成，绒毛矗立丰厚，并有若明若暗的人字纹。原料常采用品质支数为58～60支的羊毛或拼用部分价廉的纤维。

5. 花式大衣呢

花式大衣呢多为轻缩绒和松结构组织的产品。织纹较明显，常用色纱排列，组织变化或花色纱线等组成人字、点、条、格等粗犷的几何花纹。原料多选用半细毛，经纬纱捻度较小，成品手感蓬松，花纹有凹凸感，色泽鲜明，适宜作春秋大衣。

6. 双面大衣呢

双面大衣呢是花式大衣呢的一种，用64支细羊毛纺制71.4～83.3tex（14～12公支）粗梳毛纱，用二上二下双层斜纹组织，一面织成格子，一面织成素色，织物重500～600g/m^2，成衣不用衬里，可正反两面使用。

（五）法兰绒

用粗梳毛纱织造的一种柔软而有绒面的毛织物。名称来源于英语flannel一词。这种产品18世纪创制于英国威尔士。威尔士语称之为Gwlanen，意思是“毛织品”。法兰绒适用于制作西裤、上衣、童装等。薄型的也可用作衬衫和裙料。

原料常采用品质支数为64支的细羊毛，经纬通常用83.3tex（12公支）的粗梳毛纱，织物组织有平纹、一上二下斜纹，二上二下斜纹等，经缩绒、起毛整理，手感丰满，绒面细腻。织物重260～320g/m^2，薄型织物重220g/m^2。多采用散纤维染色，主要是黑、白混色，配成不同深浅的灰色，以及奶白、浅咖啡等。也有匹染素色和条子、格子等花式。

法兰绒也有用精梳毛纱作经，粗梳毛纱作纬的，粗梳毛纱有时还掺用少量棉花或黏胶纺成。

各类粗纺毛织物如图4-10所示。

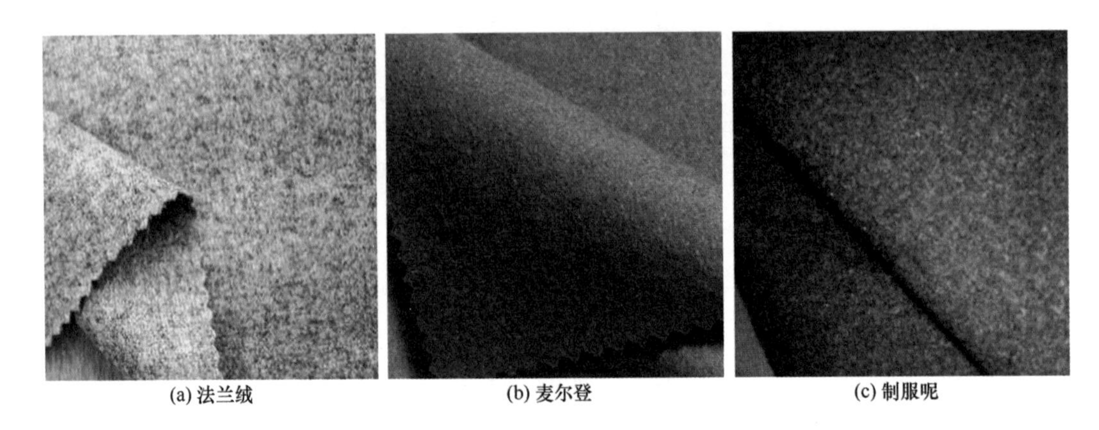

(a) 法兰绒　(b) 麦尔登　(c) 制服呢

图4-10　粗纺毛织物

三、长毛绒织物

长毛绒织物布面起毛，状似裘皮的立绒毛织物，俗称海虎绒。织物正面有密集的毛纤维均匀覆盖，绒面丰满平整，富于膘光、弹性，保暖性能良好；重量为430～850g/m^2，绒毛高度一般在3～20mm之间；主要用于制作大衣、衣里、衣领、冬帽、绒毛玩具，也可做室内装饰和工业用。

机织长毛绒有三组纱线交织而成，地经、地纬均用棉纱；起毛经纱用精纺毛纱。地经、地纬两组棉纱以平纹交织形成上下两幅底布，起毛纱连接于上下两幅底布之间，织成双层绒坯。双层绒坯经剖绒机刀片割开，就成了两幅长毛绒坯布，再经长毛绒梳毛机将毛从纱线捻度松解成蓬松的单纤维，经剪毛机将毛丛纤维表面剪平，即成素色长毛绒。素色长毛绒还可经网印、气蒸固色、洗绒脱浆、脱水烘干等加工，制成有各种兽皮花型的印花长毛绒。

也有利用化纤不同粗细、不同截面和不同收缩性能的特点，在后整理上增加热收缩、烫光或滚球、刷花等工艺，组成由粗刚毛和细绒毛长短相结合的各类兽皮型或羔皮型长毛绒。长毛绒也可用针织织成。

四、毛/涤织物

毛/涤织物是指用羊毛和涤纶混纺纱线织造成的织物，是当前毛混纺织物中最普遍的一种。

毛涤混纺的常用比例是45：55，既可保持羊毛的优点，又能发挥涤纶的长处。几乎所有的粗纺、精纺毛织物都有相应的毛涤混纺品种。其中精纺毛涤薄型花呢又称凉爽呢，俗称毛的确凉，是最能反映毛涤混纺特点的织物之一。有经纬全用双股线的，也有经用双股线、纬用单纱和经纬全用单纱的。一般织物用14.3tex×2～20tex×2（70公支/2～50公支/2）股线，较薄的织物用8.3tex×2～10tex×2（120公支/2～100公支/2）股线。织物重为170～190g/m^2。

毛涤薄型花呢与全毛花呢相比，质地轻薄，折皱回复性好，坚牢耐磨，易洗快干，褶裥持久，尺寸稳定，不易虫蛀，但手感不及全毛柔滑。如用有光涤纶作原料，呢面有丝样光泽。若在混纺原料中使用羊绒或驼绒等特种动物毛，则手感较滑糯。

长毛绒和毛涤织物如图4-11所示。

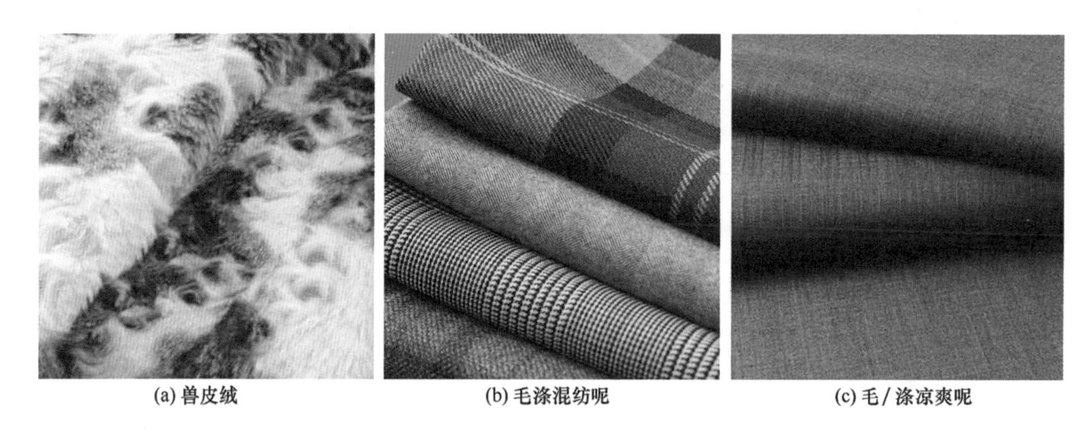

(a) 兽皮绒　(b) 毛涤混纺呢　(c) 毛/涤凉爽呢

图4-11　长毛绒和毛涤织物

第三节　丝织物

丝织物主要是指利用蚕丝织成的各种织物。丝织物富有光泽，具有独特的“丝鸣”，手感滑爽，穿着舒适，高雅华丽。

丝织物品种繁多，薄如纱，华如锦，主要用作服装和装饰用品。我国利用蚕丝织造、生产各种丝织用品历史悠久，品种不计其数。近代采用了化学纤维长丝使丝织物花色品种更加丰富多彩。利用化学纤维高强、高弹性、高收缩等性能，可以织造出许多品质优良的交织丝绸。

蚕丝除了以长丝织造丝绸外，可用绢丝生产绢丝织物，还可与其他天然纤维混纺，交织成具有多种纤维特性的丝织物。

由于历史上含义的变化，产品名称常常发生混淆。为了使丝绸名称统一与规范化，根据织物组织、经纬线组合、加工工艺和绸面表现形状把丝绸分为纺、绉、绸、缎、锦、罗、纱、绫、绢、绡、呢、绒、绨、葛14大类。下面分别介绍如下。

一、纺

纺是指质地轻薄坚韧、表面细洁的平纹丝织物，又称纺绸。

主要用于制作服装，也可以用以加工制作伞面、扇面等。纺绸按原料分有真丝纺绸（如电力纺、杭纺等）、人丝纺绸（如有光纺、无光纺）、锦纶和涤纶纺绸（如尼丝纺、涤丝纺等）、经纬采用不同原料交织的纺绸（如富春纺、华春纺等）。

（一）电力纺、杭纺

电力纺是用蚕丝织成的纺绸。20世纪初，因电动丝织机取代了脚踏机而得名。具有织纹缜密、质地坚韧、轻薄等特点，适宜作夏季服装，如衬衫、裙子等，也可用作高级服装的里料等。

电力纺的规格很多，主要区别在于织物的单位重量，轻的仅17.5g/m^2，一般在

36～70g/m²左右，经纬丝均用2.3tex（20/22旦）的桑蚕丝，单根或数根并合。织物经精练、染色或印花整理。

杭纺是一种重型的电力纺，重约109g/m²左右，经纬均采用三根5.6/7.8tex（50/70旦）的桑蚕丝织制。

（二）尼丝纺

用锦纶长丝织成的纺绸，又称尼丝纺。表面细洁光滑，质地坚韧，弹性和强力良好，是制作服装和高级装饰性包装用料。经涂层整理可制作滑雪衣、雨衣、伞面等。

尼丝纺有薄型和厚型的两种，薄型重量约40g/m²，经、纬丝一般选用单根3.3tex（30旦）锦纶丝；厚型重量约80g/m²，经、纬丝采用单根7.8tex（70旦）锦纶丝。尼丝纺经、纬丝都不需要加捻。坯绸需经精练、染色或印花、热定型整理，也可利用锦纶丝的热塑性，轧制各种花纹和绉纹。

（三）华春纺

华春纺是用涤纶长丝与涤黏混纺纱交织的纺绸。织物平挺坚牢，有良好的弹性和抗皱性，透气性和吸湿性较好，是制作男女服装和绣品加工的材料。

华春纺一般选用两根3.3tex（30旦）涤纶长丝加捻后作经纱，也可直接用一根7.6tex（68旦）涤丝加捻后作经纱，用22.7tex（44公支）涤黏（65/35）混纺纱作纬纱。坯绸需经烧毛、染色、热定型处理。有时还可利用涤纶和黏胶吸色性不同的特点把织物染成双色，使表面有星星点点的芝麻地效果，十分美观别致。

（四）富春纺

富春纺是用黏胶人造丝与人造棉纱交织的纺绸，可制作服装、被套和里料等。常用有光人造丝为经，织前需浆丝，用无光人造棉纱作纬，经密大于纬密，以平纹组织交织。坯绸需经煮练、染色或印花整理。富春纺在湿态时强力下降。提花富春纺简称花富纺，因所用原料较粗，经纬密度较低，常印制清地自然花卉纹样。

纺类丝织物如图4-12所示。

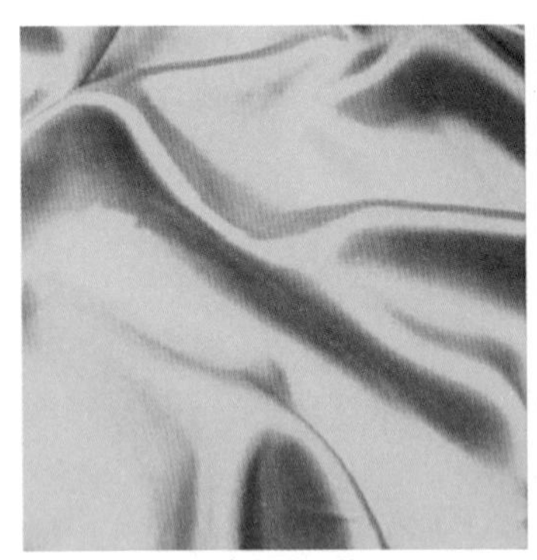
(a) 素色电力纺

(b) 印花富春纺

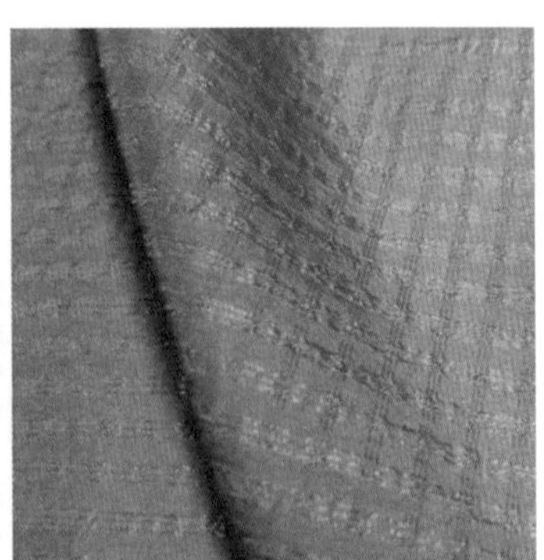
(c) 轧纹锦纶纺

图4-12 纺类丝织物

二、绉

绉是起绉的丝织物。外观呈现各种不同的绉纹，光泽柔和，手感柔软而富有弹性，抗皱性能良好。有轻薄透明似蝉翼的乔其绉、薄型的双绉、碧绉，中厚型的缎背绉、留香绉，厚型的柞丝绉、黏棉绉等。绉类丝织物主要用于服饰，薄型和中厚型的可作衬衫、连衣裙、晚礼服，厚型的可作外衣浴衣等，还可用作围巾、头巾等。

丝织物起绉有多种方法，如用强捻丝线在织物中收缩起绉，或用绉组织使织物有绉效应，也可采用两种不同伸缩性能的原料交替排列交织，使其产生不同收缩而形成绉效应。主要是用强捻丝线交织产生绉效应，由于坯绸精练后丝线去除了丝胶发生卷曲与扭转，经纬交织点发生不规则的轻微位移，从而形成绉纹，织物组织一般采用平纹。采用斜纹或缎纹组织的称为斜纹绉、缎背绉。

柞丝、涤纶丝、人造丝或不同原料交织的绉织物，除应用加捻丝外，还应用绉组织加强其绉效应。许多合纤丝绉织物是利用轧纹处理起绉，或者运用原料的不同收缩性能使织物经过后处理而形成绉效果。

（一）双绉

双绉是薄型绉类丝织物，以桑蚕丝为原料，经丝采用无捻单丝或弱捻丝，纬丝采用强捻丝。织造时纬线以两根左捻线和两根右捻线依次交替织入，织物组织为平纹。这种织物又称双纡绉。经精练整理后，织物表面起绉，有微凹凸和波曲状的鳞形绉纹，光泽柔和，手感柔软穿着舒适，抗皱性能良好，主要用作男女衬衫和衣裙等服装。

除染色和印花双绉之外，还有织花双绉，织物外观呈现彩色条格、空格或散点小花。此外，还有人丝双绉和交织双绉等。

（二）乔其绉

乔其绉是用加强捻的丝以平纹组织织成极其轻薄稀疏、透明起绉的丝织物，又称乔其纱、雪纺等，有真丝、人造丝、涤纶长丝和交织等类。乔其绉经过染色或印花后更显鲜艳美丽，有时还可以在透明的乔其绉上利用外加经丝或纬丝织出缎花，也有的织入金银线加以点缀。

乔其绉柔软、富有弹性，透气性和悬垂性良好，穿着舒适贴体，宜作衬衫、衣裙、高级晚礼服衣料和头巾、围巾等。

乔其绉的经线和纬线都采用两种捻向的丝线，捻度为20～30捻/cm，织造时两根S捻和两根Z捻的绉线相间排列。顺纡乔其绉是在乔其绉的基础上发展起来的另一品种，经线采用两根S捻和两根Z捻相间排列，纬线只用一种捻向的强捻丝线。织物经精练后，因纬线呈单向收缩而使绉纹扩大，表面形成经向凹凸褶裥状不规则的绉缩花纹。顺纡绉外观别致，穿着舒适贴体，但缩水率大，洗涤后幅宽方向会有很大的收缩，使用时若受到横向拉力又很容易横向伸长，因而制成服装有蓬松性，适用于女式高级晚礼服。

（三）碧绉

碧绉是利用螺旋形捻丝线作纬织成的丝织物，经炼染后纬线收缩成波曲状，使织物表面形成水浪波纹，也称印度绸。从织物外观分，有素色碧绉、条子碧绉和格子碧绉。碧绉质地轻薄、柔软、透气，常用来制作夏季服装。以原料分除真丝碧绉外，还有桑蚕丝和尼龙丝或人造丝交织的交织碧绉。

碧绉织造时经线不加捻，纬线采用几根单丝反复合并加捻形成绉线。例如，经线采用2根2.2/2.4tex（20/22旦）桑蚕丝并合，纬线采用4根2.2/2.4tex（20/22旦）桑蚕丝组成的绉线，即先把3根2.2/2.4tex（20/22旦）桑蚕丝合并加S向，17.5捻/cm，再与1根2.2/2.4tex（20/22旦）桑蚕丝合并加Z向，17.5捻/cm，使前者因反向加捻而解捻伸长、张力松弛，后者受到加捻作用而张紧，一张一弛，较粗的丝线（抱线）就均匀地围绕在较细的丝线（芯线）上，形成螺旋形绉线。经纬线以平纹组织织成织物，经精练、松式整理就呈现出因单捻向与螺旋形绉线混合形成的水浪形绉纹。

（四）留香绉

留香绉是平纹、绉地、经向起花的丝织物。在光泽柔和起绉的地组织上，用有光人造丝为纹经，以经面缎纹形成主花；用桑蚕丝为地经以经面缎纹形成辅花。纬线采用3根桑蚕丝并合的加捻线。由于纹、地两种经线采用不同吸色性的原料，所形成的花纹可以具有不同的色彩。

留香绉质地柔软，花型饱满而富有光泽，花纹雅致，宜作女士春秋服装或冬季服装面料。因织物缎纹浮线长，容易起毛，故不易多洗。

（五）涤丝绉

涤丝绉是经纬线均采用涤纶长丝的绉织物。经丝采用无捻或弱捻丝，纬丝采用有捻丝，以绉组织织成织物，再经过减重整理，以获得良好的手感和绉效应。涤丝绉有真丝绸的外观，坚牢度好，抗皱性强，一般用作衬衫、女士衣裙材料和头巾等。

随着化学纤维制造工艺和后处理工艺的发展，涤丝绉的起绉效果可依靠使用特殊加工的卷曲丝或使用轧纹机轧纹来获得。

绉类丝织物如图4-13所示。

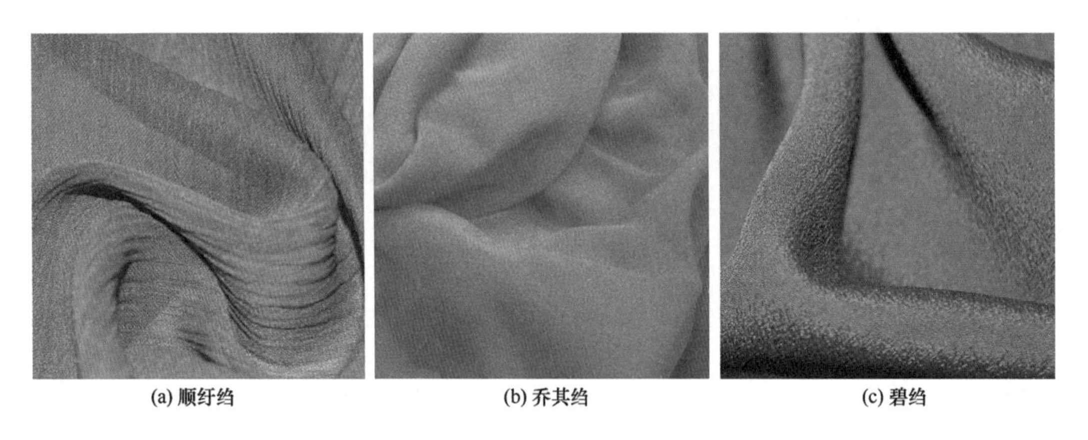

(a) 顺纡绉　　(b) 乔其绉　　(c) 碧绉

图4-13　绉类丝织物

三、绸

绸是丝织物的一个大类，指采用基本组织或混用变化组织或无其他类丝织物特征的、质地紧密的丝织物。其生产工艺和用途都因品种而异。绸按原料分，除采用桑蚕长丝的以外，还有用绢纺落锦的锦绸，使用柞蚕丝的鸭江绸，用双宫丝的双宫绸，用化学纤维长丝的涤丝绸等；绸可分为生（白）织和熟（色）织，如生织的疙瘩绸和熟织的领带绸；又可分为不提花的素绸和提花的花绸。

绸属于中厚型丝织物，其中较轻薄的品种可作衬衣和裙，较厚重的可做外套和裤，提花品种可作西服、礼服等。

绸也被作为丝织物的泛称，并冠以产地名称，如山西的潞绸、南京的宁绸、四川的川大绸、福建的瓯绸和山东的茧绸等。丝绸行业习惯把紧密结实的经向支持面平纹丝织物称作绸，如塔夫绸。具有上述特点的棉织物也常被称作绸，如府绸。习惯上还把绸和缎联起来作为丝织物的总称——绸缎。有时也用丝绸作为丝织物的代称。

（一）双宫绸

双宫绸是用双宫丝作纬丝织成的单层平纹丝织物。织物表面呈现明显的不规则疙瘩，质地坚挺厚实，织物别具风格，适宜作衬衣、外套等。

经丝一般采用普通桑蚕丝。坯绸需精练、染色、整理。色织双宫绸可织成条格花纹，也可用对比色的经纬丝交织产生闪色效果。少数双宫绸也可织花纹，花型粗犷、浑厚。

（二）蓓花绸

蓓花绸是用人造丝与锦纶丝交织的纬二重高花丝织物。经丝为单根弱捻8.3tex（75旦）有光人造丝，纬丝有两组：纹纬用3根13.3tex（120旦）有光人造丝并合，地纬采用单根7.8tex（70旦）锦纶丝。地组织为二上二下经重平，纹纬起花，地纬背衬平纹。织物结构紧密，花纹饱满突出，可用于外衣等服装。

织造时经丝上浆，纹纬染色，坯绸须经退浆、膨化、拉幅处理。人造丝与锦纶丝受热后缩率不同，地纬锦纶丝热收缩率较大，纹纬人造丝热收缩率较小。膨化处理后，锦纶丝收缩而人造丝隆起，遂形成高花。因纹纬采用3股人造丝合并，花纹更为饱满。

（三）领带绸

领带绸是制作领带的丝织物，分面料里料领带绸和领带绸。面料领带绸质地厚实平滑，有弹性，花型色彩引人注目，分素色、印花、绣花、手绘和提花色织等多种。印花、绣花和手绘领带绸重为60～100g/m^2，提花和色织领带绸重为110～120g/m^2。

里料领带绸通常都是质地轻薄柔软、织纹细洁清晰，绸面平滑光亮的素色绸。绸重45～55g/m^2。领带绸的幅宽为75～128cm。纹样图案大多采用小花纹散点排列的几何图案和条格图案，也有少数采用花卉、风景和飞禽走兽题材的独花图案。纹样图案根据领带款式和45°角倾向裁剪的特殊要求来设计。常用大红、枣色、藏青、古铜、咖啡等主色，在这些基本色调上织出银白、鹅黄、翠绿或血牙、群蓝、粉绿等色的花纹图案。提花或色织领带绸一般用桑蚕丝为原料，也常用人造丝与真丝交织。采用平纹、斜纹、缎纹及其变化组织。印花手绘领带绸是以加捻生丝织成坯绸经精练、染色加工而成。

（四）柞丝绸

柞丝绸是用柞蚕丝织造的丝织物，具有天然柞蚕丝的淡黄色，光泽柔和，手感柔软，吸湿性、透气性良好，耐酸、耐碱，热传导系数小，有良好的电绝缘性能。常用作各种衣着面料和装饰用织物，在工业和国防上用于制作耐酸工作服、带电作业服、炸弹药囊等。

柞丝绸品种有精练绸、漂白绸、提花绸、染色绸和印花绸等。柞丝绸的缩水率大，经过防缩整理的成品缩水率可达2%。

如鸭江绸，利用手工缫制的特种柞蚕丝和普通柞蚕丝交织的织物，是中国的传统丝织物。绸面粗糙，风格独特，分平纹和提花两种。提花鸭江绸花型大方，具有浮雕效果，是高贵的服装和装饰用绸，适宜作男女西装、套装、室内装饰等。其用于室内装饰具有调节湿度和消音的作用。

鸭江绸以5tex（35旦）柞蚕丝作经，特种柞蚕丝作纬，也可将两种丝相间排列作经纬，或经纬全用特种柞蚕丝。织造鸭江绸的工艺较复杂，首先对特种柞蚕丝进行初选、浸泡、脱水、烘干、精选、手摇络丝、人工浆经、自然晾晒，然后整经、卷纬、织造。

绸类丝织物如图4–14所示。

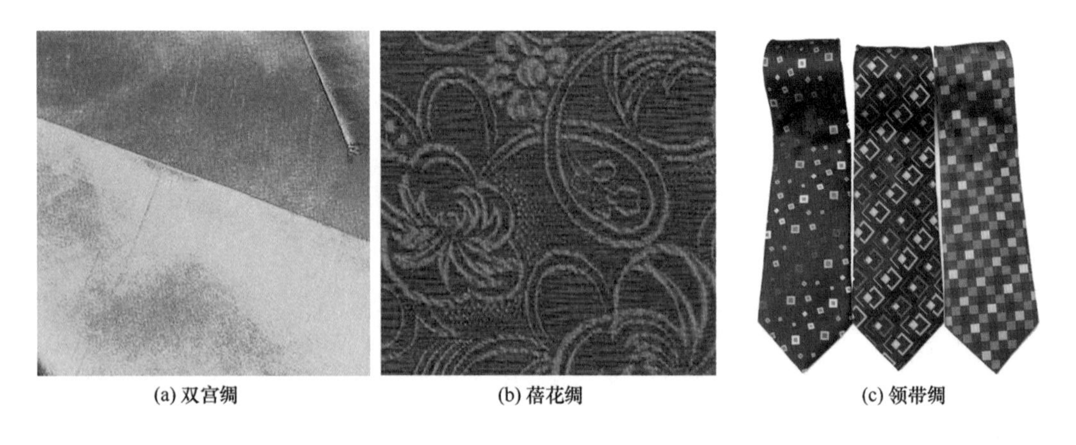

(a) 双宫绸　(b) 蓓花绸　(c) 领带绸

图4–14　绸类丝织物

四、缎

缎是采用缎纹组织的丝织物。因为经纬丝中只有一种显现于织物表面，所以外观光亮平滑。缎的用途因品种而异，较轻薄的织物可做衬衣、裙子、头巾、舞台服装等；较厚重的织物可作高级外衣、袄面和华丽的装饰面料等。

缎的品种很多，可分为经缎和纬缎，根据组织循环数还可分为5枚缎、7枚缎和8枚缎等，根据提花与否又可分为素缎和花缎。素缎常用8枚经缎和5枚经缎，如素库缎。花缎主要有单层、纬二重和纬多重（3重以上）3种。单层花缎常采用正反8枚缎纹（或略加变化）起暗花，如花累缎；纬二重花缎可起2～3种颜色，但色调雅致和谐，如花软缎、克利缎；纬多重花缎色彩绚丽、纹样复杂，也可称作锦，如采用纬三重组织的织锦缎等。重纬花缎多以8枚经缎为地组织，花部则可采用16枚和24枚纬缎组织。

为了突出缎纹效应，经缎经密一般很大，最大可达180根/cm，使经浮线充分遮盖于纬组织点之上，而纬密则小一些。同样，纬缎的纬密高而经密小。为了使缎类织物光泽好而质地柔软，在保证织造顺利的前提下，应力求降低经纬丝的捻度。但某些特殊的品种，如绉缎，经丝弱捻或无捻，而纬丝则采用2左2右强捻丝，使织物一面起缎纹效应而另一面呈绉纹效应。

缎类织物的原料可用桑蚕丝、人造丝和其他化学纤维长丝。一般多用先洗练后织造的方法。某些桑蚕丝与人造丝交织的品种，如软缎，则采用生织匹染的方法生产。

（一）织锦缎、古香缎

织锦缎是在经面缎上起三色以上纬花的中国传统丝织物。织锦缎表面光亮细腻，手感丰厚，色彩绚丽悦目，主要用作女用高级服装，也用于领带、室内软装饰等。

现代织锦缎按原料可分为真丝织锦缎、人丝织锦缎、交织织锦缎（经用桑蚕丝，纬用人造丝）和金银织锦缎（经用桑蚕丝，甲、丙纬用人造丝，乙纬用聚酯金银线）等。

织锦缎属重纬织物，由一组经丝和三组纬丝交织。织锦缎的纹样和处理手法多变，其中尤以中国传统民族纹样，如梅、兰、竹、菊、龙凤呈祥、福寿如意等使用较多，也有用变形花卉和波斯纹样的。织锦缎生产工艺繁复，为了将丝线加工成既屈曲饱满、坚韧，又富有弹性的股线，需经数十道准备工艺。例如，真丝织锦经丝的加工，是将1根2.3tex（20/22旦）桑蚕丝每10cm加80捻，再两根并合反向加60捻。经密130根/cm，纬丝的准备也较一般产品复杂，纬密达102根/cm。

古香缎是由织锦缎派生的品种之一，虽也属纬三重织物，但在结构、风格上有很大的变化。如8枚经缎由甲、乙纬组合而成，丙纬以16枚或24枚缎在背后接结，质地虽比织锦缎薄，但结构仍然紧密。古香缎纹样一般都以亭台楼阁，花鸟鱼虫或人物故事为主题，色彩风格也较淳朴，用途与织锦缎相同。

（二）软缎

软缎是以生丝为经、人造丝为纬的缎类丝织物。由于真丝与人造丝的吸色性能不同，匹染后经、纬异色，在经密不太大时有闪色效果。

软缎有花、素之分。素软缎采用8枚缎纹组织。花软缎在单层8枚缎地组织上显纬花和平纹暗花。纬花是纬二重组织，在每两梭纬线之中，一梭在绸缎正面起纬花，一梭在纬花下衬平纹。软缎经丝为2.2/2.4tex（20/22旦）桑蚕丝，可根据需要单根作经，也可用两根丝线并合，经密约为90～120根/cm。纬丝用13.3tex（120旦）有光黏胶丝，纬密为48～60根/cm。

素软缎素净无花，适宜作舞台服装和刺绣、印花等艺术加工的坯料。花软缎纹样多取材于牡丹、月季、菊花等花卉，经密小的品种适宜用粗壮的大型花纹，经密大的品种则可配以小型散点花纹。纹样风格地清花明，生动活泼，一般用作旗袍、晚礼服、晨衣、棉袄、儿童斗篷和披风的面料。

软缎被面和三闪花软缎是花软缎的变化品种，基本特征与花软缎相似。软缎被面的织幅和纹样循环较大，需采用针数较多的提花机织造；三闪花软缎的部分纬丝在织前染色，用双面双梭箱提花机织造。

（三）金雕缎

金雕缎是以人造丝和锦纶丝为原料的重经高花丝织物。表面具有凹凸花纹，花纹饱满，富有弹性，宜作女士服装和沙发用绸。

为了使织物具有浮雕型的高花效果，纹经、地经、纬线采用了不同的原料和捻度，从而使地纹平整，花纹凸起；织造上采用不同的送经速度，使锦纶经紧缩，人丝经花纹在织物表面凸起更为明显。

金雕缎花纹以中型偏小的写意、抽象、几何纹样为主。

（四）修花缎

修花缎是经纬采用人造丝、以5枚缎纹组织为基础交织，并经过通绒和修花的提花丝织物。缎地光亮平滑，手感丰厚柔软，花纹色彩绚丽，主要用于女装礼服和短袄面料。

修花缎分两组不同的经丝，地经素色，花经彩色，并以不同的组织在花纹处形成浮丝与下沉经丝，浮丝用通绒刀通割成绒花，下沉丝经修剪去除。为了使绒花丰满和增加修剪经丝的牢度，在花纹周围以平纹组织包边。最后织物经退浆整理。

（五）库缎

库缎是用全真丝色织的传统缎类丝织物。库缎原是中国清代官营织造生产的，进贡入库以供皇室选用，故名库缎，亦称贡缎。晚清乃至民国初年，一般士绅常用作袍服、马褂的面料，直到现在，蒙、藏等少数民族仍十分喜爱。库缎主要产地是南京、苏州，尤以南京生产的著名，被列为南京云锦的三大品种之一。到20世纪初期，南京仍用木机生产库缎。

库缎有花、素之分。素库缎采用8枚缎纹组织。传统木机生产的花库缎用正反8枚缎纹组织，现代生产的花库缎花部改用非正则8枚纬缎。花、地异色的又称彩库缎。

库缎的经纬密度较大，成品质地紧密，厚实挺括，缎面平整光滑，不易沾灰尘。纹样以传统风格的团花为主，常用作服装材料和其他装饰。库缎经密约为130根/cm，纬密约为50根/cm。下机后施以刮光后整理。

缎类丝织物如图4–15所示。

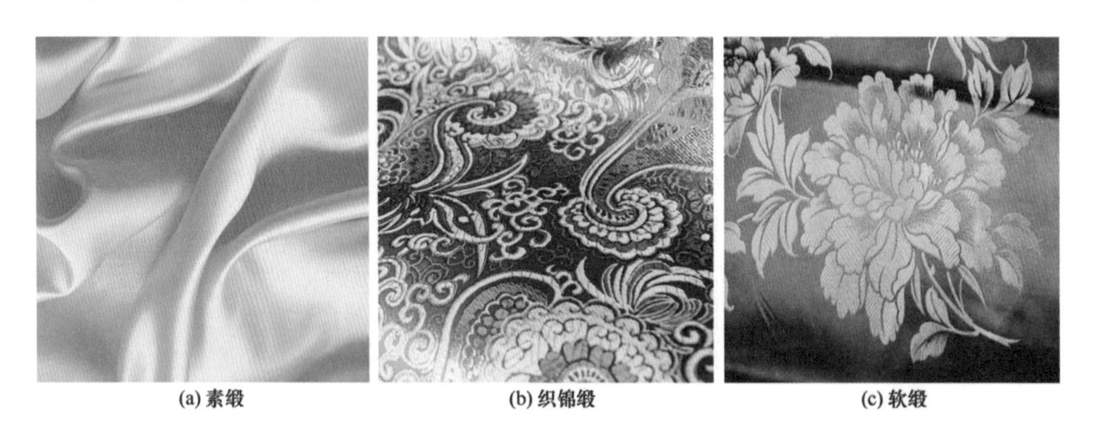

(a) 素缎　(b) 织锦缎　(c) 软缎

图4–15　缎类丝织物

五、锦

锦是我国传统高级多彩提花丝织物。有采用重经组织经丝起花的经锦，采用重纬组织纬丝起花的纬锦，双层组织的双层锦等不同品种。它们织造方法不同，生产工艺要求都很高。

锦以精练染色的桑蚕丝为原料，还常常使用各种金银丝。现代也有用人造丝等化学纤维原料的锦。锦主要作装饰用料，室内装饰如挂屏、台毯、靠垫、床罩、被面等，服饰如领带、腰带、女式棉、夹袄以及少数民族袍服面料。

中国名锦有以经锦为代表的蜀锦、以妆花缎为代表的南京云锦和苏州宋锦。

（一）蜀锦

蜀锦是我国古代蜀地，即今天四川地区生产的、具有浓郁地方特色的多彩提花传统丝织物。蜀锦（包括经锦和纬锦）常以经向彩条为基础，以彩条起彩、彩条添花为特色，织造时有独特的整经工艺。蜀锦作为高级服饰和其他装饰用料，受到各地人民，特别是西南少数民族地区人民的喜爱。

蜀锦兴起于汉代，早期以多重经起花，在中国丝织精品中长期居于重要地位。唐代蜀锦保持到现代的有团花纹锦、赤狮凤纹蜀江锦等多种。其图案有团花、龟甲、格子、莲花、对禽、对兽、斗羊、翔凤、游鳞等。宋元蜀锦仍然品种繁多，十分精美，可从元《蜀锦谱》中窥见一斑。明末全国性的大动乱对蜀锦生产摧残严重。清代蜀锦业得到恢复，受到江南织锦很大影响。但是，晚清以来生产的月华、雨丝、方方和浣花锦等品种，在创新中仍然保持了蜀锦传统。例如，方方锦与唐“格子花纹蜀江锦”，月华锦与唐代晕裥锦，浣花锦与宋代“紫曲水”（俗称“落花流水锦”）之间的因袭关系是十分明显的。

蜀锦的织造现用提花机，采用分条整经方式，最适宜牵彩条经。彩条的配置、变化因品种而异，蜀锦织造的工艺比较复杂。蜀锦的图案在保持传统风格的基础上还在不断增添新的内容。

（二）云锦

云锦是我国南京生产的传统提花多彩丝织物，因其富丽豪华，花纹绚烂如云而得名。

云锦主要包括妆花、库锦、库缎三大类。其中某些品种不属于锦类织物。云锦图案布局严谨庄重，纹样变化概括性强，用色浓艳强烈、又常以片金勾边、白色相间和色晕过渡。纹样题材有大朵缠枝花和各种云纹等。风格粗放饱满，典雅雄浑。织物质地一般都比较紧密厚重。明清时期主要是宫廷用贡品。晚清以来已有商品生产，主要销于蒙、藏、满等少数民族地区，也曾远销到世界各国，作高级服装和其他装饰之用。

云锦的代表品种是妆花缎。妆花缎也是中国古代织锦技术最高水平的代表。它以经面缎纹（多用7枚缎）或加强缎纹为地组织，地纬和片金线用通梭织造，彩色花纬一般用纬管和小梭子挖花。用一种经线兼管地组织和花纬正面固结，花纬背面不固结，成长浮线形式抛过。再结合分区换色的方法，妆花缎在经纬方向上都可呈现逐花异色的效果。妆花缎的纹样设计、图案组合和配色方法都有独特的技法。如采用饱满大花配美丽枝干衬以行云、卧云、七巧云、如意云等变化云纹；运用主体花的色晕和陪衬花的调和等，以达到宾主呼应、层次分明、花清地白，锦空云齐。

（三）宋锦

宋锦是用彩纬显色的纬锦。相传在宋高宗南渡后，为满足当时宫廷服装和书画装饰的需要而开始生产。在南宋时，已有紫鸾鹊锦、青楼台锦、衲锦、皂方团百花锦、球路锦、柿红色背锦、天下乐、练鹊、绶带、瑞草、八达晕、翠色狮子、银钩晕、倒仙牡丹、白蛇龟纹、水藻戏鱼、红遍地芙蓉、红七宝金龙、黄地碧牡丹、红遍地杂花、方胜等40多种。

宋锦用三枚斜纹组织，两组经纱、三组色纬织成。其中面经用较细的生丝将显色的纬丝压紧，增加织物牢度。专用纹纬则根据配色横纹的需要，采用分段调换色纬的方法而达到色彩丰富的效果。因此，在宋锦上常形成花型相同而逐段色彩不同的情况。纹样风格秀丽，常在格子藻井等几何纹框架中加入折枝小花，配色典雅和谐。

宋锦主要用作书画装帧和官员服装，近代也生产结构简单的盒锦（小锦），是纬二重小提花，织锦多用环形和万字形花纹。

锦类丝织物如图4-16所示。

(a) 蜀锦　　(b) 云锦　　(c) 宋锦

图4-16　锦类丝织物

六、罗

罗是全部或部分采用条形绞经罗组织的丝织物。分为横罗和直罗。横罗每织入3梭、5梭、7梭或13梭平纹后经丝扭绞一次，在织物表面形成平纹与绞孔相间的横条，称3丝（梭）罗、5丝（梭）罗、7丝（梭）罗和13丝（梭）罗。传统品种杭罗大多是横罗。直罗常每隔若干根地经起一条对称绞孔，在织物表面形成经向排列的直条孔眼，如帘锦罗。根据提花与否，罗还分为素罗和花罗，但现代花罗品种很少。

罗类织物紧密结实，又有孔眼透气，可用作夏季服装、刺绣坯料和其他装饰品用布。

七、纱

纱是全部或部分采用有经纱绞扭形成均匀分布孔眼的纱组织丝织物。我国古代也常常把有均匀分布方孔的、经纬捻度很低的平纹薄型丝织物称为纱。

纱分无提花的素纱和提花的花纱两类。花纱中在平纹地组织上起绞经花组织的称实地纱；在绞经地组织上起平纹花组织的称亮地花纱。在纱织物上还可以施以印染、刺绣和彩绘。

纱类织物轻薄透孔，结构稳定，适用于夏季服装和窗帘等装饰品。

唐宋时期纱的品种极多，唐代有吴纱、轻容纱、花鼓歇纱；宋代有艾虎纱、天净纱、三法纱、暗花纱、粟地纱、茸纱等。元明以来开始生产的妆花纱是用多色彩纬和孔雀毛等特种纤维加工而成的纱线，以回纬挖梭的方法织造，织物绚丽多彩，金碧辉煌。

（一）莨纱

莨纱表面乌黑光滑、类似涂漆且有透孔小花的丝织物，又称香云纱。主要产地在广东省顺德和南海两县，已有近百年生产历史。更早，有出土的晋代薯莨整理的织物。该织物因利用薯莨液凝胶涂于绸面，经后整理加工而成产品，故名莨纱。此外，还有莨绸等品种。

莨纱具有挺爽、柔软、透风、清凉和易洗易干、免烫等特点，适于制作夏季服装。

莨纱是用桑蚕丝作经纬丝，在平纹地上以绞纱组织提花织成坯绸，经煮练、脱胶、上莨、过乌、水洗等加工而成。上莨是用薯莨的液汁（含有胶质、丹宁酸等）多次涂于练熟的坯绸上并晒干，使织物表面黏聚一薄层黄棕色的胶状物质。过乌是用含有铁盐的泥土涂于织物表面，使胶状物变成黑色。

莨绸也是用桑蚕丝作原料织成平纹坯绸，经与莨纱相同的后处理加工，成为表面乌黑光亮、细滑平挺的丝织物，又称黑胶绸或拷绸。由于原有的莨纱和莨绸都具有荔枝核似的茶棕色，故又称荔枝绸。后来才发展为一面黑色，一面棕色的黑胶绸。莨纱和莨绸的缺点是表面漆状光泽耐磨性较差，揉搓后容易脱落，因此，只宜用清水浸洗。吸汗后宜及时清洗，否则易生白色汗渍。

（二）夏夜纱

用桑蚕丝为经线与人造丝、金银线两组纬线交织成的色织提花绞纱织物。

质地平整爽挺，花纹纱孔清晰，地纹银（金）光闪烁，风格新颖别致。夏夜纱主要用作女装晚礼服、连衣裙或高级窗帘等装饰品用料。

（三）窗帘纱

桑蚕丝提花绞纱织物。织物以绞纱组织为地，以平纹组织为花，绞纱孔眼清晰，花地分明，图案以粗犷清地或半清地块面为宜，以竹叶花为多，其他还有团花、莲心花、牡丹花、万寿图等。织物轻薄平挺花地相映，是一种高贵的窗帘材料。

纱类丝织物如图4-17所示。

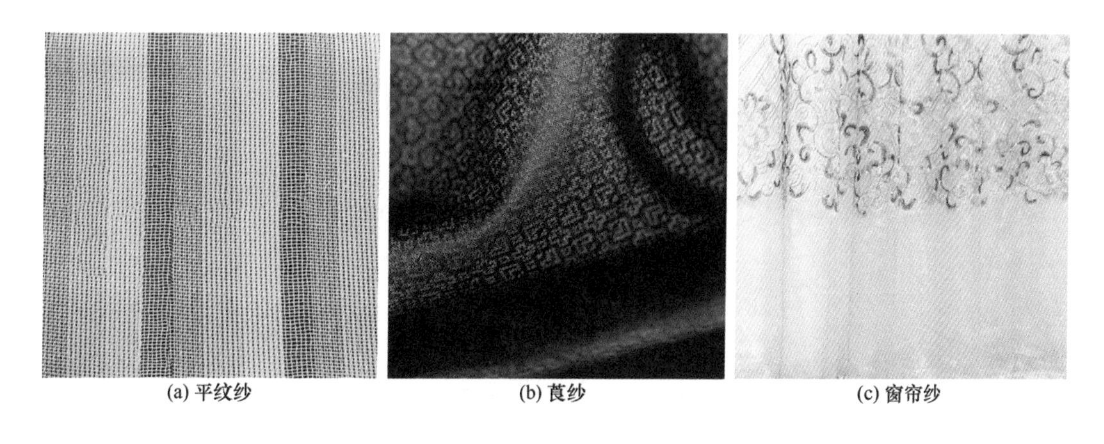

(a) 平纹纱　(b) 莨纱　(c) 窗帘纱

图4-17　纱类丝织物

八、绫

绫是我国传统丝织物的一类。最早的绫在织物表面呈现叠山形斜纹，“望之如冰凌之理”，故称之为绫。

绫有素、花之分。素绫采用单一的斜纹或变化斜纹组织。传统花绫一般是斜纹地组织上起斜纹花的单层暗花织物。现代绫类织物有很多品种，组织较为复杂。绫织成后可以施以印染、彩绘和刺绣。

绫类织物光滑柔软，质地较为轻薄，是书画装裱的主要用料，也用作衬衫、睡衣、裙子以及服装里料。人们有时也将某些与绫外观相近、用途相似的缎类织物称作绫，如采用正反8枚缎组织的花广绫，采用正反5枚缎纹组织的古花绫。

花绫组织主要有两种。一种是花、地组织循环数相同而斜纹方向相反，称异向绫，如地组织采用三上一下右斜，花组织为一上三下左斜。由于织物花部与地部紧度相同，织物非常平整，这种组织现在仍经常使用。另一种是花、地组织斜向相同而组织循环数不同，称同向绫。如地部采用一上二下右斜，而花部采用五上一下右斜。还有的组织循环差异数更大，如花部采用一上七下右斜，地部采用三上一下右斜，织物地部紧度大而花部紧度小，纱线产生位移，而使花纹具有凹凸效果。

（一）真丝绫

真丝绫是用桑蚕丝织造的素色斜纹丝织物，又称真丝斜纹绸、桑丝绫。

织物分薄型和中型，经纬均采用2根2.2/2.4tex（20/22旦）桑蚕丝，织物重量为43～44g/m^{2}的是薄型。经丝采用2或3根，纬丝采用3或4根2.2/2.4tex（20/22旦）桑蚕丝，织物重量为55～62g/m^{2}的为中型真丝绫。织物组织均为二上二下斜纹组织。

坯绸经精练、染色、印花后，质地柔软、光滑、轻盈，花色丰富多彩，多作衬衫、睡衣、连衣裙以及头巾等用料。

（二）印花绫（美丽绸）

印花绫是用人造丝作经纬或者人造丝经、棉纬的斜纹丝织物。

织物组织有三上一下斜纹，也有以三上一下斜纹为基础的山形斜纹。棉纬印花绫又称羽纱，经丝为13.3tex（120旦）有光人造丝，纬线为28tex（21英支）棉纱，或者19tex（30英支）人造棉纱，采用三上一下经面斜纹组织。织物重量130～170g/m^2，属厚重型丝织物。经练染后，织物表面光滑，用作服装里料。

绫类丝织物如图4-18所示。

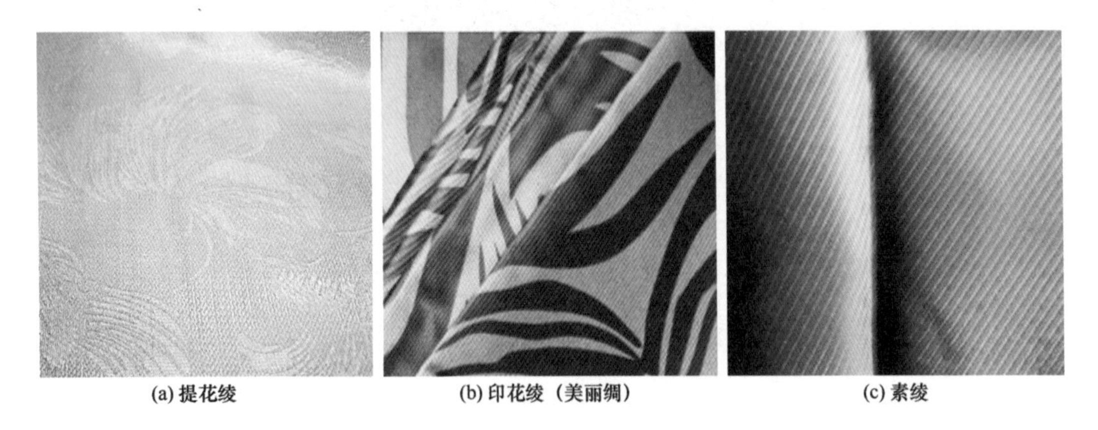

(a) 提花绫　(b) 印花绫（美丽绸）　(c) 素绫

图4-18　绫类丝织物

九、绢

绢是采用平纹或平纹变化组织为地组织的色织或色织套染丝织物。

根据绢丝原料的不同，还可分为桑蚕绢丝织物，木薯蚕绢丝织物和柞蚕绢丝织物等。

桑蚕绢丝织物以平纹素色和绉组织织物为主，常见品种有绢丝纺、新华呢、纺建呢等。此外，还有用绢丝作经，䌷丝作纬的窗帘绸和用生丝作经、绢丝作纬的和服绸等交织物，大多采用斜纹组织，织物质地厚实柔软，经染色整理后可作各种男女服装等。

木薯蚕绢丝织物是以木薯蚕绢丝为原料织成的织物，如木薯绢纺绸，特点是坚韧耐穿、透气性、吸湿性好，经染色印花后，可作夏季服装。缺点是易起毛、泛黄，绸面易产生水渍。为了提高木薯蚕绢丝织物的质量，常用木薯蚕丝与其他纤维混纺或交织，以减轻起毛和产生水渍的缺点。

柞蚕绢丝织物用柞蚕绢丝作经纬织成，如柞绢纺绸。特点是坚牢硬挺，吸湿透气，穿着凉爽舒适，常用原色或染成浅色，宜作夏季衣料。

（一）绢丝纺

绢丝纺是用双股绢丝线织成的平纹绸。产品以白坯为主，常根据坯绸的每匹（长50m，宽73cm）重量（磅，1磅=0.45kg）来表示规格，如6磅、7磅、8磅、10磅等。也有色织的彩条和彩格绢丝纺。

绢丝纺具有真丝织物的优良服用性能，穿着舒适、凉爽、透气性好，织物经整理后，绸面平整，质地坚韧牢固，与电力纺、杭纺相似，主要用于制作内衣、衬衫等。

（二）绵绸

绵绸是用细丝织造的织物。大多以平纹织成，经整理后，可克服因细丝条干不匀而引起的绸面不平整的缺点，使织物具有呢的风格。

绵绸表面布满不规则的绵粒，光泽柔和，质地坚韧，富有弹性，悬垂性好，透气性好，适宜于制作各种男女服装和装饰用品。

十、绡

绡是采用桑蚕丝或人造丝、合成纤维为原料，以平纹或变化平纹织成的轻薄透明的丝织物。适宜制作女式晚礼服、连衣裙以及披纱、头巾等。

主要选用细特加中等捻度的丝线作经丝和纬丝，经纬密度较小，织物经精练、染色整理后，有捻丝线微微弯曲，使经向和纬向结构疏松，形成轻薄透明的绡地结构。也可选用无捻生丝或锦纶单丝、涤纶丝织造。

绡类品种按加工方法不同，可分为平素绡、条格绡、提花绡、烂花绡和修花绡等；按使用原料的不同又可分真丝绡、人丝绡、合纤绡、交织绡和在绡地上嵌有少量金银丝的各种闪光绡等。

建春绡是全真丝条子绡织物，地为平纹，条子为8枚经缎纹组织。缎条等距或不等距相间排列，平滑光亮，花纹色彩明暗突出。

十一、呢

呢是用基本组织和变化组织形成表面粗犷少光泽、质地丰厚的丝织物。

呢织物的经纬丝一般均较粗，常采用经长丝与纬短纤维交织。或者经纬均采用长、短丝并合加中捻度。织造时采用绉组织，利用经纬丝不同浮长交错，使织物表面呈现分布均匀而凹凸不甚显著的外观。手感柔软厚实，富有弹性而光泽不明显，且能增进抗折皱能力。

呢织物的特征主要是靠一个组织循环内经纬丝的浮长不一而形成的。沿不同方向配置浮长较长的组织点，则经纬丝间交织得较松；而浮长较短的组织点，经纬丝之间结构较紧密。由于结构松紧不同的部分相互交叉分布，织物表面便带有凹凸的颗粒纹，并形成对光线的漫反射，使光泽柔和，更因织物中夹有长浮线，所以手感较平纹松软厚实。呢织物常采用较大的完全组织，织物表面不形成明显的连续纹路。呢具有柔和文静的外观，品种较多，如四季呢、新华呢、纺建呢等。可以加工成素色或印花，广泛应用于服装、装饰等。

绢、绡、呢类丝织物如图4-19所示。

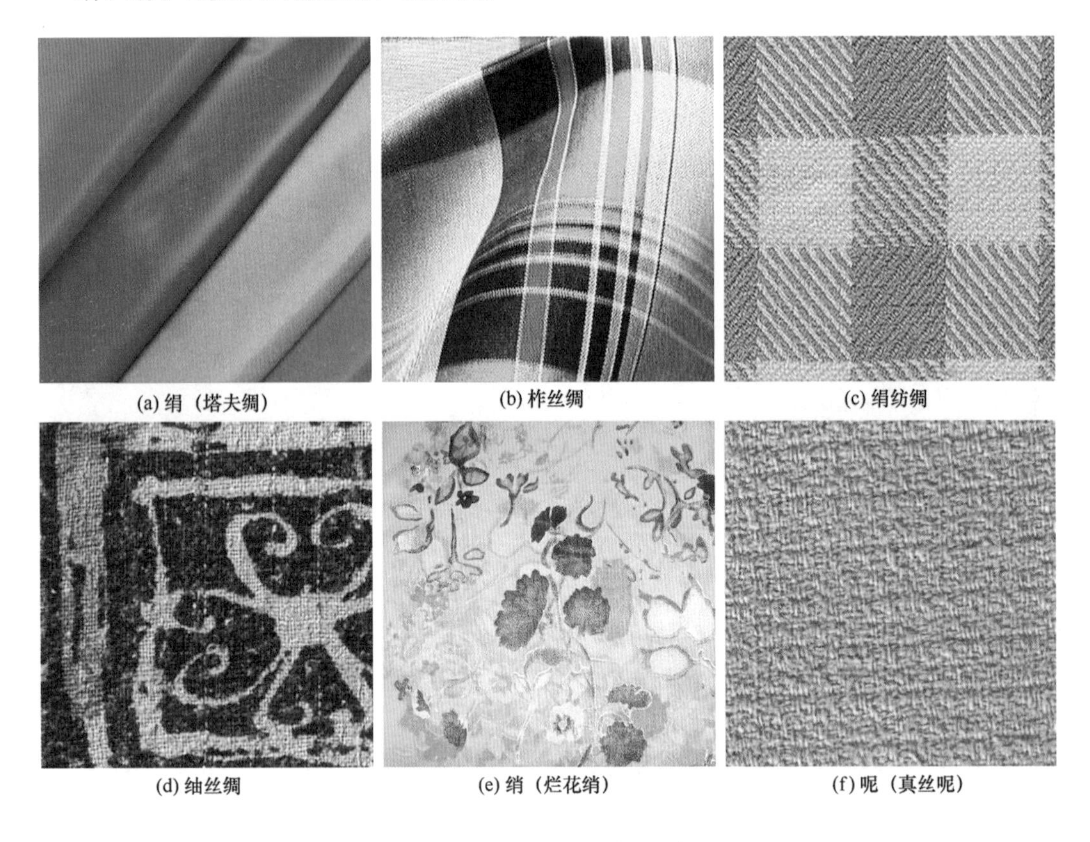

图4-19 绢、绡、呢类丝织物

十二、绒

绒是用桑蚕丝或桑蚕丝与化学纤维长丝交织成的起绒丝织物，也称丝绒。丝绒表面有耸立或平排的紧密绒毛或绒圈，色泽鲜艳光亮，外观类似天鹅绒毛，因此通常也称天鹅绒。其是一种高级的丝织品，适宜作女式服装、外套、窗帘、帷幕、装饰和工艺美术用品。

丝绒品种名目繁多，按织造方法分，可分为双层经起绒织物，如乔其绒；双层纬起绒织物，如鸳鸯绒纱；用起绒杆使绒经形成绒圈或绒毛的绒织物，如漳绒或漳缎；将缎面的浮经线或浮纬线割断的绒织物，如金丝绒。按使用原料的不同，分为真丝绒、人丝绒和交织绒。各类绒的地组织都是采用平纹、斜纹、缎纹和其变化组织。按织物后处理加工的不同，绒又可分素色绒、印花绒、烂花绒、拷花绒、条格绒和彩经绒等。

（一）天鹅绒（漳绒）

天鹅绒是以绒经在织物表面构成绒圈或绒毛的丝绒织物。因起源于我国福建省漳州地区，故也称漳绒。

天鹅绒有素、花两类。素天鹅绒表面全部为绒圈，而花天鹅绒则是将部分绒圈按花纹割断成绒毛，使绒毛和绒圈相间构成花纹。天鹅绒的绒毛或绒圈紧密耸立，色光文雅，织物坚牢耐磨，是中国传统丝织物之一，可用来制作服装、帽子和装饰物等。

天鹅绒可使用桑蚕丝作原料，也可在用桑蚕丝经、棉纱纬交织的地组织上，以桑蚕丝或人造丝起绒圈。花天鹅绒所用的花纹图案多是清地团龙、团凤、清地五福捧寿之类，以黑色、紫酱色、杏黄色、蓝色、棕色为主色。

建绒是天鹅绒的同类品种，以黑色桑蚕丝为原料，素绒为主。

（二）乔其绒

乔其绒是用桑蚕丝和黏胶人造丝交织的双层经起绒丝织物，主要用于女士服装、帷幕、室内软装饰等。

它用强加捻的蚕丝作地经和地纬，经和纬都以两根S捻、两根Z捻相间排列，两层织物各以平纹交织，绒经用有光黏胶丝以“W”形固结在上下底绸上。双层绒坯经割绒后成为两块织物，经剪绒、练染或印花立绒等加工而成产品。

乔其绒质地柔软，绒毛耸密，绒坯还可以经特殊加工制成烂花乔其绒。由于桑蚕丝和黏胶人造丝具有不同的耐酸性，将绒坯按设计花型印上酸性浆，经焙烘后，将部分黏胶丝绒毛烂去，剩下平纹地部，未接触酸性浆的绒毛则呈现花纹，这种织物称烂花乔其绒，用以制作服装或礼服，有多层次立体风格。

（三）凹凸绒

凹凸绒绒面高低不一，形成立体花纹的花丝绒，用于各式礼服和装饰面料。

凹凸绒有两种加工方法。一种是拷花法，用普通的绒坯，经镂花滚筒和金属丝刷使镂花处的绒毛倾伏，形成卧绒花纹和立绒地部，绒面起伏，花地分明，称拷花丝绒，这种起伏绒毛形成的花型容易变形。另一种是剪绒法，在拷花绒上经剪绒加工，将立绒地部的绒毛剪短，再经整理加工，将卧绒花纹的绒毛恢复原来的高度，形成花地分明的凹凸花丝绒，这样形成的立体花型能长久保存。

（四）金丝绒

金丝绒是桑蚕丝和黏胶人造丝交织的单层经起绒丝织物。绒面绒毛浓密，毛长且略有倾斜，但不及其他绒类平整，一般用于女装、帷幕等。

金丝绒经、纬丝都采用不加捻生丝，以平纹组织为地，绒面为有光人造丝，经绒以“W”形固结，并以一定的浮长浮于织物表面，织成的绒坯似普通缎纹织物，用割绒刀把织物表面的经浮线割断，使每一根绒经呈断续状卧线，然后经过精练、染色、刷绒等加工，形成产品。金丝绒绒毛的密度和高度，取决于绒经的粗细、密度、浮长及绒经和地经的排列比等。

（五）光明绒

光明绒是与乔其绒类似的提花丝绒。采用双层织造，上下层绒坯的地经和地纬均采用加捻生丝，以平纹组织交织，绒经采用有光黏胶人造丝和金银丝。绒经在起花部分以“W”形连接上、下两层，在起花绒周围和花蕊部分镶嵌闪烁的金银丝衬托绒花，不起花的绒经全部沉在下层织物背面，割绒后修剪除去。光明绒采取在织机上边织边割绒的方法，下机后即成上、下分离的两幅绒坯，然后经精练、染色、刷绒等整理加工成为产品，是一种女式高级礼服和装饰用的丝绒。

绒类丝织物如图4-20所示。

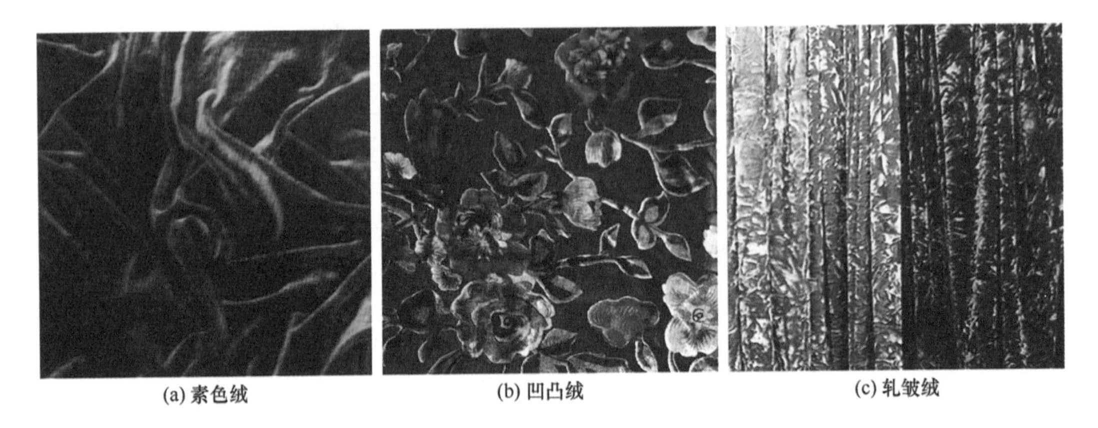

(a) 素色绒　(b) 凹凸绒　(c) 轧皱绒

图4-20　绒类丝织物

十三、绨

绨是用有光黏胶长丝作经、用棉线或蜡纱作纬以平纹组织交织的丝织物。质地粗厚缜密，织纹简洁清晰，比其他丝织物经久耐用。纬丝采用丝光棉线的称为线绨，又分素线绨和花线绨；采用上蜡棉纱的称为蜡纱绨。大花纹的线绨多用做被面，小花纹线绨和不提花的素线绨一般用作衣料。绨织物在洗涤时不宜重搓，也不宜用刷子洗刷或用力绞干，可阴干后用熨斗熨平，以保持绸面光亮平滑。

十四、葛

葛是质地比较厚实并有明显横菱纹的丝织物，采用平纹、经重平或急斜纹组织织造。为了达到起横菱纹的外观效应，经丝细而纬丝粗，经丝密度高而纬丝密度低。经丝原料多采用人造丝，纬丝采用棉纱或混纺纱；也有经纬均采用桑蚕丝或人造丝的。葛有不起花的素织葛和提花葛两类。葛属粗厚型丝织物，多用作春秋季服装或冬季棉袄面料。

第四节　化纤织物

化学纤维织物是指以化学纤维为原料，加工而成的各种纺织品。化学纤维织物的品种非常丰富，发展也很迅速，短短的几十年时间，已在服装面料中占了很大的比重。但是，化学纤维织物没有像天然纤维织物那样有很多比较固定的产品和名称，大多产品属于仿生产品，所以命名大多是在模仿的天然纤维织物前加上原料名称即是。如涤棉府绸、涤棉卡其，毛涤华达呢、毛涤黏法兰绒，真丝/人丝香云纱、涤丝/人丝织锦缎、涤纶仿麻等。其特征与天然纤维织物的相仿，而性能特点则与原料相关。

化学纤维织物最常见的品种有中长纤维织物、变形丝织物、仿毛织物、仿丝织物、仿纱型织物、人造麂皮、人造毛皮等。织物的性能、风格、外观和用途都有很大的不同。

一、中长纤维织物

中长纤维织物是指用中等长度的化学纤维混纺织造的仿毛织物。

中长纤维的长度一般为51～76mm，线密度为0.2～0.3tex（2～3旦），介于棉纤维和毛纤维之间。织物经整理加工后有毛型风格，手感丰满弹性好，挺括不易变形，可用作套装、上衣、裤子等。

中长化纤织物主要有涤/腈和涤/黏两大类。混纺比例常用65/35，也有60/40、55/45的。涤腈混纺织物的优点是具有良好的抗皱性和免烫性，缺点是布面较毛糙。涤黏混纺织物的优点是手感弹性好，吸湿性好，缺点是免烫性较差。

中长化纤织物的品种有白织匹染的平纹呢、隐条呢、隐格呢、华达呢和各种色织、提花花呢等。中长化纤织物大多能利用棉纺织厂的设备进行生产，工艺简单，产量高，成本低。采用的纺纱、织造、染整工艺应与所用化纤原料特性和产品要求相适应。比如在前纺开松、混和和合并过程中，必须保证两种纤维的比例和混和充分。在纺纱牵伸过程中，必须将原有牵伸机构适当改革，以适应中长纤维的长度。在染整过程中，应采用全松式染整工艺，织物须经烧毛、湿蒸、定型处理和树脂整理，以提高仿毛风格和服用性能。

二、变形丝织物

变形丝织物是用变形纤维织成的织物，包括高弹、低弹织物等。

合成纤维长丝经过一次加热变形制成的螺旋圈形，弹性伸缩率较高，称高弹丝，织成的产品称高弹织物。如锦纶或丙纶弹力衫、弹力袜、弹力游泳衣等。高弹丝再经过一次热松弛定型，则呈蓬松卷曲状，弹性和伸缩率较低，称为低弹丝，可织成低弹织物，如各种涤纶变形丝织造的仿毛、仿丝、仿麻型针织物和机织物。

变形纤维在纺织染整加工过程中，须严格控制捻度、张力、温度和加热时间等工艺条件，尽量减少对织物弹性和蓬松性的影响。另外，如采用五至十叶异形截面纤维可以增加织物的弹性；采用细于0.1tex（1旦）的化纤丝可改进织物的柔软性和覆盖丰满性；采用不同的卷曲形态、不同的捻度、不同纤度的混纤变形丝，可以增加织物的真丝感和毛感。

变形纤维的加工工艺和品种在不断地丰富和发展，变形丝织物的品种、外观风格、穿着性能和用途也将不断地扩大。

三、仿毛织物

仿毛织物是模仿毛织物风格的化学纤维织物。有化纤啥味呢、华达呢、大衣呢、法兰绒等。仿毛织物的有些性能优于纯毛织物。例如，强度高，抗皱性能好，耐磨，不霉、不蛀、价格较低等。

仿毛织物的毛织物风格，是由化学纤维本身的性能和纺织染整工艺创造的。涤纶、腈纶皮芯型或并列型复合纤维，就是模拟羊毛的鳞片层、皮质层、髓质层不对称双组分的微细结构，线密度为0.2～1.3tex（2～12旦），截面为三至十六叶；各种中空、豆形或哑铃形的涤纶、腈纶纤维，则是模拟羊绒、兔毛和马海毛的粗细、截面以及中空度。涤纶的强度是羊毛的3倍，刚性是羊毛的2倍，但涤纶的手感比羊毛粗糙，如0.4tex（4旦）涤纶粗细相当于70支羊毛，手感则相当于64支羊毛。

精纺仿毛织物的织造在选择特数、经纬密度和织物结构时，须防止起毛、起球和勾丝。印染后整理须在松弛状态，即无张力条件下进行，以消除积聚在织物中的应力，增强织物的毛型感。后整理还有利于克服化学纤维织物贮积静电和污染吸尘等缺点。在织造和染整工艺上，应保证仿毛织物有较好的刚柔性、松软性和滑爽性。

四、仿丝织物

仿丝织物是模仿丝织物的化学纤维织物。以前人们把再生纤维长丝制成的织物称为人造丝织物；20世纪70年代以来，把涤纶和锦纶制成的织物称合纤丝织物，如尼丝纺、涤丝绉、闪光提花缎、塔夫绸、烂花乔其绉等。

织物仿真丝是从原料、纺织工艺和染整加工三方面入手的。蚕茧双孔吐丝，单丝截面为三角形，8只茧子抽出的丝平均相当于2.3tex（21旦），丝胶成分约占1/4，脱胶后的单丝平均为0.1tex（1旦）左右。因此，仿丝型化学纤维宜采用0.1tex（1旦）左右的单丝，截面呈三叶形、五星形、八至十六多叶形，才能使织物光泽柔和，增强丝感。化纤长丝采用微卷曲、多层卷曲变形以及强捻合股，以增加织物的蓬松度和丰满度。

涤纶是仿丝织物的主要原料，采用强碱后处理能使涤纶丝的表面产生不规则的凹凸面，再经过强捻合股，能使织物在手感丰满与光泽绚丽方面接近蚕丝。

针织纬编仿丝织物适宜采用细针距、大块面花纹印花；机织仿丝织物适宜采用较密的经纬交织点和较短的浮长、低张力织造以及抗静电处理，以改进织物的悬垂性和防污性。如果采用阳离子染料可染型的涤纶丝与其他化纤交编、交织，可以制成色谱多而色彩鲜艳的多色或异色织物。细旦、异形、收缩性不同的混纤丝，如涤/黏、涤/锦、锦/黏等可以改进仿丝织物的手感、外观、吸湿性和其他服用性能。

五、仿纱织物

仿纱织物是模仿短纤纱织物风格的化纤长丝织物。化纤切断纤维要经过传统的多道纺纱工序，才能制成纱线。而化纤长丝经过喷气变形，表面具有类似短纤纱的毛茸状，有的还呈圈结、竹节状，能用于织造仿纱型织物，工艺过程比传统纺织为短，可提高经济效益。仿纱型织物适宜作套装、裤料、装饰布等。

仿纱型织物可以仿棉、仿毛、仿麻。还可用机织、针织纬编或经编方法织造成花式纱线织物。原料可以选用涤纶、锦纶、腈纶、黏胶丝、醋纤丝，也可夹入少量金银线。

六、人造麂皮

人造麂皮是模仿动物麂皮的织物，表面有密集的纤细而柔软的短绒毛。

过去曾用牛皮和羊皮仿制。20世纪70年代以来，采用涤纶、锦纶、腈纶、醋酯纤维等化学纤维为原料仿制，克服了动物麂皮着水收缩变硬、易被虫蛀、缝制困难的缺点，具有质地轻软、透气保暖、耐穿耐用的优点。适宜于制作春秋季大衣、外套、运动衫等服装和装饰用品，也可作鞋面、帽子、手套等。

人造麂皮以超细旦化纤0.04tex（0.4旦）以下为原料的经编织物、机织物或非织造布为基布，经聚氨基甲酸酯溶液处理，再起毛磨绒，然后进行染色整理而成。采用的化纤纤度如细到0.0001～0.04tex（0.001～0.4旦），则制成的人造麂皮质量较好。如采用橘形截面涤纶、锦纶复合丝制成的基布，起毛时1根复合丝能裂离成十数瓣小于0.04tex（0.4旦）的超细绒毛。如基布的中间层采用涤纶长丝，表层和里层采用0.01tex（0.1旦）腈纶超细纤维，可以制成三维结构双面起绒的人造麂皮。

七、人造毛皮

人造毛皮是外观类似动物毛皮的长毛绒型织物。绒毛分两层，外层是粗直光亮的刚毛，里层是细密柔软的短绒。人造毛皮常用作大衣、服装衬里、帽子、衣领、玩具等。

人造毛皮制造方法有针织（纬编、经编和缝编）和机织等。以针织纬编法发展最快，应用最广。针织时，梳理机构把毛条分散成单纤维状态，织针抓取纤维后套入底纱编织成圈，由于绒毛在线圈中呈“V”形，且针织底布延伸性较大，必须再在底布背面涂黏合剂，使底布定形，不致掉毛。针织人造毛皮底布通常用棉、黏胶或涤纶长丝做原料，毛条大多使用腈纶或变性腈纶纤维。外层粗刚毛纤维的线密度在1.1～3.3tex（10～30旦），多用异形截面，如腰子形、哑铃形、多角形等，有较好光泽；里层短绒毛纤维的线密度在0.16～0.56tex（1.5～5旦），在沸水中收缩性较强。人造毛皮的后整理工序有印花、剪毛、电热烫光、拷花、压纹、滚球等。为了使织物双面可用，也可在人造毛皮的背面黏贴一层人造麂皮或尼丝纺等织物，更适合制作服装。化纤织物如图4-21所示。

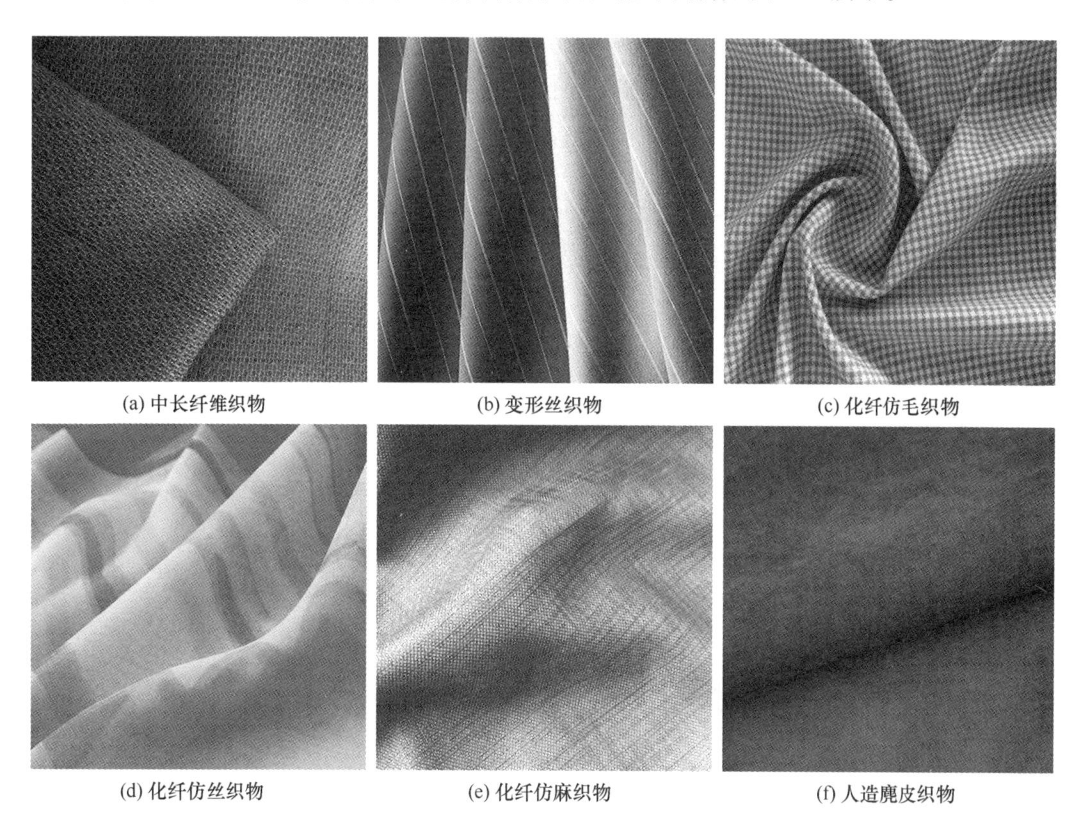

(a) 中长纤维织物　(b) 变形丝织物　(c) 化纤仿毛织物

(d) 化纤仿丝织物　(e) 化纤仿麻织物　(f) 人造麂皮织物

图4-21　化纤织物

第五节　其他服装面料

一、针织面料

针织物包括由纱线成圈相互串套编织而成的织物和直接成形的衣着用品。过去，针织物都用于制成内衣、内裤等。随着化学纤维的崛起和发展，针织物也开始进入服装面料的行列，并且越来越受到人们的欢迎。

（一）常见针织面料

1. 汗布

汗布是一种薄型针织物，因吸湿性强，常用作贴身穿着服装。一般用细特或中特纯棉或混纺纱线，在经编或纬编针织机上用平针、集圈、罗纹、提花等组织编织成单面或双面织物，再经漂染、印花、整理，然后缝制成各种款式的汗衫和背心。

汗布的漂染加工方法有两种。一种是精漂法，织物经过煮练、碱缩，然后漂白或染色整理，使织物紧密、滑爽、缩水率小。另一种是漂白法，织物经过煮练，然后漂白或染色整理，使织物柔软而有弹性。

2. 棉毛布

棉毛布是一种纬编针织物。柔软厚实，横向弹性较好，适宜缝制春、秋、冬的内衣衫裤和运动服装等。

品种主要是纯棉的，也有纯化学纤维和棉与化学纤维混纺或交织的。色泽有本白、漂白、素色、夹色印花等数种。棉毛布是双罗纹织物，一般使用纱线为8.2～16.7tex（71～35英支），因织物的两面都只能看到正面的线圈，故又称为双面布。

3. 衬垫针织物

衬垫针织物是单面起绒的保暖用针织物，是绒类卫衣衫裤的面料。一般用中特棉纱作面、粗特棉纱作里的纬编衬纬针织物，也有用化纤纯纺或混纺纱作原料的。用一根粗特纱或中特纱做里的叫薄绒，用两根粗特纱做里的叫厚绒。

染整加工采用松式绳状前处理，再经染色、柔软、烘轧、起绒等工序使织物手感柔软，绒面均匀细密。经印花、镶、嵌、拼、贴等工艺，可以制成各种款式的运动服。

4. 驼绒

棉毛交织的起绒针织物，因织物绒面外观与骆驼的绒毛相似而得名。驼绒表面绒毛丰满，质地松软，保暖性强，延伸性好，是服装、鞋、帽、手套等衣饰用品的良好衬里材料。

通常用中特棉纱作底纱，粗纺粗特毛纱作绒纱，由针织机编织后，经起绒构成绒面。成品幅宽在110～120cm之间，重量约500g/m^2，主要品种有大红、咖啡、紫红等美素驼绒，各种夹白花的花素驼绒，纵向起条子花纹的条子驼绒等。美素驼绒和花素驼绒是用圆形纬编针织机织出圆筒样织物，经剖割成平幅绒坯，再经匹染、拉毛、起绒而成。由于经过剖割，故幅边不整齐。美素驼绒的绒面采用全羊毛纱，底组织用棉纱。花素驼绒的绒面采用羊毛与黏胶的混纺纱。条子驼绒是采用平型纬编机织成的，绒坯是平幅的，绒面采用纯羊毛纱或毛黏混纺纱，底背采用棉纱。编织时，经纱用彩色纱，按一定距离间隔排列，织成五彩条子的驼绒坯，经拉毛起绒整理，由于不经剖割，幅边整齐光洁。此外，还有腈纶驼绒、腈纶缝编驼绒等产品。

常用针织织物如图4-22所示。

(a) 色织汗布

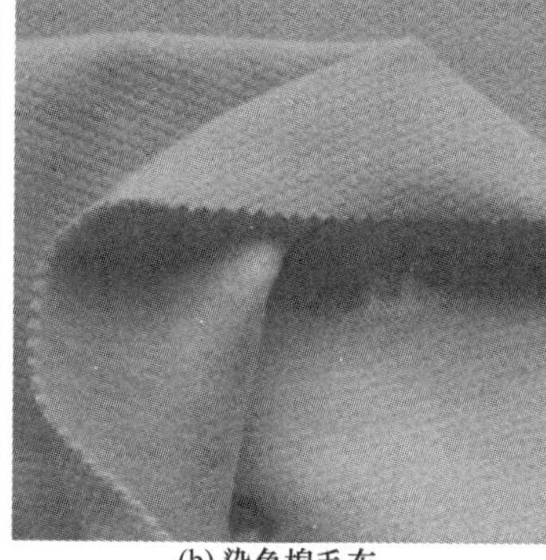
(b) 染色棉毛布

(c) 色纺卫衣布

图4-22 常用针织织物

（二）合成纤维针织面料

合成纤维针织物不但具有合成纤维的共同优点，而且还具有针织物的优点。常见的针织外衣面料，一般都是由化纤长丝或经过加弹处理的变形丝织成的，主要采用涤纶、锦纶长丝为原料。

1. **薄型经编面料**

原料采用涤纶长丝或涤纶长丝与锦纶长丝交织而成，有素色、印花、条格、提花等品种。其重量在90g/m^{2}左右，幅宽135cm；质地轻薄、半透明，手感硬挺滑爽，可用于男女衬衫及裙料。

2. **薄型纬编面料**

原料采用涤纶长丝或锦纶长丝，织成单面型（汗衫型）、双面型（棉毛型）、印花、素色、提花等品种。重量在60～90g/m^2，幅宽152cm左右。质地轻薄，手感滑爽，比经编同类品种柔软，具有丝绸和绉纱效果，可作衬衫或裙料。

3. **中厚型经编面料**

原料采用低弹涤纶丝或低弹涤纶丝与涤纶长丝交织或低弹涤纶丝与锦纶长丝交织。重量在170g/m^{2}左右，幅宽152cm，品种有素色、隐条、隐格等。手感挺括，抗皱性能好，质地紧密坚牢，不易起毛、起球。特别是经定型后整理的面料，性能更好。裁剪后，布边不会散开。热可塑性较好，经熨烫后褶裥可长久不退，经久耐磨，尺寸稳定性好；不足之处是手感较硬，常摩擦处易产生极光，宜作两用衫、西装、套装、风衣、猎装等。特别宜作儿童套装，成人西裤。

4. **中厚型纬编面料**

原料采用低弹涤纶丝或低弹涤纶丝与锦纶长丝交织，涤纶短纤维与异形纤维混纺，涤纶短纤与腈纶短纤混纺等。重量在180～250g/m^2，幅宽为94～110cm，也有152cm的，品种有素色、色织、提花、灯芯条等。面料结构丰富多变，风格各异，手感柔软蓬松，毛感强，质地厚实而富有弹性，悬垂性能较好。经定型、柔软、蓬松等处理后，面料更松软丰满，抗皱性能更好；缺点是易起球、勾丝。

5. 针织弹力呢

一般采用低弹涤纶丝与涤纶长丝交织而成，有经编也有纬编。品种有素色、凹凸花纹、色织等。面料经松式水洗、染色、定型处理后，有弹性，外观挺括，毛感强，缩水变形小，坚牢耐穿。缺点是易吸尘，不慎碰上火星马上会出现小洞，表面光泽较强。如经树脂整理、消光整理、防静电整理，可弥补上述缺点。

6. 纬编涤盖棉

由两根低弹涤纶丝和一根棉纱织成。正面为涤纶，反面为棉的双面针织物。织物外观挺括、滑爽，里面柔软、吸湿性好，有较好的穿着性能。

针织物随着化学纤维的发展和针织面料外衣化的盛行，发展非常迅速，出现了各种能编织复杂花纹图案的针织机，并用电脑控制，使织物的品种、色彩、图案更加丰富。

合成纤维针织织物如图4–23所示。

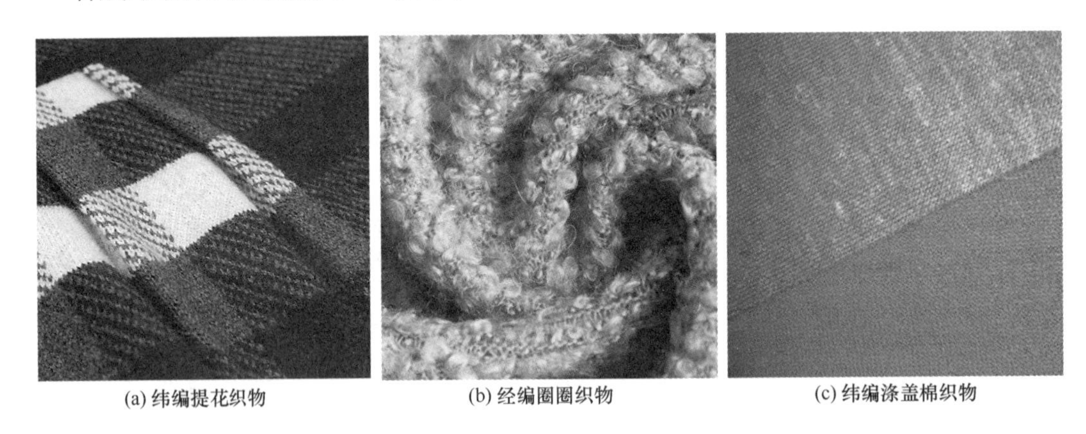

(a) 纬编提花织物　(b) 经编圈圈织物　(c) 纬编涤盖棉织物

图4–23　合成纤维针织织物

二、人造革与合成革

（一）人造革

人造革是指用聚氯乙烯树脂（PVC）或聚氨基树脂（PU）涂敷在机织或针织底布上，制成的类似皮革的制品，即称为人造革。人造革的吸水性和通透性较差，光泽较强，但不自然，天冷会发硬。因此，其用途具有一定的局限性。

（二）合成革

合成革是指用聚氨酯树脂涂敷在机织或针织底布上，制成的类似皮革的制品。合成革的外观比人造革更接近于天然皮革，而且吸湿性与通透性都有所改善，可染成各种色彩，还可通过特殊的工艺处理，制成外观、手感都非常接近山羊皮革的合成革。合成革织物如图4–24所示。

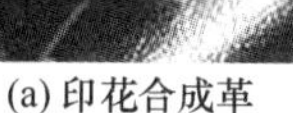
(a) 印花合成革

(b) 豹纹合成革

(c) 仿羊皮合成革

图4-24 合成革织物

三、民族服装面料

（一）靛蓝花布

靛蓝花布是用靛蓝染料印染而成的蓝白花布，又名蓝印花布。它是我国民间传统的印花织物，有悠久的历史，汉代已有这类印花技术，明清时曾在民间大量流行。靛蓝花布有蓝地白花，也有白地蓝花，图案常取材于花卉、人物及传说故事等，花形一般粗犷有力。当时蓝印花布主要用作被面、蚊帐、门帘、衣料、围腰等。

自从机器印染发展后，手工蓝印花布的产量已大为减少，但因色牢度好，且具有特殊风格，仍受到各国人民的欢迎。

（二）蜡染花布

蜡染花布是采用蜡染技术生产的纯棉花布。蜡染即涂蜡防染，我国古称“蜡缬”，是一种具有悠久历史的印染技术。如今在我国布依族、苗族、瑶族、仡佬族等少数民族中仍很流行。

蜡染花布图案通常取材于花卉，由于各民族的生活习惯和爱好不同，民族风格和地区特色十分明显。蜡染花布除蓝地白花外，已发展到能染多种色泽。多用作衣裙、被面、背包等。在非洲流行的蜡染花布，套色较多，蜡纹精细，布的正反深浅一致，图案取材于贝壳、禽、鱼和几何图案等，富有非洲民族特色。

（三）壮锦

壮锦是我国广西壮族的传统手工织锦。以棉线或麻线作地经、地纬平纹交织，采用粗而无捻的真丝作彩纬织入起花，在织物正面和背面形成对称花纹，并将地组织完全覆盖，增加了织物的厚度。纹样多为菱形几何图案，还有用多种彩纬挑花织出的品种，其纹样和组织都较复杂。壮锦采用对比强烈的色彩，具有浓艳、粗犷的艺术风格。壮锦幅宽仅1尺（0.33m）左右，用作衣裙、巾被、背包、台布等。《广西通志》记载，“壮锦各州县出，壮人爱彩，凡衣裙巾被之属莫不取五色绒，杂以织布为花鸟状，远观颇工巧炫丽，近视则粗，壮人贵之。”从中可见壮锦在壮族人民生活中的地位。

（四）傣锦

傣锦是我国傣族生产和使用的一种具有民族风格的纺织品。傣锦是以苎麻为原料的色织物，纹样为几何图案，用挑花方法织造。傣锦利用腰机织成，织幅不宽，长度也有限，以较细的苎麻线织成平纹为地组织，以较粗的苎麻纱经染色作彩纬织入。在平纹部分不起花，而在使用色纬时纬浮显色于织物表面。傣锦常使用小方块组成的菱形回纹。在大菱花纹转向时则往往又换另一种彩纬，因而在织物表面上，常随菱形花纹斜向的转换而调换颜色。色彩要求和谐，以棕色和黑色调配。

傣锦质地坚牢硬挺，花形美观，多被用作装饰。由于傣锦具有独特的艺术风格，作为工艺美术装饰用品，也受到了其他各族人民的喜爱。

（五）苗锦

苗锦是我国苗族的民族织锦。原料采用彩色经纬丝，基本组织为人字斜纹、菱形纹或复合斜纹，多用小型几何纹样。在苗族服装中用以镶嵌衣领、衣袖或作其他装饰。苗锦以纬丝起花，采用多把小梭子织造。开口用多片综，并兼用挖梭织法，制作比较费时，但纹样色彩优美，富有民族风格，深受民间喜爱。

（六）哈达

哈达是我国西藏、内蒙、青海等地藏族和部分蒙古族人民表示敬意和美好祝贺时用的礼仪丝巾。

织物组织疏松，牢度较差，采用提花（常用回纹或大团花）或平纹组织，色彩以本白或天蓝为主，也有用红、黄等色的，有时还可用闪色织花和金银线织入，纹样有吉祥如意等寓意。哈达的宽度与长度不一，一般幅宽1尺多，长达丈余。由于礼仪要求整幅、整段，哈达需带有布边，两端要留有经纱须穗。哈达原在手工织机上织成，现也常在工厂中用织绸机成批生产。

（七）氆氇

氆氇是我国藏族人民手工纺织的毛织物和以此做成的长袍和围裙的统称。氆氇的生产历史悠久，相传在唐代文成公主进藏时，曾带去当时先进的纺织工具和生产技术，利用当地生产的羊毛，精工纺织成二上二下斜纹类毛织品，称为氆氇。直至20世纪中叶，西藏仍保存木机织造氆氇，织幅为1尺左右，经密10～12根/cm，纬密13～14根/cm。藏族姑娘喜爱穿着的藏裙则属于色织氆氇，经纱用本色羊毛，纬纱用枣红、火黄、墨绿或黑色毛纱，横条纹上的配色可多至9色，称为九彩氆氇藏裙。氆氇一般手感挺硬密实，色泽丰富，除斜纹组织外，还可采用平纹、缎纹等各种简单组织，织成细密或粗厚的各种织物，表面也可制成光面或绒面，以适应各种服装的需要。20世纪60年代，西藏有了机器毛纺工业，生产保持氆氇风格特征的毛织物，产量和质量有很大提高。

（八）高山花布

高山花布是台湾高山族人民用有色苎麻、毛、棉纱为原料，用简单织机手工引纬织成的色织布，是一种民族服装用的布料。布面常织有三角形、锯齿形、横直条形和斜纹等几何花纹，并夹以刺绣，大多用红、桃红、黄、青、蓝等浓艳强烈的色彩。也有采用白织麻布和白褐相间平行条纹的麻布绣以花纹的，如妇女的麻布衣服常加彩色刺绣，男子的胸衣、胸袋则以白色麻布为地，以红、黑、黄、白、绿色绒线挑织绣纹。常用的花纹有12

种，挑织和刺绣的花纹最常用的是直线纹、谷纹和折线纹。所用彩线颜色有黑、白、黄、红、褐、绿、蓝、紫等。男子喜用红、黑、黄、褐等色；妇女喜用红、绿、黄等色。妇女的额带、胸衣、衣领、袖口、腰带和裙边用花布，则先嵌以别色布边，然后再在边上绣1～2条彩色花纹，花纹样式大体相同，也偶有草纹、花瓣等写实性花纹。

（九）舒库拉绸（爱德利斯绸）

舒库拉绸是维吾尔族和中亚一带民族服装和装饰用的丝织物，又名爱德利斯绸或和田绸。舒库拉绸是用扎结染色的经丝以缎纹或斜纹织成的经面丝织物。花形纹样是根据维吾尔族服装需要而设计的，大多为长方块和其他几何图案。

民族服装织物如图4-25所示。

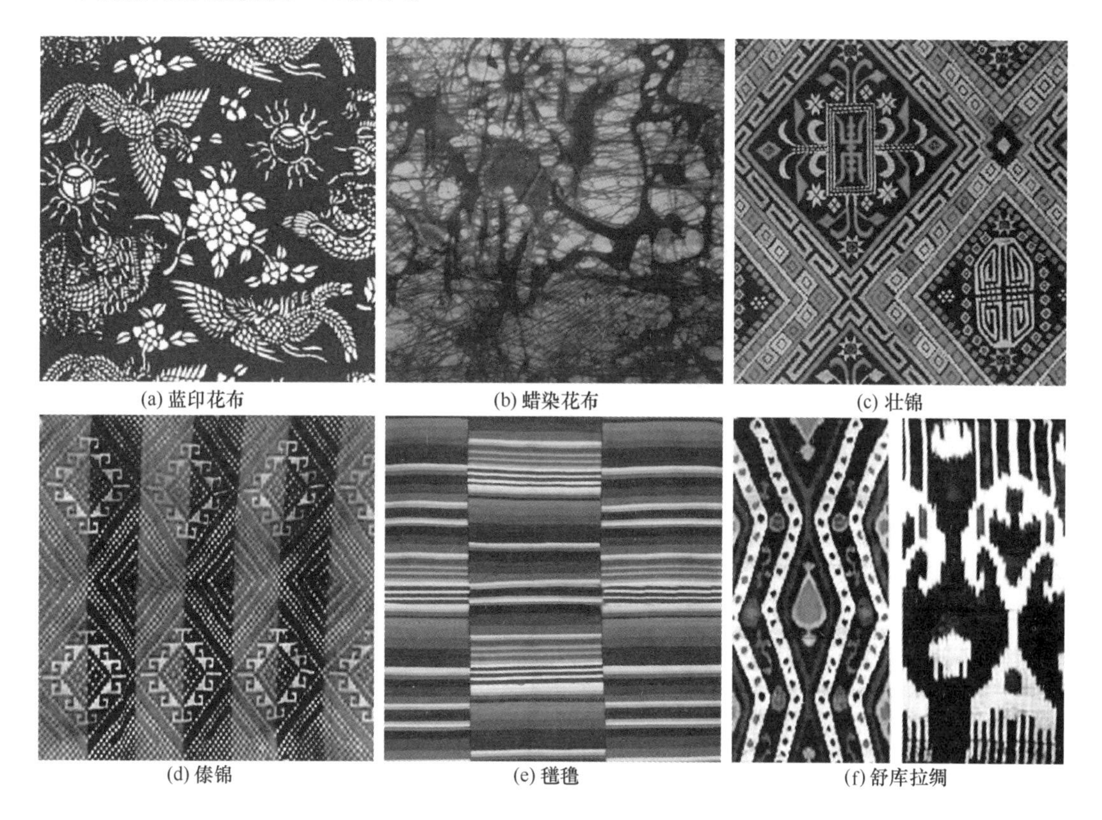

(a) 蓝印花布 (b) 蜡染花布 (c) 壮锦
(d) 傣锦 (e) 氆氇 (f) 舒库拉绸

图4-25 民族服装织物

理论知识及专业知识——

服装辅料

教学内容： 1. 服装里料，包括里料的作用、性能、分类，如何选择、搭配等。

2. 服装衬料，包括衬料的作用、性能、分类，常用衬垫材料和衬垫材料的选择等。还特别介绍了有关黏合衬的知识。

3. 服装填料，包括填料的分类（絮类填料和材类填料），主要填料品种及用途等。

4. 服装用线，包括线的种类，对缝纫线的要求，针迹形式与缝纫线的配伍等。

5. 服装其他附属材料，包括纽扣、拉链、钩、环、绳带、搭扣、花边等的材料、种类、作用、选择等。

6. 标签和包装材料，介绍了标签的作用、内容、设计等，和服装包装材料的作用、分类、对材料的要求、主要包装材料等。

建议课时： 6课时。

教学目的： 学习除面料之外，辅料的有关知识。

教学方式： 理论教学与实践相结合。

教学要求： 1. 了解服装里料的作用和里料选择的原则。

2. 懂得服装衬垫材料作用，掌握有关黏合衬的知识。

3. 了解服装填充料的种类和特点。

4. 掌握服装用线的要求和其他辅料种类。

5. 了解服装标签和包装材料的知识。

第五章　服装辅料

第一节　服装里料

服装里料是指服装最里层的材料，通常称里子或夹里。一般用于中高档的呢绒服装，有填充料的服装，需要加强面料支撑的服装和一些比较精致的服装。里料是为了补充只用面料不能获得的服装的完备功能，而加设的辅助材料。

一、里料的作用

1. 表里光洁整体美

服装一般外面比较整齐光洁，里面多缝头或衣衬等。服装里料能覆盖服装反面的缝头及衣衬，使服装两面都整齐美观。

2. 减小摩擦易穿脱

一些经过拉毛或经缩绒处理的毛绒服装，面料表面摩擦力较大，敷设柔软光滑的里子，能使服装反面摩擦力减小，便于服装的穿脱和人体运动。

3. 添加一层更暖和

冬季服装，增加一层柔软保暖的里料，能使服装的保温性大大增强，比如一些冬季穿着的外套，加一层蓬松柔软的彩格绒里料，既美观又暖和；有的甚至用毛皮或长毛绒作衣里，使服装更加温暖舒适。

4. 防止汗渍露表面

夏季穿着的服装，有时汗渍会沿衣缝渗入服装表面，或者浸透面料显现于服装上，加敷里料能大大减小这种可能性，使服装保持整洁美观。

5. 辅助造型形象美

有些面料轻薄、柔软，增加一层与面料协调的里子，能帮助面料形成立体感，使服装平整有型。

6. 包裹填料不外露

装有填充料的服装，一定要加装里子，包裹填充料，不使其裸露在外。

7. 保护面料少磨损

加装里料的服装，面料不直接与人体接触，减轻人体对面料的磨损，能延长服装的使用寿命。

8. 衬托服装更动人

有的面料有较大的镂空花纹，配以一定色彩的里料，能使面料显得更美；有的面料透明度很高，配以适当的里子，能里外相衬，使服装更优雅动人。

二、里料的性能

对于服装来说，里料的颜色、花纹、质地等诸条件的组合与面料的协调搭配，可以衬托出服装的高档和美感，具有烘云托月的作用。从服装的使用目的和用途看，要想有效发挥里料的作用，必须考虑里料的各项性能指标。

（一）对里料的要求

不同的服装对里料有不同的性能要求，见表5-1所示。

表5-1 不同服装对里料的性能要求

性能要求＼名称	女套装	男套装	男运动装	连衣裙	上衣外套	学生服	衬垫	衣袖里料	裤腰衬里	兜袋
颜色、光泽	★	★	☆	★	☆	☆	☆	☆	○	○
手感	★	★	☆	★	☆	○	☆	☆	○	○
悬垂性	★	★	☆	★	☆	☆	☆	○	○	○
不透明性	★	☆	☆	★	☆	★	★	☆	☆	○
平滑性	★	★	★	★	★	☆	☆	★	○	☆
保温性	☆	☆	☆	○	★	☆	☆	○	○	○
透气性	☆	☆	★	★	☆	☆	★	☆	☆	○
吸湿性	☆	☆	★	★	☆	★	★	☆	☆	○
抗静电性	★	★	★	★	★	★	★	☆	○	○
洗涤缩水率	★	★	★	★	★	★	★	☆	☆	☆
抗皱性	☆	☆	☆	★	☆	☆	☆	○	○	○
洗涤牢度	☆	☆	★	★	☆	★	★	☆	☆	☆
绽线程度	☆	☆	☆	☆	☆	★	☆	☆	○	★
耐汗渍性	☆	★	☆	★	☆	★	☆	☆	○	○
耐磨损性	☆	★	★	☆	★	★	★	★	☆	★

注 ★严格，☆适中，○不严。

由表5-1可见，服装用途不同，对里料性能要求的严格程度不同。

（二）里料的性能

不同纤维的里料有不同性能，里料的性能对服装有较大的影响。

1. **悬垂性**

假如里料过于硬挺，与面料不贴切，则服装的造型和触感就会受到影响。铜氨纤维、黏胶纤维、锦纶里料手感柔软，悬垂性好。

2. **静电性**

静电会使服装产生变形，特别是在干燥的气候条件下，静电特别厉害，致使面里料紧贴或脱衣产生劈啪声。因此，选择里料时要关注里料的抗静电性能。涤纶吸湿性差，静电明显；黏胶纤维吸湿性好，静电不明显；锦纶吸湿性比涤纶好，抗静电性能比涤纶好；涤纶纱与黏胶纱交织的里料，抗静电的性能大大提高。

3. 缩水性

里料的缩水会使服装洗涤后，面里料配伍不一致，使得服装不稳定、不平整，影响穿着。合成纤维缩水率小，涤纶、锦纶里料的缩水率都较小；再生纤维的缩水率大，黏胶纤维、铜氨纤维等都有一定的缩水率。选用里料时，重要的一点就是要注意面料和里料的缩水率要一致，才能配套组合，否则服装洗涤后面里料就会出现差异，影响服装的外观和穿着。

4. 烫缩性

有的纤维织物熨烫时会产生一定的收缩，影响尺寸和织物的平整性，因此针对不同里料的服装，要注意选择不同的整烫温度。特别是具有热塑性能的合成纤维，超过了它的定型温度时就会产生收缩。

5. 绽线、脱线

里料会出现的一个严重问题就是在拉力下绽线、脱线，里料绷开或散脱，使服装残缺，影响穿着寿命。相比之下，涤纶里料和醋酯纤维里料不太容易绽线、脱线，而锦纶和黏胶纤维里料则因更加软滑而容易绽线、脱线。绽线、脱线除了与纤维原料有关外，还与织物的组织和密度有关。平纹组织绽线、脱线好于斜纹组织；密度高的织物绽线、脱线好于密度低的织物；纬向采用短纤的绽线、脱线好于经纬全部长丝的。

6. 平磨、屈磨

纤维不同，摩擦性能有很大的差异，合成纤维耐摩擦性能比较好，如锦纶和涤纶里料，黏胶纤维和铜氨纤维的耐磨性不如合成纤维。

7. 摩擦系数

穿衣脱衣时，要求服装里料具备滑爽性，可是在缝制裁剪时，却不希望材料过于滑爽。因此，摩擦系数的选择要协调这两方面的关系。所以一般里料经向长丝，纬向短纤，并采用经面组织织造，让长丝留在里料的正面，穿脱容易，纬向短纤增加摩擦系数，不易绽线、脱线并易于缝制裁剪。

三、里料的类型

（一）根据工艺分

根据工艺分，里料可分为活里子、死里子、全夹里和半夹里等不同的类型。

1. 活里子

活里子是经过加工后，里子和面子是可以脱开的组合形式。如一些织锦缎、金银缎旗袍，里子就能与面子分开。

2. 死里子

死里子是指面子和里子缝合在一起，不能分开的组合形式。一般大衣、套装等多数服装都采用这种形式。

3. 全夹里

全夹里是指整件服装全部配装夹里的形式。一般冬季服装和比较高档的服装大都采用全夹里。

4. 半夹里

半夹里是指在服装经常受到摩擦的部位，局部配装夹里的形式。原来比较简单的服装配装半夹里，夏季轻薄的服装配装半夹里，如今轻、薄、软的服装也都采用半夹里的形式。

（二）根据原料分

里料的原料主要有天然纤维（棉、真丝、柞丝）、再生纤维（黏胶丝、铜氨丝的纯纺或交织产品）、合成纤维（锦纶、涤纶等）。

1. **天然纤维里料**

天然纤维里料常用的有真丝电力纺、真丝斜纹绸、棉府绸等。这类里料大都具有天然纤维的柔和光泽，吸湿性强，耐高温。其中真丝电力纺、真丝斜纹绸适合作中高档大衣、西装、套装的里子，棉府绸可以作羽绒服的里子等。

2. **再生纤维里料**

再生纤维里料常用的有纯黏胶丝的美丽绸、黏胶丝与棉纤维交织的羽纱、棉纬绫、棉线绫、富春纺等。美丽绸表面具有美丽耀眼的光泽，羽纱、棉纬绫等也都是经面斜纹组织，它们的最大特点是正面光滑柔软，吸湿性、通透性都较好。

3. **合成纤维里料**

合成纤维里料常用的有尼丝纺、尼丝绸、涤丝纺、涤丝绸等。它们最大的优点是强度高，耐磨，不缩水，稳定性好。尼丝纺、涤丝纺可用于羽绒服的面料和里料，薄型合纤服装的里料等；尼丝绸、涤丝绸可用于较厚的合纤服装的里料等。

一些里料如图5-1所示。

(a) 涤丝绸里料

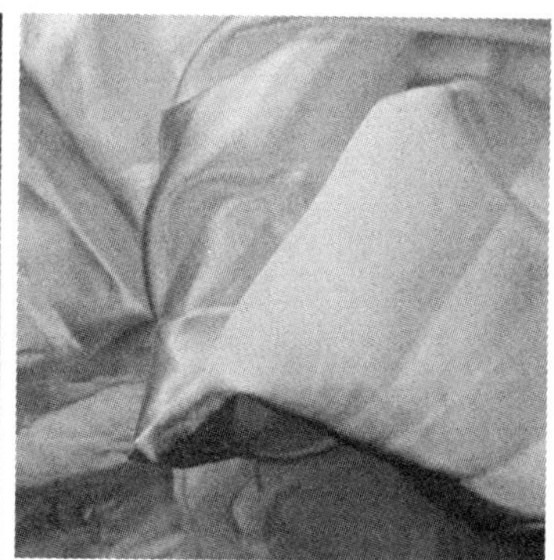
(b) 真丝小纺

(c) 交织色丁

图5-1 里料

四、里料的配伍

里料与面料的搭配，需要根据设计的要求、穿着的对象，遵循美观、合理、协调、经济的原则进行。

（一）色彩搭配要协调

通常买面料配里料，色彩的配伍是第一位的。一件高档服装的正反两面，颜色一致或相近，给人的印象是统一的、协调的、整体的和有品位的；而里料与面料的颜色相差过大，不仅会影响面料的颜色（如果面料不是太厚的话），而且还给人一种凑合、凌乱、粗陋和不协调的感觉。比如，面料色彩为藏青色，里料也应选择藏青色，或选择明度与其相同的深灰色、咖啡色或黑色，以便里料与面料颜色尽量统一或接近；若面料的颜色是浅米色，里料也应选用浅米色的，或者选择明度与其相仿的浅灰色、浅水粉色等。

一般女装，里料的颜色不要深于面料的颜色；男装则要求里料的颜色与面料的颜色一致或尽可能相似。但现代服装也有例外，许多设计师特意将服装的里料设计成另类的风格，比如黑色的毛呢长大衣，配大红、翠蓝、杏黄等鲜艳色彩的织花丝绸里料；稳重的精纺西装，配浅色色织格纹的铜氨纤维里料等，也是一种尝试。

（二）材质搭配要合理

面料和里料等共同组成服装，里料与面料的搭配还要考虑两者材料的档次与厚薄的一致性与合理性。

比如，中高档的面料一般可采用电力纺、斜纹绸、美丽绸、羽纱等；中低档的面料一般采用羽纱、富春纺、涤丝纺、尼丝纺等。如果全毛面料搭配了富春纺的里料，就会影响全毛服装的高档感；而全棉服装如果搭配真丝斜纹绸的里料，也会觉得不合适，在经济上是一种浪费。较厚的面料一般搭配较厚实的里料，如羽纱、美丽绸等斜纹或缎纹组织的里料；较薄的面料一般配薄型电力纺、尼丝纺、涤丝纺等平纹组织的薄型里料。

（三）性能搭配要恰当

里料与面料的搭配，某些物理性能的一致也非常重要。

1. 缩水率

里料与面料的缩水率应尽可能相同、一致，否则洗涤后底边、袖口易产生内卷或是外翘，大身吊起或绷紧的现象。如不知道里料与面料的缩水率，可以做缩率试验。如果里料、面料的缩水率有差异，除了可以预缩以外，还可将里子边缘留1cm的余量，以防缩水。

2. 熨烫温度

里料、面料的熨烫温度要尽可能一致，否则会出现熨烫收缩或定型不好的现象。比如面子是毛呢的，里料可搭配真丝绸的、人丝绸的，或人丝交织的，如美丽绸、羽纱等；面子是真丝的，一般里料也要搭配真丝的；面子是尼丝纺的，里子最好也搭配尼丝纺的。否则熨烫时温度难以控制。

3. 色牢度

里料、面料的色牢度都要好，否则会互相搭色，影响服装外观，特别的浅色或艳色的服装。有时熨烫垫布的掉色，也会影响服装的美观，并且难以去除。里料对于服装很重要，而且用量多，一些厂家，将品牌的标志织入自用的里料上，使里料成为宣传品牌，提升服装档次的媒介，也是一种非常好的尝试。

五、袋布的选用

对于服装来说，口袋具有装饰性和实用性双重功能。因此，在选用材料时，应考虑以下几方面。

（一）按设计选择布料

如果是明袋，可选择与面料相同的布料；或根据款式设计的要求，选择相应的镶拼色布料。但布料的经纬向要尽量与服装面料取得一致，否则会难做、不服帖。如果是暗袋，一般可选择白布，但牢度要好。

（二）注意袋布的厚薄

如果服装面料较厚，袋布可以厚些；如果面料薄，不可选择较厚的袋布，会影响服装外观，手感不舒服或有隆凸感。

（三）袋布牢度很重要

服装口袋具有存放物品的功能，因此材料的牢度是必须考虑的，否则服装尚好，袋布破了，影响服装功能的发挥。一般会选择原色和白色涤棉平布、全棉市布等，即光洁平整又牢度好，耐磨，强度高，本色织物，不仅成本低，还不容易沾染面料。

第二节 服装衬料

服装的衬料是指在服装的领部、肩部、腰部、胸部、门襟、袋口、袖口等一些部位加敷的辅助材料。衬垫材料对于完善服装造型有很重要的作用，合理选择衬料对做好服装很关键。

一、衬料的作用

衬垫材料的作用是完成面料不能完成的支撑作用，可防止服装走形变样，还可以简化缝制工序。

（一）支撑服装似骨骼

人们常说，衣衬是服装的骨骼，确实，衣衬能帮助服装造型，撑起服装，使服装变得挺括、美观。

如男衬衫的衣领面料原来是平面的、柔软的，通过加入领衬，可使衣领成为立体的、挺括的、漂亮的硬领，而且靠领衬的窝服造型，给领带留下了合适的位置，从而进一步美化了领子。又如胸衬，能使整件服装胸部丰满、挺拔，造型优美。还有不同形状的肩衬，能使服装肩部的变化丰富，造型多样。现代服装欲塑造各种美丽、独特的造型，衬垫材料是不可或缺的助手。

（二）修饰人体补缺陷

衣衬能衬垫人体某些部位的不足，起到美化和修饰体形的作用。

服装的一个重要作用就是美化人体，扬长避短，使着装者变得自信、变得美。比如溜肩者使用肩衬，能抬高肩部，使左右肩对称，增加美感；胸部或臀部下塌者，在服装中使用胸衬或臀垫，能使胸部、臀部丰满、圆润，更加性感。

（三）方便缝制好造型

选择合适的衬料，能弥补面料的不足和缺陷，增强服装的挺括度和弹性，并能给服装的制作带来较大的便利。

比如有的面料过于稀松或柔软，在一些部位加敷衬料，能使面料挺括，获得造型的效果。在服装一定部位加衬后，有的缝制变得简单，有的面料不稳定性得以控制，有的服装外观变得饱满，有的绽线散脱得以缓解。衬料给服装的造型、缝制带来了很大的方便。

（四）保持外形久美观

衬料一般具有较好的弹性，对服装起保型作用。选择恰当的衬料，能防止服装变形，在较长时间内保持原型。

如西装加敷领衬、胸衬、肩垫、袋口衬、门襟衬、袖笼嵌条、袖口衬等，能使服装挺括有型，并能保持较长的时间。大衣、时装、男士风衣等比较有型的服装，都需要衬垫材料帮助，达到造型的效果，并保持长久。如今衬垫材料品种多、质量好，给服装保型带来了很大便利。

（五）增强牢度不易损

在服装的某些部位加敷合适的衬料，能延长服装的穿着寿命。比如合体服装，在拉伸较大的部位加衬，能增强牢度，防止绽线；扣洞、袋口部位加衬，也能增强牢度，不易损坏等。

如今衬料是服装加工、造型、保型等多方面不可缺少的辅料，是当今服装生产的重要材料。

二、衬料的性能

（一）对衬料的要求

用于不同服装、不同部位，起不同作用的衬料，对其要求不同，性能也各不相同。

比如，有的需要衬料硬、挺、平，而且富有弹性；有的则要求衬料具有柔软和轻薄的特点；有的材料（如马尾衬）除了要具有较高的弹力外，还应具备一定的厚度等。

（二）衬料的性能

用作服装的衬料应具有良好的物理化学性能。如具有良好的色牢度，吸湿性好，通透性良好，牢度大，弹性好，且能耐较高温度的熨烫等。

三、衬料的分类

（一）按衬料的成分分

衬料按成分分为动物毛衬类、麻衬类、棉布衬类、化学衬类（黏合衬）和纸衬类。

（二）按衬料的用途分

衬料按用途可分为肩衬、胸衬、领衬、腰衬、袖山垫角和其他衬垫类。

四、常用衬料

（一）动物毛衬类

1. 马尾衬

马尾衬是马尾与羊毛交织的平纹织物，其幅宽大致与马尾的长度相同。布面稀疏，类似箩底。马尾衬的特点是弹力很强，不折皱，挺括度高，常作为高档服装的胸衬。一般用于男女中厚型西装、大衣等。在潮湿状态下，进行热定型处理，可使前胸部位造型美观。

2. 毛鬃衬

毛鬃衬又叫黑炭衬或毛衬。一般是用牦牛毛、羊毛、棉、人发混纺或交织的产品，多为深灰色或杂色，组织为平纹，幅宽一般有74cm、79cm、81cm三种。其特点是硬挺度好，质优良，富有弹性，因而造型性很好，多用作高档服装的衬布，如男女中厚型面料服装的胸衬、男女西装的驳头衬等。

（二）麻衬类

1. 麻布衬

以麻纤维为原料，平纹组织的织物。其具有较好的弹性，常用作普通中山装、西装等服装的衬布。

2. 上蜡软衬布

上蜡软衬布又叫平布上胶衬，是用麻与棉混纺纱织造的织物，织物组织为平纹。在织物上浸渍适当的胶汁，表面呈微黄色。分薄、中、厚三种，幅宽有76cm与83cm两种。其特点是硬挺滑爽，柔软适中，富有弹性，韧性较好，只是缩水率稍大，所以在使用前宜先进行预缩水，其缩水率为6%左右，适用于中厚型及薄型服装。

（三）布衬类

常见的布衬有粗布衬与细布衬两种，都是平纹组织。布衬是一般衣料服装的衬布用料，用前需先进行预缩水。

布衬的特点是表面平整有粗厚感，质地柔软，有一定的挺括度及弹性。布衬属低档衬布，也常作牵条布用。牵条布必须是经向丝绺的直条，作服装某些边缘部位的拉紧与定型用。近年来牵条布大多用非织造布衬替代。

（四）化学衬类

化学衬主要是由化学原料如聚酯、聚酰胺、聚乙烯、聚乙烯醇等制成黏合剂附着在织物上而形成的衬料。可分为黏合衬、树脂衬、薄膜衬三大类。

1. 黏合衬

黏合衬也叫热熔衬。根据被涂物的不同，可分为有纺衬和无纺衬两种。

有纺黏合衬即被涂物是机织平布或汗衫针织布，黏合剂均匀地涂布于织物上面，大多呈点子状，经高温压烫，可与面料黏合在一起。

无纺黏合衬是指基布为非织造布，原料大多为腈纶或丙纶与棉混合，质地轻而软，颜色以白色为多。非织造黏合衬弹性稍差，可用于驳头衬、挂面衬、袖口衬、牵带等。近年来，非织造黏合衬发展很快，品种不断丰富，质量有很大的提高，一些优质的非织造黏合衬可用于西服大身衬和领衬等。

2. 树脂衬

树脂衬是用纯棉布或涤棉布，经醚化六羟树脂浸渍处理后具有急弹性好（急弹性是指织物遇外力变形，外力一经消除，马上恢复原状的性能），硬挺度高，缩率小的特点。树脂衬以漂白为多，按厚度编号，多用于硬领中山装的领衬、衬衫的领衬等。裁剪时应考虑与面料丝绺的配合，最好斜裁，以增加弹性。

3. 薄膜衬

薄膜衬是由棉布、涤棉布与聚乙烯薄膜复合而成的衬布。在一定温度与压力下，它能与其他材料牢固地黏合在一起，具有弹性好，硬挺度高的优点，而且耐水洗性能好，主要用作硬领的领角部位。

服装衬料如图5-2所示。

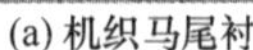
(a) 机织马尾衬

(b) 针织黏合衬

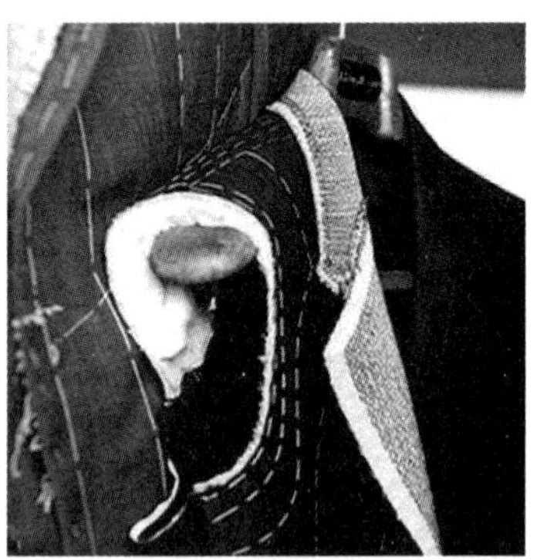
(c) 西装衬垫

图5-2　服装衬料

（五）衬垫类

衬垫材料比衬布材料质地厚实、柔软。其目的是为了使服装的某些部位抬高、挺括、柔软、美观。常见的衬垫有肩垫、胸垫、臀垫等。

1. 肩垫

肩垫是衬在上衣肩部类似三角形的垫物。作用是能使肩部加高加厚，使其平整、挺括，从而达到美观的目的。

肩垫，过去都采用白布和棉絮，用手工缝制而成。现大量采用泡沫塑料或腈棉弹力絮压制定型而成。

泡沫垫肩衬分男式和女式两种，是用聚氨酯泡沫塑料经切割压制而成的。泡沫垫肩的特点是柔软而富有弹性，肩型饱满，常用作中山装、西装、大衣的垫肩用衬。

化纤衬垫也分男式和女式两种，也有用黏胶短纤维与涤纶短纤维为原料的，外观如同絮棉制品。化纤衬垫的特点是质轻、柔软，缝制方便，但是弹性稍差，质地稍紧密。可用作中山装、男女西装及大衣的垫肩。

2. 胸垫

胸垫是衬在上衣胸部的一种衬垫物。胸垫能弥补乳房高低不平或局部塌陷的缺点，使穿着者胸部饱满，造型美观。胸衬又分为一般胸垫衬和乳胸垫衬两种。高档面料的胸垫多用马尾衬加填充物做成，乳胸垫衬也有用泡沫塑料压制的。

3. 臀垫

臀垫可使臀部丰满，突出人体的臀部线条。材料以泡沫塑料和硅胶为多。

服装垫料如图5-3所示。

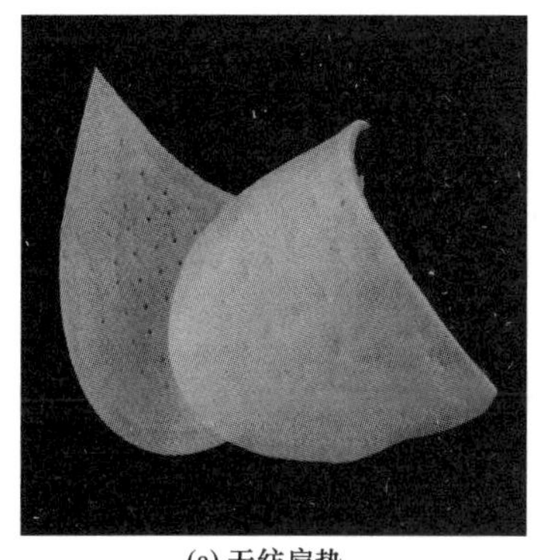
(a) 无纺肩垫

(b) 海绵胸垫

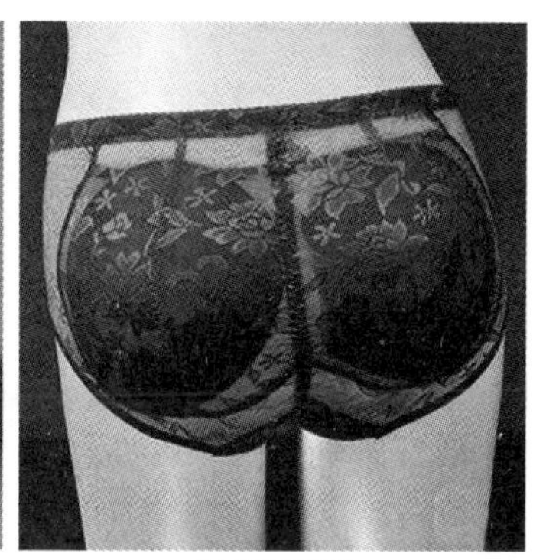
(c) 硅胶臀垫

图5-3 服装垫料

五、衬料的选用

（一）适应面料的性能

一般来说服装衬料与服装面料应在颜色、单位重量、厚度、悬垂性、缩率、弹性等方面相协调。如法兰绒面料要用厚衬料，而丝绸面料则要用轻柔的丝绸衬，涤纶面料可用涤纶衬，针织面料要用弹性好的针织衬。淡色面料不宜用深色衬；涤纶面料不宜用棉布衬等。

有些服装面料，如起绒织物或经过特殊处理的面料，热缩性很高的面料，对热和压力敏感的面料等，不适应黏合衬的，就要采用非热熔衬。

（二）符合造型的风格

服装设计的造型与款式往往会受到衬料的影响，如硬挺的衬衫领，需用硬挺的领衬；裙、裤的腰部，服装的袖口，服装要求平挺些，衬料的手感也应该选择平挺些的；服装的胸部要突出饱满挺拔，衬料应用较厚一点的材料；柔软风格的造型，衬料应选择柔软型的；工整挺括的造型，衬料应选用硬挺及富有弹性的。设计师可以借助适当的衬料，完成服装的造型设计。

（三）兼顾洗涤的方式

若是要经常水洗的服装，衬料应选用耐水洗性的；而需要干洗的服装，衬料就要耐干洗的。并应考虑面料与衬料在洗涤、熨烫过程中的尺寸稳定性等方面的配伍性。

（四）设备条件要具备

如黏合衬虽好，但要有黏合设备。而黏合方式与衬料的选择，又要考虑黏合设备的幅宽，加热形式等条件。

（五）考虑价格与效益

服装材料的价格，直接影响到服装的成本和利润。因此，在能达到服装质量要求的条件下，一般以选择低廉的衬料为宜。但是，如果稍贵的材料可以降低劳动强度和提高质量的话，那就应该全面考虑而加以采用。

六、黏合衬介绍

黏合衬又称热熔黏合衬，是当今运用最多，最普及的新一代服装衬料。黏合衬有许多优秀的特性和使用特点，它的发明和应用，被称为是服装工艺的一次革命，是服装工业现代化加工的重要标志。因此，有必要对黏合衬的种类、性能、特点，黏合的条件和方法等作较为详细的介绍。

（一）黏合衬的特点

1.“以黏代缝”简化工艺

黏合衬最大的特点是“以黏代缝”效果显著，大大简化了传统的手工复衬工艺，使服装加工逐渐从原来的劳动密集型产业向技术密集型和高效益型的产业发展，适合现代工业化生产的需要，依据先进的材料和加工设备，使生产的产品达到标准化、高速化、现代化的要求。

2. 品种齐全适应面广

黏合衬另一个显著的特点就是品种非常丰富，可以适应各种不同服装、不同部位、不同用途的要求。黏合衬有各种底布的黏合衬，采用各种热熔胶的黏合衬，使用各种涂布方法的黏合衬。因此，可以有不同的厚薄、不同的弹性、缩率、不同的软、硬手感和不同的耐水洗或耐干洗的性能，适应各种服装的需要。

3. 技术先进效果明显

用黏合衬加工出来的服装即挺括又富有弹性，同时重量又很轻，具有不同的耐洗涤性能，非常符合现代服装的要求。如衣领黏合衬能经多次水洗，保持平挺、不起皱、不起泡，效果非常好。真丝服装衬，既衬托服装的造型，又保持面料轻盈、飘逸、柔滑的特点。

（二）黏合衬的种类

黏合衬是指以机织布、针织布、非织造布等为基布，采用热熔性高分子化合物，经专门机械进行特殊加工，能与服装面料黏合的专门的服装辅料。

黏合衬因底布（基布）的不同，热熔胶的不同和热熔胶涂布方法的不同，可分成不同的种类，具有不同的性能。

1. 按基布的不同分类

（1）机织黏合衬。机织黏合衬是指基布为纯棉或棉与化纤混纺的平纹机织物的黏合衬。其经纬密度接近，各方向受力稳定性和抗皱性能较好。因机织底布价格较针织底布和非织造底布高，故多用于中高档服装。

机织黏合衬底布规格较多，按特数的不同分粗特机织衬（13英支以下）、中特机织衬（21英支左右）、细特机织衬（40英支左右）、高特机织衬（60英支以上）等几种。

机织衬中的分段衬（立体衬）是近年来开发的新品种。是为适应服装前身的肩、胸、腰等部位用衬的不同要求，同一块衬布上兼有不同的厚薄和软硬的程度。有经纱相同纬纱粗细不同的纬向分段衬和纬纱相同经纱粗细不同的经向分段衬。由于分段衬用于服装时，定位要求高，故推广较慢。

（2）针织黏合衬。针织黏合衬广泛用于各类针织服装和面料弹性较大的服装中。针织黏合衬的底布大多采用涤纶或锦纶长丝经编针织物和衬纬经编针织物，使其既保持了针织物的弹性，又具有较好的尺寸稳定性。特别是衬纬起毛针织底布，不仅改善了衬的手感，还可避免热熔胶的渗透。所以，衬纬经编针织黏合衬广泛用于针织和弹力服装中。一些化纤针织衬还普遍用作风衣等服装的衣衬。

（3）非织造黏合衬。非织造黏合衬由于生产简便，价格低廉，品种多样，因而发展很快，现已成为最普及的服装衬料。

非织造黏合衬使用的原料可以是一种纤维，也可以用几种纤维混合而成。常用的有黏胶纤维、涤纶、锦纶、腈纶和丙纶等。其中以涤纶和涤纶混合纤维最多，黏胶纤维非织造衬价格便宜，但强度较差。涤纶非织造衬手感柔软，锦纶非织造衬有较大的弹性。

2. 按热熔胶的不同分类

（1）聚乙烯（PE）热熔胶黏合衬。聚乙烯衬一般都需用高温高压黏合，要严格控制温度、压力、时间三要素进行压烫加工。可用于永久高温水洗而不进行干洗的服装。

（2）聚酰胺（PA）热熔胶黏合衬。PA胶有良好的黏合性能，聚酰胺黏合衬可用熨斗或其他压烫方式，因此应用广泛。它甚至可以用于经过有机硅树脂整理的面料。可用于永久干洗而不进行水洗的服装。

（3）聚酯（PET）热熔胶黏合衬。这种热熔胶黏合衬有较好的耐洗涤性能，由于它的熔点在PE和PA之间，因此，其压烫黏合的温度亦需适当控制。

此外，还有乙烯–醋酸乙烯共聚物（EVA）热熔胶黏合衬和聚氨酯（PU）热熔胶黏合衬等。由于性能、价格等方面的原因，目前使用不多。

一般说来，用于黏合衬的热熔胶要求有较低的熔融温度和好的黏合能力，以便不损伤面料且有较高的黏合牢度。

3. 按热熔胶的涂布方式分类

（1）热熔转移衬。是最早的黏合衬涂布方法，形状为连续片状复胶层，特点是加工设备简便，工艺要求低，但衬布手感过硬，透气性差，布层不均匀。

（2）撒粉黏合衬。其柔软性比热熔转移衬有所改善，但胶涂布不均匀，质量稳定性差，不过价格便宜，一般用于小面积用衬，如门襟、袋盖、腰衬等。

（3）粉点黏合衬。粉点黏合衬在柔软、透气性能上有很大的提高，质量较好，发展较快。

（4）浆点黏合衬。与粉点黏合衬基本类似，其区别是粉点黏合衬胶料呈粉末状，浆点黏合衬呈悬漂液浆状；粉点黏合衬基布一般为机织布，浆点黏合衬基布为非织造布。

（5）网膜复合衬。是由特殊加工的低聚乙烯薄膜与机织基布复合而成，特点是黏合牢度强，均匀，耐水洗性永久，硬挺度高，适宜作男式衬衫领衬。

（6）双点黏合衬。由两种不同的胶粒组成，目的是取双方的优点，弥补存在的不足。一般是浆点加粉点成撒粉，这是目前国内外的最新品种。

除上述几种涂布方法之外，还有将热熔胶直接喷涂或刮涂于底布上的；或不用底布，而以热熔胶直接制成网状膜的方法等，不过目前还较少使用。

4. 按黏合衬的用途分类

（1）衬衣黏合衬。用于衬衫的领子、袖口和门襟等部位。对黏合衬的水洗性能要求高。

（2）外衣黏合衬。用于外衣前身、胸、下摆、领、袋盖等部位，一般较厚重，但还是要与服装的面料相配伍。

（3）裘皮黏合衬。用于皮革、裘皮和人造革的衬布，一般采用较薄非织造衬。

（4）丝绸黏合衬。用于真丝绸和化纤丝绸服装的衬布，要求薄、柔软而富有弹性，并且不能影响丝绸面料的手感和风格。

一些黏合衬如图5-4所示。

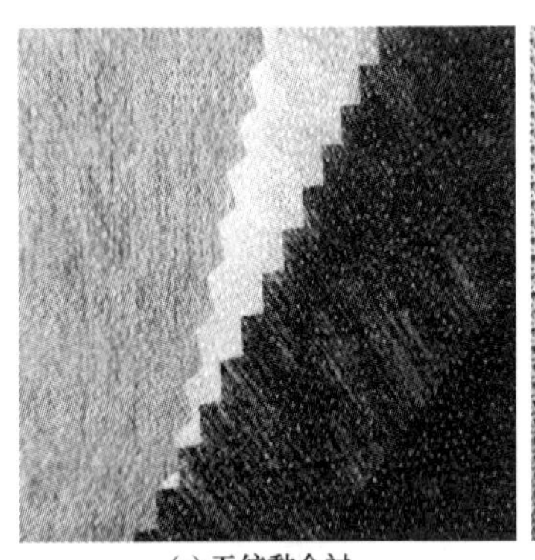

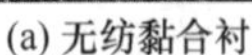

(a) 无纺黏合衬

(b) 针织黏合衬

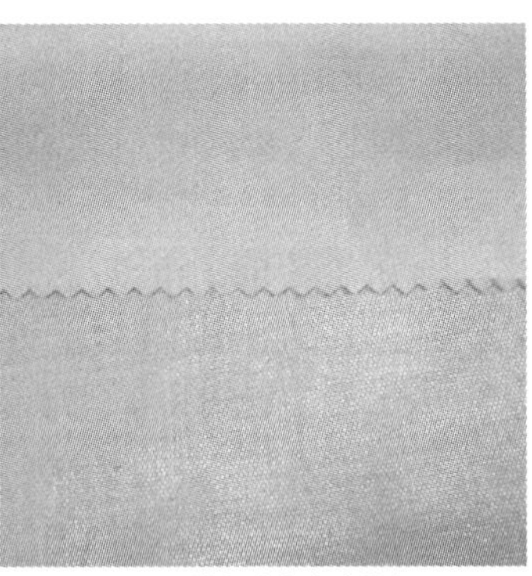

(c) 网膜复合机织领衬

图5-4　黏合衬

（三）对黏合衬的质量要求

黏合衬的质量直接影响到服装的质量，因此，对黏合衬不但有外观的质量要求，更要注重其内在的质量和服用性能的要求，以保证制成服装的使用价值。具体要求如下。

1. 剥离强度

黏合衬与衣料的黏合要坚牢，须达到一定的剥离强度。对非织造衬来说，其纵向剥离强度不低于8N/（5cm × 10cm）；机织黏合衬的剥离强度，衬衣应不低于18N/（5cm × 10cm），外衣衬与丝绸衬不低于12N/（5cm × 10cm），裘皮衬则不低于8N/（5cm × 10cm）。

2. 洗涤性能

黏合衬需要有较好的耐洗涤性能，外衣衬需干洗5次以上不起泡脱胶，水洗（家用自动洗衣机，水温40℃以下）5次以上不起泡脱胶。衬衫由于要经常洗涤，故要求黏合衬有更好的耐洗涤性能，国际上最高的标准为水温60℃以下，水洗10～20次不起泡脱胶，我国为40℃以下，水洗10～20次不起泡脱胶。

3. 收缩性能

黏合衬经水洗和热压黏合尺寸变化应很小，黏合衬的水洗缩率和热收缩率如果较大的话，必然会影响服装的外观，产生皱痕和不平整，因此，黏合衬的缩率要小，并要和面料的缩率相一致。

（1）水洗缩率。机织黏合衬经向缩率不大于1.5%～2.05%，纬向不大于1.5%～2%。非织造衬经向不大于1.3%，纬向不大于1%。

（2）压烫热收缩率。对非织造衬要求经纬向均不大于1.5%，对机织衬要求不大于1.0%～1.5%（其中纬向要较小）。

4. 黏合温度

衬布要能在较低的温度下与面料压烫黏合，以保证压烫时不损伤面料和影响织物的手感。

5. 不泛黄变色

黏合衬经干洗和压烫后，其外观色泽须无变化和不泛黄。由于干洗剂多为含氯化学剂，故要求吸氯泛黄，与灰卡比较在3～4级以内。

6. 无渗胶现象

黏合衬经压烫后，面料与衬布的表面须无渗胶现象，并须保持较好的手感、弹性与硬挺度。

7. 可缝性与剪切性

黏合衬须有良好的可缝性，剪切性裁剪时不沾污刀片，衣片切边不黏连，缝纫时机针滑动自如，不沾污机针针眼。

8. 抗老化性能

热熔胶应具有抗老化性能，在衬布贮存期和使用期内，黏合强度不改变，无老化泛黄现象。此外，还有热熔胶在底布上涂布要均匀；氯损强力要小；在压烫和去污时，能耐蒸汽加工；要有较好的透气性，柔软或挺括的手感，应能保持面料的风格特征和穿着的舒适性等。

对于皮革、裘皮、鞋帽等的用衬，其质量要求较一般服装为低。过高的质量要求反而会造成成本的提高和经济上的浪费。

（四）黏合衬的压烫方式与工艺

1. 压烫方式

黏合衬通常黏于面料的反面，也有黏于里子反面的。对于新产品需做先锋试验，以确定合理的黏合方法与工艺参数。黏合前先进行点状熔接，防止衣片与衬料移位。

（1）单层压烫。即一层黏合衬与一层面料衣片黏合。受热熔融的热熔胶，自然地流向热源。因此，这种单层压烫又分两种形式。一种是热源来自下方的黏合机械，宜用黏合衬在上，胶面朝下，面料衣片在下的单层黏合方式；另一种是热源来自上方的黏合机械，则宜用面料在上，黏合衬在下单层反面黏合方式。

（2）多层压烫。多层压烫又分三种形式。两层正面（无胶面）相对的衬料夹在两层面料之间进行压烫，这种方式一般用于服装的对称部位，并适用于热源来自上、下方的黏合机械。生产效率虽高，但定位处理须十分注意；两层衬料在面料的上方或下方进行压烫。这种压烫方式常用于服装的胸部，以增强服装的强度或刚度；一层双面涂胶的黏合衬夹在两层面料之间进行一次压烫。

（3）两次黏合压烫。即一层衬料用单层压烫或反面压烫黏于面料上后，第二层衬料再压烫于第一层衬料上。这种方式容易操作，并且定位准确。但须注意第二次压烫的温度、压力和时间，应较第一次为低，以防止第一层过度黏合和损伤面料。

2. 压烫工艺

有了高质量的黏合衬，还须掌握正确的压烫方式和压烫工艺参数，才能达到理想的黏合效果。压烫工艺参数主要是指压烫温度、压烫压力和压烫时间。

（1）压烫温度。黏合衬的压烫温度不是指熨斗温度，而是面料与黏合衬黏合面的热熔胶的表面温度，可用测温纸测得。压烫温度由面料和热熔胶的种类、性能决定，同时又决定着黏合衬的黏合的质量。

在压烫黏合机上，整个压烫过程的温度控制可分为三个阶段，即升温（温度升至胶的熔点）、黏合（使胶熔融液化并向面料浸润渗透）、固着（压力消除，温度降低，胶固着）。黏合衬上的胶随着温度的升高，由固态逐渐熔融为液态，渗入面料后，随温度的降低而固着。剥离强度随着压烫温度的升高而提高。但温度过高则会产生渗胶现象，以致剥离强度降低。因此，要达到最佳的黏合效果（剥离强度为最高），正确掌握压烫胶黏温度是十分重要的。常用的热熔胶的胶黏温度范围见表5-2。

表5-2　热熔胶的胶黏温度范围

热熔胶种类	熔点范围（℃）	胶黏温度（℃）
高压聚乙烯	100～120	130～160
低压聚乙烯	125～130	150～170
乙烯-醋酸乙烯共聚物	75～90	80～100
外衣衬用聚酰胺	90～135	130～160
裘皮、皮革用EVAL	75～90	80～95
聚酯	115～125	140～160

（2）压烫压力。压烫压力使面料与衬贴紧，便于热的传导和热熔胶的流动、渗透，以提高剥离强度。压烫压力的大小取决于热熔胶的流动性。在一定的温度下，压烫压力与剥离强度成正比，但压力达到一定值后，剥离强度便不再提高。因此，压力过大非但对黏合无益，而且会影响服装面料的手感，造成表面极光。

（3）压烫时间。压烫的过程分为升温、黏合、固着。压烫时间就是升温和黏合的时间。确定压烫工艺前，应先测试所用面料的升温时间，然后确定压烫时间。压烫时间与剥离强度的关系相似于压烫温度与剥离强度的关系。在确定黏合工艺时，压烫时间与温度应结合考虑决定。压烫工艺参数见表5-3。

表5-3　压烫工艺参数举例

黏合衬种类	涂布方式	温度（℃）	压力（Pa/cm^2）	时间（s）	用　途
PA机织衬	双点	140～150	88000～147000	15	用于毛、棉织品，高档大衣、西服等
PA机织衬	双点	130～145	49000～980000	15	薄型毛、棉织品，各部位
PA衬纬经编衬	双点	135～150	49000～98000	15	中、薄型毛织品，各部位
PA非织造衬	撒粉	120～160	34500	4～16	—
PE机织衬	浆点	145～160	196000～343000	15	涤纶等化纤面料可稍低
PEA机织衬	双点	150～160	196000～245000	12～16	各种布料

注　实践证明，一般压烫机表头温度应控制在比胶黏温度高10～15℃为宜。最好通过试验后选定。

（五）黏合衬的选用

1. 按服装用途、要求选择黏合衬

黏合衬种类多，性能、特点各不相同，在服装中的用途也不同，因此，要恰当地选用。一般的配伍见表5-4。

表5-4 黏合衬用途和品种的选用

用途		服用要求	选用品种
女装	领衬	挺而柔软，回弹性强，耐水洗	聚乙烯衬EVAL，聚酯机织衬
	前幅	回弹性好，防皱性能好	聚酰胺无纺衬，聚酯衬
	门襟口袋	具有一定的硬挺度	EVAL衬聚酯无纺衬
	裙、裤腰衬	稳定性好，具有一定的硬度	聚乙烯，聚酯EVAL衬
男装	领衬	硬挺度高，回弹力强，水洗性能优	聚乙烯机织衬网膜复合衬
	西装前幅	挺而柔软，回弹力强，平整度优，干洗为主	聚乙烯机织衬网膜复合衬
	外衣前幅	一定的回弹性和稳定性，水洗为主	聚酯衬EVAL衬
裘皮服装		黏合力强，压烫温度低，不需水洗	EVA无纺衬
鞋、帽		硬挺，有回弹性，耐水洗	聚乙烯衬EVAL衬

2. 按面料性能、特点选择黏合衬

黏合衬主要通过热熔胶液体对面料的附着、润湿和渗透达到与织物的黏着，因此在选择黏合衬与面料配伍时应注意以下几个问题。

（1）面料的原料成分。不同成分的面料有不同的性能特点，与黏合衬配伍时需区别对待。

天然纤维织物一般具有较高的含水率，面料的含水率对黏合衬的黏合效果影响很大，含水量过大，在黏着过程中要大量吸热，并产生气泡，给黏着带来困难。在黏合前，要控制面料的含水率；羊毛纤维织物吸水后尺寸会增大，导致服装尺寸的不稳定，压烫前需先干燥，同时搭配与面料性能相似的衬料；丝绸织物在加热和压力作用下，容易产生表面结构和风格的破坏，特别是缎类织物，所以在搭配时应选择熔点低，胶粒细微的黏合衬；棉织物具有较高的耐热性，在黏合过程中比较稳定，但要注意棉织物的缩率，在配伍黏合衬时，须保持两者之间的缩水率一致或接近；麻织物除了要注意缩水率之外，还要注意选择黏合力较强的胶种，麻织物通常不太容易黏着；人造纤维织物对温度和压力较为敏感，配伍时应选择熔点较低的黏合衬布，以免破坏织物的外观和手感；涤纶和锦纶等合成纤维织物，具有不吸水的特点，但具有热定型性，压烫的皱褶不易消除，因此，压烫温度应在定型温度之下，一般用黏合性较好的聚酯或聚酰胺；皮革和裘皮面料在高温下易产生质和色的改变，且不易回复，所以应采用低熔点的黏合衬，皮革和裘皮服装不经水洗，因此用EVA胶种的无纺黏合衬较为合适。

（2）面料的外观特点。面料的厚薄、稀密、手感的软硬、弹性、织物的立体花纹等，对选择黏合衬都有不同的要求。稀薄和半透明的面料，最容易产生渗胶现象或胶粒的反光——“云纹”，造成色光的差异，因此要注意选择纤细的底布和细微的胶粒。如是深色面料，应选择有色胶种；弹性面料应选择相同弹性的衬料，并注意经纬向弹性的不同，并根据服装的不同部位，控制弹性，防止衣服变形；表面光滑的面料，如绸缎和府绸等，容易发生渗胶而使面料表面粗糙，因此应选择细微胶粒的黏合衬；表面有立体花纹的面料，如泡泡纱等，在高压黏合时，很易破坏面料的表面特征，因此，应选用低压的黏合衬布。

（3）面料的整理工艺。面料经过不同的后整理，其黏合性能会有不同的改变。比如，经过防水处理的面料，用有机酸树脂处理过的面料，防油处理过的面料等，都会产生难以黏合或黏合牢度低的问题。在配置风雨衣面料和丝绒面料的衬布时，更要小心试验不同的黏合条件和较好的黏合效果（剥离强度和耐洗涤性能等），找出最佳的黏合加工工艺和条件，以保证服装的质量。

黏合衬是一种新型的服装衬料，有许多优点和特殊的性能，是当今服装衬料发展的方向，但是，如果使用不当也会产生较多的质量问题，因此，在黏合加工前对不同的面料，不同的衬料，不同的加工机械、加工工艺和方式以及要求的黏合效果，做必要的黏合试验是非常重要的。

第三节　服装填料

服装填料主要是指棉衣、滑雪衣、羽绒衣的面料与里料中间的填充物。填充料的主要作用是保暖，因此，对絮料的要求首先是热的不良导体，其次是要轻柔、蓬松。

一、填充材料的类别

根据形态，填料可分为絮类填料和片材类填料两种。絮类填料，包括棉絮（棉花）、丝绵（蚕丝）、羽绒（鸭绒、鹅绒、鸡毛）、骆驼绒、羊毛等；片材类填料，包括绒衬、驼绒、长毛绒、毛皮、人造毛皮、泡沫塑料、絮片（涤纶棉、腈纶棉、太空棉、中空棉等各种化纤棉絮片）。

填充材料如图5-5所示。

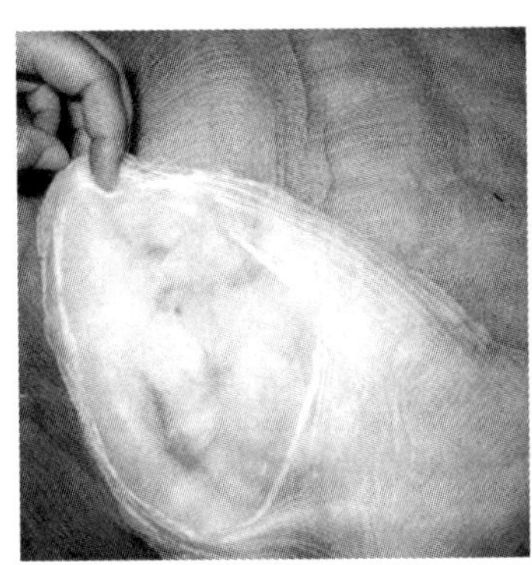
(a) 涤纶中空絮棉

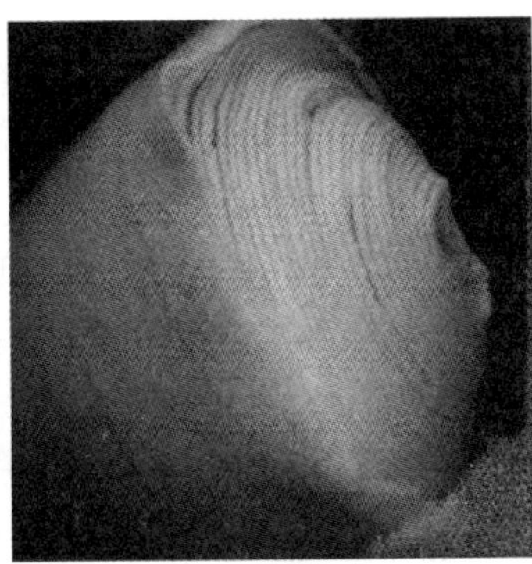
(b) 羊毛絮片

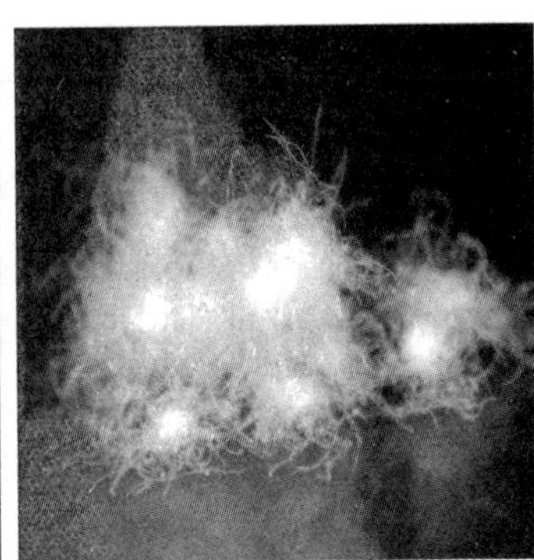
(c) 羽绒

图5-5　填充材料

二、絮类填料主要品种及用途

絮类填料是指未经纺织加工的天然纤维或化学纤维。它们没有固定的形状，处于松散状态。填充后要用手绗或绗缝机加工固定。

（一）棉絮

即棉纤维，原色，皮棉需加工成絮片状方可使用，这样不易滚花。它可作为棉衣、棉裤、棉大衣的填料。新的棉絮松软，保暖性强。旧棉易板结，拆洗较麻烦。

（二）丝绵

丝绵是由茧丝或剥取蚕茧表面的乱丝整理而成的。主要用于冬装衣裤的填料。无论是纤维长度、牢度、弹性或保暖性都优于棉花，而且比重小、柔滑，更适合于绸缎面料的棉衣裤。丝绵也需要经常翻拆，比较麻烦。

丝绵在加工上有些工艺须注意。一是不能用剪刀剪断丝纤维，以免断头在穿用一段时间后钻出面料，形成小球，影响美观。二是丝绵的接絮要接牢，防止丝绵滑落，造成底部一大堆，肩部或其他部位出现空洞，厚薄不匀称。

现在流行的蚕丝被，用双宫丝为原料，除了具有丝绵的所有的优点外，弹性比一般丝绵好，不易压扁，翻拆也不需那么频繁了。

（三）羽绒

羽绒是指鸭、鹅、鸡或鸟类身上的绒羽，它具有质轻、柔软、保暖性强的特点，是很好的冬季保暖材料。质量好的羽绒服，含绒量较高，凭手感捏，羽轴较少，去脂处理好，无异味。一般鸭绒质轻，鹅绒细软，常制成羽绒服、羽绒裤、羽绒背心和羽绒被、褥等，有较好的御寒能力；经常翻晒可保持蓬松柔软和持久的保暖性能。一般鸡毛用直接做絮的很少，这是因为鸡的绒毛少，羽枝羽干硬，需经加工处理。

（四）驼绒毛

骆驼绒毛是直接从骆驼毛发中选出来的驼细绒毛，可直接用来絮棉衣。制作与棉花相似，但保暖效果大大好于棉花，既轻又软，是很好的天然絮料。驼绒毛服装经常翻晒，可保持蓬松柔软，不用经常翻拆。

三、片材类填料主要品种及用途

片材类填料具有松软、均匀、固定的片状形态。可与面料同时裁剪，同时缝制，工艺简单。最大的优点是可整件放入洗衣机内洗涤，因此，深受人们的欢迎。

（一）泡沫塑料

常见的泡沫塑料是聚氨酯。用聚氨酯制成的软泡沫塑料，外观很像海绵，疏松多孔，柔软似棉。其优点是质轻而富有弹性（比羊毛、棉花都轻），既保暖又不感觉太气闷，压而不实，易洗易干。缺点是时间长了或久经日晒，其强力和韧性会降低。

（二）絮片

经常见到的絮片有用涤纶中空短纤制成的，也有用腈纶短纤制成的，其保暖性比棉花还要好，而且厚薄均匀，使用方便。

随着差别化纤维越来越多地进入我们的生活，絮片的质量也在不断提高。人们运用中空纤维、多孔纤维、细特纤维、变形纤维、复合纤维等制作絮片，纤维屈曲蓬松，比表面积增大，使纤维间空气的含量增多，保暖性能大大增强，而且蓬松柔软，轻巧舒适，洗涤方便，干净干爽。

（三）太空棉

太空棉又叫金属棉，是服装填料中的一个新产品。太空棉由支撑金属层和化纤絮棉经真空蒸喷技术、针刺技术制作而成。其保暖原理是，利用金属层的反射作用，将人体散发的热量辐射返回人体，使人感觉暖和，而汗气则可以通过金属层的微孔及化纤絮棉的空隙排泄出去，有一定的透气性能。产品柔软而具有弹性。

太空棉的保暖、耐用、舒适、经济等方面的指标都远远超过传统的羽绒、驼毛、丝绵等。鸭绒与太空棉的保暖率如表5-5所示。

表5-5 鸭绒与太空棉的保暖率

原 料	单 位	保暖率
鸭 绒	130g/m^2	71.4%
太空棉	130g/m^2	78.8%

新的填充材料还在不断地被创新、开发出来，原有材料的缺点被不断地克服。随着纺织科学技术的发展，新填充材料将越来越适应人们的穿着需要。

第四节 服装用线

线在服装制作中主要起缝合衣片、连接各部件的作用。有时也有装饰、美化的作用，如0.8cm的明止口线，就是为了起装饰、美化作用。绣花线、金银线等服装用线，也是以装饰、美化为目的的。

一、线的种类

（一）按卷绕方式分

线的种类不多，按卷绕方式的不同，常见的有绞线、轴线、宝塔线三类。

1. 轴线

轴线有纸芯和木芯等。轴线的长度为412m和183m两种，适合家庭用。轴线的色泽编号见表5-6。

表5-6 轴线的色泽编号

编号	色泽	编号	色泽	编号	色泽
01	白	09	深蓝	17	枣红
02	浅灰	10	宝蓝	18	紫红
03	中灰	11	草黄	19	米色
04	深灰	12	黄绿	20	米黄
05	蓝灰	13	果绿	21	米棕色
06	月白	14	墨绿	22	鹅黄
07	月蓝	15	粉红	23	咖啡
08	品蓝	16	大红	24	黑色

2. 宝塔线

宝塔线的特点是长度比较长，便于在快速回转中解脱。宝塔线的长度有4120m、5000m、5500m等几种，适合大批量生产和电动缝纫机使用。

（二）按原料不同分

按原料的不同，与服装有关的线大致有以下几种。

1. 棉纱线

棉纱线呈原色，三股，柔软，线上有许多细绒毛，摩擦力较大，不能用于缝纫机。这种线与棉纤维的性质相同，耐高温、耐碱、不耐酸。这种线大多做成绞线，用作打线丁线。

2. 蜡光线

蜡光线也叫洋线，由棉线经上蜡工艺处理而成，表面光滑、硬、挺、摩擦力小，适用于缝纫机使用。它有木芯、纸芯的轴线，规格为13.9tex×3（42/3英支），412m；9.7tex×3（60/3英支），183m，多用于缝制胸衬等。

3. 丝光线

棉线经丝光、烧毛、练漂等工艺处理后的产品，有粗细之分。细线大多绕在宝塔形的塑料管或纸芯上，质地柔软、光滑，适宜于电动缝纫机或拷边机上使用。规格为9.7tex×3（60/3英支），4120m。粗线往往绕在纸芯上，成球状，用于缝棉被等。

4. 丝线

丝线是由蚕丝纺制而成的线，多由三股捻成。表面光滑，具有柔和的光泽，弹性好，耐高温。丝线也有粗细之分，粗线用于缝制呢绒服装、锁眼、钉扣等，细线用于缝制绸缎薄料服装，有绞线、轴线、宝塔线3种。

5. 人造丝线

人造丝线是长纤维，具有美丽耀眼的光泽，大多用于机绣。绝大多数为黏胶丝线，色彩鲜艳，光泽好，价格便宜，但湿强较差。醋酯、铜氨丝线性能较好，但价格贵，较少见。

6. 涤纶线

涤纶线有长丝和短纤维之分，长丝可以代替丝线，短纤可以代替棉线。目前服装用线中用得最多的就是涤纶线。由100%涤纶短纤维纺制而成，有9.7tex×3（60/3英支），183m等规格，是绕在纸芯上的家庭用线。工厂用的则都绕成宝塔形，长度也较长。涤纶丝线也有绞线的。

涤纶线强度大，是棉线的1.6倍；耐磨性好，是棉线的2.5倍；缩率小，为0.4%；不霉不蛀，不掉色，各种颜色都有。

7. 涤棉线

涤棉线是由65%的涤纶短纤维和35%的棉纤维混合纺制而成的。其特点处于棉线与涤纶线之间，也广泛运用于各类服装制作。

8. 金银线

金银线的颜色有金、银、红、绿、蓝等色，具有金属般耀眼的光泽。但易发脆、氧化、褪色，对碱不稳定，不宜揉搓，只能用于绣花的点缀或各种商标上。

二、线的要求

为了使缝纫顺利进行，对机用的缝纫线一般有以下几方面的要求。

（一）强力

缝纫线应具有一定的强度和拉力，要求强度均匀，否则易经常断线，影响生产效率以及缝制质量。

（二）光滑

缝纫线应光滑且细度均匀。缝纫线大都经烧毛、丝光及柔软加工处理。缝纫线的条干不均匀，会增加针孔与缝纫线之间的摩擦，发生断线。

（三）捻度

缝纫线的捻度要适中且均匀，捻度过大，定型不好，在缝纫过程中面线所形成的线圈易产生扭曲变形，发生跳针，影响缝纫质量和外观；捻度过小，则影响牢度。

（四）缩水率

缝纫线要与缝料有相近的缩水率。使缝纫物经洗涤后缝迹不会因缩水过大而使织物起皱。

（五）弹性

缝纫线应柔软而富有弹性，无接头或粗节，否则也容易产生断线或跳针。

（六）色牢度

缝纫线应有较好的色牢度，否则会褪色、变色，影响美观。现在一般的缝纫线基本上能达到上述要求，重要的是根据缝料特点选择相应的线。比如具有阻燃功能的缝纫线、防静电的缝纫线、珠光缝纫线、牛仔服缝纫线等。

三、针迹形式与缝纫线的配伍

针迹形式、面料和缝纫线的搭配，是根据服装类别和设计思想而定的。缝纫线的选择既要适合缝纫机的性能、面料的性能，还要和针迹形式的要求相适应（表5–7）。不同针迹形式对缝纫线有不同的性能要求，平缝常使用涤纶长丝缝纫线和涤纶短纤维缝纫线；绕缝和下摆绕缝用线要细而结实；八字形疏缝要求容易拽出的细线，直扣眼锁缝时，要用有毛茸的涤纶短纤维缝纫线较合适。

表5–7　针迹形式对缝纫线的不同要求

针迹形式		主要特性要求
平缝	一般缝合	缝纫线有强度和收缩性
	线圈	缝纫线有柔和的光泽
	锯齿平缝	有平滑均匀的舒解张力
	直扣眼锁缝	不易绽线和脱线
	绕缝	缝纫线的粗细度要求严格
链式缝	下摆绕缝	缝纫线的粗细度要求严格
	八字形疏缝	缝纫线粗细度要求严格和低的伸度
	圆扣眼锁缝	有柔和的光泽
拷克缝		缝纫线要有覆盖性

第五节 服装用其他附属材料

纽扣、拉链、钩、环等是服装不可缺少的辅助材料，它们不仅有各种实用功能，还能衬托服装，具有较强的装饰美化作用。

一、纽扣

纽扣是作为服装的配件而诞生的，并随着服装的发展而发展，随着服装的变迁而变迁，直至今日。现在，纽扣随着服装功能的发展，其作用也变得越发重要起来。

（一）制造纽扣的材料

纽扣的种类很多，分类方法也各不相同，有按原料分类的，有按构造分类的，有按用途分类的，但大多按原料的不同分类。

纽扣的原料对纽扣的影响最大，材料的不同可形成纽扣不同的性能和风格，起不同的装饰作用，用于不同的服装中（表5-8）。

表5-8 制造纽扣的材料

天然材料	贝、皮革、胡桃、木、竹、石、骨、角、蹄、橡胶
半合成树脂	酪朊，醋酸纤维素
合成树脂	热塑性的：ABS树脂，AS树脂，有机玻璃、聚酰胺、聚苯乙烯 热固性的：聚酯、（硫酸）胶化纤维素、尿素
金属材料	黄铜、铝、压铸合金、镀树脂
其他	玻璃、陶瓷、编纽等

（二）不同纽扣的特点

1. 塑料纽扣

包括胶木纽扣、电玉纽扣、聚苯乙烯纽扣、珠光有机玻璃纽扣树脂扣。

（1）胶木纽扣。胶木纽扣是用酚醛树脂加木粉冲压成型的，多以黑色或深褐色为主。胶木扣多圆形明二眼或四眼扣，表面发暗不发亮。质地比较脆，易碎，耐热性能尚好，规格有5～13mm九种规格。胶木扣价格低廉，可用于低档男女服装和童装的裤扣等。

（2）电玉纽扣。电玉纽扣是用尿醛树脂加纤维素填料冲压成型的纽扣，圆形，有明眼和暗眼之分。规格有15mm、18mm、21mm、25mm、28mm及31mm六种。电玉纽扣的特点是表面强度高，耐热性能好，不易燃烧、变形，色泽也好，扣体晶莹透亮，有玉石般的观感，故称电玉扣。电玉纽扣的颜色有多种，有单色的，也有夹花的。且价格便宜，多用于各种中、低档服装及普通童装。

（3）聚苯乙烯纽扣。聚苯乙烯纽扣又叫苯塑纽扣，多为圆形、暗眼，有11mm、15mm、21mm三种规格。纽扣表面花型颇多，色泽有黄、白、果绿、粉红、天蓝、橘红、咖啡等颜色。聚苯乙烯纽扣的特点是光亮度与透明度均好，既耐水洗，又耐腐蚀，但表面强度低，易擦伤，耐热性能差，遇热易变形，故多用于童装及便装。

（4）珠光有机玻璃纽扣。珠光有机玻璃纽扣是用聚甲基丙烯甲酯加入适量的珠光颜料浆制成板材，然后经切削加工成表面闪有珍珠光泽的纽扣。多圆形，有明眼与暗眼之分，规格有11～30mm等多种。其特点是表面色泽鲜艳夺目，花色品种繁多，质地坚而柔和；但耐热性能较差，在60℃的水中浸泡就易变形；一般作衬衫、中山装、西装、大衣、针织外衣、皮革服装的纽扣。

（5）树脂扣（不饱和聚酯纽扣）。它是20世纪80年代以来，国际国内用量最多的纽扣之一。该纽扣硬度高，耐热性强，可以加入珠光颜料，又可进行表面染色，是取代有机玻璃纽扣的新的纽扣品种。

2. 金属纽扣

真正的金属扣不多，只有电化铝扣与四件扣、子母扣等。而大多数则是各种塑料扣外面镀上不同金属的电镀层，其外观酷似各种金属扣。

（1）电化铝扣。电化铝扣是用铝薄板切割冲压而成的，表面经电氧外处理后，呈现黄铜色，多为圆形，或者钻石形、鸡心形、菱形等。其规格有15mm、18mm、20mm三种。这种以铝代铜的纽扣质轻，不易变色，但手感不太舒服，一般用于女外衣及童装。其缺点是这种纽扣容易磨断钉扣线，使纽扣掉落。

（2）四件扣。四件扣是指纽扣的结构为上下四件组成，金属材料，外表镀锌或铬，四件扣的规格为15mm，启开拉力为15N。这种纽扣合启方便，坚牢耐用，可用作羽绒衣、夹克的纽扣。使用时需在上下铆合处垫一小块皮革，对服装起装饰作用。

（3）按扣。按扣又称子母扣，原料主要是铜的合金。各种子母扣一般分大、中、小三种规格，大号适宜钉沙发套、被褥套、棉衣等厚重些的物品、服装；中、小号一般用于内衣、单衣及童装上。用按扣的地方是易开易解的部位。

（4）电镀扣。电镀扣是仿金属纽扣，有镀铬扣、镀铜扣、古铜扣等。如镀铜扣，是用ABS塑料注塑成型后，表面经电镀上铜，有仿铜、仿金等颜色，这种纽扣以塑代铜，分量非常轻，但给人以庄重富丽的感觉，适宜作男女外衣扣等。其他电镀扣特点大体如此。

3. 贝壳扣

贝壳扣是用水生的硬质贝壳（以海螺壳为主）加工制成的。正面为白珍珠母色，呈天然珍珠效应。其多为圆形明眼扣，有二眼、四眼之分。贝壳扣的特点是质地坚硬，光感自然，风格独特，但有点发脆，易损坏，多用作男女浅色衬衫的纽扣，及医用消毒服的纽扣。

4. 木质扣

木质扣是用桦木、柚木经切削加工制成的纽扣，有本色和染色两种。木质扣有圆形和异形等多种，一般有竹节形、橄榄形等。其特点是给人以真实、朴素的感觉，自然大方。有的在纽扣上涂上清漆，增加光亮度与坚牢度。

5. 衣料布纽扣

衣料布纽扣分包布纽扣和编结纽扣两种。

（1）包布纽扣。现在的包布纽扣都用机械加工而成，挺括美观。包布扣的特点是与衣料图案花纹一致，浑然一体，非常协调，但牢度稍差，易磨损。其多用于女装及便装。

（2）编结纽扣。编结纽扣又称盘花扣，用衣服的同料或丝绒材料制作。有纽襻和纽头两部分组成，可编成各种图案造型，如琵琶扣、菊花扣、葡萄扣等。这种纽扣是传统中式服装的纽扣，有浓郁的民族风格。

6. 皮革扣

皮革扣多为圆形或方形，是采用皮革的边角料加工制成的。这种纽扣给人以丰满厚实的感觉，而且坚实耐用。皮革扣多用于猎装、卡曲及各种皮革服装。

7. 其他材料纽扣

除了上面介绍的几种纽扣之外，还有尼龙扣、人造骨质纽扣、玻璃扣等各种天然和人造材料的纽扣。

（1）尼龙扣。尼龙扣是由聚酰胺塑料注塑加工制成的。有本色的和表面染色等各种，其色泽柔和，有单色和双色之分。这种纽扣坚而柔，并有一定的弹性，且价格便宜，主要用于运动服及童装。

（2）人造骨质纽扣。这种纽扣多为仿各种动物骨质，以酪蛋白为原料，挤压成棒材，然后切削加工成各种纽扣。人造骨质纽扣可染成各种颜色，其特点是耐热性能好，耐腐蚀，经久耐用，手感舒适，多用于高级衬衫、时装等。

（3）玻璃扣。玻璃扣有圆形和珠子形的，是由熔化了的玻璃压制而成的。有12mm、15mm等各种透明与彩色的纽扣。这种纽扣耐热和耐洗效能都很好，而且光滑瑰丽，给人以活泼的感觉。缺点是不耐冲击，易碎，只能制成小型扣子，用于童装。

随着材料工业的发展和服装功能的演变，人们对纽扣在服装的作用越来越重视，采用各种各样的材料制作纽扣，有天然的，有化学的，并赋予纽扣不同的风格和特征，以适应不同服装的需要。

一些纽扣如图5-6所示。

(a) 金属纽扣

(b) 胶木纽扣

(c) 尼龙仿皮纽扣

图5-6 纽扣

（三）服装纽扣的选择

纽扣在服装中主要起辅助作用，所以选择搭配要以服装的风格特征为依据，要符合形式美法则，强调对比与统一。同时可利用纽扣不同的材质、风格，在服装中起画龙点睛的作用。

1. 统一与谐调

纽扣与服装的搭配，整体的统一谐调很重要。首先是色彩、图案的整体性、协调性。因此，纽扣常选择与服装相同或相近的色彩，图案花纹也尽量求得与服装接近或一致，如同面料的包扣等。其次是纽扣的材质风格与服装风格相谐调，比如朴素风格的服装可配木质纽扣、骨质纽扣、贝壳纽扣等；华丽风格的服装宜采用金属纽扣或风格亮艳的化学纽扣等。

2. 对比与装饰

纽扣还有衬托服装、装饰服装的作用。比如，过于平淡和素色的服装，可用颜色比较跳跃的纽扣衬托，使之显得活泼和有生气；色彩单调的服装，用对比色的纽扣点缀，效果马上就会不同；儿童服装用动物造型或水果造型的纽扣，会倍感稚气可爱；不同色的纽扣装饰服装，有淘气和俏皮的效果。

3. 穿着者特征

纽扣的搭配还要根据穿着对象的不同，作不同的选择。比如男装和女装不同，男装以协调、庄重为搭配原则；女装则风格各异，强调个性与特色。老年与青年不同，老年以稳重大方为搭配原则，青年则可有较大的选择余地等。不同职业、不同性格的对象，搭配纽扣的方法也各不相同。

4. 服装的定位

纽扣的选择，经济也是一条需要遵循的原则。纽扣的搭配要与面料的档次、服装的档次，纽扣使用的部位结合考虑。比如低档、随意的日常服装、工作服装，就不必搭配精致昂贵的纽扣；裤门襟扣或各种暗扣使用同色胶木扣和塑料扣即可；而高档的礼服、正规服装，纽扣的搭配绝不可马虎草率。

二、拉链

（一）拉链的构成

拉链在服装中主要用于上衣的门襟、袋口，裤、裙的门襟或侧胯部位等。拉链的构成主要是啮合齿、拉头、带子三部分。

（二）拉链的分类

拉链一般以啮合齿的材料进行分类。其特征和用途见表5-9。

表5-9 拉链的种类、特征和用途

种类	材质	特征	用途
金属拉链	洋白 红铜 黄铜 铝合金	洋白：铜、锌、镍合金，能防止氧化变色，有相当的硬度和韧度，是高级品；红铜和黄铜：广泛应用，适合强度要求高的拉链；铝合金：在金属中属最轻者，用此种金属制造的拉链开、闭光滑，价格便宜，但耐磨性不强	用于男衬衫、女衬衫、裤子、夹克运动装及外套上
Y-ZIP拉链	铝合金	特殊的轻型合金，容易开闭，啮合齿形状上考虑了强度，硬质氧化铝膜加工，有光泽	用于高级男裤、上衣和运动装
螺旋拉链 尼龙拉链 聚酯拉链	尼龙 聚酯	吸水性小，耐洗，柔软，薄，能染色	用于连衣裙，礼服，童装，运动衣上
隐蔽拉链	涤纶 铝合金	表面看不见啮合齿，和针迹的颜色一致	用于女装、童装、连衣裙和裤子上
缩醛拉链	聚甲醛 树脂	硬度和金属相同，质轻，低温下强度好，颜色鲜艳	用于女服、童装、运动衣上

（三）拉链部件的作用

1. 拉头

拉链靠拉头开闭啮合齿，拉头运行时只有开闭，没有锁扣定位功能；拉头回转能正反两面使用；拉头之内藏有弹簧，离手时，由于弹簧的作用，能自动锁扣。

2. 拉链带

作为与服装连接的部件，拉链带以织物为主，织物的纤维多使用涤纶、涤棉混纺、纯棉和黏胶纤维等，纤维的特性对拉链的质量影响很大。比如洗涤后热熨烫，纤维收缩性大，则导致服装走型。因此，带子的材料要适应于面料的性能。另外，拉链带的色彩要尽量与服装的色彩相协调。

3. 啮合齿和拉头

啮合齿和拉头共同完成拉链开启和闭合的功能，一般说啮合齿和拉头的强度决定拉链的使用寿命。啮合齿的抗张强力和拉头的开口强度，与材料关系很大，一般金属拉链强度大，尼龙拉链强度小。同样材料，拉链的啮合齿和拉头的强度是由拉链的尺寸号码决定的（表5-10）。

表5-10 金属拉链啮合齿和拉头的强度

尺寸号码	啮合齿张力（N）	拉头强力（N）
1号	大于100	大于50
5号	大于150	大于50
8号	大于150	大于80
10号	大于200	大于110

（四）拉链的形态

拉链按其结构形态还可分为闭尾拉链、开尾拉链、隐蔽拉链等。

1. 闭尾拉链

闭尾拉链一般用于服装的局部闭合，如裤门襟、领口、裙腰部、袋口等。

2. 开尾拉链

开尾拉链则用于服装两片分离衣片的闭合，如夹克、运动衫、滑雪服门襟的闭合，脱卸服装的面、胆连接闭合等。

3. 隐蔽拉链

隐蔽拉链是从优雅美观的需要出发而设计生产的在服装中不明显的闭合件，一般用于旗袍、合体女装、薄型时装的开启闭合等。

另外，根据两面穿用服装的需要，还设计有两面开启闭合使用的双面拉链；便于人体站立、坐下活动方便的上、下两头开启的拉链等。

（五）拉链的装饰功能

拉链在服装上的使用有的已超出了实用的范围，作为纯装饰的拉链，吊挂各种饰件饰物的拉链头，制作装饰花卉的拉链……拉链在服装装饰中的应用越来越多。

拉链作为服装的辅料，具有实用和装饰两种功能。

不同材质、作用的拉链如图5-7所示。

(a) 金属拉链

(b) 涤纶隐形拉链

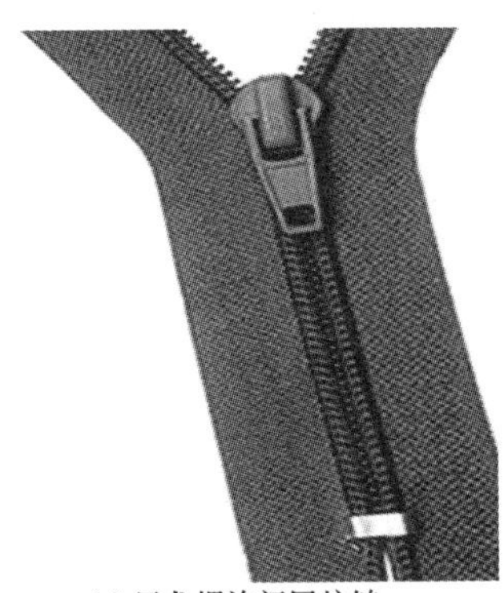

(c) 尼龙螺旋闭尾拉链

图5-7　服装用拉链

三、钩、环

（一）钩

钩分领钩与裤钩两种。

1. 领钩

领钩有大号、小号之分，一般用铁丝或铜丝定型弯曲而成，以一钩、一环为一副。领钩又称风纪扣。其特点是小巧、不醒目，用起来方便，一般用于男女服装的立领口处。

2. 裤钩

裤钩有大号与小号之分、二件与四件之分，多用铁皮或铜皮冲压成型，然后再镀上铬或锌，使表面光亮洁净。裤钩使用方便，用于男、女裤的腰口处或裙腰处等。二件一副的需用线缝钉，线易磨断；四件一副的只需敲钉即可，比较牢固。

（二）环

环是指钉在工作服、夹克、裙、裤腰头上，用以调节松紧的环状物件。环有金属的双环、单环，也有塑料的裙夹。

1. 裤环

裤环是由金属制成的双环。结构简单，有调节松紧的作用，多用在裤腰处。

2. 拉心扣

拉心扣的规格多为70mm × 50mm左右，金属制的长方形环，中间有一柱可以左右滑动，以此调节距离。拉心扣的特点是使用方便、灵活，主要用于腰头及西装马甲上。

3. 腰夹

腰夹又叫腰带卡，主要用于连衣裙，风衣、大衣的腰带上，功能是能束紧连衣裙、风衣、大衣的腰部。腰带卡有圆形、方形、椭圆形等各种形状，所用材料有有机玻璃、塑料、金属电镀、尼龙等。腰夹除了它的实用功能之外，对服装也起到了装饰作用。

不同服装用钩环如图5-8所示。

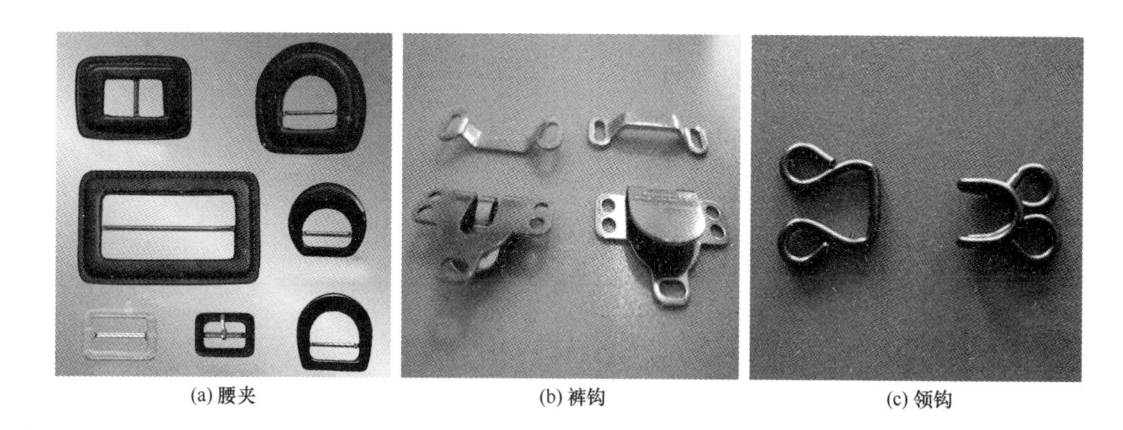

(a) 腰夹　(b) 裤钩　(c) 领钩

图5-8　服装用钩环

四、绳带、搭扣

（一）绳带

1. 作用

服装中的绳带主要有两个作用，一是紧固，二是装饰。比如运动裤腰上的绳带、连帽服装上的帽口带、棉风衣上的腰节绳带，花边领口上的丝带、服装上的装饰带、盘花带，服装内的各种牵带等。

2. 原料

绳带的原料主要有棉纱、人造丝和各种合成纤维等。

3. 选择

用于裤腰带、服装内部牵带等不显露于服装外面的绳带，一般选用本色全棉的圆形或扁形绳带；其他具有装饰性的绳带选用时要与服装的风格和色彩相协调，可选用人造丝或锦纶丝为原料的圆形编织带、涤纶缎带、人造丝缎带等。服装中的绳带应用得好有很好的装饰美化作用。

（二）松紧带、罗纹带

1. 松紧带

（1）原料。松紧带分锭织与梭织两种，主要原料是棉纱、黏胶丝和橡胶丝等。

（2）作用。松紧带在服装中应用具有紧固和方便两个特点，因此特别适合童装、运动服装、孕妇服装和一些方便服装。如这些服装的裤腰、袖口、下摆、裤口等，用松紧带方便又有较好的紧固作用。

（3）选择。松紧带有不同的宽窄可供选择，宽的可直接用于裤腰、袖口等，窄的松紧带又叫橡皮筋，用于内裤、睡裤裤腰较多。用氨纶与棉、丝、锦纶丝、涤纶丝等不同纤维包芯制得的弹力带，有不同松紧、不同宽度可供选择，现已广泛用于内衣等服装中。

2. 罗纹带

罗纹带属于罗纹组织的针织品，是由橡皮筋与棉线、化纤、绒线等原料织成的弹力带状针织物，主要用于服装的领口、袖口、裤口等处。

（三）搭扣

1. 原料

尼龙搭扣是由两条不同结构的尼龙带组成，一条表面带圈，一条表面带钩，当两条尼龙带接触并压紧时，圈钩黏合扣紧。

用缝合或黏合的方式将搭扣固定于服装需要黏合的部位或附件上，就能达到黏合扣紧的目的。如将带钩和带圈的尼龙带分别固定于服装的左右门襟上，就像纽上纽扣一样，门襟被闭合了，而且开启非常方便。

2. 作用

这里的搭扣是指用尼龙为原料的粘扣带，也称尼龙搭扣。尼龙搭扣多用于需要方便而迅速地扣紧或开启的服装部位，如消防员服装的门襟扣、作战服装的搭扣、婴儿服装的搭扣和活动垫肩的黏合、袋口的黏合等。

3. 选择

尼龙搭扣有16mm、20mm、25mm、38mm、50mm、100mm等不同宽度的规格和不同的色号可供选用。童装和婴儿服选用尼龙搭扣做紧固件安全、方便。

五、花边

（一）分类

花边以其美丽的装饰效果而常在服装中使用，特别是现代内衣，花边成为不可或缺的一部分。花边种类繁多，常以制作方法、织物类别、原料类别、使用范围、加工方法及宽度分类。机织花边和手工花边的分类见表5-11。

表5-11　花边分类

机织花边			手工花边		
机织花边	刺绣花边	编织花边（拉舍尔花边）	布绦花边	纱线花边	编织花边
提花花边 镶边花边 窗纱花边 平织网纱	刺绣花边 烂花花边	绣花花边 经编窗纱 网状花边 拉花花边	雕绣花边 抽纱 刺绣花边 针绣镂空花边	针绣花边 机织花边 流苏	—

（二）原料

不同纤维原料在花边中的应用情况见表5-12。

表5-12　不同纤维在花边中的应用情况

纤维材料	花边底布（%）	绣线（%）
合成纤维	占65.6	占7.6
棉	占28.3	占43.3
黏胶纤维	占5.0	占44.1
其他	占1.1	占5.0

（三）特性

目前，服装用的花边大多为机织花边。用于辅料方面的主要是小于30cm的窄幅刺绣花边和窄幅提花花边，不同种类的花边有不同的特性。

1. 装饰性

透过花边能看到增添了几分色彩的里子布和内衣，依稀隐约；利用织物的立体感可获得优雅美感；刺绣线的色彩与图案组成综合的工艺美。花边在女装、童装及内衣中应用较广。

2. 穿着性

花边由于是镂空织物，透气性很好，但由于刺绣图案的凹凸部分妨碍了空气的流通，看起来凉爽，有时却不然。

3. 耐久性

作为服装，花边的耐久性较差，洗涤性也较差。

（四）选择

在选择时要根据不同的需要，注意花边的特性。服装花边重视的是审美性、耐久性和洗涤性。

不同生产工艺的花边如图5-9所示。

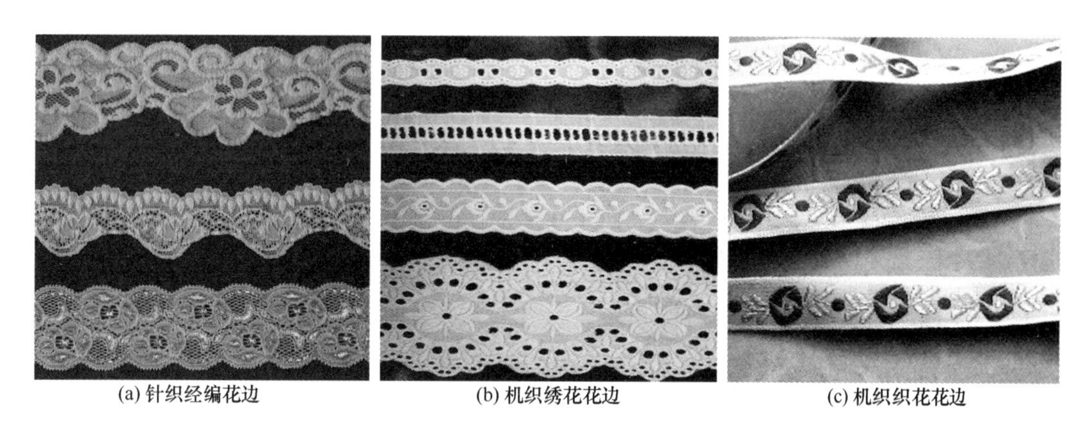

(a) 针织经编花边　(b) 机织绣花花边　(c) 机织织花花边

图5-9　服装用花边

除了花边以外，较常用的服装装饰材料还有缀片、珠子等，是晚礼服、婚礼服、舞台服中不可缺少的点缀。

第六节　标签与包装材料

一、标签

（一）标签的作用

标签是厂家联结消费者的纽带，是对品牌文化的宣传，是对消费者使用产品的告知。

它对提高和保护服装企业的声誉，推销产品都有着积极作用。标签具有防伪、树立品牌形象等功能。

（二）标签的内容

正规服装生产企业所生产的服装标签（吊牌），一般会有如下内容：标志，货号、产品名称、颜色色号、规格型号、执行标准、检验员、质量等级、安全技术类别、纤维成分和含量、洗涤说明、厂名厂址、产品价格、条形码、生产商（代理商）信息等。其中，产品名称、执行标准、质量等级、安全技术类别、规格型号、纤维成分和含量、洗涤说明、检验员、厂名厂址等是必须具备的内容。

（三）标签的材料

标签（吊牌）的制作材料大多为纸质，也有塑料的、金属的、皮质的、塑胶的等。近年还出现了用全息防伪材料制成的新型吊牌，这既保护了企业自身的利益，也维护了广大消费者的权益。

从它的造型来看，则更是多种多样的，有长条形的、对折形的、圆形的、三角形的、插袋式的以及其他特殊造型的，多姿多彩，琳琅满目。

（四）标签的设计

1. 工厂信息

服装标签的设计，印制往往很精美，内涵也很广泛。尽管每个服装企业的标签各具特色，但大多在标签上印有厂名、厂址、电话、邮编、徽标等。有些企业，还要印上公司的性质，如中外合资、独资等。

2. 商品广告

有的服装企业把小小的吊牌视为一张微缩的广告，把名模靓女身着自己产品的照片印在了上面，给人以更直观的感受，使消费者对自己的产品有更深刻的印象，起到了很好的宣传促销作用。还有些企业，为了感谢消费者购买了自己的产品，往往还在吊牌上印上鸣谢、祝愿的话语，给人以亲切感。有的企业将新产品的原理用动画的方式表现，吸引眼球。有的企业将吊牌设计成年历、书签、贺卡等成为令消费者喜爱、欣赏的收藏物，成为持久的广告。

3. 产品说明

吊牌还更像一张产品使用说明书，上面不仅印有产品的原料成分，产品的性能，还有洗涤标志，水温、洗涤方式、洗涤剂、晾晒方式，以及保养细则等，以展现企业对消费者的负责精神。成分说明和洗涤指导，不能过于简单，对于功能性服装，如羽绒服、塑体内衣、保暖服等，要有细致的使用说明，细致的说明可以体现企业对客户的负责和体贴态度。

4. 其他内容

（1）防伪标识、条形码成为现代物流的标志。超级市场和大型商场都要求商品标注条形码，因此不要忘记打上条形码。面对激烈竞争的服装市场，各企业可以使用各种防伪技术，保护自身和消费者的利益。

（2）认证标志，例如反映产品质量保证的IS09001／9002、环保IS014000、全棉标志、纯羊毛标志、欧洲绿色标签Oeko-TexStandardl00、欧洲生态标签E-co-label等。要积极悬挂，利于反映产品的质量特点，体现企业形象，赢得客户的信赖和认知。

（3）尺码身高对照表。尺码身高对照表一般是跨国品牌标示，它告知的是，服装规格所适合人群的身高、年龄等参数。尺码分为国际码和国标码。因我国人员的体型南北差异很大，国内成人服装大部分采用的都是国标码。儿童服装二种码均可使用。国际码和国标码可以换算。

服装标签的设计可以成为一种直接吸引人们目光的亮点，加上包装和服装的精美，一起构成了完美的产品。

二、包装材料

服装包装是直接为服装服务的。经过设计、打样、裁剪、缝制和熨烫制成的服装已经成为产品，但这时的产品还需经过包装、运输、销售，才能到达消费者手中。包装的好坏直接影响到产品的销售，因此包装已成为服装生产的重要工序之一。

（一）包装的作用

1. 保护服装的作用

服装从工厂到商店，要经过装卸、运输挤压、堆集等，如果保护不好，会使服装的外观和内在质量受到损坏，从而造成不必要的经济损失。

2. 宣传美化的作用

包装的作用还在于装饰产品，使产品更具吸引力。一件漂亮的时装被包在一张不透明的白纸里是不会引起消费者兴趣的。同样的服装，经过精心的包装设计，可备受消费者的欢迎。包装的好坏，直接影响服装厂的声誉和经济效益。

（二）包装的分类

1. 按包装作用分

包装可分为内包装、外包装、单件包装和整批包装。

（1）内包装、单件包装又称销售包装，注重的是对服装的装饰和美化，包装要起到宣传服装，引起人们兴趣的作用。

（2）外包装、整批包装又叫运输包装，注重的是对服装的保护，免受损坏，要考虑便于运输，方便贮藏等因素。

2. 按销售对象分

包装按销售对象分，可分为内销包装、外销包装、民用包装、军用包装。内销包装和民用包装一般比外销包装和军用包装简易一些。

3. 按包装类型分

按包装类型分，服装可分为一般包装、防挤压包装、防潮包装等。

（三）对包装材料的要求

从包装的作用和分类中可知，不是所有材料都可以作为包装材料的，包装材料应具备以下几个特性。

1. 对人体无毒具有保险性

使用的包装材料首先应该是无毒物质，对人的身体健康和服装的内在质量都应具有保险性，同时也能防蛀、防霉、防鼠等。

2. 对产品保护具有装饰性

服装的包装材料要能使服装在运输、挤压、装卸、贮藏等过程中不变形、不沾污。包装还应具有美观性，尤其的内包装、单件包装，通过包装要突出整件服装最美的部位，使消费者一目了然。

比如硬领衬衫，经过包装应突出领子部位的挺括、平整、帅气，增强立体感，同时，也起到保护硬领的作用。

3. 对材料处理具有方便性

包装材料既要考虑成本低廉，运输携带方便，还需考虑处理的方便。

（四）主要包装材料

现用的包装材料主要有尼龙袋、塑料袋、塑料包装盒、纸盒、塑料片、塑料夹、衬纸、包装纸、纸箱、包装布、木箱、尼龙绳等。随着服装立体包装的普及，包装衣架、衣套、包装袋等都是必不可少的。

理论知识及专业知识——

服装面辅材料鉴别

教学内容： 1. 对服装面辅材料的鉴别，包括原料成分的鉴别、经纬向的鉴别、正反面的鉴别、倒顺的鉴别、疵点的鉴别等。学会鉴别服装面辅材料的方法。

2. 对服装面辅材料的分析，包括从纤维、纱线、织物、后整理等各个环节分析服装面辅材料，从一般性能、使用性能、测定性能、风格特征等方面评定服装面辅材料。学会分析评定服装面辅材料的优劣。

3. 对服装面辅材料的测试，包括缩率测试、色牢度测试、耐热度测试等。学会对服装面辅材料测试的技能。

建议课时： 8课时。

教学目的： 通过本章节内容的学习，使学生对服装面辅材料有一定的鉴别能力、分析能力，对面辅材料测试的内容有一定的了解。

教学方式： 理论教学加实践操作。

教学要求： 1. 学会鉴别各种纺织品的原料成分。

2. 对不同服装面辅材料有一定的鉴别和分析能力。

3. 掌握服装面辅材料的评定内容。

4. 了解服装面辅材料测试的内容和方法。

第六章　服装面辅材料鉴别

第一节　对服装面辅材料的鉴别

一、对织物原料成分的鉴别

（一）感官法

1. 定义

感官法是指通过人的感觉器官，眼看、耳听、鼻闻、手摸等，凭借鉴别者的经验对面料的原料成分进行鉴别的方法。随着仿生技术的发展，感官法已很难准确辨别不同面料的原料成分，必须与其他方法一起综合鉴别面料的原料成分。

2. 方法

用感官法判别面料，首先要对各种纤维材料非常熟悉，掌握不同纤维的特点。比如，用眼睛看，就要熟悉不同纤维的光泽、染色特性、毛羽状况等；用鼻子闻，就要掌握不同纤维的气味；用手摸，就要能感觉不同纤维的柔软度、光滑度、弹性、冷感、暖感、亲和感等；用耳听，就要了解像蚕丝所特有的丝鸣声等。然而，当今纺织技术的发展，仿生已经到了可以乱真地步。因此，必须仔细地进行观察，然后结合其他方法，才能对面料成分进行正确的判断。

3. 鉴别纯棉与棉混纺织物

纯棉和棉混纺、棉型织物的外观、性能等比较接近，但是由于有不同成分的化学纤维混入，或者其他化学纤维仿棉，织物的外观、色彩、光泽、手感、布面状况和湿性能等方面，还是存在着一定的差异，仔细观察，就能比较准确地加以区别。

（1）纯棉布。纯棉织物外观光泽柔和，布面有显露的纱头和杂质。手感柔软、温暖，弹性差。手捏紧织物后松开，有明显皱纹且不易退去。如果抽几根纱线捻开看，纤维长短不一，一般在25～33mm之间，用水弄湿纤维强力反而增强。

（2）涤棉布。外观光泽较明亮，布面平整光洁，几乎见不到纱头和杂质；手模布面感觉滑爽、挺括、弹性好；手捏紧织物后松开，折痕不明显且能很快恢复原状。纱线一般较细，色彩较淡雅素净。织物纱线强力比棉织物大得多，可以扯断比较。

（3）黏纤布。包括人造棉、富纤布等，光泽柔和明亮，色彩鲜艳；仔细观察，纤维间有亮光；手模面料柔软滑溜；手捏紧织物后松开，折痕明显且不易退去；纱线用水弄湿后，强力明显下降；面料浸水后，有的会有增厚、发硬现象。

4. 鉴别纯毛与毛混纺织物

毛织物是化学纤维织物竞相模仿的对象，因此品种十分丰富，模仿得也非常逼真。纯毛织物与毛混纺织物相比，外观、光泽、色泽、手感、柔软性、悬垂性、缩绒感等方面还是有一些差别的，仔细观察才能分辨。如今毛织物市场上，混纺织物较多。不同纤维取长补短，产品才更加优秀。

（1）纯毛精纺。纯毛精纺织物一般以薄型和中薄型为多，精致细腻，外观光泽柔和，色彩纯正，呢面光洁平整，纹路清晰，手感滑糯、温暖、富有弹性，悬垂性好。织物捏紧后松开，折痕不明显，且能迅速恢复原状。捻开纱线看，精纺毛织物大多为双股线。

（2）纯毛粗纺织物。纯毛粗纺织物大多呢身厚实，呢面丰满，不露底纹，手感丰满、温暖，富有弹性，质地紧密的膘光足，质地疏松的悬垂性好。粗纺毛织物的纱线以单纱为多。

（3）黏胶混纺毛织物。黏胶混纺毛织物光泽不如纯毛的莹润，手感软滑，不如纯毛饱满有弹性；粗纺呢绒有松散感，织物捏紧后松开，易有折痕，且恢复速度慢。黏胶混纺毛织物粗纺的较多，精纺的较少，且精纺毛黏织物由于优越性不明显，有逐渐被淘汰的趋势。

（4）涤纶混纺毛织物。涤纶混纺毛织物以精纺为多，如涤毛或毛涤华达呢、派力司、花呢等各种品种都有，特点是呢面平整光洁，挺括滑爽，织纹清晰。涤纶混纺呢绒的弹性要好于纯纺毛织品，但毛感、手感、柔软性、悬垂性等不如纯纺毛织物。

（5）腈纶混纺毛织物。腈纶混纺毛织物的毛型感要好于其他混纺毛织品，手感温暖、弹性好、色泽也鲜艳，但柔糯性和悬垂性等不如纯纺毛织物。粗纺腈纶混纺织物质地蓬松，轻巧柔软，保暖性好，但手感不如纯纺毛织物糯滑。

（6）锦纶混纺毛织物。锦纶混纺毛织物毛感较差，光泽不活络，有蜡状感，呢面平整光滑，手感疲软，弹性不如涤纶混纺毛织物，手捏织物容易产生折痕，但能缓慢恢复原状。

（7）涤纶变形纱仿毛织物。涤纶变形纱仿毛织物逐渐兴起，有发展的趋势。它成本低，外观像，牢度好，弹性优，仿真还在逐渐进步，在毛型感、光泽、饱满等方面目前还不如纯纺毛织物。变形纱仿毛织物只要将纱线抽出，轻刮纱线，就能清晰地看到其变形纱的外观。

5. 鉴别真丝绸与化纤绸

（1）真丝绸。真丝织物光泽柔和，色彩纯正，手感润滑，轻薄柔软，绸面平整细洁，富有弹性。干燥气候下，手摸绸面有拉手感，撕裂时有独特的丝鸣声。

（2）人丝绸（黏胶丝织物）。绸面光泽明亮，但不如真丝绸柔和，手感润滑、柔软，但弹性和飘逸感较差。手捏易皱，且不易恢复，撕裂时声音嘶哑。纱线弄湿后，极易扯断。

（3）涤丝绸（涤纶丝织物）。涤纶仿丝绸织物近年来发展迅速，品质优良，无论是色彩、质地、手感都非常好，但和真丝相比，涤丝绸色彩鲜艳亮丽，真丝绸色彩柔和高雅；涤丝绸手感滑爽、挺括、弹性好，真丝绸则轻柔、飘逸、润滑。从感官上，可以说涤丝绸已不比真丝绸逊色，但在穿着舒适性方面，真丝绸要远比涤丝绸优良。

（4）锦丝绸（锦纶丝织物）。绸面光泽呆滞，有蜡状感，色彩不鲜艳，布面平滑光洁，手模有凉感，织物捏紧松开后有折痕，但能缓慢复原。

6. 鉴别麻与麻混纺、化纤仿麻织物

麻与棉，麻与黏胶，麻与黏胶、涤纶混纺的织物较多，特别是麻涤黏混纺织物，在国内受到广泛欢迎。化纤仿麻织物的原料主要是涤纶，涤纶仿麻重在模仿麻织物特别的、粗犷的外观风格，手感和弹性等还是有很大区别的，所以两者是比较容易鉴别的。

（1）麻织物。麻织物主要是指天然亚麻、苎麻织成的纺织品。麻织物由于纤维粗细、长短差异大，故纱线条干明显不均匀，布面有随机分布的结子和疙瘩，高低不平，风格粗犷。手感挺爽，弹性差，容易折皱，折痕较粗，不易褪去。苎麻织物表面有光泽及有较长的毛羽，亚麻织物手感较苎麻略为柔软。麻纤维不易上色，故色彩多浅淡且不鲜艳。

（2）麻与棉混纺织物。麻与棉混纺织物，外观上就像麻与棉的混合体，手感比麻柔软，光泽比麻差，纹路空隙比麻模糊，洗涤熨烫比麻容易，表面毛羽比麻少，褶皱纹理比麻细小。

（3）麻与黏胶混纺织物。麻与黏胶混纺织物克服了麻手感硬挺，穿着不舒服的感觉，比麻棉混纺更受欢迎。麻黏混纺手感舒服、柔软、滑爽、垂感好，但手捏易产生折痕，且不易褪去。

（4）麻涤黏混纺织物。麻涤黏混纺织物是克服麻织物缺点的较好的搭配，麻的粗犷、挺爽、散湿；涤纶的光洁、不皱；黏纤的柔软、悬垂，使织物外观和性能达到较优的状态，麻涤黏混纺织物无论是外观、舒适性、洗涤性能等都不错。

（5）化纤仿麻织物。化纤仿麻织物外观多疙瘩、结子，高低不平，风格粗犷，组织以平纹和透孔组织为多，纱线多强捻纱，色彩以本色和浅淡色为主，但比麻织物鲜亮。织物手感挺爽，弹性好，紧捏不皱，且有较好的悬垂性。

（二）燃烧鉴别法

1. 定义

燃烧鉴别法是指观察不同纤维原料在燃烧时的状态、火焰、气味、灰烬等，从而能较为准确区分大类纤维原料成分的鉴别方法。加上感官法和思考，就能对织物的原料成分有个大体的判定。

2. 方法

燃烧鉴别的方法是从织物的经向或纬向抽出几根或几十根经、纬纱线，将其分别卷捻成束，然后将经纱或纬纱分别横向置入火焰顶端，慢慢靠近，然后观察纱线近火时的变化，燃烧时的状态、燃烧的速度、散发的气味和燃烧的灰烬等，能够很容易地分辨其原料的基本种类。

3. 分类

可以将“纺织纤维成分表”中的纤维按其原料类型，分成三大类。请记住它们的燃烧状态。

（1）纤维素纤维（棉、麻、黏胶等）。它们的燃烧状态是：黄色火焰缓慢移动，有烧纸的气味，灰烬少而细软，像面粉。

（2）蛋白质纤维（羊毛、蚕丝等）。它们的燃烧状态是：入火燃烧，离火熄灭，有烧羽毛的臭味，毛纤维臭味更浓，灰烬结块，松脆，能捏碎。

（3）合成纤维（涤纶）。它们的燃烧状态是：近火收缩、软化、熔融，火焰明亮冒黑烟，燃烧迅速，有烧塑料的气味，灰烬结块，不能捏碎。

4. 判断

如果燃烧状态为（1），可以判定是纤维素纤维。如果面料条干均匀，手感温和，可判定为棉；如果面料表面有粗结、疙瘩，条干明显不匀，且织物空隙较大，可判定为麻；如果面料手感十分软滑，纱线有些发亮，或者纱线为长丝，那一定是黏胶了。

如果燃烧状态为（2），可以判断是真丝织物或羊毛织物。真丝细软，多数光滑，有的有沙沙感（强捻纱）；精纺毛织物细腻饱满纹路清晰，粗纺毛织物蓬松暖和绒毛覆盖。仔细分辨，可以看到蚕丝灰烬较羊毛颗粒细小些。

如果燃烧状态为（3），那是合成纤维中用得最多的涤纶；锦纶为蓝色小火焰。

此外，如果有烧羽毛臭味，又能缓慢继续燃烧的，那是毛粘混纺。如果有烧羽毛臭味，又有明亮火焰燃烧迅速的，那是毛涤混纺。如果火焰明亮燃烧迅速，又伴有面粉般灰烬的，那是涤棉混纺。

将三类纤维的燃烧状态记住，多练习，并综合思考判断，就能分辨大部分织物的原料成分了。

二、对织物经纬向的鉴别

面料经纬向的鉴别对服装来说十分重要，经纬向的不同，不但织物的伸长、缩率不同，而且牢度和色彩也会有差别，织物经纬向对服装的造型、质量都有直接的影响。

织物经纬向判别可有以下几种方法。

1. 从布边看

依据布边识别经纬向是最基本的方法。对织物来说，平行于布边并与匹长同方向的为经向，与布边垂直并与幅宽同方向的是纬向。

2. 从伸长看

对于没有布边的一小块样品，用手沿纱线方向拉时，延伸较大的方向为纬向，延伸较小的方向为经向。因为在生产时经向张力较大，纬向张力较小。

3. 从密度看

从织物的经纬密度看，一般来说，密度高的为经向；密度低的为纬向。因为经密高、纬密低，对服装和面料生产都有利。但是，也有少数除外，比如纬缎织物、纬起绒织物等突出纬面效应的织物，纬密一般高于经密。

4. 从原料看

对于不同原料的交织物，还可以通过经纬向的不同原料加以鉴别。一般讲，棉毛、棉麻交织物，棉纱方向为经向；真丝/人造丝、真丝/绢丝、真丝/羊毛交织物，是以真丝的方向为经向的。

5. 从纱线看

对于织物中有单纱，有股线的织物，一般说，股线的方向为经向，单纱的方向为纬向。

6. 从筘路看

从织物表面看，有明显筘路条纹的方向为经向。

7. 毛巾织物

对于毛巾织物，则以起毛圈的纱的方向为经向。

8. 纱罗织物

纱罗织物经纬向明显，以绞经的方向为经向。

9. 条子织物

一般条子织物以条纹的方向为经向，纬向条纹的较少。

10. 格子织物

格子织物一般条纹较复杂、平直而明显，以格形略长的一方为经向。

三、对织物正反面的鉴别

（一）根据织物组织鉴别

面料的织物组织，有的正反面不同，有的正反面相同，根据织物的组织可以帮助我们识别面料的正反。

1. 平纹织物

从组织角度看，平纹是没有正反面的。因此，如不是经过其他如印花、染色、拉绒、轧光、烧毛等处理的平纹织物，一般可以不用区分正反面。但为了美观起见，可将结头、杂质少的一面及烧毛干净的一面为正面。

2. 斜纹织物

斜纹织物是需要区分正反面的，无论是经面斜纹还是纬面斜纹，正反面的光泽和纹路清晰度是不同的，一般以纹路清晰的一面为正面。正反两面组织点相同的双面斜纹，一般也按“线撇纱捺”纹路清晰的原则区分织物的正反面。可以先抽取1根经纱和1根纬纱，确定织物是全线、单纱或半线，然后按“线撇纱捺”原则确定织物的正反面。如全线、半线织物，右斜的一面为正面，纹路清晰；单纱织物，左斜的一面为正面，纹路清晰。卡其、华达呢、哔叽等都可以用“线撇纱捺”的原则确定织物的正反面。有的织物要求斜纹正面纹路不清晰（如牛仔布），那就相反选择，纱织物右斜纹纹路不清晰。

3. 缎纹织物

缎纹织物是分正反面的，而且正反面区别较明显。缎纹织物的一面如果具有表面平整、光滑、紧密、亮丽的绸缎风格，该面是正面；而比较稀松、暗淡、毛糙、光泽差的一面为反面。

4. 其他组织织物

其他组织织物或者提花组织织物，一般说，正面花纹较清晰、完整、立体感强，纱线浮长比较短，布面也较平整光洁；反面则较为粗糙，浮长长且花纹有时较模糊。

（二）根据织物的花纹鉴别

织物花纹除了组织起花之外，还有各种印花花纹、轧花花纹、烂花花纹、剪花花纹等，根据织物花纹正反面的差别，也可帮助我们识别织物的正反面。

1. 印花花纹

一般印花花纹正反面是比较明显的，染料大多是从织物的正面渗透至织物的反面的，因此正面花纹图案清晰，色彩鲜艳，层次较清楚；而反面花纹则比较暗淡、模糊，较厚的织物反面甚至不显花，或花纹断断续续。有的印花干脆只在正面一面显现花纹。因此，印花面料制作服装要区分织物的正反面。

2. 轧花花纹

轧花花纹由布面的凹凸形成，正反不太明显，一般图案完整、凸起的一面为正面，同时可结合面料印花或染色的正反面效果一起识别。

3. 烂花花纹

烂花花纹形成的是织物透明的图案，因此，正反面差异不大，但是仔细观察，烂花花纹的边缘正面往往比反面轮廓清晰。同时烂花常与印花结合在一起应用，因此也可以印花图案、色彩清晰的一面为正面。

4. 剪花花纹

剪花花纹正反面比较明显，可以将图案清晰、完整、浮线短的一面为正面，图案模糊、浮线长且留有剪断的纱线毛头的一面为反面。也可以反之，将留有剪断纱线毛头的一面为正面。现有不少用花式纱线作为长浮线的剪断纱线，有很好的装饰作用。

（三）根据织物布面状况鉴别

织物一般均经过检验、修织补、后整理等才成为成品。在检验、修织补过程中，往往把织物正面修剪得比较干净，把断头、纱尾等异杂物处理到织物的反面。在后整理的过程中，又往往对织物正面的毛羽或烧毛或轧光处理得比较光洁。

1. 一般织物

布面光洁，毛羽少，棉结杂质少的一面为正面。还可以借助于整理拉幅的针眼，一般针眼下凹的一面为正面。

2. 起绒织物

如平绒、灯芯绒、丝绒、长毛绒等起绒类织物，正反面区别是十分清楚的，一般都以起绒的一面为正面，以突出织物绒毛的柔软、顺滑，莹润的光泽和舒适的手感。而反面不起绒，大都比较粗糙，色泽也差，有的还涂有固着绒毛的物质。

3. 拉毛织物

拉毛织物有单面拉毛和双面拉毛，一般单面拉毛以拉有绒毛的一面为正面，双面拉毛以绒毛短、密、齐的一面为正面。但也有例外，有的做服装里料的拉毛织物，为了使衣服穿脱时摩擦力小些，选用没有绒毛或绒毛少的一面为正面。

（四）根据其他特征鉴别

1. 边字

比如有的织物有边字，以字母清晰、浮长短、排列正确的一面为正面，反面字母模糊且字母方向也是反的。

2. 卷筒

一般双幅面料对折在里面的一面为正面。单幅面料卷在外面的一面为正面。

3. 贴头

一般布匹布头上都盖有印章和贴有贴头纸，内销产品印章和贴头纸大都在织物的反面，外销产品印章和贴头纸大都在织物的正面。

鉴别织物正反面办法很多，可以从多方面仔细地辨别。而且形成织物正反面的因素也不同，设计者可以根据设计需要斟酌取舍。一般总是以花纹完整、清晰，色彩鲜艳、明亮，布面平整、光洁，纹路清晰、挺直，绒毛耸立、整齐的一面为正面，外观效果比较理想。

但是也不是不可改变的，设计者完全可以根据自己的设计意图决定面料的正反面，只要显露在外的一面外观上能达到设计者的要求，并不影响穿着性能即可（如显露在外的一面浮长过长，容易拉毛钩断，影响穿着质量就不合适）。有的设计者将全棉缎纹面料裤装的缎面当反面，而将毛糙、没有光泽、纹路模糊的一面经砂洗整理作为裤子的正面，既柔软又厚实，既表现服装朴素、原始的风格，又使裤子穿脱滑溜（缎面为里，摩擦力小），接触肌肤的一面甚为舒服。

四、对织物倒顺向的鉴别

并不是所有面料都有倒顺的，但是有倒顺的面料，如果在裁剪时不注意，制成服装后，作为整体的、立体的服装，外观上就会受到影响。倒顺在服装中的差异要比面料平面时明显得多，大大影响服装的美观性。

（一）印花布类

也不是所有印花布都有倒顺，而是要根据具体花纹确定，如有的花卉、几何图案等，为了便于服装制作，面料设计时就不是定向的，因此，服装裁剪时可不必顾及面料的倒顺；而像人物、塔、树木、轮船等有明显方向性的图案，就不能随意颠倒，否则就会影响服装的外观。

（二）格子布类

格子布有对称格子和不对称格子等几种，对称格子面料倒顺对花纹没有影响，排料可随意，只要按要求对条对格对准即可；不对称格子就要注意整件服装的统一性，不能随意颠倒排料，否则影响格子的连续性和一致性。

（三）绒毛织物类

绒毛类织物表面都有一层较厚的绒毛，在制织生产和后整理过程中，使绒毛产生倒顺。在光线下，由于反光角度的不同，会产生深浅不一的色光。平面时效果不明显，在立体服装中会产生色差似的对比效果。因此，特别要注意绒毛类织物的倒顺。一般手模光滑的方向为顺毛，反光强，色光浅；手模较粗糙，有涩感的方向为倒毛，反光弱，色光深。在制作服装时，一定要注意整件服装绒毛倒顺的一致性。一般灯芯绒取向以倒向为多，色泽较为浓郁、深沉、润泽；而毛绒大衣料则以顺毛为正向较多。

五、对织物疵点的鉴别

疵点是影响面料外观质量的一个重要因素，严重的还将影响面料的内在质量、穿着牢度等，应设法避开，这对保证服装质量是大有帮助的。

（一）常见的面料疵点分类

1. 纱疵

纱疵是指纱线上的疵点，如纺进纱线中的棉结杂质，粗节、细节、局部捻度过大或过小等。这些外观不均匀、不平整、不一致的纱线，织进织物中后修织不掉。严重的纱疵对面料的外观有很大的影响，有的甚至不能制成合格的服装。

2. 织疵

织疵是指织物在织造过程中产生的疵点。如缺经、缺纬，错花、错格，蛛网、跳花，稀织、密织，筘路、歇梭，油经、油纬，轧梭、拆痕等。这些严重的疵点不能留在面料上，应该剪去；不明显的织疵也要避开，不用于服装的重要部位。

3. 整理疵

整理疵是指织物在染整过程中产生的疵点，如染斑、搭色、污迹、色差、纬斜、印花疵等。整理疵有的面积比较大，虽然降等，但使用时尤要特别小心。比如色差，匹染面料的头尾色差、左右色差，色织面料的换梭色差等，裁剪时一定要注意，分开裁剪，避免不同色光混合，造成服装大面积次品。纬斜裁剪前要经过纠正，对条对格要格外仔细，否则就会影响服装的外观。

（二）面料等级

面料一般根据质量分四个等级，即一等品、二等品、三等品和等外品。一等品明显的、严重的疵点较少，或者没有。二等品、三等品中会存在一些疵点等外品则疵点较多。因此，如果是成批裁剪的服装，面料质量应选择好一些的，以免影响服装的质量；如果是单件裁剪的服装，有些疵点能够避让的，则对服装影响不大。

在呢绒织品、丝织品和一些针织面料上，经常可以看到布边上拴有“小辫”，这是疵点部位的提示，并折让一定长度的面料，作为裁剪者在裁剪服装时避让疵点之用。

织物疵点轻微的影响美观，严重的影响牢度和耐磨度，因此，在制作前要仔细地检查布面。遇有疵点的面料，一般应尽量避开；如实在避让不开的话，应将疵点放在不显眼和不经常受磨的部位，这样就可以减小疵点对服装外观和牢度的影响。

六、对织物整体的鉴别

（一）读懂规格表上的内容

面料的构成包括原料、纱线、织物和后整理，每个环节都对织物的形成产生了影响，有关这些环节的信息，在织物规格中都有包含，掌握面料规格，读懂其中内容，是了解面料的主要途径。

有关织物规格的知识，在第二章第三节中已有阐述，要求学生能通过规格表上的内容：品名、原料、经纬纱线密度、成品重量、成品密度、织物组织，以及幅宽、匹长等，对面料的外观、内在性能有一个基本的认识。织物规格是帮助识别不同风格、特点、性能、用途织物的依据。因此，懂得织物规格的内容及含义，通过掌握织物规格，就能科学地分辨和比较不同的面料。

（二）对比织物规格

比如，全棉线府绸，5.8tex × 2 × 5.8tex × 2（100英支/2 × 100英支/2），610根/$10cm^2$ × 299根/$10cm^2$，无浆干重108.3g/m^2。一看就知道这是一款纱线细，密度大，品质好的全棉织品，面料细洁饱满，挺括柔滑，平整光洁，是非常高档的衬衫面料；而另一款全棉线府绸，9.7tex × 2 × 9.7tex × 2（60英支/2 × 60英支/2），433根/$10cm^2$ × 251根/ $10cm^2$，无浆干重136.2g/m^2。面料紧密挺括，光滑平整，但与上一款相比，纱线粗一点，密度小一点，重量重一点，织物厚一点。在细腻、柔滑、紧密、轻柔方面略逊上一款。

（三）了解织物差别

又如，全毛女式呢，62.5tex × 62.5tex（16/1公支 × 16/1公支），138根/$10cm^2$ × 123根/$10cm^2$，平纹，成品重量178g/m^2。这是一款比较轻薄的粗纺呢绒，手感柔软，悬垂性较好，适宜于女式裙装。而另一款全毛法兰绒，62.5tex × 62.5tex（16/1公支 × 16/1公支），166根/ $10cm^2$ × 167根/$10cm^2$，平纹，成品重量247g/m^2。法兰绒的纱线粗细与女式呢相同，经纬密度比女式呢高，重量重，组织相同，因此该法兰绒比较紧密，可以作套装和裤子的面料。

（四）掌握常用规格

要能够通过织物规格鉴别服装面料的厚薄、纱线粗细、软硬及外观风格等，首先要对几种常用的面料规格和织物外观、性能等熟悉和掌握，然后用对比的方法加以对照鉴别。

一般生产厂家都会标明织物的规格，订货或采购时可以获得。如果没有的话，可以自行测定。

第二节 对服装面辅材料的分析和评判

本节主要讲述如何分析和评判服装面辅材料的优劣。

一、分析面辅材料的环节

（一）原料

分析面辅材料应该从它的构成入手。拿到一块织物，应该分析它的原料是什么。用燃烧鉴别法和感官法，可以大致知道面料的原料成分，比如棉、毛、涤棉混纺、毛涤混纺、真丝/人丝交织等。从原料中，可以知道织物的根本性能，比如吸湿性、弹性、热塑性能、缩水性、洗涤性能等。如果原料组成比较复杂，也要有耐心地分析它的不同原料成分，从而知道它的性能特点，如缩率、耐热度、洗涤性能等，这是很重要的。同时，还要考虑面料有没有采用新颖的纤维原料，它的特点又是什么。

（二）纱线

分析纱线形态，要看它是单纱、股线、变形纱还是长丝等；分析它的捻度，是强捻纱还是弱捻纱；分析它的线密度，是细特的还是粗特的，最简单的方法是把常用的纱线不同线密度的做成标本。比如将不同粗细的棉纱，28tex（21英支）的，19.4tex（30英支）的，14.6tex（40英支）的，11.7tex（50英支）的，9.7tex×2（60/2英支）的，7.3tex×2（80/2英支）的，5.8tex×2（100/2英支）的等，贴在专用的本子上，用时将手中的纱线与其对比，判定它大概是多少特的，是细特的还是粗特的，单纱还是股线，从而分析它的性能、档次和价格等。还可以看纱线的纺纱工艺，了解纱线的质量，看是否是新颖的纱线形态，能否给服装带来不同的外观效果等。

（三）织物

首先看织物是机织还是针织的，这是两类不同的织物。再看它的组织，是平纹的、斜纹的、缎纹的，还是复杂的、提花的；看它的密度是高密度的还是低密度的，浮长是长的还是短的，从而分析它的性能，外观如何，是否起毛起球，是否滑移，是否贴身，穿着是否舒服，是否易勾丝，是否容易洗涤，做衣服是否有型等。还可以分析一下原料、纱线的选用，组织结构的设计，是否有创新的地方，是否使织物有了新的面貌等。

（四）整理

看织物进行了怎样的后整理，有怎样的效果等。还可以看看有没有采用新颖的整理工艺，难度如何？效果如何？流行如何？有没有使服装有焕然一新的感觉。另外，还要看看安全性能等。从构成环节分析，可以对织物有一个全面的大体的了解。

二、评判面辅材料的内容

（一）织物的一般性能

1. 服用方面的性能

其包括面料的抗伸强度、弹性、撕裂强度、破裂强度、软硬度、摩擦性等。

2. 形态方面的性能

其包括面料的伸缩性、压缩性、形态稳定性、表面状态、蓬松性、方向性等。

3. 耐久方面的性能

其包括面料的耐磨耗性、耐疲劳性、耐洗涤性、防虫性、抗菌性等。

4. 保健方面的性能

其包括面料的吸湿性、透湿性、吸水性、含气性、通气性、保暖性、拒水性等。

5. 审美方面的性能

其包括面料的悬垂性、防皱性、可塑性、光泽、起毛起球性等。

6. 感觉方面的性能

其包括面料的身骨、风格、外观、触感、丝鸣等。

（二）织物的使用性能

1. 服用性能

如上所述。

2. 加工性能

（1）裁剪。如手裁、机裁的难易，尺寸保持性。

（2）缝纫。如阻力、缝痕、滑动、伤痕。

（3）熨烫。如温度、平服度、褶裥保持性。

（4）保形。如饱满挺括、曲线、立体感、弹性。

3. 抗污性能

包括防尘、纳尘、不易沾污、易于去污。

（1）洗涤性能。耐手洗、耐机洗、耐洗涤温度、耐化学品、不易变形、色牢度、发毛、起皱、收缩、干燥快速、熨烫容易。

（2）保管性能。不易发霉、虫蛀、走样，耐湿、耐温。

（三）织物的测定性能

织物的许多性能可以用仪器测定，所测结果比较客观，称为客观性能；还有一些指标比较含糊，目前尚不能用仪器测定，只能通过人的感觉来评价，称为观感性能或主观性能。

1. 客观性能

（1）织物的几何特征。其包括幅宽、匹长、经纬密度、织物厚度、纱线细度、覆盖率、平方米克重、织物组织、纱线捻度、纱线捻向、纤维种类及混纺比例。

（2）织物的力学性能。其包括断裂强度、断裂伸长、撕裂强度、顶裂强度、抗弯刚度、悬垂性、折皱恢复、耐磨性（平磨、屈磨、折边磨）、抗起毛起球。

（3）织物的物理性能。包括回潮率、缩水率、保暖性、透气性、透水性、拒水性、吸水性、阻燃性、导热性、抗熔孔性。

（4）织物的化学性能。包括耐酸、耐碱、耐氧化剂、耐还原剂、耐有机溶剂。

（5）织物的染色性能。包括染料、白度、染色牢度。

2. 主观性能

包括手感、美观、舒适、毛型感、丝绸感、麻型感等。

（四）织物的风格特征

风格特征的内容比较复杂，有的包含复合性的含义，有客观的，也有心理的，有的甚至难以用确切的语言表达。一般可分为以下几种。

1. 仿生风格

如仿毛、仿丝、仿麻、仿棉、仿革、仿裘皮等。

2. 材质风格

如轻重感、软硬感、厚薄感、光滑感、粗细感、凹凸感、透明感、蓬松感。

3. 手感风格

如刚柔、粗细、滑爽、滑糯、身骨、冷暖、丰厚等。

4. 外观风格

如轻飘、细洁、粗犷、光亮、漂亮、时髦、立体感、厚实感等。

理论知识及专业知识——

服装的洗涤、除渍和保养

教学内容： 1. 服装的洗涤，包括手洗、机洗，水洗、干洗，洗涤剂的选择，水温的控制、不同服装的洗涤，洗涤标识的认知等。

2. 服装的除渍，包括服装污渍的去除原则，不同污渍的去除方法，怎样选用新颖洗涤剂除渍等。

3. 服装的保养，包括如何保管衣物，如何保养不同的服装等。

建议课时： 2课时。

教学目的： 让学生懂得服装使用过程中清洁服装、保养服装的一些知识。

教学方式： 理论教学为主。

教学要求： 1. 了解服装洗涤的要点，如洗涤剂、水温、洗涤方式等。

2. 学习不同污渍的去除方式，如果汁、油污、血渍等。

3. 学会不同服装的保养方法，如呢绒、丝绸、裘皮等。

第七章　服装的洗涤、除渍和保养

服装及各种纺织品在人们穿用的过程中必然会沾上污垢，需要洗涤，不同材料的服装洗涤方法不同，有些污垢还需要用特殊的方法去除。服装的使用需要保养，不同材料的服装，其保养的方法也不同。如不采用正确的方法洗涤和保养，不仅会影响服装的外观，还会影响服装的性能，甚至影响服装的使用寿命。

第一节　服装的洗涤

服装的表面或缝隙中会沾有外来的污物或人体皮肤的分泌物。外来污物包括风沙、尘土、烟灰、油烟、沾上的果汁、菜汤等物质，主要存在于外衣上；皮肤分泌物包括皮肤脂肪、汗液和皮屑等，主要存在于内衣上。服装久穿不洗，污垢深入到缝隙和纤维内部，不仅堵塞孔眼、妨碍透气和正常排汗，引起人体不适，而且滋生细菌和霉菌，使牢度下降，甚至威胁人体健康。久置不洗还会影响洗净程度，因此服装须勤换勤洗。

一、服装的洗涤方法

（一）洗涤方法分类

1. 手洗和机洗

服装的洗涤方法依所用洗涤用具的不同，分手洗和机洗两种。手洗有搓洗、挤压（揉）洗、刷洗等方式。机洗有标准、强洗、轻洗等，甩干也分不同的速度。

一般棉麻服装适用手洗的各种方式，拉毛、绒类和丝绸服装宜用挤压洗，呢绒和化纤服装应根据衣料的品种、厚薄、染色牢度分别用软刷洗或挤压洗。

一般各类服装均可用洗衣机洗涤，但要注意洗涤的轻重和甩干的速度，容易变形或者希望摩擦少一些的服装，可套洗衣袋洗涤。

2. 湿洗和干洗

根据洗涤介质不同，洗涤方法又分为湿洗（水洗）和干洗两种。干洗是用有机溶剂（如石脑油、苯、四氯化碳、四氯乙烯等）去污的洗涤方法，适用于不耐碱，易缩绒的高级呢绒服装和其他易变形、易褪色的高档服装，但去除水溶性污垢效果差，而且溶剂易燃、有毒、价贵，甚至溶解某些化纤。无论何种洗涤方法，服装较脏的部位都应该重点洗涤。

（二）洗涤剂的选用

洗涤剂的种类很多，对应的服装各不相同，因此，在洗涤前必须知道被洗服装的原料成分，以及洗涤要求，合理地选择洗涤剂的种类，才能达到洗净衣物，保护服装的目的。

不同洗涤剂的选用见表7–1。

表7–1　不同洗涤剂的选用

洗涤剂名称	特点	适用对象
一般肥皂	碱性	棉、麻及与其混纺的织物
皂片	中性，总脂肪含量83%～84%	精细丝织品和毛织品
一般洗衣粉	碱性	棉、麻和人造纤维织品
通用洗衣粉	中性	丝、毛、合成纤维和各种混纺织品
加酶洗衣粉	能分解奶汁、肉汁、酱油、血等斑渍	化纤、毛、棉、麻等较脏的纺织品
含有荧光增白剂的洗衣粉和肥皂	增加织物洗后白度和光泽	适用于浅色织物，特别是夏季服装和各种床上用品
羊毛专用洗涤剂	专门配方，具去污和改善性能双重作用	特别适用于各种纯羊毛织物
丝绸专用洗涤剂	专门配方，性温和，对织物损伤少，洗后艳洁	适用于各种丝绸织物，特别是轻薄、细软的真丝织物

对于棉麻服装来说，由于棉麻纤维的耐碱性好，洗涤时选用普通肥皂或一般洗衣粉等碱性洗涤剂，不仅不会损伤纤维，而且有助于去除油污。但对丝绸或呢绒服装来说，因蛋白质纤维不耐碱，洗涤时应选用中性皂片、中性洗衣粉或弱碱性洗涤剂，这样可以避免纤维损伤，影响手感。对于有奶汁、肉汁、酱油、血等斑渍的服装，还应选用加酶洗衣粉，利用碱性蛋白酶将斑渍分解去除。

（三）洗涤温度控制

洗涤时水的温度，应根据衣物的品种、色泽、污垢程度等情况进行选择和控制。各种衣物适宜的洗涤温度见表7–2。

表7–2　各种衣物适宜的洗涤温度

大类	品　种	洗涤温度（℃）	大类	品　种	洗涤温度（℃）
棉麻	白色、浅色	50～60	化纤	黏胶纤维	微温或冷水
	印花、深色	45～50		涤纶及混纺	40～50
	易褪色	40左右		锦纶及混纺	30～40
真丝	素色、本色	40左右		腈纶及混纺	30左右
	印花	35左右		维棉混纺	微温或冷水
	绣花	微温或冷水		丙纶及混纺	微温或冷水
羊毛	一般织物	40以下		经树脂整理	30～40
	拉毛	微温			

二、不同面料服装的洗涤

1. 棉麻服装的洗涤

棉麻纤维耐碱性强，耐热性好，湿态断裂强度高于干态断裂强度，耐洗性好。因此，棉麻服装可用各种洗涤剂洗涤，既可机洗又可手洗；洗涤温度为40～50℃，温度过高容易褪色。

由于麻纤维刚硬，抱合力较差，所以在洗涤麻布服装时应比棉布服装轻柔些，既不能猛力揉搓或用硬刷刷洗，也不能用力拧绞；否则布面会发毛，纤维易断裂，影响外观和使用寿命。

白色衣物可用碱性较强的洗涤剂并可煮洗；有色衣物则应使用碱性较小的洗涤剂并适当降低浓度和温度，浸泡时间也要缩短；松薄衣物宜手工揉洗；起绒衣物也应揉洗，漂清后用手轻轻挤去水分，防止强力拧绞。刷洗服装时应根据织纹顺向进行，防止横刷造成布面起毛或撕破。

棉麻服装在日光下晾晒，应将反面朝外，避免曝晒褪色。

2. 呢绒服装的洗涤

一般做工考究的高级呢绒服装，辅料多，保形要求高，应尽可能干洗而不要水洗，否则会因各种布料缩水不同，或黏合剂不耐水洗而脱落，使服装变形而无法穿着。

一般的呢绒服装冷水浸泡的时间不宜过长，深色、较薄、不太脏的更应缩短浸泡时间。洗涤温度不宜超过40℃，也不能用力搓洗，否则会产生缩绒，影响手感、弹性和尺寸。由于羊毛不耐碱，洗涤时应选用皂片或中性洗涤剂，全毛服装可用羊毛专用洗涤剂。

呢绒服装洗涤时应采用挤压和轻轻刷洗的方法，漂清用水温度和洗涤温度相同。呢绒服装洗涤后不要拧绞，用手挤除水分后趁湿整形，最好平摊使其干燥。晾晒时应选择阴凉通风处，避免强光曝晒，半干时应再整形一次，去除皱纹。

3. 长毛绒服装的洗涤

先用冷水浸泡20分钟，再将中性或弱酸性的洗衣液溶于微温或冷水中。洗涤时应注意保护平整挺立的毛绒，只要在洗涤液中上下拎涮几次，挤压几次即可。然后用微温水投洗两次，清水投洗三次。晾晒时，将大衣搭在干净的绳或竿上，沥干水分再改用衣架晾于阴凉通风处即可。

4. 丝绸服装的洗涤

除锦类、浮纱较长的缎类及绒类丝绸服装最好干洗外，一般丝绸服装都可以水洗，而且手洗效果比机洗好。

蚕丝耐碱性差，沾上汗液应及时洗涤。蚕丝还具有天然光泽，应选用中性、弱酸性的洗涤剂。深色服装宜用清水漂洗，使用皂片或洗衣粉易出现皂渍或褪色发花，如用丝绸专用洗涤剂洗涤，效果不错。蚕丝绸洗涤应在冷水或微温水中进行，不宜长时间浸泡，要随浸随洗，尽量缩短洗涤时间。

由于丝绸质地轻薄，挤压时不宜过分用力，也不能大力拧绞，更不可用硬板刷刷洗。洗后用温水、清水投洗干净，挤去水分后用衣架挂在阴凉通风处晾干。丝绸中真丝绸、人丝绸及锦丝绸耐日光性较差，不可将其服装在日光下曝晒，防止坚牢度降低，色泽、手感变差。

5. 黏纤服装的洗涤

黏胶纤维遇水强度明显下降，所以，黏纤服装在冷水和洗涤液中浸泡时间要短，最好随浸随洗，洗涤方式以用手揉洗为宜，不宜机洗、刷洗或用搓板洗涤。

黏纤服装耐碱性较好，可用一般洗衣粉、中性肥皂洗涤。染色牢度低或轻薄、针织的服装，洗涤温度不能超过45℃，白色或染色牢度高的服装，洗涤温度可稍高些。

黏纤服装用温水、清水投洗干净后，晾于阴凉通风处，切忌在日光下曝晒。

6. 涤纶服装的洗涤

涤纶耐碱性较好，干湿态强度都很高，因此，涤纶服装对洗涤剂要求不高，一般洗衣粉和中性肥皂均可使用，既可手洗，也可机洗。洗涤温度为40～50℃。

涤纶针织服装因延伸性较大，多采用挤压揉洗或软刷刷洗，一般不用搓板洗涤。机洗可套洗衣袋洗涤。涤纶服装投洗干净后不宜用力拧绞，可直接带水用衣架挂在通风处阴干。

7. 锦纶服装的洗涤

锦纶本身干湿态强度高、耐磨、耐洗，但其所染色泽或整理用剂不太耐洗，所以，不能采用剧烈的洗涤方式和条件。

锦纶服装洗涤时可用一般洗涤剂，洗涤温度以30～40℃为宜。较粗厚的锦纶服装可用洗衣机洗涤，但时间不宜过长。细薄或针织的锦纶服装应挤压揉洗，避免用硬刷刷洗或用搓板洗涤，也不适于机洗。因为锦纶表面光滑、污垢易除，其抗皱性差，剧烈的洗涤不仅无必要，而且会使服装表面起毛起球，甚至折皱变形。

锦纶服装投洗干净后，要轻挤水分，不能拧绞，可带水晾干，切忌长时间在日光下曝晒。

8. 腈纶服装的洗涤

腈纶抗碱能力不强，易变成黄色，洗涤时应选用中性洗涤剂，洗涤温度在30～40℃。腈纶服装耐磨性较差，洗涤时应轻轻揉挤，不能用搓板或硬刷搓刷，防止纤维损伤和起毛起球。厚质服装可用软刷刷洗，也可机洗，但时间要短。

腈纶服装投洗干净后，挤去水分，带水晾干。腈纶虽然耐日光性能很好，但应避免长时间曝晒引起的色泽变化。

9. 仿兽皮服装的洗涤

仿兽皮服装的底布多由棉纱织成，绒毛多为腈纶、涤纶和锦纶。

洗前先在冷水中浸泡10分钟，再浸入40℃左右的中性洗衣粉液中轻柔挤压，边浸边洗，洗涤时间宜短不宜长。

投洗干净后，带水晾于阴凉通风处。长绒仿兽皮服装晾至半干时，可取下抖动，让绒毛散开，再继续晾干。短绒仿兽皮服装，晾干后可喷些水雾，用干毛刷将倒伏绒毛轻轻刷起，风干即可。

10. 中长纤维服装的洗涤

中长纤维服装对洗涤剂要求不高，一般肥皂和洗涤剂均可使用。洗前用冷水浸泡20～30分钟，挤干，再在40～50℃的洗液中拎涮揉洗，也可用刷子轻刷，但不可用搓板搓洗，否则容易起毛起球。机洗也应注意轻洗、快洗，防止起毛起球。中长纤维服装洗后可带水晾干，不可近火烘烤。

11. 灯芯绒服装的洗涤

灯芯绒服装属于棉布类服装，洗涤时可用肥皂或一般洗衣粉，但其表面有沿经向排列的条状绒毛，经向较耐磨，纬向和反面摩擦时易造成掉绒，因此，洗涤时应挤压揉洗或刷洗，刷洗应顺条绒方向刷，不要横刷。灯芯绒服装洗涤温度应控制在40℃以下，不能用热水烫洗。

投洗干净后，将绒毛一面向里，轻轻绞干，经整形后方可晾晒。灯芯绒服装晾晒后可用软刷沿绒毛方向轻刷，使绒毛耸立。

12. **平绒服装的洗涤**

平绒服装也属于棉布类服装，可用一般洗衣粉和肥皂洗涤。平绒服装表面布满稠密、整齐而有光泽的绒毛。因此，为避免绒毛损伤，洗前应在冷水中浸泡5分钟，再放入30℃左右的洗衣粉液中揉洗，随浸随洗，但不能刷洗或搓洗。投净后，将绒毛朝里，轻轻拧干，再整形，正面朝外阴干。

13. **丝绒服装的洗涤**

丝绒服装主要是指乔其绒、立绒、漳绒和金丝绒等绒类丝绸服装，一般采用干洗。如果采用水洗，应选用中性洗涤剂，在微温或冷水中轻揉轻洗，切忌用搓板和板刷以及用力拧绞。洗净后应用干浴巾包卷，挤吸水分，轻轻整形后，正面朝外阴干。

14. **羽绒服装的洗涤**

羽绒服装可以干洗也可以水洗，水洗时先用冷水浸泡润湿，挤压出水分，放入30℃左右的皂片或洗衣粉溶液中浸透，然后将服装平摊在台板上，用软毛刷蘸洗涤液顺向刷洗，再在洗涤液中拎涮几次。洗好后用清水反复漂净，清水温度最好稍高于洗涤温度，再将服装摊平，用干浴巾盖上，紧紧包好，挤吸水分，也可将其放入网兜沥干。最后用衣架挂于阴凉通风处晾干。待羽绒服装干透后，可用小棍轻轻地按顺序拍打，使其蓬松，恢复原样。

15. **裘皮服装的洗涤**

裘皮服装一般不用水洗，以免皮板退鞣变性和脱毛。珍贵的裘皮服装应送到洗染店干洗。一般裘皮服装脏污后，可用下面方法洗涤。

先将裘皮服装在室外晾晒半小时左右，用藤条或圆滑小木棍轻轻拍去灰尘。洗涤时用刷子或棉球蘸酒精或汽油，轻轻除去污渍，必要时可顺序刷擦。然后将湿润的黄米面撒到毛面上，用手将其均匀地揉入毛内，反复搓揉，搓后将黄米面抖掉，晾干后再抖净面粉，即可干净如初。除黄米面外，还可用白面、滑石粉等。另外，白裘皮服装沾污后，可用生萝卜片擦毛皮，然后晾干，抖掉粉尘即可洁净如新。

16. **革皮服装的洗涤**

猪、牛、羊等正面革皮服装脏污后，若局部很脏，可用软布蘸汽油或醋酸乙酯或醋酸丁酯轻轻擦洗。若脏污面积很大，可用湿布擦净，晾干，必要时再擦上上光剂。

绒面革皮服装脏污后，不能用湿布擦，宜用小圆棍轻轻敲打，去掉浮尘，再用软布蘸汽油或醋酸酯轻擦去污。

17. **人造革服装的洗涤**

人造革服装表面光洁，色深，不易沾污和显污。若沾污后，可用湿布或毛刷蘸水擦洗或刷洗，若清水去污不净可改用中性洗涤剂溶液洗刷，但不能用汽油擦洗。

18. **合成革服装的洗涤**

合成革底布由锦纶、涤纶、丙纶等合成纤维制成，不耐高温洗涤。因此，合成革服装应先用软布蘸洗涤剂溶液擦抹，再用温水洗。洗后挂在阴凉通风处晾干，切忌烘烤、曝晒，也不能用汽油干洗。

三、洗涤标志的含义

在一些比较正规的服装上，一般都挂有说明洗涤方法的洗涤标记，用图案表示。我们应能够识别，并根据其要求采用合适的洗涤方法。不同的洗涤熨烫标识及说明如图7–1所示。

织物洗涤熨烫标识

50℃	强洗、水温50		不可以拧
40℃	普洗、水温40		高温熨烫200
30℃	轻柔、水温30		中温熨烫150
	手洗		低温熨烫110
	不能水洗		不能熨烫
	强力烘干		可以氯漂
	普通烘干		不可以氯漂
	柔烘	A	任何溶剂
	挂干	P	除三氯乙烯的任何溶剂
	不能烘干	F	石油溶剂
	滴干		不可干洗

图7–1 织物洗涤熨烫标识

总之，衣物洗涤应考虑以下几个问题。

（1）洗涤剂的选择，按照织物纤维的耐酸碱性能选择，蛋白质纤维应选择中性或弱酸性的洗涤剂，纤维素纤维一般洗涤剂都适用。

（2）水温和浸泡时间的确定，应考虑的是衣物的脏污程度，衣物的厚薄，褪色的可能，缩绒性和纤维在水中的性能等。

（3）干洗、水洗的选择，大多数衣物都可以选择水洗，而一些对保型性要求高，担心水洗会使衣物变形影响外观的衣物可选择干洗。干洗对水溶性污物清洁有限。

（4）强洗和轻洗的选择，考虑的是衣物的厚薄，脏污程度，耐洗性能，耐揉搓性能等。对容易拉扯变形，特别需要轻洗的衣物还可用洗衣袋包裹清洗，以保护衣物。

（5）晾晒形式的选择，一是要考虑曝晒对衣物产生的伤害，包括色彩和材质；二是要考虑如何保护好衣物的原始形态，不因洗涤晾晒而破坏；三是考虑衣物的疏水性能，选择带水晾晒还是初步干燥后再晾晒。

第二节 服装的除渍

服装上沾上污渍是不可避免的常事，采用科学的方法才能将污渍去除。如果除渍方法不科学合理，不仅影响服装的美观，还会损伤衣料，影响穿着。

一、服装除渍的原则

1. 及时除渍

污渍沾上服装后一经发现应尽快去除，否则污渍渗入纤维内部或发生化学反应，就会难以去除。

2. 正确选择去渍剂

正确识别污渍类型和服装类别，可采取针对性的措施，既不至于用错除渍剂而加剧污渍的程度，又不致因除渍剂的使用，使纤维受损或色泽变化。

3. 轻重先后按顺序

用毛刷或软布刷擦时，应先轻后重，先外缘后中心，防止衣面起毛和污渍扩散。

4. 除渍衣物洗干净

除渍后服装应漂洗干净，避免除渍剂残留和损伤衣料、留下色圈。

二、不同污渍的去除

1. 机械油污的去除

将油污处上下垫衬草纸或滤纸，用熨斗熨烫，使其被吸除一部分，再用软布或软刷蘸汽油刷擦残迹，也可用肥皂液洗涤或润湿的米糠搓揉去除。

2. 食用油污的去除

可在汽油、苯或四氯乙烯等溶剂中揉搓或用软布、软刷蘸少量溶剂刷擦，但不宜用皂液洗。棉麻服装还可在油污上洒上稻草灰或豆秸灰，上铺白纸，再压重物5～10小时后去灰，用热米汤洗净。也可用面粉糊涂在油污正反面，晒干揭去面饼除油。还可用清煮萝卜汁搓揉去污。

3. 鞋油污去除

白色服装可用汽油润湿揉搓后，再用10%的氨水洗，然后用温水投净。但丝绸和呢绒服装应使用5%以下的氨水。有色服装可用汽油、松节油或酒精揉洗去除。

4. 圆珠笔油污的去除

用香蕉水与四氯化碳等量混合液擦除，必要时可再混入少量甲苯后轻擦。

5. 印泥油污的去除

先用苯或四氯化碳除去油分，再用温皂液洗涤。棉、麻服装可用加有烧碱的酒精液洗涤。丝绸、呢绒或黏纤服装宜用酒精或四氯化碳洗除。

6. 复写纸渍的去除

用温皂液或洗衣粉液洗，再用汽油擦拭，最后用酒精去除。

7. 柏油及油漆渍的去除

一般新鲜的油污可用汽油或松节油或苯擦洗去除。但陈久的干渍较难去除，可浸在乙醚与松节油等量混合液中，待泡软后搓揉，再用苯或汽油洗涤，最后用温洗涤液去除残痕。

8. 水果渍及瓜汁渍的去除

沾污后及时将衣服浸入食盐水中揉洗，如有痕迹，再用1%的氨水或双氧水洗除。

9. 青草渍的去除

沾渍后立即把衣服用冷水浸泡，涂抹少许肥皂揉搓去除。或用10%食盐水泡洗去除。

10. 柿子渍的去除

沾渍后立即用葡萄酒加浓盐水搓揉，再用温洗涤液洗除。但陈旧渍难用此法去除。

11. 橘汁渍的去除

新渍可用热水洗除。旧渍可先用甘油刷洗，再用冰醋酸和香蕉水的混合液擦除。

12. 番茄酱渍的去除

用水润湿污渍处，再用50℃甘油润湿0.5小时，刷洗后清水冲洗，然后用温洗涤液洗涤。

13. 酒类及饮料渍的去除

新渍可以用清水洗除或用酒精润湿加甘油轻擦，1小时后水洗，也可用藕涂擦去除。

14. 肉渍的去除

用冷水洗、刷，再用冷洗涤液洗，如洗不掉，可用蛋白酶作用1小时，再彻底水洗。

15. 乳汁及菜汁渍的去除

新渍可立即泡入冷水，涂上肥皂轻轻搓揉去除。较陈旧渍可用汽油涂擦，去掉油脂，再浸入5%氨水中轻轻搓揉去除。

16. 牛奶及酸奶渍的去除

用冷水浸泡，再用蛋白酶处理0.5小时，不时用温水湿润，最后用水投清。

17. 蟹黄渍的去除

用煮熟的蟹中白腮搓擦，再用温洗涤液洗净。

18. 巧克力渍的去除

用温洗涤剂液洗涤，若洗不掉，可用石脑油或四氯化碳润湿，干后用水轻刷，再用温洗涤液洗。

19. 麦乳精渍的去除

用水润湿污渍后，再用蛋白酶处理，必要时可再用含氨的浓皂液刷洗去除。

20. 冰淇淋渍的去除

用石脑油或四氯化碳润湿衣服，再水洗。如仍有残渍，可用蛋白酶处理30分钟后再水洗。

21. 咖啡及茶渍的去除

先用冷水浸泡，再用温洗涤液洗除。如仍有残痕，再在水中滴几滴氨水并加入甘油，用此混合液洗净。

22. 鸡蛋清渍的去除

用较浓的茶水洗，再用温洗涤液洗涤，最后投净。也可用新鲜萝卜汁洗除。

23. 口香糖渍的去除

用蛋白酶将污渍软化，再用煤油、松节油或四氯化碳擦除。

24. 胶渍的去除

用香蕉水湿润胶渍处，使其变软，再用小刷刷洗或搓揉去除，最后用洗涤剂液洗去残痕。必要时可用维生素E药片沾水涂擦黄褐色残痕，使其褪色。

25. 口红印的去除

用汽油轻轻擦除污印处，先去除油脂，再用温洗涤液洗除。也可用太古油2份、氯仿和四氯化碳各1份、酒精和氨水各1/2份的混合液擦除。

26. 指甲油渍的去除

用四氯化碳或汽油湿润油渍，再用含氨的洗涤剂液洗，然后滴上香蕉水轻擦，最后用汽油擦净。

27. 胭脂渍的去除

用汽油湿润污渍后，再用含氨的浓皂液或洗发香波洗，最后再用汽油擦净。

28. 汗渍的去除

棉、麻服装的汗渍可用3%的盐水浸洗，也可用生姜汁或冬瓜汁搓洗，还可用5%的醋酸溶液和5%的氨水轮流擦洗，再用冷水投净。丝绸、呢绒服装可浸于1%盐酸溶液，再取出用清水投净。

29. 尿渍的去除

新尿渍多呈酸性，陈尿渍呈碱性。新尿渍可用温水洗除，或者用10%醋酸处理，再投清。白色服装上的陈尿渍可用10%柠檬酸溶液洗除；有色服装上的陈尿渍可用醋酸溶液去除。

30. 血渍的去除

血液中血浆、血球等蛋白质受热会变性凝固，因此，新血渍应及时用冷水洗除，切忌用热水洗涤。棉麻服装上的血渍还可用含肥皂的酒精溶液或白萝卜丝加盐挤汁擦除。丝绸、呢绒服装上的血渍可用冷水浸泡较长时间后，再用温水洗除。陈血渍可用硼砂2份、10%氨水1份和水20份的混合液洗除。

31. 呕吐渍的去除

用汽油擦拭后，再用5%的氨水擦拭，然后用温水洗净。也可用10%的氨水润湿污渍，再用含肥皂的酒精液擦拭，最后用洗涤剂洗净。丝绸、呢绒服装不能用10%的氨水擦洗，可用香皂（中性）、酒精溶液擦拭，再用中性洗涤剂洗涤。

32. 醋及酱油渍的去除

应及时用冷水洗，不能用热水浸泡，再用洗涤剂洗除。也可用氨水擦拭，然后用少量草酸溶液擦洗，最后用清水投净。还可在污渍上洒少许白糖，用温水洗除。

33. 啤酒渍的去除

用水浸泡后加几滴10%醋酸，再用温水洗除。如洗不净，可再用硼砂溶液加氨水或蛋白酶制剂处理，最后用清水洗净。

34. 铁锈渍的去除

用热水浸湿，再用一粒草酸来回擦拭，然后清水洗净。陈旧锈渍可用10%草酸溶液1份、10%柠檬酸溶液1份和水20份混合液微热后擦除，再用清水洗除。

35. 红药水渍的去除

用温水洗涤，再用2%的草酸溶液擦拭，最后用清水洗净。也可用甘油润湿污渍处轻轻揉搓，再用含氨皂液反复搓洗、投净。

36. 紫药水渍的去除

用毛刷沾取少量保险粉的温水溶液在污渍处迅速擦拭，然后再用清水擦拭，如此轮番反复几次，即可洗除。但此法不适合丝绸服装。

37. 碘酒渍的去除

将污渍处浸入96%浓度的酒精或热水中使碘溶解，再用洗涤剂洗涤，然后用清水投净。也可用亚硫酸钠溶液处理后，再充分水洗去除。

38. 墨渍的去除

新渍应趁湿用清水洗，再用温洗涤剂液洗，剩下痕迹可用米粥或米饭粒加盐搓洗去除。陈渍也是用温洗涤液洗，再用1份酒精、2份肥皂和2份牙膏制成的糊状物涂于渍处，反复搓揉去除。

39. 红墨水渍的去除

用甘油润湿渍处，10分钟后，用含氨的浓皂液洗除，必要时可重复几次。也可用温洗涤剂液洗涤，再用热的10%酒精洗除。

40. 蓝墨水渍的去除

新渍应立即泡入水中，再用洗涤剂洗除。陈渍可用2%的草酸温液浸洗，再用洗涤剂洗除，必要时可再加10%氨水洗除。

41. 咳嗽糖浆渍的去除

用水润湿去除糖分，再用加有几滴10%醋酸的酒精液刷洗去除。

42. 膏药渍的去除

用酒精或高粱酒或四氯化碳等滴在污渍处，再用双手揉搓即可去除。

43. 染发水渍的去除

用水湿润后，在污渍处用温甘油刷涂，投清后，再滴几滴10%醋酸洗除。

44. 发蜡及发油渍的去除

将污渍用水润湿，刷涂洗发香波，加几滴10%醋酸洗除，再漂洗干净。

45. 烛油渍的去除

用刀轻轻刮除突起部分，用卫生纸或滤纸垫衬在污渍上下，再用温热熨斗压烫，使烛油熔化吸走，反复几次即可去除。

46. 霉斑的去除

服装上长霉应先晾晒刷除，留下的霉斑一般可用肥皂、酒精溶液轻轻擦拭，再用稀的次氯酸钠擦洗去除（不适用丝绸、呢绒服装），或用3%的过氧化氢溶液擦洗去除。棉布服装也可用2%稀氨水擦拭，再用清水漂净。麻布服装可用10%～15%的酒石酸溶液擦拭。丝绸、呢绒服装最好用松节油擦拭。

三、新型洗涤剂除渍

不同的去渍方法虽然有效，但在日常生活中操作起来有时会觉得不方便。因此，人们希望推出能去除多种污渍的专门去渍用品，方便现代人的生活。

1. 衣领净

比如人们最讨厌、最难洗的衣领、袖口污渍，现有各种有效的衣领净方便去渍。新配方衣领净采用多种高效表面活性剂、渗透剂、污垢溶解剂及其他辅助剂，只要将衣领净均匀喷洒在污渍处，5分钟后，稍加搓洗，污渍顽垢不留痕迹。如果机洗，喷洒衣领净后不用搓洗，稍待片刻，直接放入洗衣机按正常程序洗涤，衣服即可干净如新。对于衣片上的局部蛋白质污渍，衣领净也有高效的除渍功能，同样方便、快捷。

2. 含酶洗衣粉

各种含酶洗衣粉，对难以洗脱的血渍、奶渍、汗渍、尿渍、酱油渍、肉汁渍等污渍具有高效快速的去除作用。新科学配方含酶洗衣粉主要成分为高效蛋白酶、脂肪酶、离子表面活性剂、污垢悬浮剂、水溶性软水助洗剂等，能深入衣物、分解蛋白质污渍、排除水中钙离子副作用，有效清除各种污渍。含酶洗衣粉适用于棉、麻、化纤及各种混纺织品。洗前先将洗衣粉倒入水中充分溶解，再放入衣物，浸泡30～60分钟后洗涤，如使用40℃左右的温水，则除渍、洗净效果更佳。

3. 内衣专用洗涤剂

内衣专用洗涤剂采用国际先进的绿色表面活性剂配方，轻松去除血渍、奶渍、尿渍等常见污垢。可用于洗涤各类棉、丝、莱卡等质地的内衣。洗涤剂pH值中性，不含磷、碱、荧光增白剂等成分，不伤皮肤和衣物，对大肠杆菌和金黄色葡萄球菌有较好的抑菌作用，洗后内衣柔软、干爽，温和无刺激，不损伤衣物，安全更健康。洗涤剂主要成分为阴离子表面活性物，非离子表面活性物、抑菌剂、软化水。洗涤一套内衣裤只需3～5g洗涤剂，将其溶入水中，水量以浸没内衣为宜，浸泡10～15分钟后再洗涤，漂洗晾干即可。如遇顽垢，还可用原液直接涂抹，再进行常规洗涤，方便快捷。

4. 强力去油、去污、去渍剂

强力去油、去污、去渍剂适用于衣领、袖口等重污垢处的洗涤，产品渗透力强，高效除渍，能够快速分解衣领、袖口等死角的汗渍、油渍、果菜渍等多种顽垢，无需费力搓揉、刷洗，防止衣领、袖口因洗涤而变形，洗后不留痕迹，还原衣物本色。去渍剂中性环保配方，不含磷、碱与荧光增白剂，不损伤衣物纤维，不刺激皮肤。洗衣前，将洗涤剂均匀涂抹在干衣物污渍处，至完全湿润，放置3～5分钟后，再按正常方式洗涤，机洗、手洗均可。该产品不适用丝绸、羊毛等服装。

5. 丝毛专用洗涤剂

羊毛和丝绸织物选用各自的专用洗涤剂，对去污除渍保护织物很有效。将洗涤剂按需用量倒入水中，放进衣物浸泡数分钟，污垢油渍自动分离溶入水中，并不重新污染衣物，稍加搓洗，衣物洁净柔软光亮如新。

6. 强力配方复合皂

全新强力配方复合皂集肥皂与洗涤剂的特性于一身，既有天然油脂皂又有全新的表面活性剂、助洗剂等，去污力是普通洗衣皂的3～4倍，能更有效地去除各种污垢和油渍，如机器油、厨房油渍等。

另外，还有各种预洗喷洁剂、高效去污剂等，对去除局部顽渍效果特别好，如油渍、墨水、化妆品渍等都能轻易去除。选用时请注意说明，适用衣物的范围、衣物颜色的深浅等，避免选择不当损伤衣物。各种高效去渍洗衣粉，也具有较强的洗涤去渍功能。

新配方的洗涤用品不断涌现，高新科技进入服装洗涤除渍领域，相信今后的洗涤、除渍将变得更加方便、快捷、省时、省力。各种高效、护色、柔软、不含有害成分，不污染环境的洗涤用品将给现代人的生活带来更大的快乐。

第三节 服装的保养

服装在穿着使用过程中，如不注意恰当的保养，很容易造成变质、变色和发霉、虫蛀等问题，影响外观、穿着和使用寿命。

一、时间的痕迹

（一）脆化

1. 虫害和发霉

虫害和发霉会使服装发脆。

2. 日光和水分

（1）整理剂和染料因日光及水分的作用，发生水解及氧化等现象。如从硫化染料染色物释放出的硫酸，会使纤维发脆。

（2）残留物对纤维的影响，如残留的氯的氧化作用，会使纤维发脆。

（3）在保管环境下光或热能也会使纤维发脆。

（二）变色

（1）由于空气的氧化作用而使织物发黄，如丝绸织物和锦纶织物的变黄。

（2）由于整理剂如荧光增白剂的变质而使织物发黄。

（3）在保管环境下由于光和热的作用而使织物发黄。

（4）由于染料的升华而导致染色织物褪色。

（5）由于油剂的氧化和残留溶剂的蒸发而导致织物变色。

（三）受潮

（1）由于纤维的吸湿性，易使天然纤维织物和再生纤维织物发霉。霉菌会使纤维素降解或水解成葡萄糖，使纤维变脆。

（2）服装发霉，不仅霉味令人不快，霉菌的集中地——霉斑会使织物着色，从而使服装的使用价值大大降低。

（3）在高温多湿的条件下，染色织物的变色或染料的移位等现象也时有发生。

二、衣物的保管

1. 清洁

衣物在收藏前应洗涤干净并晾干。因为，衣物上的污渍最容易引起虫蛀、霉变、脆化。不经洗涤的衣物也应进行去污、晾晒，以保证衣物的清洁。同时，收藏衣物的箱、柜、橱也应保持干净，以防霉菌、蛀虫的滋生。

2. 干燥

湿热环境是霉菌最容易繁殖的条件，也是衣物变异的主要因素之一，保持箱、柜、橱、屉的干燥是防止衣物变异的重要条件。现代钢筋水泥结构的房屋，透气性较差，湿度大，应经常打开门窗，适时地打开箱柜衣橱，让其通风透气。为适应现代人收藏衣物的需要，现生产了一种衣物收藏干燥剂，设计于一透气的小盒内，只要将小盒放入衣柜和箱子内，就能营造一个干燥的收藏环境，简便易行。

3. 药剂

利用药剂可以抑制霉菌繁殖，杀死蛀虫。现代防霉防蛀药剂经过新的设计和配方，使用符合国家标准的纯正樟脑为原料，不含萘，安全、无污染，防霉防蛀效果显著。透气包装，能防止防虫片直接触及衣物，保持衣物干净不异变。现代防霉防蛀药剂适用于任何衣物，是衣物收藏保管中不可缺少的。

三、保养的方法

1. 棉麻服装的保养

棉麻服装一般不怕日晒，但长时间在日光下曝晒，会降低穿用的坚牢度，尤其易使服装褪色或泛黄，因此应忌曝晒，并晾晒服装的反面。穿着中应避免沾上酸液引起腐蚀破损。灯芯绒服装最好有夹里，防止反面摩擦掉绒。平绒服装要尽量减少肘、臂、臀部的压、磨，防止轧光、脱绒，平时最好经常刷理绒面。棉麻服装洗净、晒干、熨烫后，要叠放平整，晾凉后，深、浅色服装分开存放。棉麻服装易吸湿，收藏时要避免潮湿、闷热、不通风以及衣橱箱柜不洁引起霉变。

2. 黏胶纤服装的保养

黏胶纤服装不如棉麻服装耐晒，最好通风晾晒，曝晒会造成褪色和强度下降。黏胶纤服装耐磨性差，易磨损、变形，因此穿用时要尽量减少摩擦、拉扯、经常换洗，防止久穿变形。黏胶纤服装洗净、晾干、熨烫后，应叠放平整，按深、浅色分开存放，不宜长期在衣柜内悬挂，以免伸长变形。黏胶纤服装吸湿性很强，收藏中应防止高温、高湿和不洁环境引起霉变现象。

3. 呢绒服装的保养

呢绒服装应选择阴凉通风处晾晒，曝晒会引起褪色和光泽、弹性、强度的下降。较厚的深色服装晾晒的时间可长些，较薄的浅色服装晾晒的时间宜短。呢绒服装穿用时不要与尖锐、粗糙的物品和强碱性物质接触，防止钩纱、起毛和腐蚀。缩绒加工的粗纺呢绒服装还要注意尽量减少摩擦，以免绒毛脱落，出现露底。呢绒服装收藏前，应洗净、熨烫、晾晒，待衣服凉透，再叠好收存或悬挂于衣柜中，并同时在口袋、里袋、箱柜内放入纸包好的卫生球或樟脑精，防止虫蛀。收藏中应适当地打开箱柜，让其通风透气，在高温高湿的夏季还应晾晒几次，防止生霉。长毛绒服装不能重压，不然会使绒毛倒伏。

4. 丝绸服装的保养

丝绸服装属于高档服装，一般不宜在日光下曝晒，以免褪色和强度、手感、光泽变劣。穿用时注意不要与粗糙、锋利的物品接触，防止钩丝起毛，也不要与碱、酸等物质接触，防止纤维受损。柞丝服装还应避免沾污水渍，否则较难去除。丝绸服装收藏时，应先洗净、熨烫、晾干，最好叠放，用布包好，放于箱柜中。用衣架挂放，往往使某些丝绸服装因自重而变长。丝绸服装收藏时不宜放入卫生球，否则白色服装会泛黄。柞丝服装不宜与优良真丝服装放在一起，因为前者会使后者变色。

5. 合纤服装的保养

合纤服装除腈纶、维纶服装较为耐晒外，一般不宜长时间在日光下晒，否则会老化变硬，强度下降，变色和褪色。合纤服装收藏时应洗净、熨烫、晾干后叠放平整。由于合纤服装一般不虫蛀、霉变，存放时可不放卫生球和樟脑精。但其混纺服装，收藏时应放入少量的卫生球或樟脑精，并用纸包好，避免直接接触，否则会使合成纤维膨胀变形、发黏及强度下降，同时应适当通风晾晒，防止生霉。

6. 羽绒服装的保养

羽绒服装穿用时应避免与锐利、粗糙物品接触，防止钩扯和摩擦造成破洞，也不能与强酸、强碱物质接触，以免腐蚀破损，因为其面料多由锦纶、涤纶制成。羽绒服装收藏时要洗净、晾干、避免长期重压，可适量放入用纸包好的卫生球，防止虫蛀。

7. 裘皮服装的保养

裘皮服装，尤其是细毛类和名贵毛皮服装穿着时应避免摩擦、沾污和雨淋受潮，受潮后会因脱鞣变性造成脱毛。收藏前要晒干晾透，必要时用藤条或小木棍轻拍除尘，用棉球沾酒精轻擦污渍。收藏时，应毛面向里反过来叠好，将包好的卫生球或樟脑精放入毛面或衣袋中，再用布包上整件服装，放入箱柜中。雨季过后，应及时拿出来晾晒，防止虫蛀和受潮脱毛。

8. 皮革服装的保养

皮革服装穿着时不要与锋利、粗糙物品接触，防止皮革表面擦伤或割破，也不宜在雨、雪天穿用，防止受潮后强度降低。皮革服装的晾晒只能在阴凉通风处，不可在日光下曝晒，否则会因失水而使柔软性、弹性下降，容易折裂。收藏时不宜折叠，以免折皱，应用衣架悬挂于柜橱内，并适量放入包好的卫生球。收藏期间应注意防潮防霉，受潮后要及时晾晒。

9. 人造革服装的保养

人造革服装在穿着中要避免与尖利、粗糙物质接触，以免涂层损伤。沾污后应用湿布或毛刷擦刷，不能用硬刷刷洗或汽油干洗。收藏时，避免高温、潮湿，期间可取出通风晾晒。另外，不要放入卫生球。

参考文献

[1] 陈维稷.中国大百科全书（纺织）[M].北京：中国大百科全书出版社，1986.

[2] 吴震世，周勤华.纺织产品开发[M].北京：纺织工业出版社，1990.

[3] 姜怀，冯翼，王传铭.中国服装大典[M].上海：文汇出版社，1999.

[4] 雷伟.服装百科词典[M].北京：学苑出版社，1989.

[5] 纺织品大全编辑委员会.纺织品大全[M].北京：中国纺织出版社，2005.

附录 面辅材料样本集制作范例

一、样本制作目的

本书第三章对各种不同的面辅材料进行分类整理，便于读者从不同的角度去分析面辅材料，使读者能更快、更好、更方便地理解、学习和掌握服装面辅材料的知识。要求大家在学习的过程中，去收集、去找寻、去分析，并把它们做成样卡。这是一个学习知识的过程，累积织物的过程。这个过程会使你对服装面辅材料的学习，从理论转向实践，在找寻、收集、辨认、分析的过程中，真正地去接触、熟悉和亲近各种面辅材料。

二、样本制作要求和示范

（一）样本制作要求

1. 样布要求

横平竖直，经纬正确，正反正确，大小一致（5cm×8cm或6cm×9cm）。

2. 黏贴要求

熨烫平整，剪切整齐，一横两点，覆纸抹平。

3. 位置要求

样布位置，上下左右，分散黏贴，样本平整。

4. 文字要求

内容齐全，层次清楚，格式正确，打印规范。

5. 顺序要求

按照分类，顺序贴样，防止颠倒，样布不重。

6. 样本要求

A4大小，纸板挺括，环圈装订，便于翻看。

7. 美观要求

封面设计，页面设计，体现个性，突出主题。

8. 完成要求

循序渐进，按时按量，依照分类，分段完成。

（二）样本制作示范（学生作业参考）

1. 样本封面设计

样本封面可以在样卡全部完成，进入装订阶段时设计制作。封面纸张可以比页面纸张略厚，这样样本才能撑得住，不至于软疲；封面外还可添加一张塑料保护膜或磨砂塑料片，保护样本。封面名称可定为“服装面辅材料样本”，将学生姓名、班级、学号、指导老师、制作日期等设计在封面上；花纹、图案、格式自定（附图1）。

附图1　样本封面设计示例

2.样本目录设计

样本目录内容可参考本书第三章内容。目录版式可参考附图2，版面、形式、图案可按自己的喜好进行设计，一个分类插一张目录。

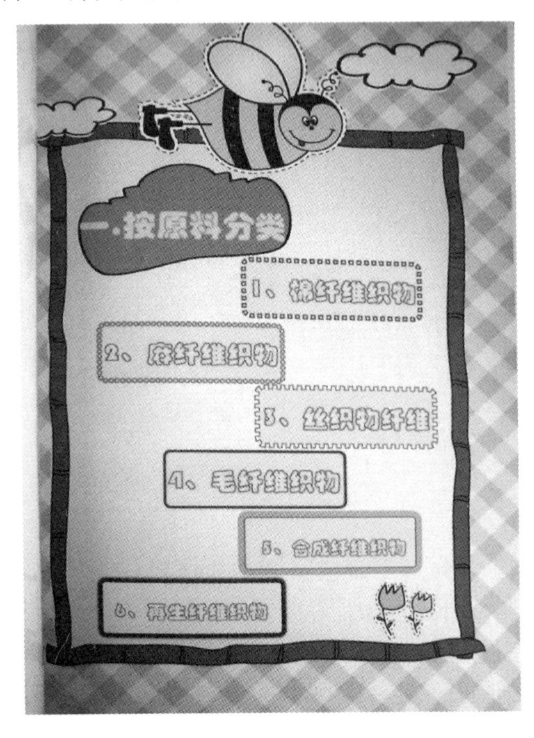

附图2　分类目录设计示例

3. 样本页面设计

样卡的内容，要注意完整准确规范；贴样位置的预留，要注意不要将每张样卡的布样贴在相同的位置上，装订后会发现，贴布处明显隆起，样本歪斜不平整，因此，页面设计时就要考虑将样布错开黏贴，这样样本才能平整。另外，不要忘记预留装订的位置，左边页边距应留大些，如附图3所示。

附图3　页面设计示例

4. 贴样要求

样布要黏贴平整、挺括、整齐，首先要将样布熨烫平整；再横平竖直剪切到位；然后在样卡贴样部位贴上双面胶，双面胶的位置为上面一条，下面两点（附图4），上面一条固定样布，下面两点便于样布翻看；再撕去双面胶上的贴纸，将剪好的样布轻轻放在黏贴处，用一张纸盖在样布上，然后再轻轻抹平，这样黏贴的样布就特别平挺整齐了，如附图5所示。

5. 样本编排顺序

样本编排顺序，应按照本书内容编排进行，因为本书的内容是循序渐进的，和教学的内容也是相互衔接的，从广义的大分类到工艺的具体分类，从纤维的分类到纱线的分类，再到织物内容的分类，最后是后整理织物种类，与织物构成的顺序衔接。

6. 样布数量要求

在样布分类收集和黏贴中，所贴样布应尽量做到不重复，因为是不同角度的分类，同一块面料会适合多个分类，用同一块织物黏贴，我们接触织物的面会狭小很多，样本也会做得很单调，所以要求样布黏贴不重复。

另外，每个分类中，要求黏贴织物最少是一块，如果在找寻织物的过程中，找到好几块同类的织物，可以多贴几块，鼓励同学多收集，不仅可以丰富样卡的内容，也便于以后需要时参照、翻看，毕竟这是一本自己收集、制作、留存的面辅材料样本集。

附图4　贴样示例

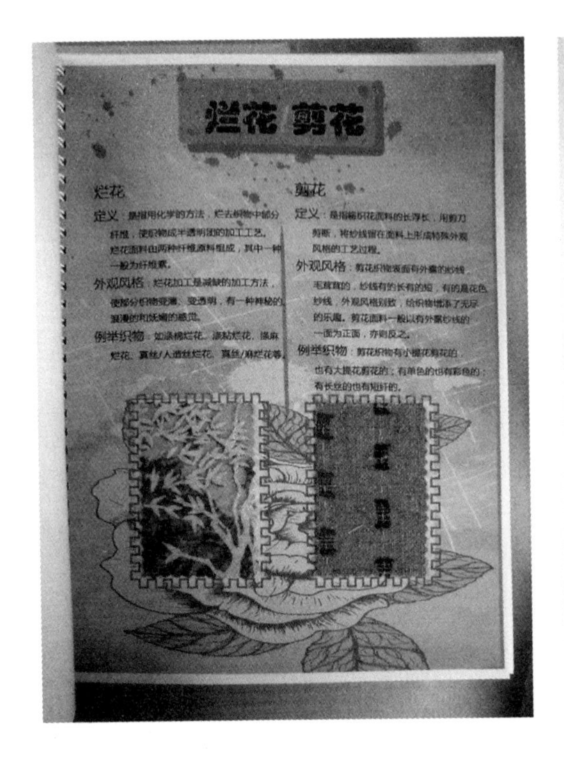

附图5　样布黏贴要平整挺直